高等学校规划教材

画法几何与工程制图

西安石油大学 鲍泽富　吴春燕　康晓清　主编

国防工业出版社
·北京·

内 容 提 要

本书是根据原国家教委1995年批准印发的高等学校工科本科《工程制图基础课程教学基本要求》和最新发布的有关国家标准编制而成。

本书共分十章，外加附录。主要内容有：制图基本知识，投影的基本知识，立体的投影，组合体，轴测图，机件形状的表达方法，零件图，紧固件和常用件，装配图，立体表面展开。

本书可供高等学校及高职高专等其他类型学校的有关专业选用，也可供有关的工程技术人员参考。

图书在版编目(CIP)数据

画法几何与工程制图/鲍泽富，吴春燕，康晓清主编，
北京：国防工业出版社，2017.4 重印
高等学校规划教材
ISBN 978-7-118-04354-9

Ⅰ. 画…　Ⅱ. ①鲍…②吴…③康…　Ⅲ. ①画法几何—高等学校—教材 ②工程制图—高等学校—教材
Ⅳ. TB23

中国版本图书馆 CIP 数据核字（2006）第 004004 号

※

国防工业出版社出版发行
(北京市海淀区紫竹院南路 23 号　邮政编码 100048)
涿中印刷厂印刷
新华书店经售

*

开本 787×1092　1/16　印张 $15^3/4$　字数 365 千字
2017 年 4 月第 10 次印刷　印数 25001—27000 册　定价 28.00 元

国防书店：(010)88540777　发行邮购：(010)88540776
发行传真：(010)88540755　发行业务：(010)88540717

序　　言

本书是根据原国家教育委员会1995年批准印发的“画法几何及机械制图课程教学基本要求”和近年来国家发布的相关标准，在吸取计算机图形学领域的新成果，以及总结了近几年校内外课程教学改革的经验，并且参照国内外同类教材的基础上编写而成。

近些年来，国际国内对人才的综合素质的要求越来越高，高等教育的教育思想和教育理念都发生了很大的变化。因此，在编写过程中，我们始终遵循着“基础为本，自学为主，创新为标”的理念来处理本教材的每一个内容。

本书的总体特点是：以画法几何及机械制图的基本理论且密切联系理论的实例作为教材的主要内容；以学生自学为主，教师指导为辅作为教材的主要指导思想；以培养学生的空间思维能力、图样绘制和阅读能力、开拓创新能力，以及理论联系工程实际的能力为教材的主要目的。有以下几个突出特点方面：

一、本书的内容遵循“少而精”的原则，按教学要求对画法几何及机械制图的广度和深度，认真、准确地进行了控制和调整。重点在阐述制图课程的基本理论和基本知识，删减了一些超出本课程任务以外或者与本课程无关的内容，如画法几何部分，删除了换面法和透视投影的内容；对于涉及本学科却又偏难的内容只做了简明的介绍，如机械制图部分，在零件的尺寸标注和尺寸公差以及形位公差等方面内容作了适当的调整。

二、为了便于学生自学，提高学习主动性，培养学生的开拓创新能力和工程意识，本书酌情考虑大部分学生的实际学习水平，有效、合理地调整了图例的繁杂性和难度。注重图例的典型性，突出形体结构和实际零件的重点，并以大量的立体图和轴测图作为引导。注重理论联系实际，例如机械制图部分的第七、八、九章，采用的大部分图例为工程或工厂所经常涉及到的图样。

三、本书注重课程之间的内在联系，遵循由简到繁、由易到难的原则对内容进行组织和安排。语言简练、叙述简明、思维严密、通俗易懂，经过内容的删减和学时的调整，可以从某种程度上满足不同专业和不同层次的学生对制图课程的需求。本教材可供机械类专业和电气、管理类等非机械类专业的教学使用，还可供各类学校、工厂和自学青年学习机械制图时参考。

本书由鲍泽富、吴春燕、康晓清主编，孙文、孙艳萍老师参加了部分章节的编写工作。研究生刘江波、王怡、孟祥芹、李峰精心绘制了书中大量的图例，在此对他们付出的辛勤劳动表示衷心的感谢。

本书初稿由西安石油大学朱林教授、王江萍教授进行了详细审阅，并提出了许多宝贵的意见，在此致以诚恳的感谢。

本书是制图教学改革的尝试，它凝聚了教研室全体老师多年从事制图教学的经验和智慧。本书的编写得到西安石油大学的教改项目立项资助，编写过程中得到机械学院和教务处有关老师的支持和帮助，在此致以诚挚的谢意。

在本书出版之际，我们衷心感谢对本书作出具体工作和提出宝贵建议与意见的同志。

本书在体系和内容上作了较大的调整，由于作者水平有限，加之编写时间仓促，书中难免出现缺点和错误，诚恳希望读者批评指正。

编　者

2005 年 12 月

目　　录

绪论……1
第一章　制图基本知识与技能……3
1-1　国家标准《技术制图》和《机械制图》的一般规定……3
1-2　制图工具及其用法……11
1-3　几何作图……14
第二章　投影的基本知识……25
2-1　投影法及投影图……25
2-2　点的投影……28
2-3　直线的投影……35
2-4　平面的投影……48
2-5　直线与平面、平面与平面的相对位置……54
第三章　立体的投影……62
3-1　立体的投影……60
3-2　平面与立体相交的投影……71
3-3　立体与立体相交的投影……82
第四章　组合体……93
4-1　组合体及其组合方式……93
4-2　组合体的画图……94
4-3　组合体的读图……97
4-4　尺寸标注……100
第五章　轴测图……108
5-1　轴测投影的基础知识……108
5-2　正等轴测图的画法……109
5-3　斜二轴测图的画法……119
5-4　轴测剖视图……121
第六章　机件形状的表示方法……123
6-1　视图……123
6-2　剖视……127
6-3　断面……134
6-4　局部放大图……136
6-5　简化画法……137
第七章　零件图……142
7-1　零件图的作用和内容……142

7-2 零件上的常见结构……142
7-3 零件图的视图选择……150
7-4 零件图中尺寸的合理标注……156
7-5 表面粗糙度符号、代号及其注法……158
7-6 极限与配合……161
7-9 零件测绘方法及画草图步骤……164
7-10 读零件图……167
第八章 紧固件和常用件……169
8-1 螺纹紧固件……169
8-2 键、销连接和滚动轴承……174
8-3 齿轮……180
8-4 弹簧……184
第九章 装配图……187
9-1 装配图的作用和内容……187
9-2 装配图的表达方法……189
9-3 装配图中的尺寸……191
9-4 装配图中的零、部件序号、明细栏和标题栏……192
9-5 装配图的画法……194
9-6 装配图结构的合理性……197
9-7 读装配图及拆绘零件图的方法……199
第十章 立体表面展开……203
10-1 表面展开图……203
10-2 可展表面的展开……204
10-3 不可展表面的近似展开……211
10-4 变形接头表面的展开……212
附录……215
一、零件上的常见结构要素……215
二、零件上的常用金属材料……217
三、螺纹……219
四、紧固件及常用件……231
参考文献……246

绪　论

图形与文字、声音等一样是承载信息进行交流的重要媒体。以图形为主的工程设计图样是工程设计、制造和施工过程中用来表达设计思想的主要工具，被称为“工程界的语言”。从一张工程设计图样上，可以反映出一个工程技术人员的聪明才智、创新能力、科学作风和工作风格。毫无疑问，能否用图形来全面表达自己的设计思想，反映了一个工程技术人员的基本素质。

据考古证实，远在2400多年前的战国时期，我国人民就已运用设计图（有确定的绘图比例、酷似用正投影法画出的建筑规划平面图）来指导工程建设。“图”在人类社会的文明进步中和推动现代科学技术的发展中起了重要作用。因此，“工程图学”作为一门科学，历来是人类重要的学习内容和研究内容之一。“画法几何与工程制图”是其中重要的组成部分。

“画法几何与工程制图”是高等学校工科各专业的一门必修的基础课。它研究绘制和阅读工程图样和解决空间几何问题的理论和方法，为培养学生的制图技能和空间想象能力打下必要的基础。同时，它又是学生学习后续课程和完成课程设计、毕业设计不可缺少的基础。

本课程的研究对象是：

（1）在平面上表示空间形体的图示法；

（2）空间几何问题的图解法；

（3）绘制和阅读机械图样的方法；

本课程的学习方法有以下四个要点：

（1）空间想象和空间思维与投影分析和绘图过程紧密结合。

本课程的核心内容是用投影法在二维平面上表达空间几何元素以及在二维平面上图解几何问题。因此，在学习过程中必须随时进行空间想象和空间思维，并与投影分析和绘图过程紧密结合。

（2）理论联系实际，掌握正确的方法和技能。

本课程实践性极强。在掌握基本概念和理论的基础上，必须通过做习题、绘图和读图实践，才能学会和掌握运用理论去分析和解决实际问题的正确方法和步骤，以及实际绘图的正确方法、步骤和操作技能，养成正确使用尺规绘图工具或用计算机，按照正确方法、步骤绘图的习惯。

（3）加强标准化意识和对国家标准的学习。

为了确保图样传递信息的正确与规范，对图形形成的方法和图样的具体绘制、标注方法都有严格、统一的规定，这一规定以“国家标准”的形式给出。每个学习者都必须从开始学习本课程时就加强标准化意识，认真学习并坚决遵守国家标准的有关规定。

（4）与工程实际相结合。

本课程最终要服务于工程实际。因此，在学习中必须注意学习和积累相关工程实际知识，如机械设计知识、机械零件结构知识和机械制造工艺知识等。这些知识的积累，对加强读图和绘图能力可以起到重要的作用。

“画法几何”作为一门学科形成已有200多年的历史，它论述在二维平面上图示三维空间形体和图解空间几何问题的理论和方法，为“工程制图”奠定了理论基础。此后，工程图样在各技术领域中广泛使用，在推动现代工程技术和人类文明发展中起了重要作用。

近年来，随着计算机技术的飞速发展，计算机图形技术也获得了空前的发展和日趋完善，并正在各行各业中得到日益广泛的应用。它必将引起工程制图技术的一次根本性变革，应用计算机绘图技术绘制工程设计图样已成为工程技术人员的必然选择。

另外，伴随着科学技术的飞速发展，各种新兴的学科如雨后春笋般地涌现出来，形成了所谓的“知识大爆炸”。知识更新的周期缩短，要学习的东西实在太多。面对这样的形势，“工程制图”作为一门古老的传统课程，需要进行改革和继续发展是必然的了。这些改变归纳起来主要体现在：课程的理论基础一般不会有什么变化，但应该引入充实新的图形理论——计算机图形学等，表达方法也将会继续进一步的简化；绘图技术将会有根本性的变革，应用计算机绘图技术是必然的选择，而对手工绘图的训练将减弱；创新能力的培养、联系实际能力的培养、快速表达空间构思能力的培养，应该在课程中得到加强。

第一章　制图基本知识与技能

机械工程图样的质量，将直接影响产品的质量和经济性。因此，掌握绘制机械图样的基本知识和技能是学习本课程的目的之一。

本章主要介绍国家标准《技术制图》和《机械制图》的若干规定、绘图仪器和工具的使用方法及几何作图方法。

《技术制图》和《机械制图》国家标准是我国基本技术标准之一，它起着统一工程界的共同“语言”的重要作用。为了准确无误地交流技术思想，绘图时必须严格遵守《技术制图》和《机械制图》国家标准的有关规定。

学习本章内容应掌握《技术制图》和《机械制图》国家标准中关于图纸幅面、图框格式、比例、字体、图线和尺寸注法等基本规定，并在绘图时严格遵守，应能正确地标注常见平面图形尺寸。在学习中应正确使用绘图工具和仪器，掌握常用几何作图的规律、方法以及徒手绘制草图的技巧，掌握平面图形的线段分析方法，按正确的方法和步骤绘制图形，并做到作图准确、线型分明、字体工整、图面整洁美观。

1-1　国家标准《技术制图》和《机械制图》的一般规定

本节所介绍的国家标准一部分源自最新的《技术制图》国家标准，例如 GB/T 14689—1993《技术制图　字体》，其中“GB”为“国标”（国家标准的简称）二字的汉语拼音字头，“T”为推荐的“推”字的汉语拼音字头，“14689”为标准编号，“1993”为标准颁布的年号。另有部分源自《机械制图》国家标准，例如 GB/T 4458.4—1984。

一、图纸幅面及格式（GB/T 14689—1993）

图纸宽度（B）和长度（L）组成的图面称为图纸幅面。基本幅面图纸的尺寸特点是：长边和短边的尺寸比为 $\sqrt{2}:1$；大于 A4 图纸的每一号图纸，可以裁成两张比它小一号的图纸。

1. 幅面尺寸和代号

绘制技术图样时，应优先采用表 1-1 中规定的基本幅面。必要时，也允许选用国标所规定的加长幅面，加长幅面尺寸是由基本幅面的短边成整数倍增加后得出,如图 1-1 所示。

表 1-1　基本幅面尺寸（第一选择）　mm

幅面代号	A0	A1	A2	A3	A4
尺寸 $B \times L$	841×1189	594×841	420×594	297×420	210×297
c	10			5	
a	25				
e	20		10		

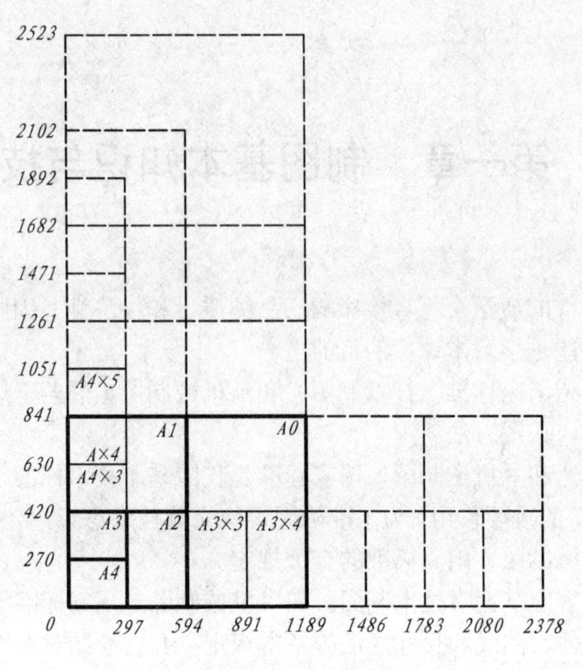

图 1-1 图幅加长

2. 图框格式

图纸上必须用实线画出图框，其格式如图 1-2、图 1-3 所示，分为留有装订边和不留装订边两种，但同一产品的图纸只能采用一种格式。

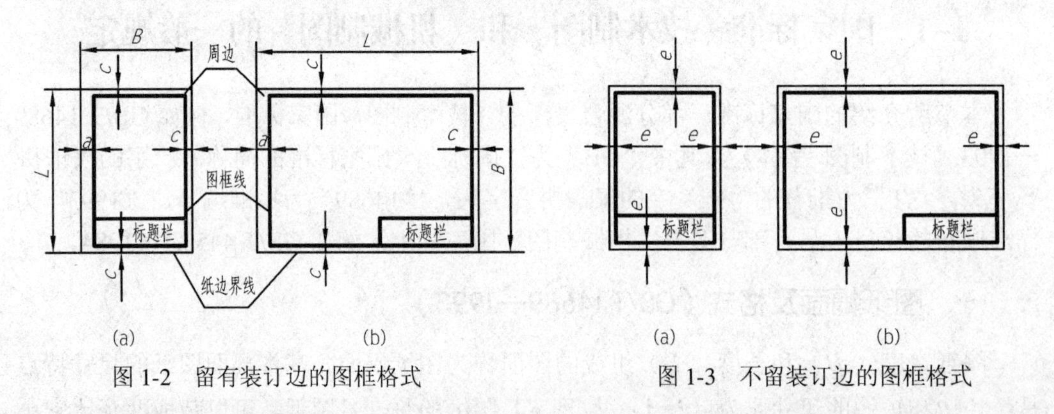

图 1-2 留有装订边的图框格式

图 1-3 不留装订边的图框格式

3. 标题栏及其方位

标题栏一般由名称及代号区、签字区、更改区及其他区组成。标题栏的格式和尺寸按 GB/T 10609.1-1989 的规定，如图 1-4 所示。标题栏的位置应位于图纸的右下角，如图 1-2、图 1-3 所示。

本教材将标题栏作了简化，如图 1-5 所示的格式，建议在学生作业中采用。

4. 图幅分区

（1）必要时可以用细实线在图纸周边内画出分区，如图 1-6 所示。

（2）图幅分区数目按图样的复杂程度确定，但必须取偶数。每一分区的长度应在 25mm～75mm 之间选择。

（3）分区的编号，沿上下方向（按看图方向确定图纸的上下和左右）用直体大写拉丁字母从上到下顺序编写；沿水平方向用直体阿拉伯数字从左到右顺序编写。当分区数超过拉丁字母的总数时，超过的各区可用双重字母编写，如 AA、BB、CC 等。拉丁字母和阿拉伯数字的位置应尽量靠近图框线。

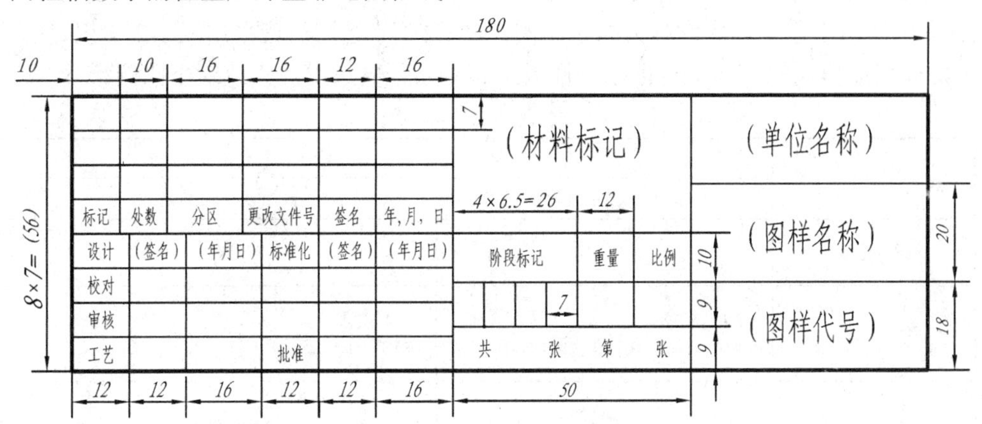

图 1-4　标题栏的格式及尺寸

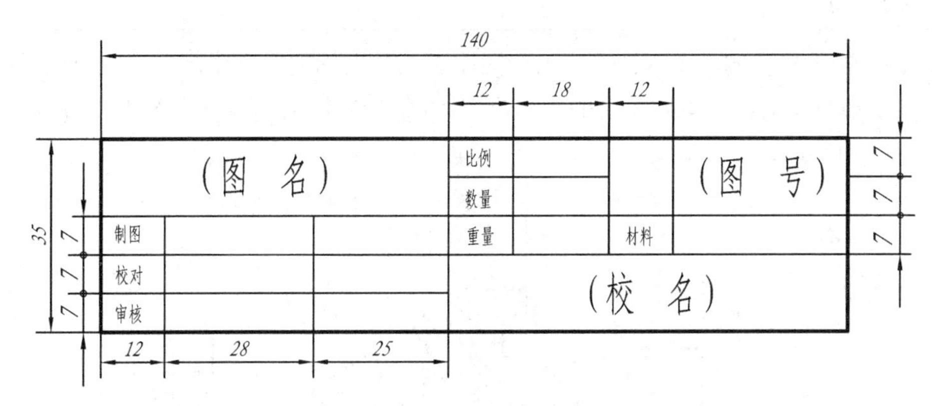

图 1-5　学生作业用标题栏格式

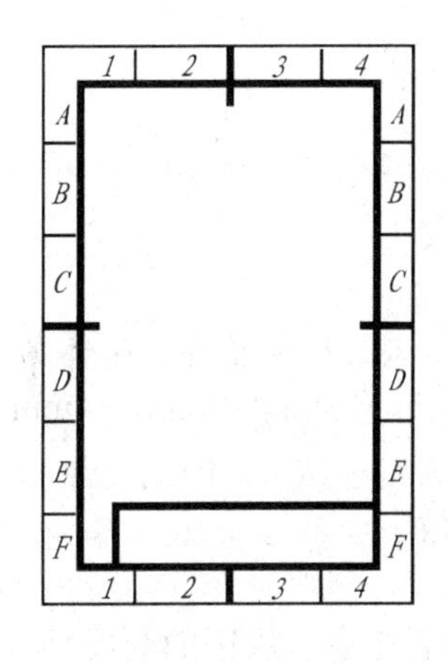

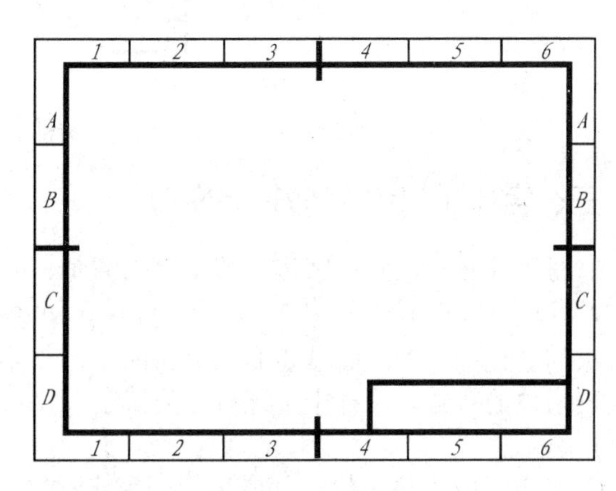

图 1-6　图幅分区

二、比例（GB/T 14690—1993）

（1）图样中图形与其实物相应要素的线性尺寸之比称为比例。

（2）比值为 1 的比例称为原值比例，即 1:1。比值大于 1 的比例称为放大比例，如 2:1 等。比值小于 1 的比例称为缩小比例，如 1:2 等。绘图时应采用表 1-2 中规定的比例，最好选用原值比例，但也可根据机件大小和复杂程度选用放大或缩小比例。

表 1-2　标准比例

种　类	比　例	
	优先选取	允许选取
原值比例	1 : 1	
放大比例	5 : 1　2 : 1 5×10^n : 1　2×10^n : 1　1×10^n : 1	4 : 1　2.5 : 11 4×10^n : 1　2.5×10^n : 1
缩小比例	1 : 2　1 : 5　1 : 10 1 : 2×10^n　1 : 5×10^n　1 : 1×10^n	1 : 1.5　1 : 2.5　1 : 3　1 : 4　1 : 6 1 : 1.5×10^n　1 : 2.5×10^n　1 : 3×10^n　1 : 4×10^n 1 : 6×10^n
注：n 为正整数		

（3）同一机件的各个视图应采用相同比例，并在标题栏“比例”一项中填写所用的比例。当机件上有较小或较复杂的结构需用不同比例时，可在视图名称的下方标注比例，如图 1-7 所示。

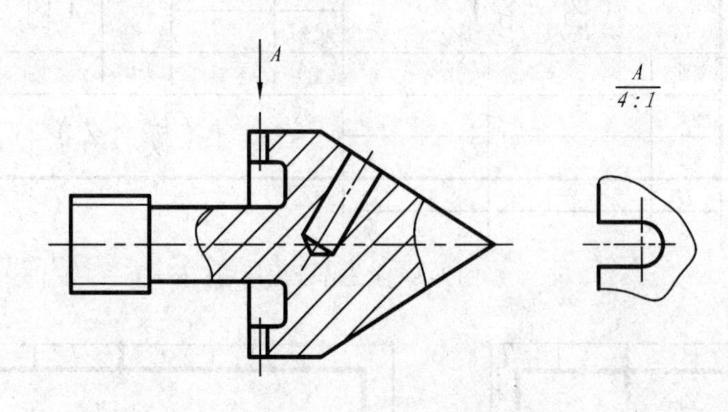

图 1-7　局部放大图

三、字体（GB/T 14691—1993）

书写字体必须做到：字体工整、笔画清楚、间隔均匀、排列整齐。字体高度（用 h 表示）的公称尺寸系列为：1.8mm，2.5mm，3.5mm，5mm，7mm，10mm，14mm，20mm。此数系的公比为 $\sqrt{2}$，如果要书写更大的字，其字体高度应按 $\sqrt{2}$ 的比率递增。字体高度代表字体的号数。图样中字体可分为汉字、字母和数字。

1. 汉字

汉字应写成长仿宋体，并应采用国家正式公布的简化字。汉字的高度 h 应不小于 3.5mm，其字宽一般为 $\frac{h}{\sqrt{2}}$。书写长仿宋体的要点为：横平竖直、注意起落、结构匀称、填满方格。长仿宋体字的示例如下：

10 号字

字体工整笔画清楚间隔均匀排列整齐

7 号字

横平竖直注意起落结构匀称填满方格

5 号字

技术制图机械电子汽车航空船舶土木建筑矿山井坑港口纺织服装

3.5 号字

螺纹齿轮端子接线飞行指导驾驶舱位挖填施工引水通风闸阀坝棉麻化纤

2. 字母及数字

字母和数字分为 A 型和 B 型。A 型字体的笔画宽度为字高的 1/14；B 型字体的笔画宽度为字高的 1/10。在同一图样上，只允许选用一种字型。一般采用 A 型斜体字，斜体字字头与水平线向右倾斜 75° 。以下字例为 A 型斜体字母及数字和 A 型直体拉丁字母：

拉丁字母大写斜体：

ABCDEFGHIJKLMNOPQRSTUVWXYZ

拉丁字母小写斜体：

abcdefghijklmnopqrstuvwxyz

阿拉伯数字斜体：

0123456789

拉丁字母大写直体：

ABCDEFGHIJKLMNOPQRSTUVWXYZ

拉丁字母小写直体：

abcdefghijklmnopqrstuvwxyz

3. 字母组合应用示例

（1）用作指数、分数、极限偏差、注脚等的字母及数字，一般采用小一号字体，其应用示例如下：

$$10^3 \quad S^{-1} \quad D_1 \quad T_{\mathrm{d}} \quad \Phi 20^{+0.010}_{-0.023} \quad 7^{\circ}{}^{+1^{\circ}}_{-2^{\circ}} \quad \frac{3}{5}$$

（2）图样中的数学符号、计量单位符号，以及其他符号、代号应分别符合国家标准有关法令和标准的规定。量的符号是斜体，单位符号是正体，如 m/kg，其中 m 为表示质量的符号，应用斜体，而 kg 表示质量的单位符号，应是正体。示例如下：

l/mm　m/kg　*460*r/min　*380*kPa

（3）其他应用示例如下：

10Js5(±*0.003*)　*M24–6h*

$\phi 25\frac{H6}{m5}$　$\frac{II}{2:1}$　$\frac{A\curvearrowleft}{5:1}$　$\overset{6.3}{\bigtriangledown}$

四、图线及画法（GB/T 17450—1998　GB/T 4457.4—2002）

1. 图线

图线是起点和终点间以任意方式连接的一种几何图形，形状可以是直线或曲线、连续线或不连续线。机械图样中，常用的图线见表 1-3。

表 1-3　图线名称及线型

图线名称	型　式	图线名称	型　式
粗实线		细虚线	10d–15d　1d–3d
细实线		细点画线	1d　1d　1d　15d–20d
波浪线		细点画线	
双折线		细双点画线	24d　0.5d　3d

所有线型的图线宽度（d）的系列为：0.13，0.18，0.25，0.35，0.50，0.7，1，1.4，2（单位均为 mm）。

2. 图线画法

（1）机械图样中粗线和细线的宽度比率为 2:1。表 1-3 中，粗实线的宽度 d 通常选用 0.5mm 或 0.7mm，其他图线均为细线。在同一图样中，同类图线的宽度应一致。

（2）除非另有规定，两条平行线之间的最小间隙不得小于 0.7mm。

（3）细点画线和细双点画线的首末端一般应是长画而不是点，细点画线应超出图形轮廓 2mm～5mm。当图形较小难以绘制细点画线时，可用细实线代替细点画线，如图 1-8 所示。

（4）当不同图线互相重叠时，应按粗实线、细虚线、细点画线的先后顺序只画前面一种图线。手工绘图时，细点画线或细虚线与粗实线、细虚线、细点画线相交时，一般应以线段相交，不留空隙；当细虚线是粗实线的延长线时，粗实线与细虚线的分界处应留出空隙，如图 1-9 所示。

五、尺寸标注（GB/T 4458.4—1984　GB/T 16675.2—1996）

图形只能表达机件的结构形状，其真实大小由尺寸确定。一张完整的图样，其尺寸标注应做到正确、完整、清晰、合理。下面仅就尺寸的正确注法摘要介绍国家标准有关标注尺寸的一些规定，对尺寸标注的其他要求将在后续章节中介绍。

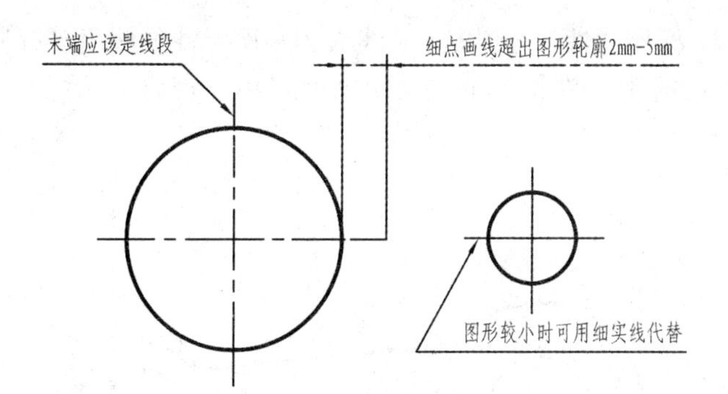

图 1-8　细点画线的画法

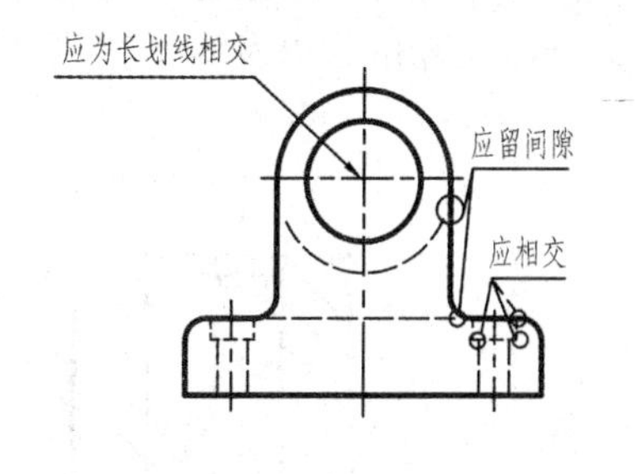

图 1-9　细点画线或细虚线与其他图线的关系

1. 基本规则

（1）机件的真实大小应以图样上所注的尺寸数值为依据，与绘图的比例及绘图的准确度无关。

（2）图样中的尺寸一般以毫米为单位。当以毫米为单位时，不需标注计量单位的代号或名称。如采用其他单位时，则必须注明相应计量单位的代号或名称。

（3）图样中标注的尺寸应为该图样所示机件的最后完工尺寸，否则应另加说明。

（4）机件的每一个尺寸，一般只标注一次，并应标注在反映该结构最清晰的图形上。

2. 尺寸组成

一个完整的尺寸由尺寸界线、尺寸线和尺寸数字（包括必要的字母和图形符号）组成。

（1）尺寸界线用细实线绘制，并应自图形的轮廓线、轴线或对称中心线引出，也可以用轮廓线、轴线或对称中心线做尺寸界线。尺寸界线应超出尺寸线约 3mm～4mm，如图 1-10(a)所示。若在光滑过渡处标注尺寸时，必须用细实线将轮廓线延长，并从它们的交点引出尺寸界线，如图 1-11 所示。

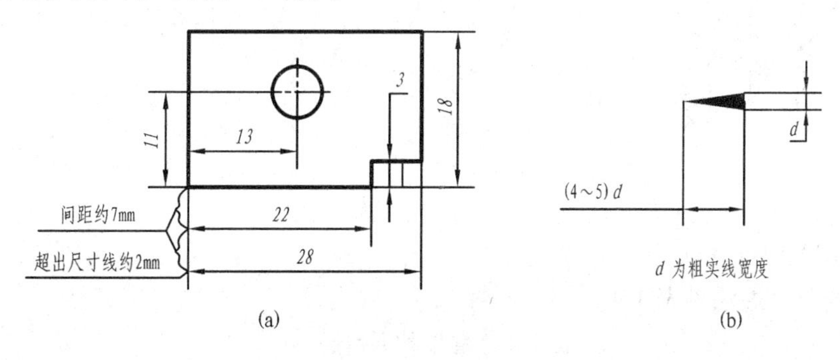

图 1-10

（2）尺寸线必须用细实线画出，不得用其他图线代替或画成其它图线的延长线，也不能与其他图线重合。

尺寸线的终端应画出箭头，并与尺寸界线相接触，同一图样中所有尺寸箭头的大小应大致相同，尺寸线终端的箭头如图 1-10（b）所示，箭头最粗处的宽度为 *d*（*d* 为粗实线宽度），其长度约为（4～5）*d*，当尺寸界线内侧没有足够位置画箭头时，可将箭头画在尺寸界线的外侧；当尺寸界线内、外侧均无法画箭头时，可用圆点代替，圆点必须画在用细实线引出的尺寸界线上，圆点的直径为粗实线的宽度 *d*。

通常尺寸线应垂直于尺寸界线，标注线性尺寸时，尺寸线必须与所标注的线段平行。尺寸线与轮廓线以及两平行尺寸线的间距一般取 7mm 左右，如图 1-10(a)所示。

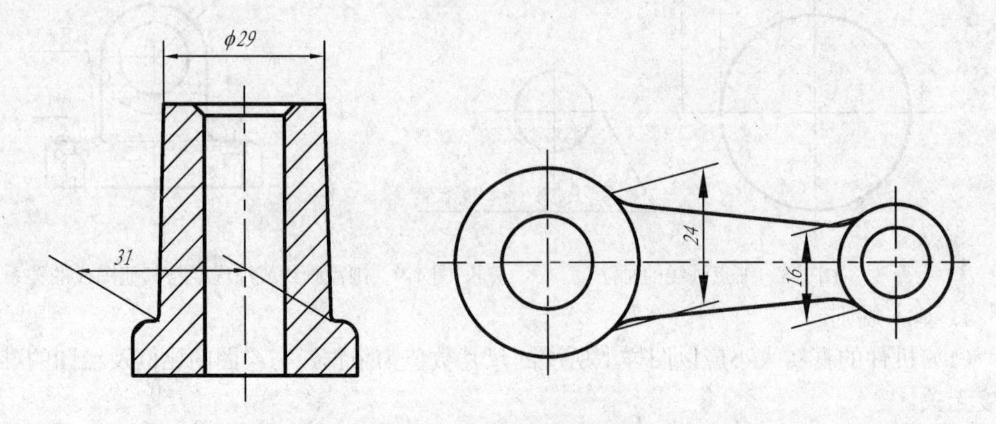

图 1-11　光滑过渡处的尺寸界线

（3）尺寸数字一般应注写在尺寸线的上方，如图 1-10(a)所示，也允许注写在尺寸线的中断处，当没有足够的位置注写尺寸数字时，可引出标注。

线性尺寸的尺寸数字应按图 1-12(a)所示的方向注写。水平方向的尺寸数字字头朝上；垂直方向的尺寸数字字头朝左；倾斜方向的尺寸数字字头趋于朝上。当必须在图中所示 30º范围内标注尺寸时，可按图 1-12(b)的形式标注。

尺寸数字不允许被任何图线穿过，当不可避免时，必须将图线断开，如图 1-12(c)所示。

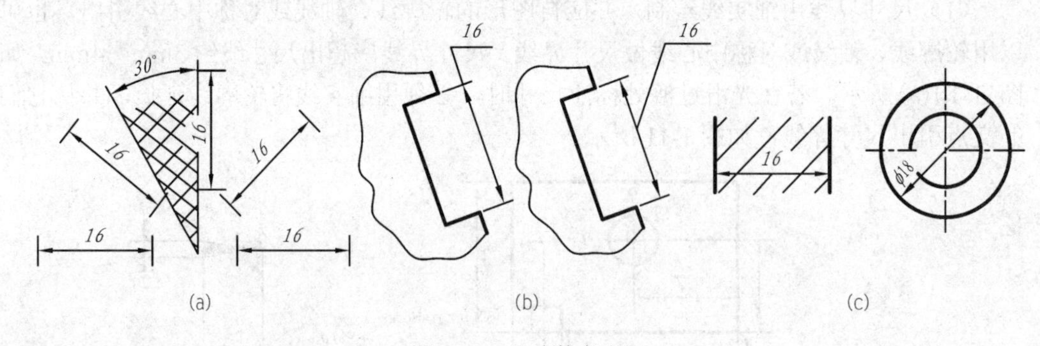

图 1-12　尺寸数字注写

3. 常用的尺寸注法

常用的尺寸注法见表 1-4。

表 1-4　常用的尺寸注法

内　容	示　例	说　明
角度	60°　65°　50°　5°　15°　60°	角度的尺寸界线应沿径向引出。尺寸线应画成圆弧，其圆心是该角的顶点。角度的数字，一般应注写在尺寸线的中断处，并一律写成水平方向，必要时也可写在尺寸线的上方，外面或引出标注

（续）

内　容	示　例	说　明
直径和半径	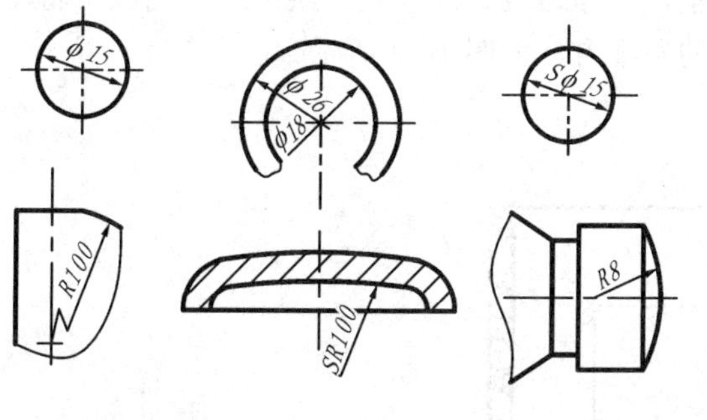	直径，半径的尺寸数值前，应分别注尺寸符号“ϕ”“R”，对球面应在符号“ϕ”或“S”前加注符号“S”，在不致引起误解时也允许省略符号“S”，当圆弧的半径过大或在图纸范围内无法标注其圆心位置时，可用折线形式表示尺寸线。若无需表示圆心位置，可将尺寸线中断
小间隙小圆和小圆弧	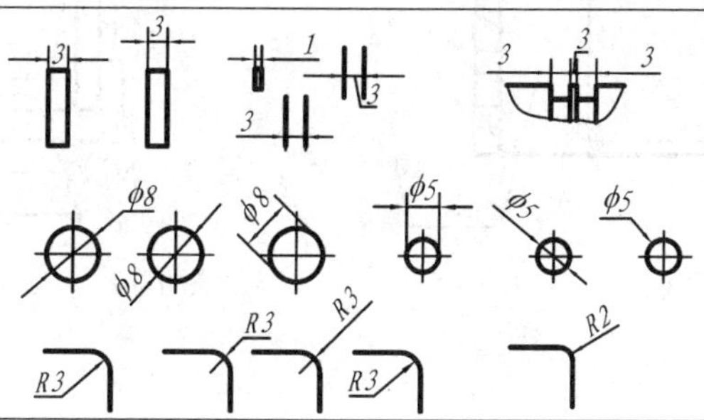	没有足够位置画箭头或注写尺寸数字时，可按左图形式标注
弦长和弧长	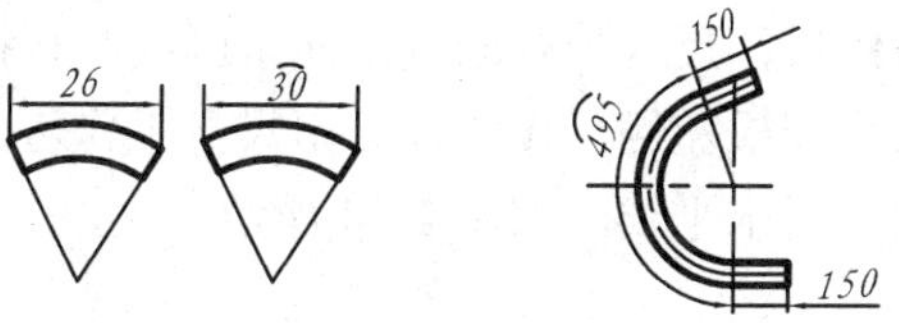	标注弦长尺寸时，尺寸界线应平行于该弦的垂直平分线；标注弧长尺寸时，尺寸线用弧线，尺寸数字上方应加注符号“⌒”，尺寸界线应沿径向引出
对称形及薄板零件的厚度	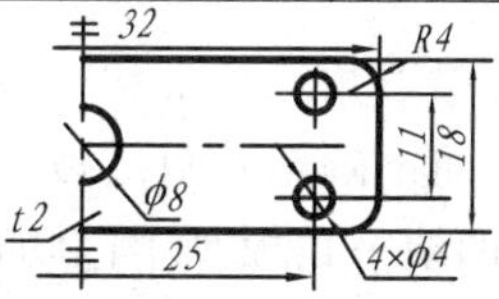	标注对称尺寸时，尺寸线应略超过对称中心线或断裂线，且只在有尺寸界线的一端画出箭头，薄板零件的厚度可用引线注出，并在尺寸数值前面加注符号“t”
正方形结构	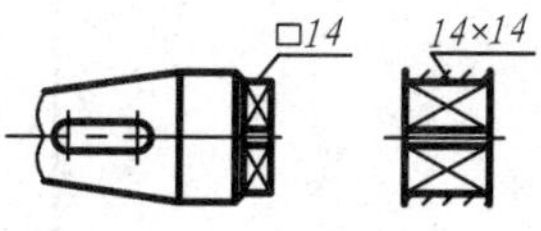	剖面为正方形时，可在正方形边长尺寸数字前加注符号“口”或用 BXB 代替，B 为正边形边长

1–2　制图工具及其用法

正确使用绘图工具是确保绘图质量、提高绘图速度的重要因素。本节简要介绍常用的制图工具及其使用方法。

一、图板

图板的板面应平整，工作边应光滑平直。绘图时，用胶带将图纸固定在图板的适当位置上，一般在图板的左下方，如图 1-13 所示。

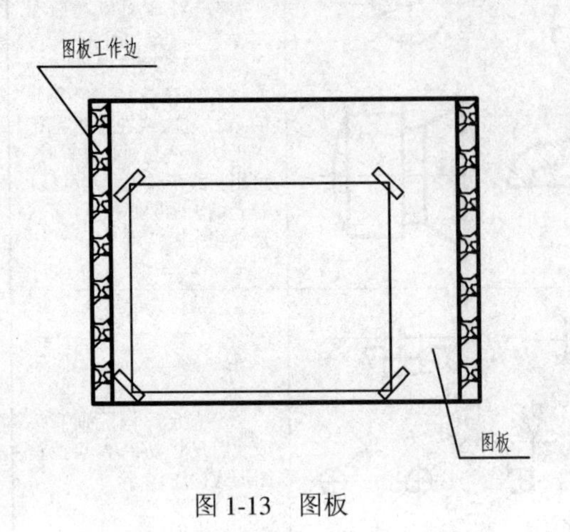

图 1-13　图板

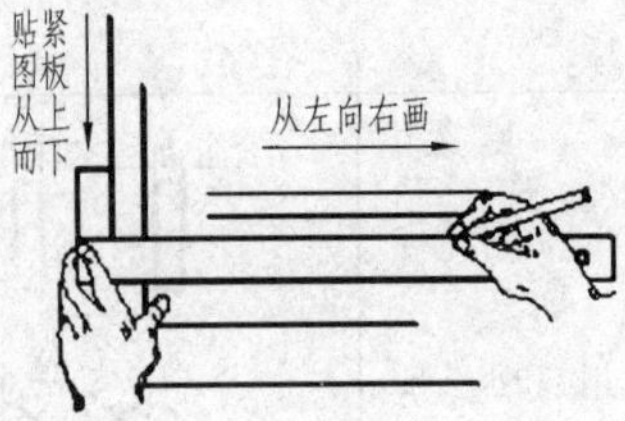

图 1-14　丁字尺和图板配合画水平线

二、丁字尺

丁字尺由尺头和尺身组成，尺身带有刻度，便于画线时直接度量。使用时，用左手握住尺头，使其工作边紧靠图板左侧工作边，利用尺身工作边由左向右画水平线。由上往下移动丁字尺，可画出一组水平线，如图 1-14 所示。

三、三角板

一副三角板由一块 45° 的等腰直角三角形和一块 30°、60° 的直角三角形组成。三角板与丁字尺配合使用，可自上而下画出垂直线以及与水平方向成 15° 整数倍的倾斜线，如图 1-15 所示。也可利用两块三角板画出已知直线的平行线和垂直线，如图 1-16 所示。

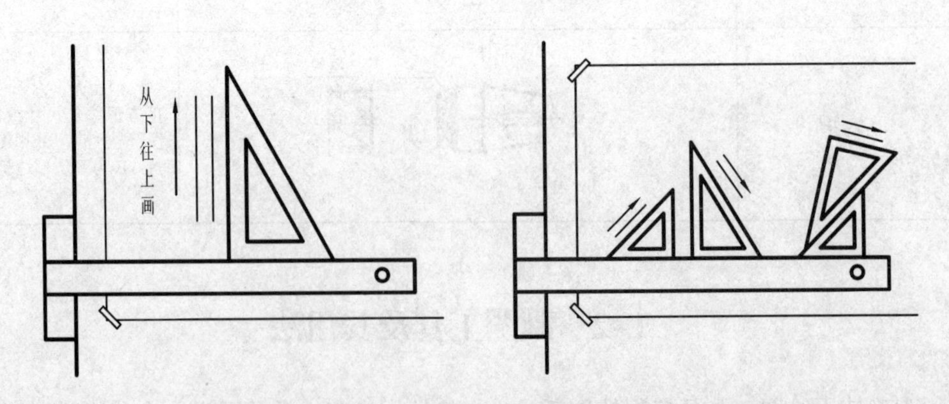

图 1-15　三角板与丁字尺配合使用画线

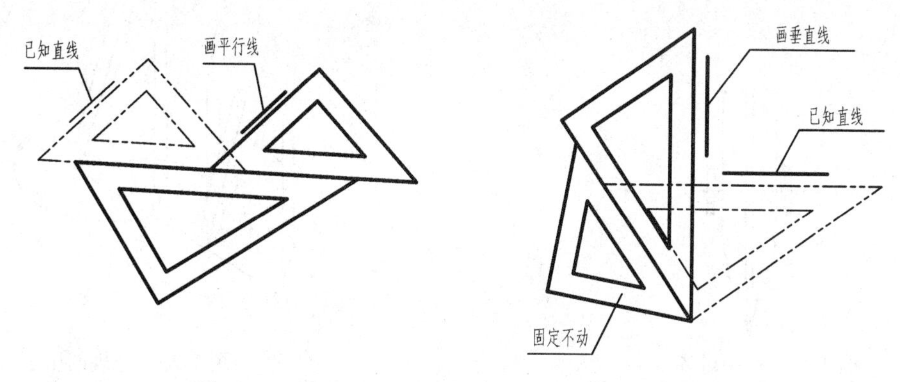

图 1-16　用两块三角板画已知直线的平行线和垂线

四、绘图铅笔

绘图铅笔的铅芯的软硬度是用字母“H”和“B”表示。H 前的数值越大，表示铅芯越硬，所画图线越浅；B 前的数值越大，表示铅芯越软，所画图线越黑；HB 表示铅芯软硬适中。画图时，应根据不同用途，选用适当的铅笔及铅芯，并将其磨削成一定的形状——锥状或楔形。

五、绘图仪器

绘图仪器种类很多，每套仪器的件数多少不等，下面简要介绍圆规和分规的使用方法。

1. 圆规

圆规用于画圆和圆弧。圆规的一条腿上装钢针，另一条腿上装铅芯。钢针的两端形状不同，一端有台阶，另一端为锥形。画圆时要使针尖略长于铅芯尖，并将带台阶的一端针尖扎在圆心处，如图 1-17 所示。

画圆或画弧时，应根据不同的直径，尽量使钢针和铅芯同时垂直于纸面，并按顺时针方向一次画成，注意用力要均匀，如图 1-18 所示。若需画特大的圆或圆弧时，可加接长杆。画小圆可用弹簧圆规。若用钢针接腿替换铅芯插腿时，圆规可作分规用。

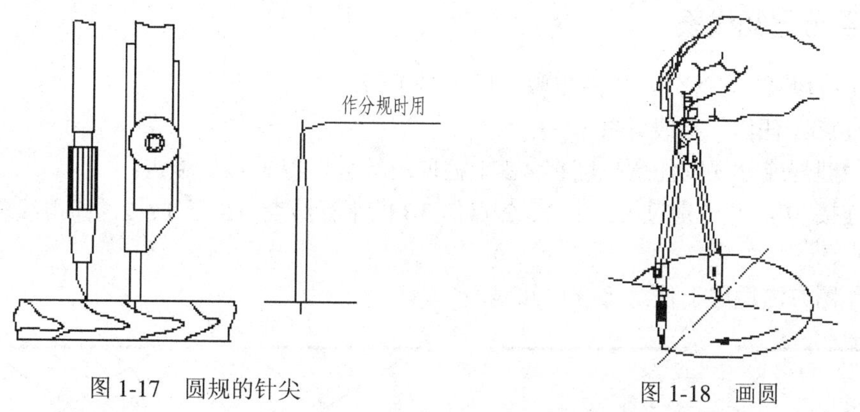

图 1-17　圆规的针尖

图 1-18　画圆

2．分规

分规用于量取尺寸和截取线段。分规两条腿上均装钢针，当两条腿并拢时，两针尖应能对齐，如图 1-19 所示。图 1-20 表示用分规等分线段的作图方法。

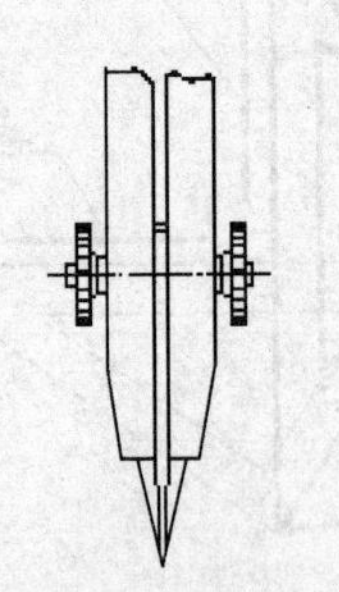

图 1-19　针尖对齐

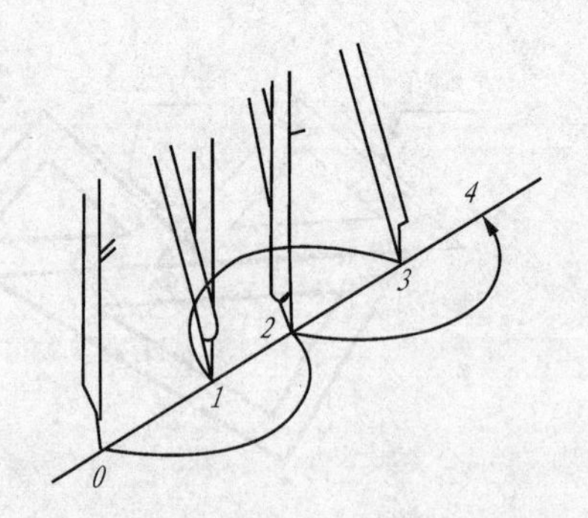

图 1-20　分规的用法

六、其他绘图工具

为了提高绘图质量和速度，可用图 1-21 所示的擦图片、胶带、橡皮等绘图工具。

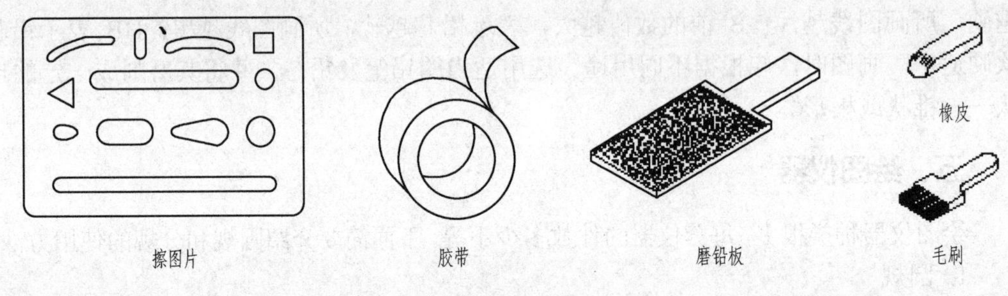

图 1-21　其他绘图工具

1–3　几 何 作 图

机件的轮廓形状是由不同的几何图形组成的。熟练掌握几何图形的正确画法，有利于提高作图的准确性和绘图速度。下面将介绍一些常见的几何图形作图方法。

一、等分已知线段

将已知线段 *AB* 三等分。作图步骤如图 1-22 所示。

（1）过点 *A* 任作一直线 *AC*;

（2）用圆规或分规以任意长度在 *AC* 上截取三等分，得 1、2、3 点；

（3）连接 3*B*，并分别过 *AC* 上 1、2 点作 3*B* 的平行线交 *AB* 于 1、2，即得线段 *AB* 上三等分点。

以上作图方法适用于任意等分已知线段。

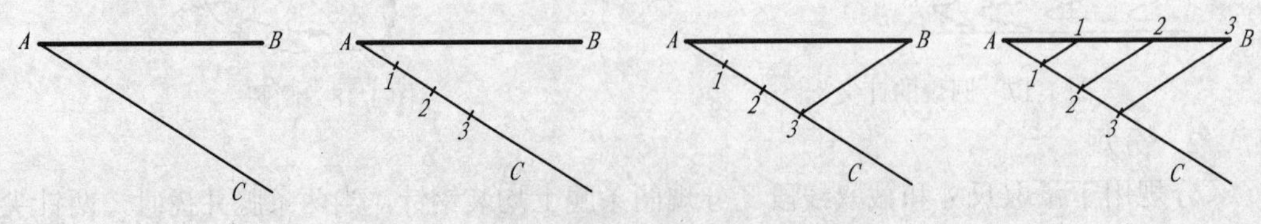

图 1-22　等分已知线段

二、正多边形的画法

1. 正六边形的画法

1）作对角线长为 D 的正六边形

画两条垂直相交的对称中心线，以其交点为圆心，$D/2$ 为半径作圆。有以下两种画法：

（1）如图 1-23(a)所示，在圆上以 $D/2$ 为半径画弧，六等分圆周，依次连接圆上六个分点(1、2、3、4、5、6)，即为正六边形；

（2）如图 1-23(b)所示，用丁字尺与 30°、60°三角板配合，作出正六边形。

2）作对边距离为 S 的正六边形

如图 1-23(c)所示，先画对称中心线及内切圆（直径为 S），然后再利用丁字尺与 30°、60°三角板配合，使三角板的斜边通过正六边形的中心，就可在这对对边上得到四个顶点，即可画出正六边形。

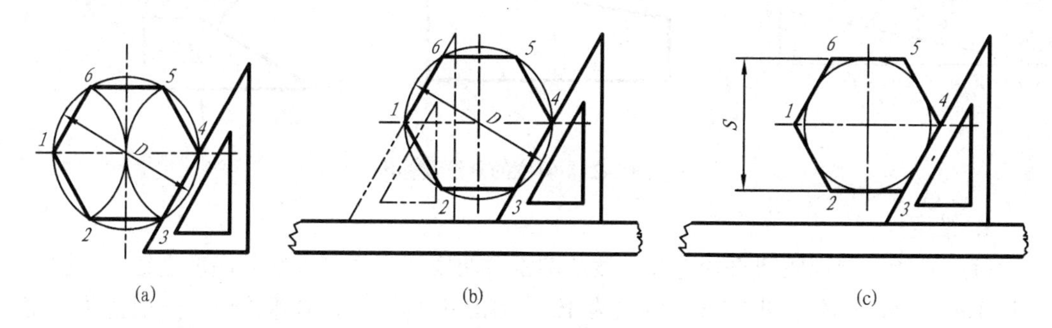

图 1-23　正六边形的画法

2. 正五边形的画法

已知正五边形外接圆直径作正五边形。作图步骤如图 1-24 所示。

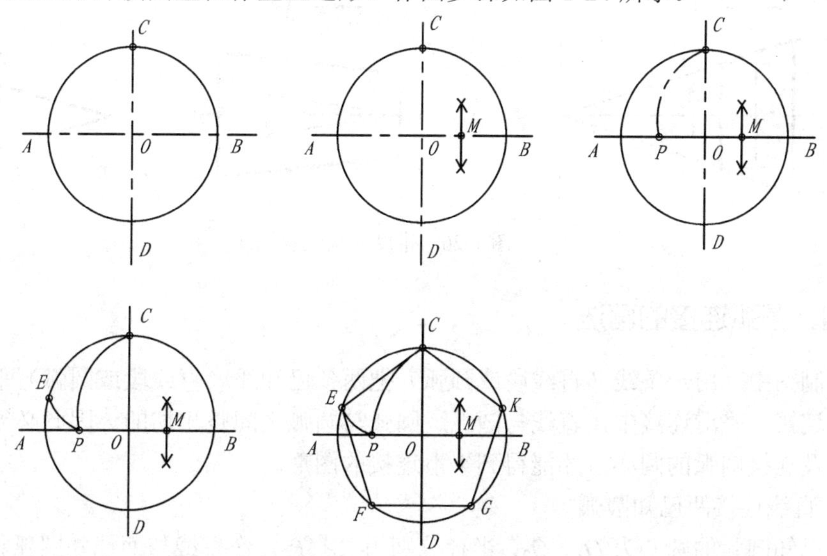

图 1-24　正五边形的画法

（1）画十字中心线及正五边形外接圆；

（2）二等分 OB 得点 M；

（3）在 AB 上截取 $MP=MC$，得点 P；

（4）以 CP 为边长等分圆周，得 E、F、G、K 等分点；

（5）依次连接得正五边形。

三、斜度与锥度的画法及标注

1. 斜度

斜度是指一直线或平面对另一直线或平面的倾斜程度，其大小用两直线或平面间的夹角的正切来度量。在图样中以 1:*n* 的形式标注。图 1-25 为斜度是 1:5 的画法及标注。标注时斜度符号的倾斜方向应与斜度方向一致。

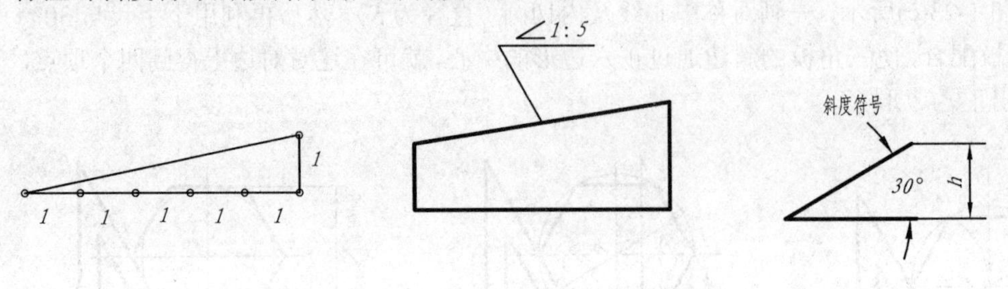

图 1-25 斜度的画法及标准

2. 锥度

锥度是指正圆锥底圆直径与其高度或圆锥台两底圆直径之差与其高度之比。在图样中以 1:*n* 的形式标注。图 1-26 为锥度为 1:5 的画法及标注。在画锥度时，一般先将锥度转化为斜度，如锥度为 1:5，则斜度为 1:10。锥度符号的方向应与锥度一致。

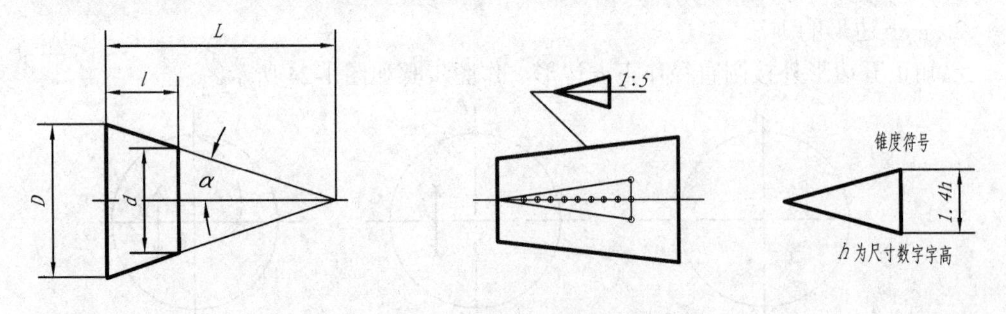

图 1-26 锥度的画法及标注

四、圆弧连接的画法

在制图中，用一条线（直线段或圆弧）把两条已知线（直线段或圆弧）平滑连接起来称为连接。平滑连接中，直线与圆弧、圆弧与圆弧之间是相切的。因此必须准确地求出切点及连接圆弧的圆心，才能得到平滑连接的图形。

1. 直线连接两已知圆弧

两已知圆弧的圆心为 O_1、O_2，半径分别为 R_1、R_2，作直线与两已知圆弧相切。可利用"半圆上圆周角为直角"的定理准确求出切点。

1）直线外接两已知圆弧

作图步骤如图 1-27 所示。

（1）求切点：① 求 1 点；② 求切点 T_1、T_2；

（2）以圆 O_2 为圆心，以两圆半径差 R_2-R_1 为半径作一个辅助圆，过 O_1 作辅助圆的切线切于 1 点；延长 O_21 交大圆于 T_2，再过 O_1 作 $O_1T_1 /\!/ O_2T_2$，可得切点 T_1T_2。

（3）连接并描粗。

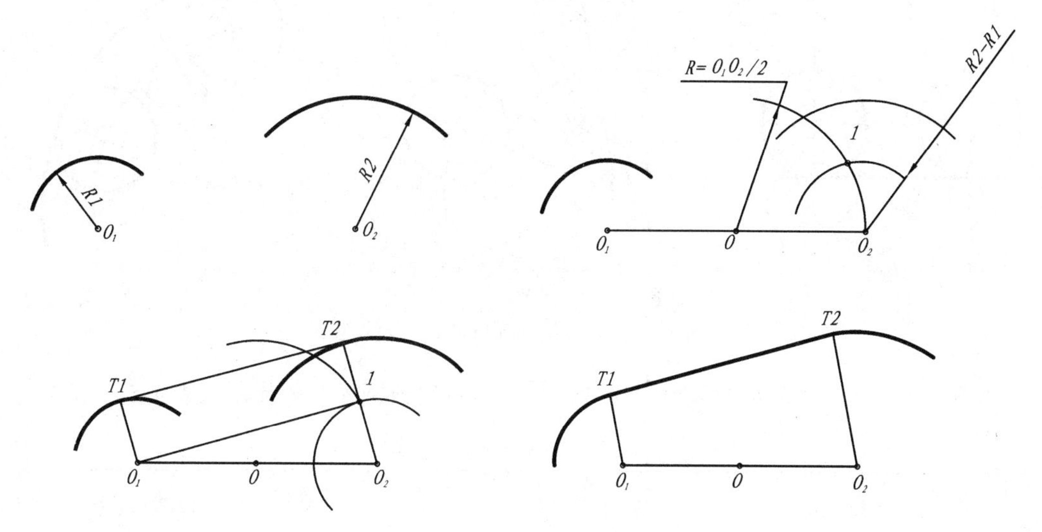

图 1-27　直线外接两已知圆弧

2）直线内接两已知圆弧

作图步骤如图 1-28 所示。

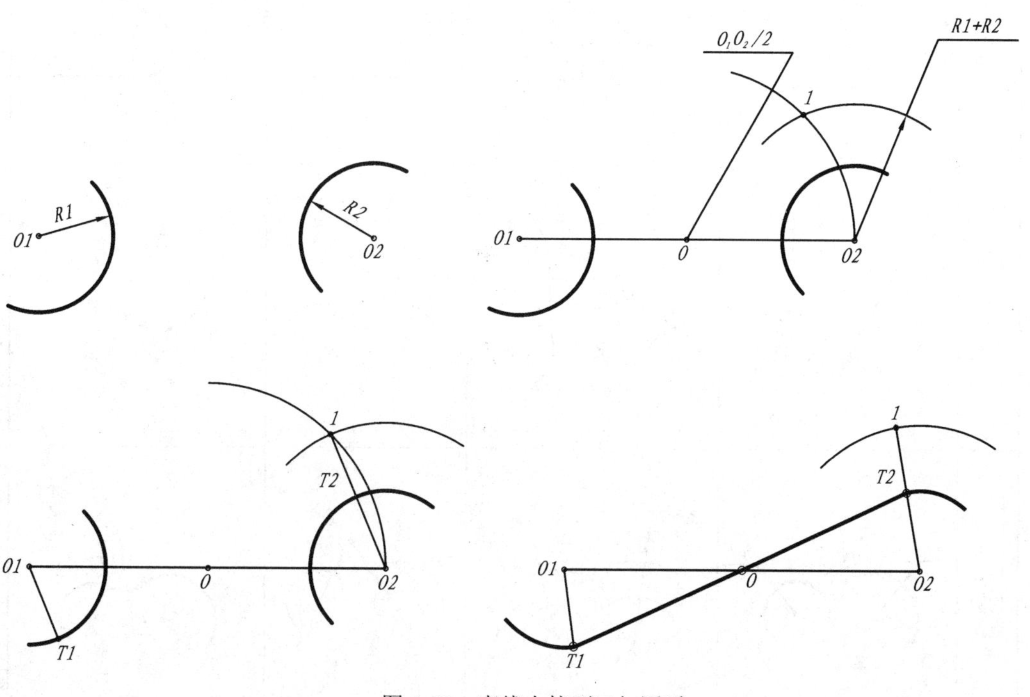

图 1-28　直线内接两已知圆弧

2. 圆弧连接两已知线段

已知半径为 R 的圆弧与定直线相切、与定圆外切、与定圆内切的圆心轨迹 OO' 及切点 T 和 T' 的作图如图 1-29 所示。

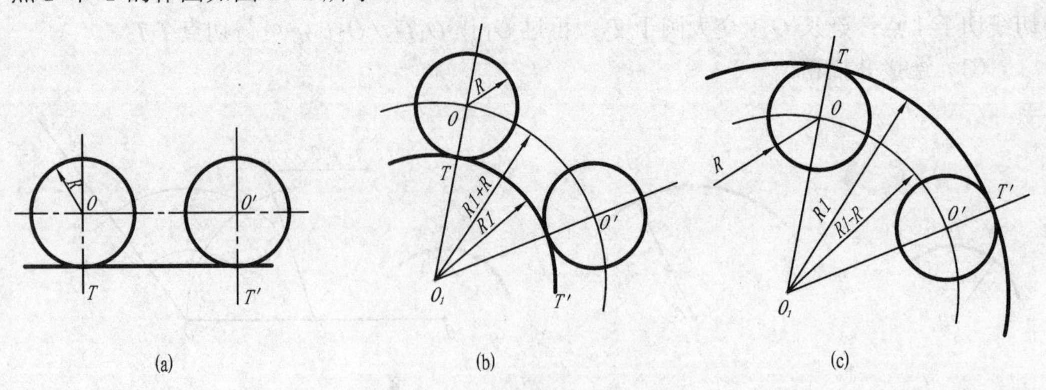

图 1-29　连接圆弧圆心轨迹及切点

用已知半径为 R 的圆弧连接两已知线（直线或圆弧）的作图见表 1-5。

表 1-5　圆弧连接两已知线段

几种连接	已知条件	求圆心的位置	求切点	连接并描粗
直线与直线间的圆弧连接				
直线与圆弧间的圆弧连接				
两圆弧间的外切圆弧连接				

（续）

几种连接	已知条件	求圆心的位置	求切点	连接并描粗
两圆弧间的内切圆弧连接	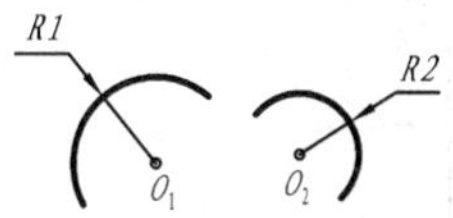 $R1$ $R2$ O_1 O_2	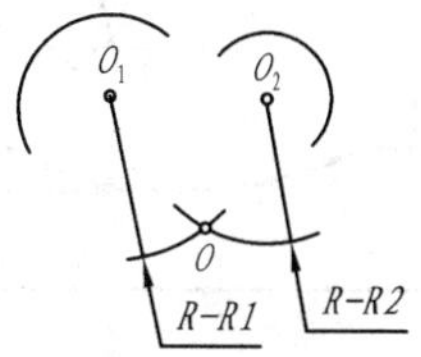 O_1 O_2 O $R-R1$ $R-R2$	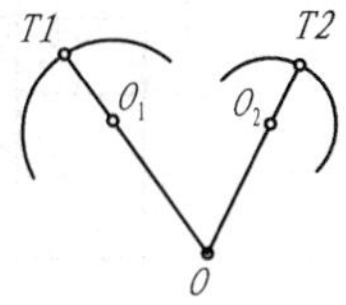 $T1$ $T2$ O_1 O_2 O	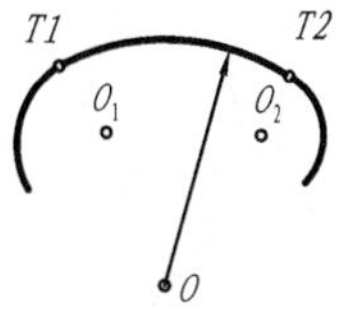 $T1$ $T2$ O_1 O_2 O
两圆弧间的内外切弧连接	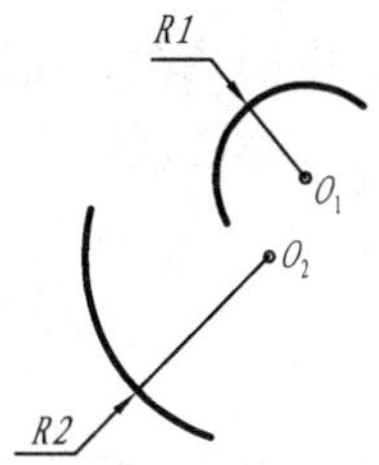 $R1$ O_1 O_2 $R2$	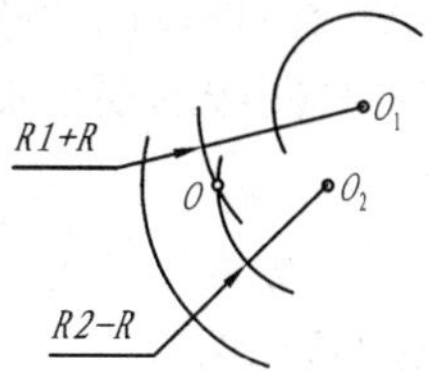 O_1 $R1+R$ O O_2 $R2-R$	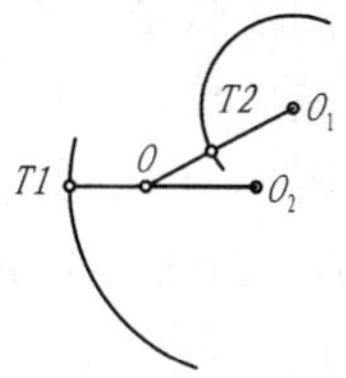 $T2$ O_1 O $T1$ O_2	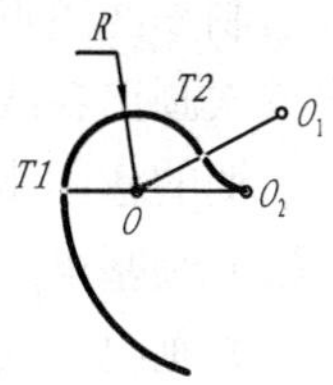 R $T2$ O_1 $T1$ O O_2

五、平面图形的画法

1. 平面图形的尺寸分析

（1）定形尺寸　确定平面图形中几何要素大小的尺寸称为定形尺寸。例如直线的长短、圆的直径（或半径）等。

（2）定位尺寸　确定几何元素位置的尺寸称为定位尺寸。如圆心和直线相对于坐标系的位置等。

（3）尺寸基准　标注定位尺寸的起点称为尺寸基准。对平面图形而言，有上下和左右两个方向的尺寸基准，相当于 *X*、*Y* 轴，通常以图形中的对称线、较大圆的中心线、较长的直线作为尺寸基准。

2. 平面图形的线段分析

根据所注的尺寸，平面图形中线段（直线和圆弧）可以分为已知线段、中间线段和连接线段三类。现以图 1-30 所示的各线段为例分析如下。

（1）已知线段　利用图中所给尺寸可直接画出的线段称为已知线段。如已知半径尺寸和圆心的两个定位尺寸的圆线段。

（2）中间线段　利用图中所给尺寸，并需借助一个连接关系才能画出的线段称为中间线段。如图中 *R*50 的圆弧，已知半径尺寸和圆心的一个定位尺寸，但其圆心的 *X* 方向的定位尺寸不知，需要利用与 *R*10 圆弧的连接关系（内切），才能定出它的圆心和连接点。

（3）连接线段　利用图中所给尺寸，并需借助两个连接关系才能画出的线段称为中间线段。如图中 *R*12 的圆弧，只知半径尺寸缺少圆心的定位尺寸，故需要利用与 *R*50 和 *R*15 两圆弧的外切关系才能画出。

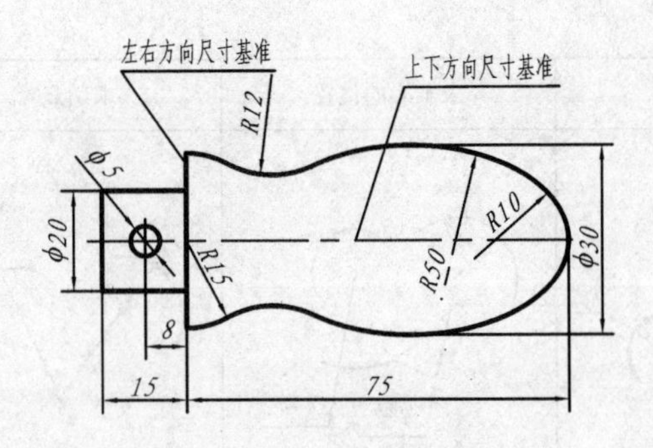

图 1-30　手柄

3. 平面图形的作图步骤

绘制平面图形的作图步骤是：先画基准线；再按已知线段、中间线段、连接线段的顺序依次画出各线段；最后检查全图，按各种图线的要求加深，并标注尺寸。

手柄的作图步骤如图 1-31 所示：

（1）画基准线 A、B，如图 1-31(a)；

（2）画已知线段（直线和圆弧），如图 1-31(b)；

（3）画中间线段。作平行并相距 B 均为 15 的两平行线 *II*、*III*，然后作 *I*、*IV* 分别平行于 *III*、*II*，且相距均为 50，按内切几何条件分别求出中间线段 $R50$ 的圆心 O_1、O_2，连 OO_1、OO_2，求出切点 T_1、T_2。画出两段中间线段 $R50$，如图 1-31(c),(d),(e),(f) 所示；

（4）画连接线段。按外切几何条件分别求出连接线段 $R12$ 的圆心 O_3、O_4，连 O_5O_3、O_5O_4、O_2O_3、O_1O_4，求出切点 T_3、T_4、T_5、T_6。画出两段连接线段 $R12$。完成底稿，如图 1-31(g)；

（5）检查，加深图线，并标注尺寸，如图 1-31(h)所示。

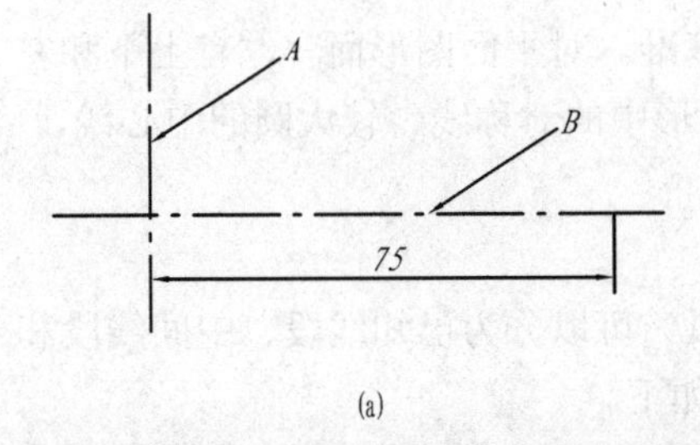

(a)

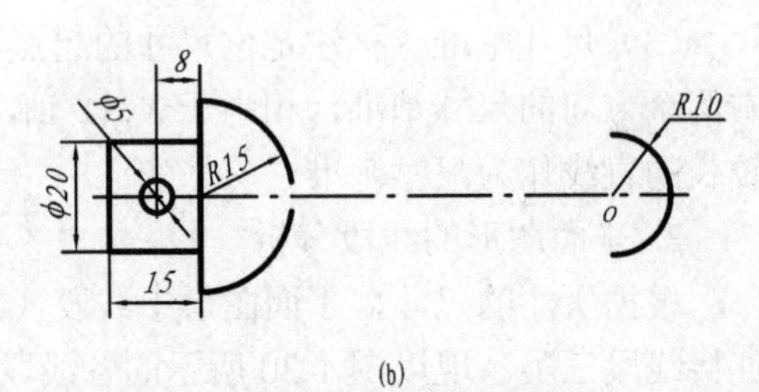

(b)

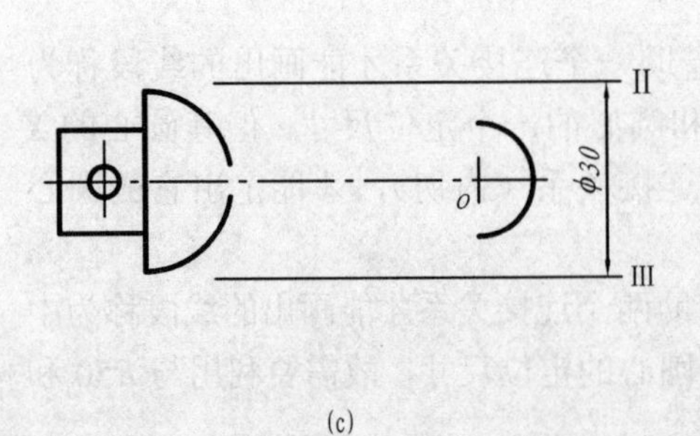

(c)

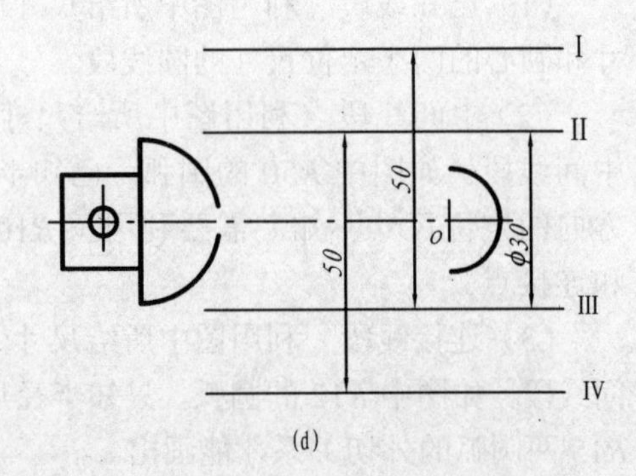

(d)

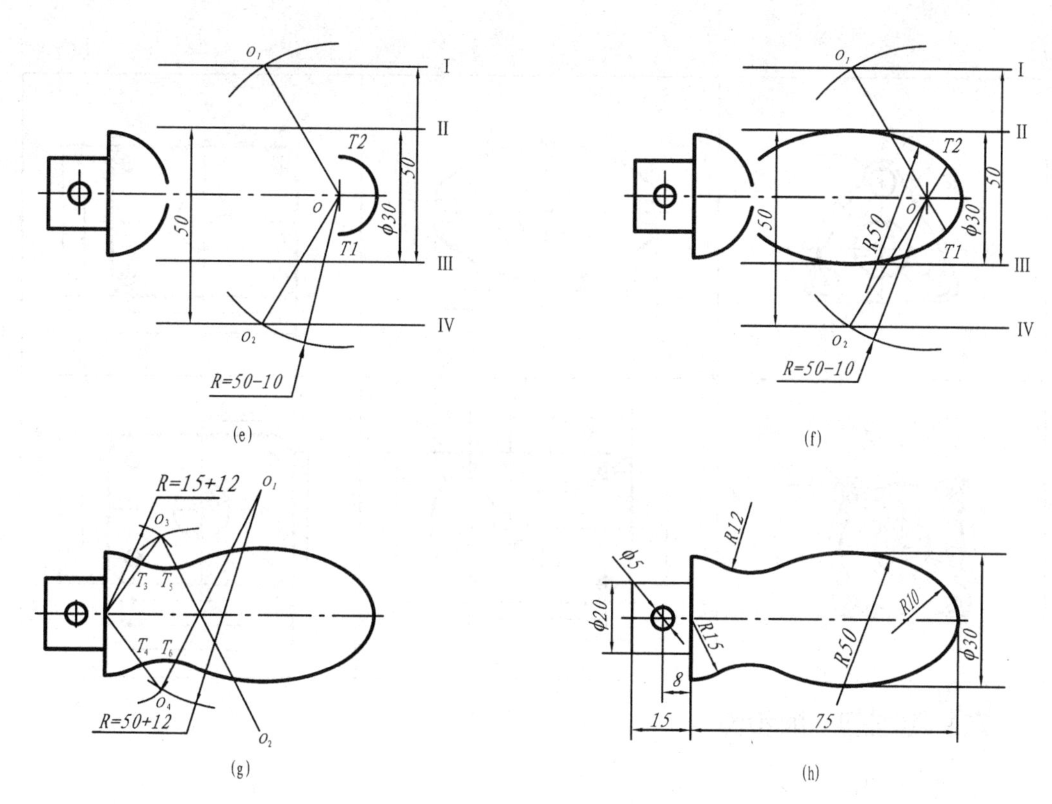

图 1-31　手柄的作图步骤

表 1-6　常见平面图形的尺寸标注

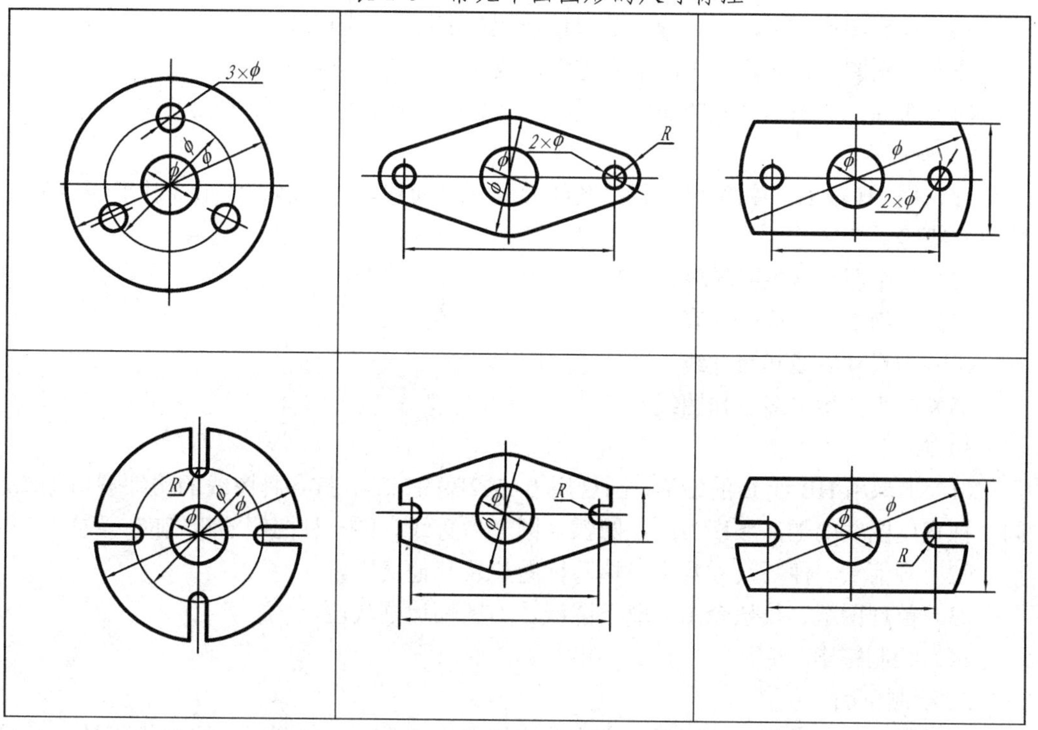

（续）

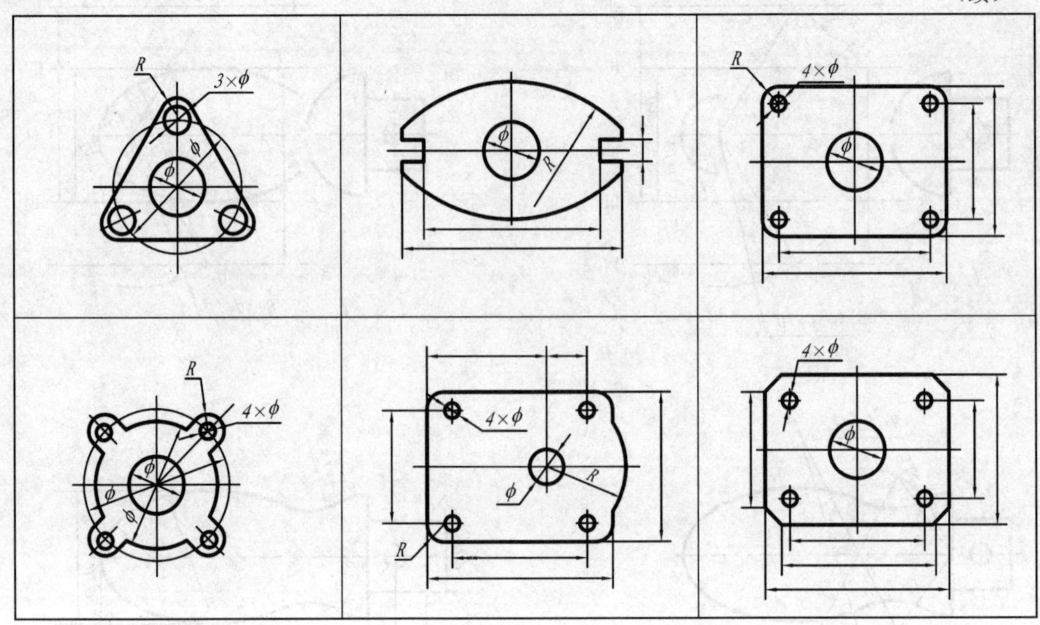

六、绘图的一般步骤

1．绘制仪器图

1）准备工作

（1）将绘图工具、仪器和绘图桌擦拭干净，削磨好铅笔和铅芯。

（2）根据图形大小、复杂程度及数量选取标准比例和图幅。

（3）鉴别图纸正面，并将图纸固定在图板左下方适当位置。

（4）布局三个图形之间的间隔一般采用 3∶4∶3 布局法，如图 1-32 所示。

2）画底稿

（1）用 2H 或 H 的铅笔画底稿，图线要画得细而浅。首先画各图形的基准线，如对称中心线等。

（2）各个图形的主要轮廓。

（3）画细节并完成全图底稿。

（4）画尺寸界线和尺寸线。

（5）检查并擦去多余作图线。

3）加深

（1）加深用 HB 或 B 的铅笔，圆规用 B 或 2B 的铅芯，按各种图线的粗细规格加深。同一种宽度图线的加深顺序为：先圆弧（圆）后直线。同一种图线的粗细应一致。

（2）画箭头、注写尺寸数字、填写标题栏及其他文字。

（3）整理图纸、校核全图、取下图纸、沿图幅边框裁边。

（4）绘制完毕。

2. 绘制草图

草图是一种以目测估计图形与实物的比例，用徒手绘制的图形。绘制草图时，无需精确地按物体各部分的尺寸，也没有比例规定，只要求物体各部分比例协调。绘制草图是一项很有实用价值的基本技能。绘制草图时应做到：图线分明、字体工整、比例匀称、图面整洁。

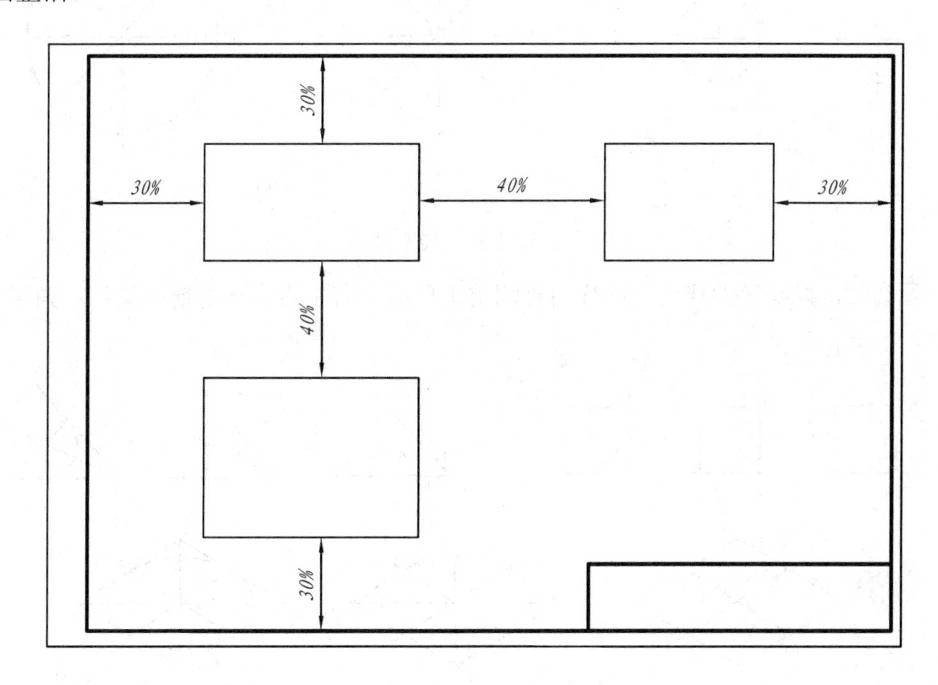

图 1-32　3∶4∶3 布局法示意图

绘制草图一般用 HB 铅笔，铅芯磨削成圆锥形。徒手绘制几种图线的方法如下：

1）徒手画直线

画直线时，执笔要稳，眼睛要注意终点。画较短线时，只运动手腕；画长线运动手臂。画水平线时可将图纸放成稍向左倾斜，从左向右画；画垂直线时自上而下运笔；画倾斜线时，可适当将图纸转到绘图顺手的位置，如图 1-33 所示。

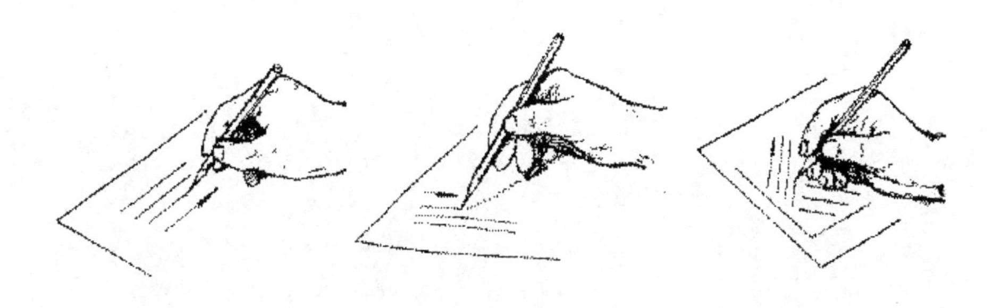

图 1-33　徒手画直线示意图

2）徒手画圆及圆弧

画圆时，应定出圆心的位置，过圆心画中心线。画小圆时，可在对称中心线上取四个点，过四点画圆，如图 1-34（a）所示。画大圆时，可过圆心加画两条 45° 的辅助作图斜线，在斜线上再定四点，过八点画圆。如图 1-34（b）所示。

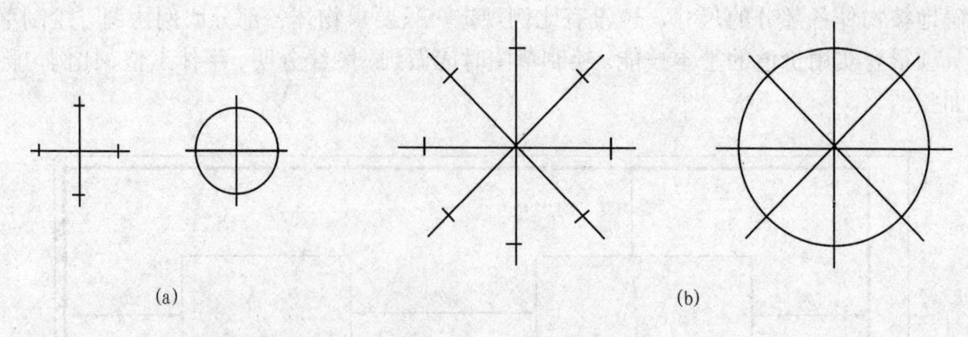

图 1-34　徒手画圆

画圆弧、椭圆等曲线时，同样用目测定出曲线上若干点，光滑连接即可。如图 1-35 所示。

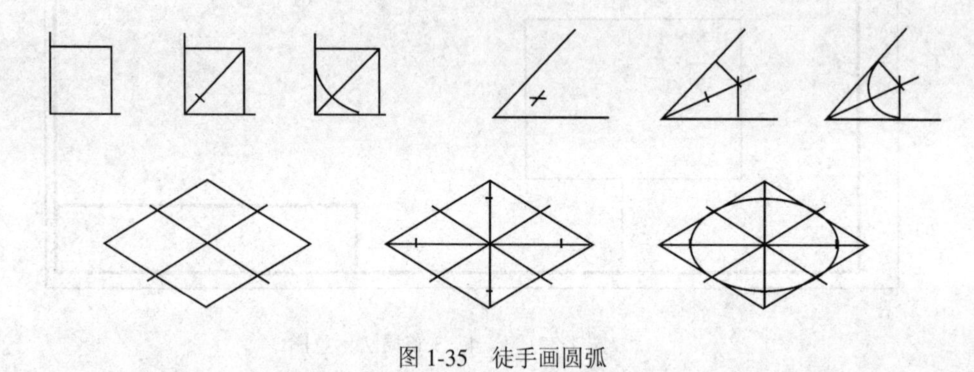

图 1-35　徒手画圆弧

第二章　投影的基本知识

工程界广泛采用投影的方法表达物体，以实现三维物体与二维图形的相互转换。本章将研究投影的基本概念，投影法及投影图的应用即组成物体的基本几何元素——点、直线和平面的投影以及它们之间的关系。

2-1　投影法及投影图

一、投影法

投射线通过物体向选定的平面投射，并在该面上得到图形的方法，称为投影法。根据投影法所得到的图形，称为投影图，简称投影。

如图 2-1 所示，定点 S 是所有投射线的起源点，称为投射中心；直线 SA、SB 是发自投射中心且通过被表示物体（直线 AB）上各点的直线，称为投射线；平面 P 是投影法中得到投影的面，称为投影面。

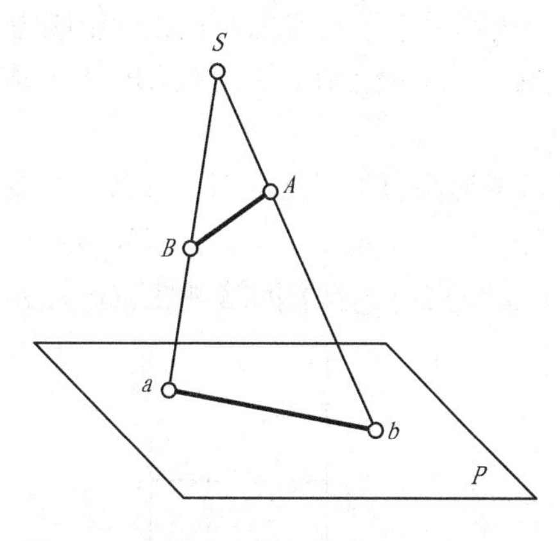

图 2-1　投影法

1. 投影法分类

投影法分为中心投影法和平行投影法。

1）中心投影法

投射线汇交一点的投影法称为中心投影法，用中心投影法得到的投影称为中心投影。

在图 2-2 中，P 为投影面，S 为投射中心，$\triangle abc$ 为空间$\triangle ABC$ 在投影面 P 上的投影。投射线 SAa、SBb、SCc 交于投射中心 S 。由于物体的中心投影不能反映其真实形状，故机械图中不采用。

2）平行投影法

投射线互相平行的投影法称为平行投影法，如图 2-3 所示。平行投影法又分为斜投影法和正投影法。

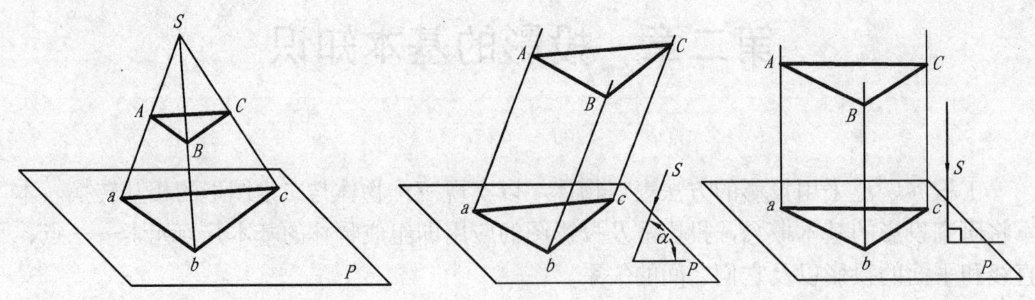

图 2-2　中心投影法　　　　图 2-3　平行投影法

投射线的方向称为投射方向。投射线与投影面倾斜的平行投影法称为斜投影法，用斜投影法得到的投影称为斜投影。投射线与投影面垂直的平行投影法称为正投影法，用正投影法得到的投影称为正投影。

由于物体的平行投影相对中心投影的度量性好，而正投影又可简化作图，故在工程图样中常常采用。

2. 正投影法的投影特性

（1）当直线段或平面图形平行于投影面时，其投影反映直线段的实长或平面图形的实形。如图 2-4（a）所示，*AB*//*P*，则 *ab*=*AB*；△*ABC*//*P*，则△*ABC*≌△*abc*。投影的这种性质称为实形性或真实性。

（2）当直线段或平面图形垂直于投影面时，其投影成为一点或一直线，如图 2-4（b）所示，*AB*⊥*P*，*AB* 汇聚成一点；△*ABC*⊥*P*，△*ABC* 汇聚成一直线。投影的这种性质称为积聚性。

（3）当直线段或平面图形倾斜于投影面时，线段的投影比实长短，平面图形的投影成为类似形。如图 2-4（c）所示，*AB*∠*P*，则其投影 *ab* 仍为一直线；△*ABC*∠*P*，投影 *abc* 也仍为三角形，但不反映实形。投影的这种性质称为类似性。

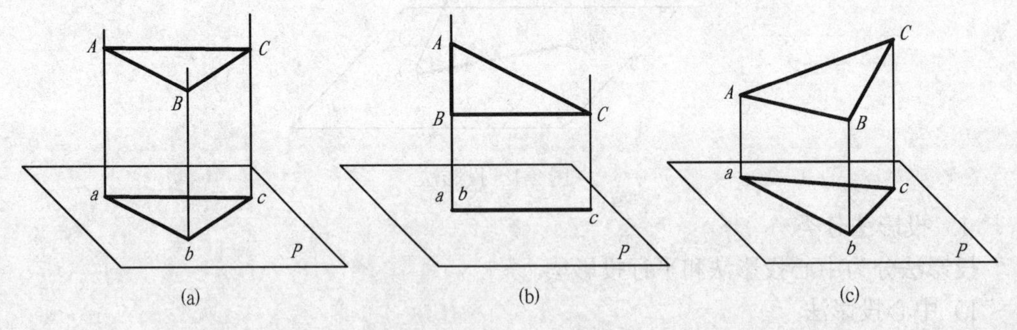

图 2-4　正投影法

二、工程上常见的投影图

1. 正投影图

物体在互相垂直的两个或多个投射面上所得到的正投影称为多面正投影图。将这些投影面旋转展开到同一图面上，使该物体的各正投影图有规则地配置，并相互之间形成对应关系。根据物体的多面正投影图，便能确定其形状。

图 2-5 是一物体在三个相互垂直的投影面上的三面正投影图。

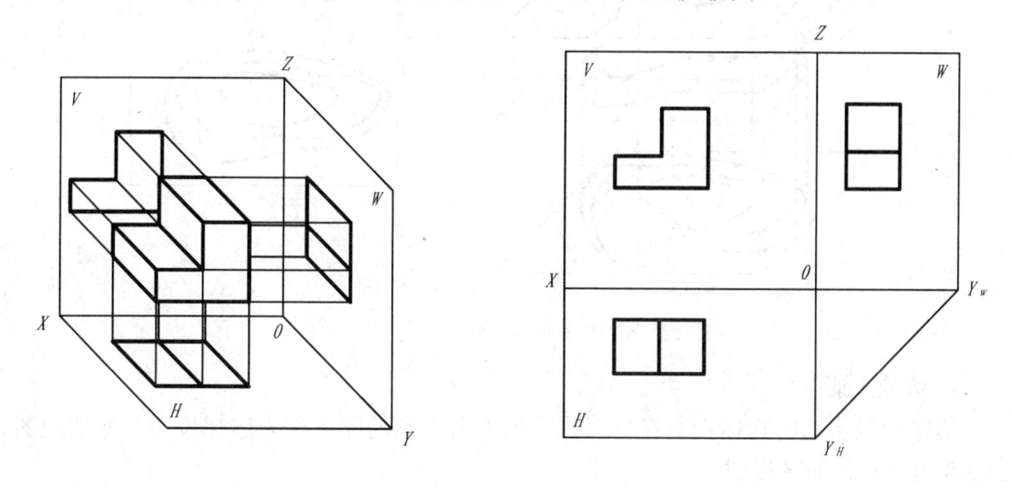

图 2-5　正投影图

正投影图的优点是能反映物体的实际形状和大小，即度量性好，且作图简便，因此在工程上被广泛使用，缺点是直观性较差。

2．轴测投影

将物体连同其直角坐标系，沿不平行于任一坐标平面的方向，用平行投影法将其投射在单一投影面上所得到的图形称为轴测投影。

轴测投影优点是直观性较好，容易看懂，缺点是作图较繁，且度量性差。所以在某些工程图样和书籍中常作为辅助图样使用。

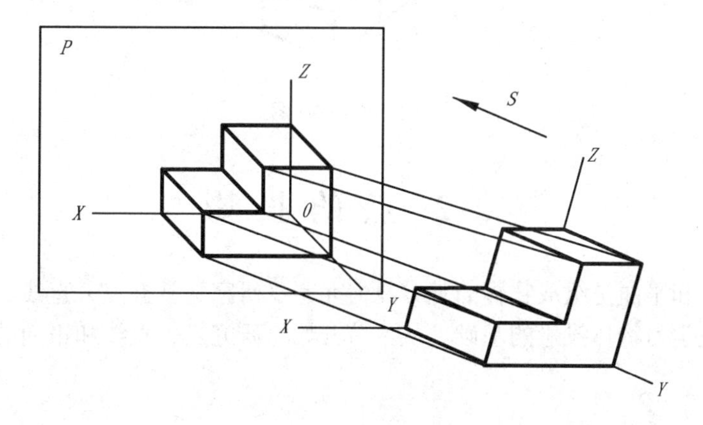

图 2-6　轴测投影

3. 标高投影

在物体的水平投影上，加注某些特征面、线以及控制点的高程数值和比例的单面正投影称为标高投影。

标高投影常用来表示不规则曲面，如船体、飞行器、汽车曲面以及地形等。

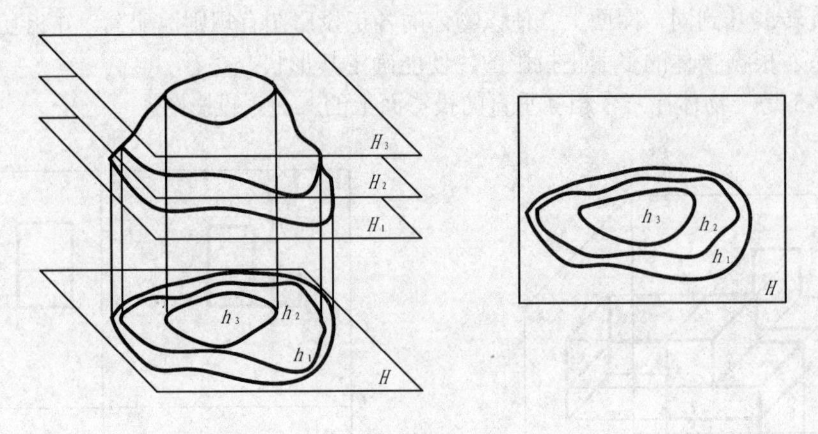

图 2-7　标高投影图

4. 透视投影

用中心投影法将物体投射在单一投影面上所得到的图形称为透视投影，即透视图。图 2-8 为一物体的透视图。

透视图与照相机成形原理相似，较接近视觉映像，所以透视图的直观性较强。但是，由于透视图度量性差，且作图复杂，所以透视图只用于绘画和建筑设计等。

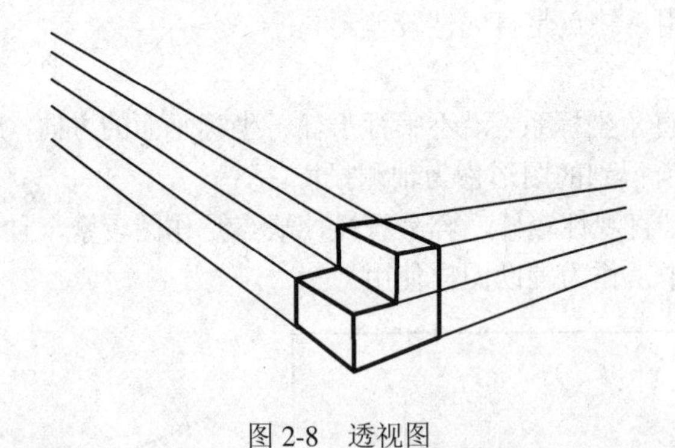

图 2-8　透视图

2–2　点 的 投 影

点、直线和平面是组成物体的基本几何元素。研究和掌握点、直线、平面的投影性质和规律，是学习物体投影的基础。从本节开始将研究点、直线和平面的投影以及它们之间的关系。

一、点的投影

仅有点的一个投影不能确定点的空间位置；根据物体的一个投影也不能确定该物体的整体形状和大小。增设投影面，采用多面投影的方法。这一法则是法国几何学家蒙诺（G-Monge）于 1795 年首先提出并进行科学论证的，称为蒙诺法。由两个或三个互相垂直的投影面构成投影面体系。

1．点在两投影面体系中的投影

1）投影面体系的构成

两投影面体系由互相垂直相交的两个投影面组成，其中一个为水平投影面（简称水平面），以 *H* 表示，另一个为正立投影面（简称正面），以 *V* 表示。两投影面的交线称为投影轴，以 *OX* 表示。水平投影面 *H* 与正立投影面 *V* 将空间分为四个部分，称为四个分角，即第一分角、第二分角、第三分角、第四分角，如图 2-9 所示。

2）点在两投影面体系中的投影

（1）投影空间点 *A* 处于第一分角，按正投影法将点 *A* 向正面和水平面投射，即由点 *A* 向正面作垂线，得垂足 *a*′，则 *a*′称为空间点 *A* 的正面投影；由点 *A* 向水平面作垂线，得垂足 *a* ，则 *a* 称为空间点 *A* 的水平投影。见图 2-10。

（2）注写规定：空间点用大写字母表示，如 *A*、*B*、*C*…；点的水平投影用相应的小写字母表示，如 *a*、*b*、*c*…；点的正面投影用相应的小写字母加一撇表示，如 *a*′、*b*′、*c*′…。

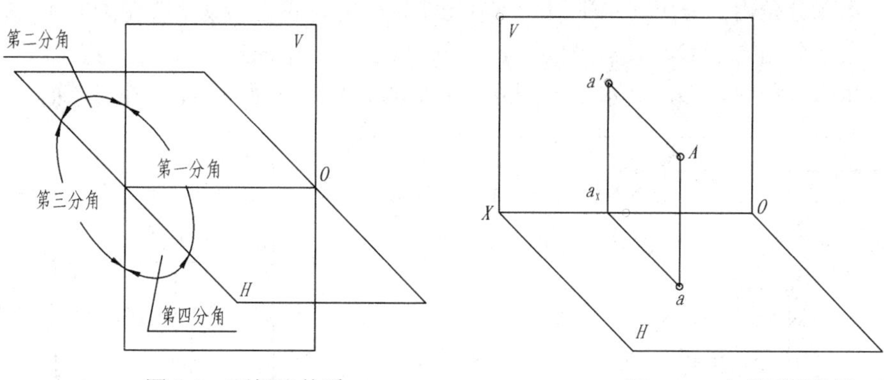

图 2-9　两投影体系　　　图 2-10　点的两面投影

（3）投影面展开　为了把空间点 *A* 的两个投影表示在一个平面上，保持 *V* 面不动，将 *H* 面绕 *OX* 轴向下旋转 90º，则得到点 *A* 的两面投影图。见图 2-11。

（4）擦去边界,得到点的两面投影图　投影面可以看作是没有边界的平面，故符号 *V*、*H* 及投影面的边界线都不需画出。见图 2-12。

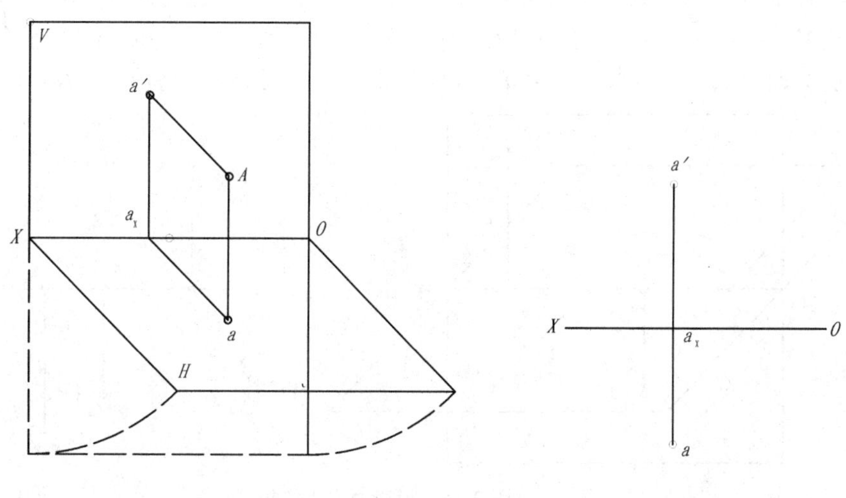

图 2-11　点在两投影面体系中的投影　　　图 2-12　点的两面投影

3）点在两投影面体系中的投影规律

（1）一点的水平投影和正面投影的连线垂直于 OX 轴。

在图 2-11 中，点 A 的正面投射线 Aa'和水平投射线 Aa 所确定的平面 Aaa'垂直于 V 和 H 面。根据初等几何知识，若三个平面互相垂直，其交线必互相垂直，所以有 $aa_x \perp OX$ 和 $a'a_x \perp OX$。当 a 随 H 面旋转重合于 V 面时，$aa_x \perp OX$ 的关系不变。因此，在投影图 2-12 上，$aa' \perp OX$。

（2）一点的水平投影到 OX 轴的距离等于该点到 V 面的距离；其正面投影到 OX 轴的距离等于该点到 H 面的距离，即 $aa_x=Aa'$；$a'a_x=Aa$。在图 2-11 中，因为 Aaa_xa'是矩形，所以在投影图 2-12 上 $aa_x=Aa'$; $a'a_x=Aa$。

4）各种位置点的投影

（1）点在各分角内。

① 第一分角内点 A，其水平投影 a 在 OX 轴下方，正面投影 a' 在 OX 轴上方。

② 第二分角内点 B，其水平投影 b 在 OX 轴上方，正面投影 b' 在 OX 轴上方。

③ 第三分角内点 C，其水平投影 c 在 OX 轴上方，正面投影 c' 在 OX 轴下方。

④ 第四分角内点 D，其水平投影 d 在 OX 轴下方，正面投影 d' 在 OX 轴下方。

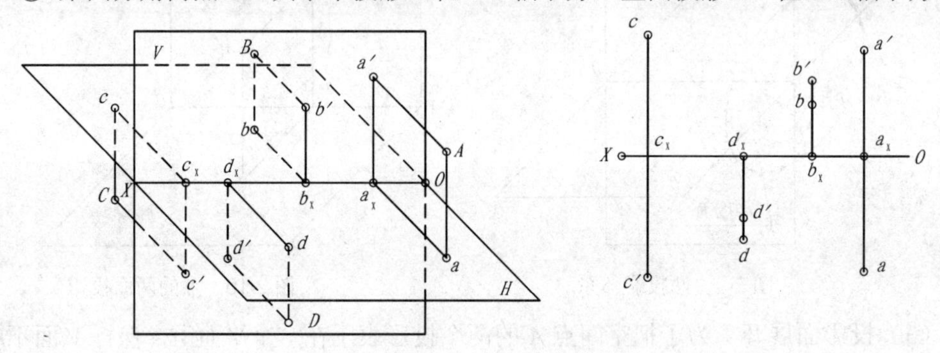

图 2-13 分角内点的投影

（2）点在各投影面内。

① H 面内点 K，其水平投影 k 与该点（K）重合，正面投影 k' 在 OX 轴上。

② H 面内点 M，其水平投影 m 与该点（M）重合，正面投影 m' 在 OX 轴上。

③ V 面内点 L，其水平投影 l 在 OX 轴上，正面投影 l' 与该点（L）重合。

④ V 面内点 N，其水平投影 n 在 OX 轴上，正面投影 n' 与该点（N）重合。

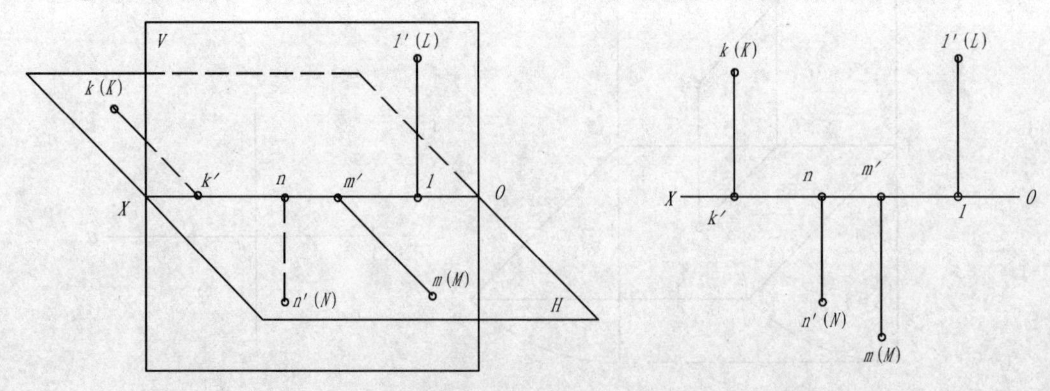

图 2-14 投影面内点的投影

投影面内点的投影特点为：点在其所在的投影面上的投影与该点重合；点的另一投影在 OX 轴上。

（3）点在投影轴上。

点在投影轴上，其水平投影和正面投影与该点重合。如图 2-15 所示，G 点在 OX 轴上，其水平投影 g 和正面投影 g' 与点 G 重合于 OX 轴上。

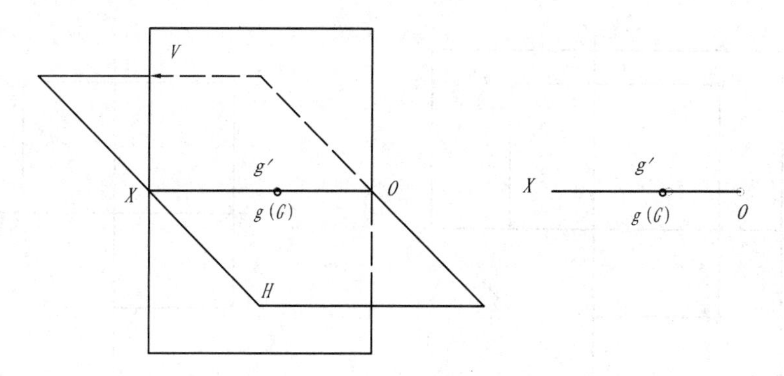

图 2-15　投影轴上点的投影

2．在三投影面体系中的投影

1）三投影体系

三投影面体系的建立如图 2-16 所示，三投影面体系是在 $V \perp H$ 两投影面体系的基础上，增加一个与 V、H 投影面都垂直的侧立投影面 W（简称侧面）组成的。三个投影面互相垂直相交，其交线称为投影轴，V 面和 H 面的交线为 OX 轴，H 面和 W 面的交线为 OY 轴，V 面和 W 面的交线为 OZ 轴。OX、OY、OZ 轴垂直相交于一点 O，称为原点。我们只在第一分角内研究各种问题。

2）点的三面投影

（1）投影　如图 2-17 所示，设空间点 A 处于第一分角，按正投影法将点 A 分别向 H、V、W 面作垂线，其垂足即为点 A 的水平投影 a、正面投影 a' 和侧面投影 a''（点的侧面投影用相应的小写字母加两撇表示）。

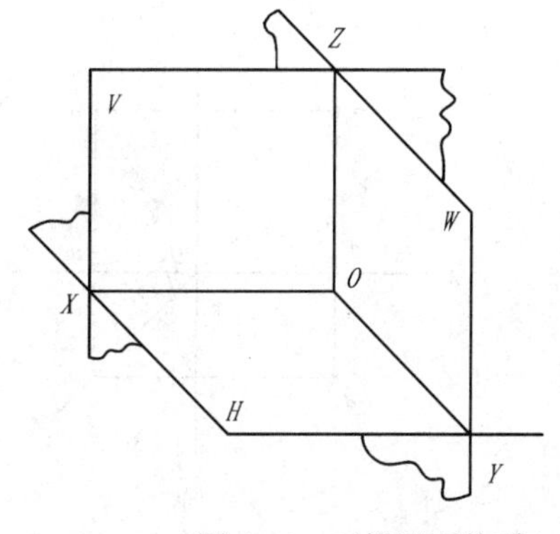

图 2-16　三投影面体系

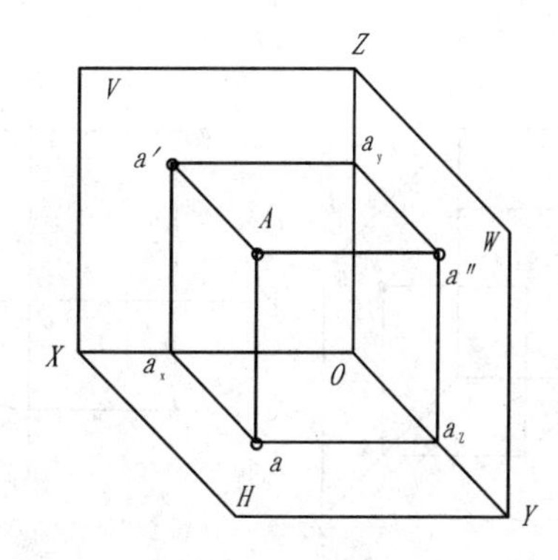

图 2-17　第一分角

（2）投影面展开　为了把空间点 A 的三面投影表示在一个平面上，保持 V 面不动，H 面绕 OX 轴向下旋转 90°与 V 面重合；W 面绕 OZ 轴向右旋转 90°与 V 面重合。在展开过程中，OX 轴和 OZ 轴位置不变，OY 轴被“一分为二”，其中随 H 面向下旋转与 OZ 轴重合的一半，用 OY_H 表示；随 W 面向右旋转与 OX 轴重合的一半，用 OY_W 表示。如图 2-18 所示。

（3）擦去边界，得到点的三面投影图　擦去投影面边界线，则得到 A 点的三面投影图。如图 2-19 所示。

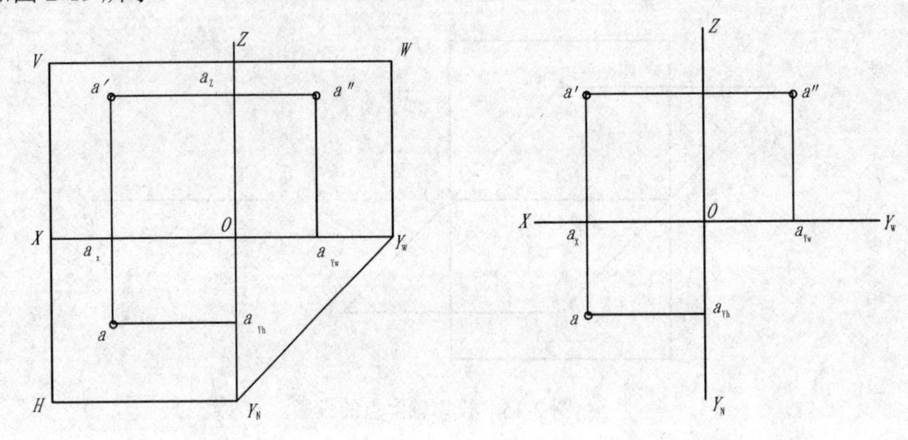

图 2-18　投影面展开　　　　图 2-19　点的三面投影图

3）点的三面投影规律

如图 2-20 所示，三投影面体系可以看成由 $V\perp H$、$V\perp W$ 两个两投影面体系组成。根据点在两投影面体系中的投影规律，可知点在三投影面体系中的投影规律为：

（1）点的正面投影和水平投影的连线垂直于 OX 轴，即 $a'a\perp OX$；

（2）点的正面投影和侧面投影的连线垂直于 OZ 轴，即 $a'a''\perp OZ$；

（3）点的水平投影到 OX 轴的距离和点的侧面投影到 OZ 轴的距离都等于该点到 V 面的距离，即 $aa_x=a''a_z=Aa'$。

为了保持点的三面投影之间的关系，作图时应使 $aa'\perp OX$、$a'a''\perp OZ$。而 $aa_x=a''a_z$ 可用图 2-21（a）所示的以 O 为圆心，aa_x 或 $a''a_z$ 为半径的圆弧，或用图 2-21（b）所示的过 O 点与水平成 45°的辅助线来实现。

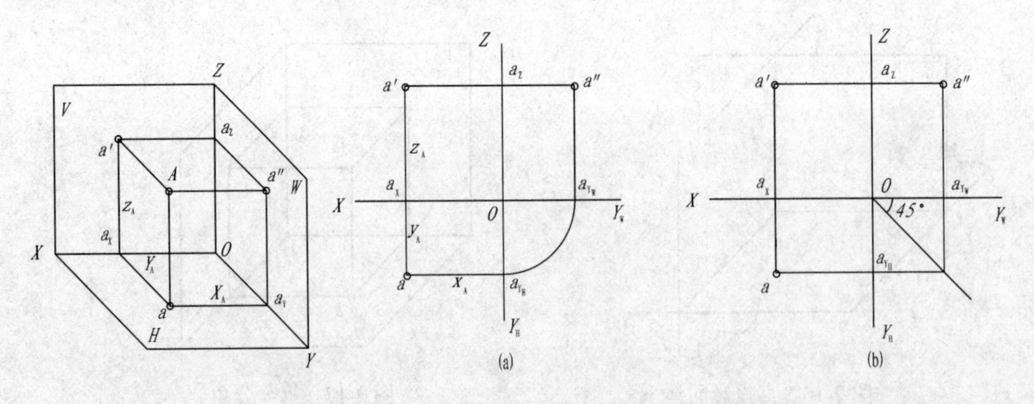

图 2-20　立体图　　　　图 2-21　点的投影规律

4）点的投影的直角坐标表示法

如图 2-20 所示，如果把三投影面体系看作笛卡尔直角坐标系，则 *H*、*V*、*W* 面为坐标面，*OX*、*OY*、*OZ* 轴为坐标轴，*O* 为坐标原点。则点 *A* 到三个投影面的距离可以用直角坐标表示：

点 *A* 到 *W* 面的距离 Aa'' =点 *A* 的 *X* 坐标值 X_A，且 $Aa''=aa_y=a'a_z=a_xO$；

点 *A* 到 *V* 面的距离 Aa' =点 *A* 的 *Y* 坐标值 Y_A，且 $Aa'=aa_x=a''a_z=a_yO$；

点 *A* 到 *H* 面的距离 Aa=点 *A* 的 Z 坐标值 Z_A，且 $Aa=a'a_x=a''a_y=a_zO$。

点 *A* 的位置可由其坐标（X_A、Y_A、Z_A）唯一地确定。其投影的坐标分别为：水平投影 *a*（X_A，Y_A，0）；正面投影 a' （X_A，0，Z_A）；侧面投影 a'' （0，Y_A，Z_A）。

因此，已知一点的三个坐标，就可作出该点的三面投影。反之，已知一点的两面投影，也就等于已知该点的三个坐标，即可利用点的投影规律求出该点的第三面投影。

【例 1】 已知空间点 *A*（12,8,16）、点 *B*（8,12,0）、点 *C*（0,0,10）,求作它们的三面投影图。

分析：点 *A* 的三个坐标都为正值，故点 *A* 在第一分角内；点 *B* 的三个坐标中，z=0，即 *B* 到 *H* 面的距离等于零，故点 *B* 在 *H* 面内；点 *C* 的三个坐标中，x=0, y=0, 即 *C* 到 *W* 面和 *V* 面的距离都为零，故点 *C* 在 *OZ* 轴上。

如图 2-22（a）所示，求点 *A* 的三面投影图的步骤如下：

（1）画投影轴；

（2）求 *a*、a'。

①由原点 *O* 向左沿 *OX* 轴量取 12mm 得 a_x；

②过 a_x 作 *OX* 轴的垂线；

③在垂线上自 a_x 向下（OY_H 方向）量取 8mm 得 *a*；

④在垂线上自 a_x 向上（*OZ* 方向）量取 16mm 得 a' 。

（3）求 a''。

①过 a' 作 $a'a_z \perp OZ$ 轴，交 *OZ* 轴于 a_z；

②过 *a* 作 $aa_{YH} \perp OY_H$ 轴，交 OY_H 轴于 a_{YH}，利用 45°辅助线在 OY_W 轴上得 a_{YW}；

③自 a_{YW} 向上作 OY_W 轴的垂线与 aa_z 的延长线交于 a''。

用同样的方法可作出 *B* 点的三面投影图如图 2-22（b）所示，*C* 点的三面投影图如图 2-22（c）所示。

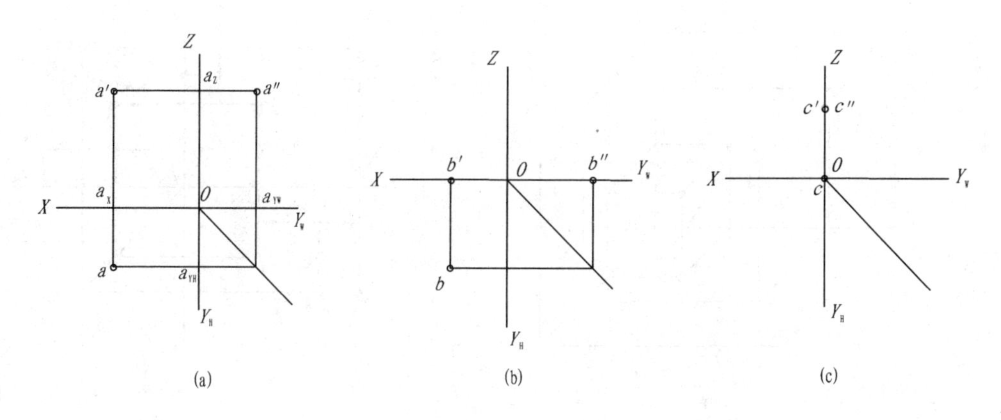

图 2-22　由点的坐标作点的三面投影图

【例 2】 如图 2-23（a）所示，已知点 A 的正面投影 a'和侧面投影 a''，求作该点的水平投影 a。

作图步骤如图 2-23（b）所示：

（1）自 a'向下作 OX 轴的垂线；

（2）自 a''向下作 OY_W 轴的垂线与 45°辅助线交于一点，并由该交点作 OY_H 轴的垂线，与过 a'垂直于 OX 轴的直线交于 a,a 即为 A 点的水平投影。

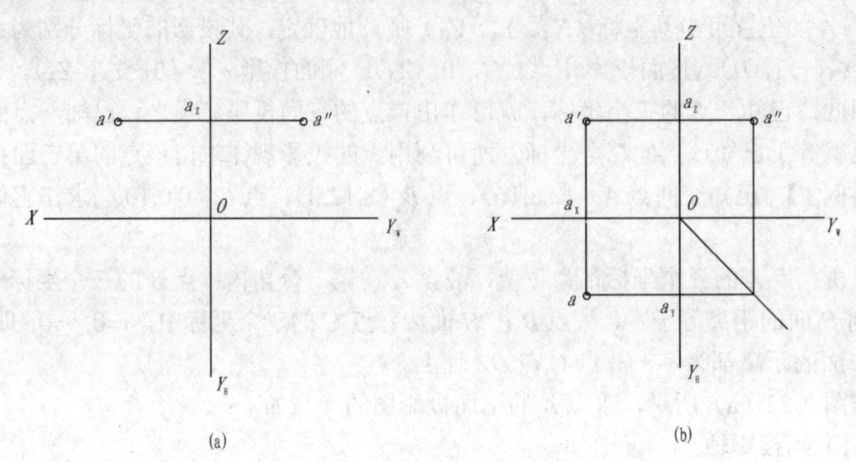

图 2-23 由点的两面投影求其第三面投影

5）两点的相对位置

两点的相对位置是指以两点中的一点为基准，另一点相对该点的左右、前后和上下的位置。点的位置由点的坐标确定，两点的相对位置则由两个点的坐标差确定。

如图 2-24（a）所示，空间有两个点 A（x_A，y_A，z_A）、B（x_B，y_B，z_B）。若以 B 点为基准，则两点的坐标差为 $\Delta x_{AB}=x_A-x_B$、$\Delta y_{AB}=y_A-y_B$、$\Delta z_{AB}=z_A-z_B$。x 坐标差确定两点的左右位置，y 坐标差确定两点的前后位置，z 坐标差确定两点的上下位置。三个坐标差均为正值，则点 A 在点 B 的左方、前方、上方。

从图 2-24（b）看出，三个坐标差可以准确地反映在两点的投影图中。

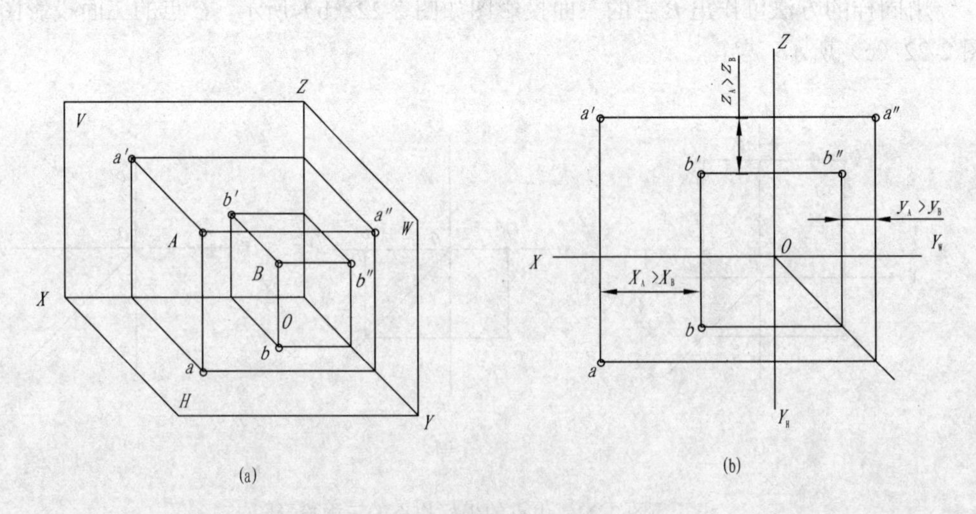

图 2-24 两点的相对位置

6）重影点

当两点位于某一投影面的同一条投射线上时，这两点在该投影面上的投影重合，称这两点为对该投影面的重影点。显然，两点在某一投影面上的投影重合时，它们必有两对相等的坐标。

如图 2-25（a）所示，*A*、*B* 两点位于 *V* 面的同一条投射线上，它们的正面投影 *a*′、*b*′重合，称 *A*、*B* 两点为对 *V* 面的重影点，这两点的 *x*、*z* 坐标分别相等，*y* 坐标不等。同理，*C*、*D* 两点位于 *H* 面的同一条投射线上，它们的水平投影 *c*、*d* 重合，称 *C*、*D* 两点为对 *H* 面的重影点，它们的 *x*、*y* 坐标分别相等，*z* 坐标不等。

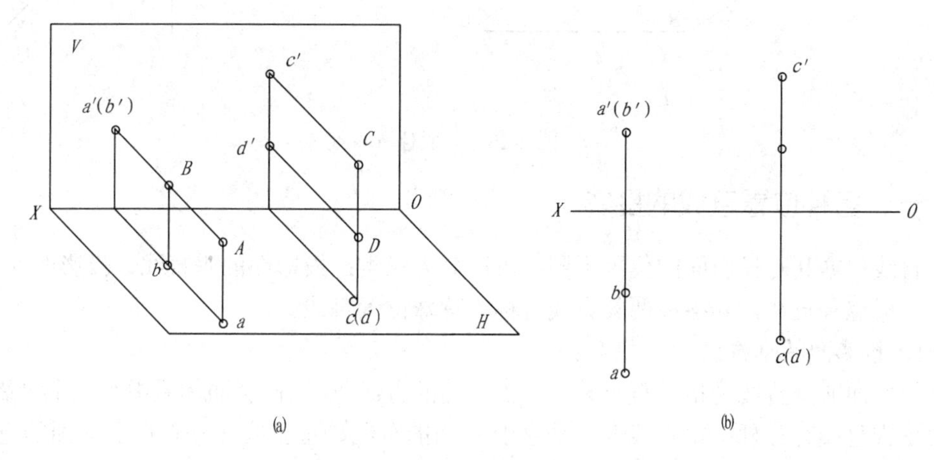

图 2-25　重影点

由于重影点有一对坐标不相等，所以，在重影的投影中，坐标值大的点的投影会遮住坐标值小的点的投影，即坐标值大的点的投影可见，坐标值小的点的投影不可见。在投影图中，对于重影的投影，在不可见点投影的字母两侧画上圆括号。如图 2-25（b）所示，*A*、*B* 两点为对 *V* 面的重影点，它们的正面投影重合，$y_A > y_B$，点 *A* 在点 *B* 的前方，*a*′可见，表示为 *a*′；*b*′不可见，表示为（*b*′）。*C*、*D* 两点为对 *H* 面的重影点，它们的水平投影重合，$z_C > z_D$，点 *C* 在点 *D* 的上方，*c* 可见，表示为 *c*；*d* 不可见，表示为（*d*）。

2–3　直线的投影

不重合的两个点可以确定一条空间直线。直线的投影一般仍为直线，特殊情况下积聚为一点。直线的方向可用直线对三个投影面 *H*、*V*、*W* 面的倾角 α、β、γ 表示。如图 2-26 所示。

要作一条直线的三面投影图，只要作出该直线上的任意两个点 *A*、*B* 的三面投影，然后将这两点的同面投影连接起来，即得到该直线的三面投影 *ab*、*a*′*b*′、*a*″*b*″。如图 2-26 所示。

由直线的投影可以确定该直线的空间情况。图 2-26（b）中点 *B* 在点 *A* 的右、后、上方，由此可以定性地得知，在空间直线由端点 *A* 到端点 *B* 是从左、前、下方到右、后、上方，如图 2-26（a）所示。

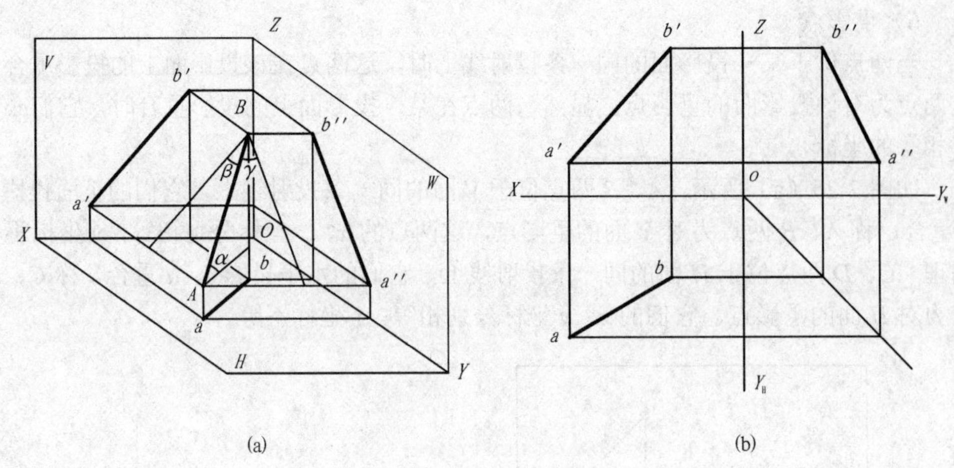

图 2-26　一般位置直线

一、各种位置直线的投影

直线根据其对投影面的位置不同，可以分为三类：投影面的垂直线、投影面的平行线、一般位置直线，其中前两类直线统称为特殊位置直线。

1．投影面的垂直线

投影面的垂直线是指垂直于某一个投影面的直线。在三投影面体系中有三个投影面，因此这类直线有三种：铅垂线——垂直于 H 面的直线、正垂线——垂直于 V 面的直线、侧垂线——垂直于 W 面的直线。

在三投影面体系中，投影面的垂直线垂直于某个投影面，它必然同时平行于其他两投影面，所以这类直线的投影具有反映直线实长和积聚的特点。

以表 2-1 中的铅垂线 AB 为例，AB 垂直于 H 面，同时平行于 V、W 面，投影特性如下：

（1）水平投影 ab 积聚为一点；

（2）正面投影 $a'b'$垂直于 OX 轴；侧面投影 $a''b''$垂直于 OY_W 轴；

（3）正面投影 $a'b'$和侧面投影 $a''b''$均反映实长，即 $a'b'=a''b''=AB$。

同样，正垂线和侧垂线也有类似的投影特性，如表 2-1 所列。

表 2-1　投影面的垂直线

名称	轴 测 图	投 影 图	投影特性
铅垂线	Z, V, a′, A, a″, W, b′, O, X, B, b″, a (b), H, Y	Z, a′, a″, b′, b″, O, X, Y_W, a (b), Y_H	(1) ab 积聚为一点 (2) $a'b' \perp OX$ $a''b'' \perp OY_W$ (3) $a'b'= a''b''=AB$

(续)

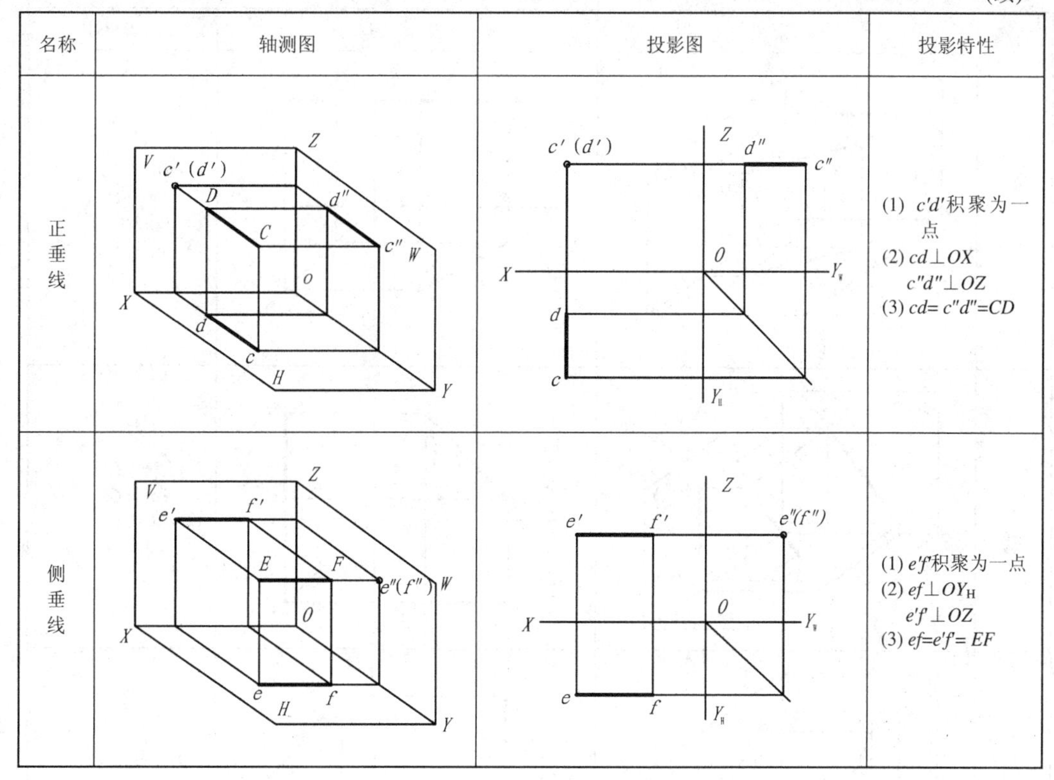

名称	轴测图	投影图	投影特性
正垂线			(1) $c'd'$积聚为一点 (2) $cd \perp OX$ $c''d'' \perp OZ$ (3) $cd=c''d''=CD$
侧垂线			(1) $e'f'$积聚为一点 (2) $ef \perp OY_H$ $e'f' \perp OZ$ (3) $ef=e'f'=EF$

总之，投影面垂直线的投影特性为：

（1）投影面垂直线在所垂直的投影面上的投影积聚为一点；

（2）投影面垂直线的另外两面投影分别垂直于该直线垂直的投影面所包含的两个投影轴，且均反映此直线的实长。

2．投影面的平行线

投影面的平行线是指只平行于某一个投影面且与另两个投影面都倾斜的直线。这类直线有三种：水平线——只平行于 *H* 面的直线、正平线——只平行于 *V* 面的直线、侧平线——只平行于 *W* 面的直线。这类直线的投影具有反映直线实长和对投影面倾角的特点，没有积聚性。

以表 2-2 中的水平线 *AB* 为例，*AB* 平行于 *H* 面，同时倾斜于 *V*、*W* 面，投影特性如下：

（1）水平投影 *ab* 反映直线 *AB* 的实长，即 $ab=AB$；

（2）水平投影 *ab* 与 *OX* 轴的夹角反映直线 *AB* 对 *V* 面的倾角 β，与 OY_H 轴的夹角反映直线 *AB* 对 *W* 面的倾角 γ；

（3）正面投影 $a'b'$平行于 *OX* 轴，侧面投影 $a''b''$平行于 OY_W 轴。

同样，正平线和侧平线也有类似的投影特性，见表 2-2 所列。

总之，投影面平行线的投影特性为：

（1）投影面平行线在所平行的投影面上的投影反映直线的实长，此投影与该投影面所包含的投影轴的夹角反映直线对其他两个投影面的倾角；

表 2-2　投影面的平行线

名称	轴测图	投影图	投影特性
水平线			(1) $a'b' // OX$ $a''b'' // OY_W$ (2) $ab=AB$ (3) 反映 β、γ 角
正平线			(1) $cd // OX$ $c''d'' // OZ$ (2) $c'd'=CD$ (3) 反映 α、γ 角
侧平线			(1) $ef // OY_H$ $e'f' // OZ$ (2) $e''f''=EF$ (3) 反映 α、β 角

(2)投影面平行线的另外两面投影分别平行于该直线平行的投影面所包含的两个投影轴。

【例 1】 如图 2-27 所示，根据三棱锥的投影图，判别棱线 SA、SB、SC 及底边 AB、BC、CA 是什么位置的直线？

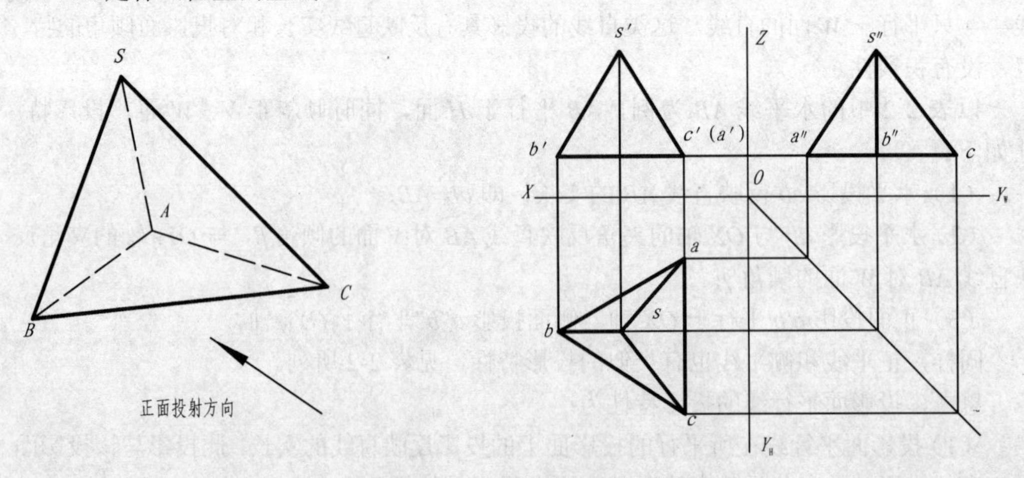

图 2-27　三棱锥的三面投影图

分析：棱线 SA 的投影 sa、$s'a'$、$s''a''$ 都倾斜于投影轴，是一般位置直线；棱线 SC 同样也是一般位置直线；在棱线 SB 的投影中，$sb // OX$，$s'b'$ 倾斜于投影轴，$s''b'' // OZ$，因此，SB 是正平线。

在底边 AB 的投影中，ab 倾斜于投影轴，$a'b' // OX$，$a''b'' // OY_W$，因此，AB 是水平线；底边 BC 同样是水平线；在底边 CA 的投影中，$ca \perp OX$，$c'a'$ 积聚为点，$c''a'' \perp OZ$，因此，CA 是正垂线。

3．一般位置直线

一般位置直线是指对三个投影面既不垂直又不平行的直线。

如图 2-26 所示，直线 AB 对 H、V 和 W 面均处于既不垂直又不平行的位置，AB 为一般位置直线。直线 AB 的三个投影长与其实长的关系如下：$ab=AB\cos\alpha$；$a'b'=AB\cos\beta$；$a''b''=AB\cos\gamma$。由于一般位置直线对三个投影面的倾角 α、β、γ 既不等于 0°，也不等于 90°，所以，其 $\cos\alpha$、$\cos\beta$ 和 $\cos\gamma$ 均大于 0 且小于 1，因此，AB 的各投影长都小于该直线的实长。

一般位置直线的投影特性为：三个投影都倾斜于投影轴，既不反映直线的实长，也不反映对投影面的倾角。

二、一般位置直线的实长及其对投影面的倾角

一般位置直线的投影既不反映实长，也不反映对各投影面的倾角。在实际应用中，有时需要根据一般位置直线的投影，求其实长和对投影面的倾角。在投影图上可以利用直角三角形法来解决这一问题。

如图 2-28（a）所示，AB 为一般位置直线，AB 与其水平投影 ab 的夹角为直线 AB 对 H 面倾角 α。在直角梯形 $ABba$ 中，过点 A 作 AB_0 平行于 ab，$\triangle ABB_0$ 为直角三角形。其中，直角边 $AB_0=ab$，另一条直角边 BB_0 等于 AB 两端点的 z 坐标差，即 $BB_0=z_B-z_A$，$\angle BAB_0$ 为 AB 对 H 面的倾角 α，斜边 AB 即为直线的实长。在投影图中如果作出这个直角三角形，就可以求出直线的实长及其对投影面的倾角。这种利用特定直角三角形解决有关直线的实长及其倾角问题的方法称为直角三角形法。

【例 2】 用直角三角形法求直线的实长和倾角 α

（1）作法 1　如图 2-28（b）所示。

① 以水平投影 ab 为一条直角边，过 b 作 $bB_0 \perp ab$，取 bB_0 等于 Z_B-Z_A；

② 连接 aB_0，得到直角$\triangle abB_0$。其中斜边 aB_0 为 AB 的实长，斜边 aB_0 与 ab 的夹角即为 AB 对 H 面的倾角 α。

（2）作法 2　如图 2-28（c）所示。

① 在 V 面投影中，过 a' 作 OX 轴的平行线，与 bb' 交于 b_0'，延长 $a'b_0'$，使 $b_0'A_0=ab$；

② 连接 $b'A_0$，得到直角$\triangle b'b_0'A_0$。其中，斜边 $b'A_0$ 为 AB 的实长，z 坐标差 $b'b_0'$ 所对的锐角即为 AB 对 H 面的倾角 α。

若求直线 AB 对 V 面的倾角 β，应以 $a'b'$ 和 y_A-y_B 为直角边作直角三角形，斜边与 $a'b'$ 的夹角即为 β 角。见图 2-29。

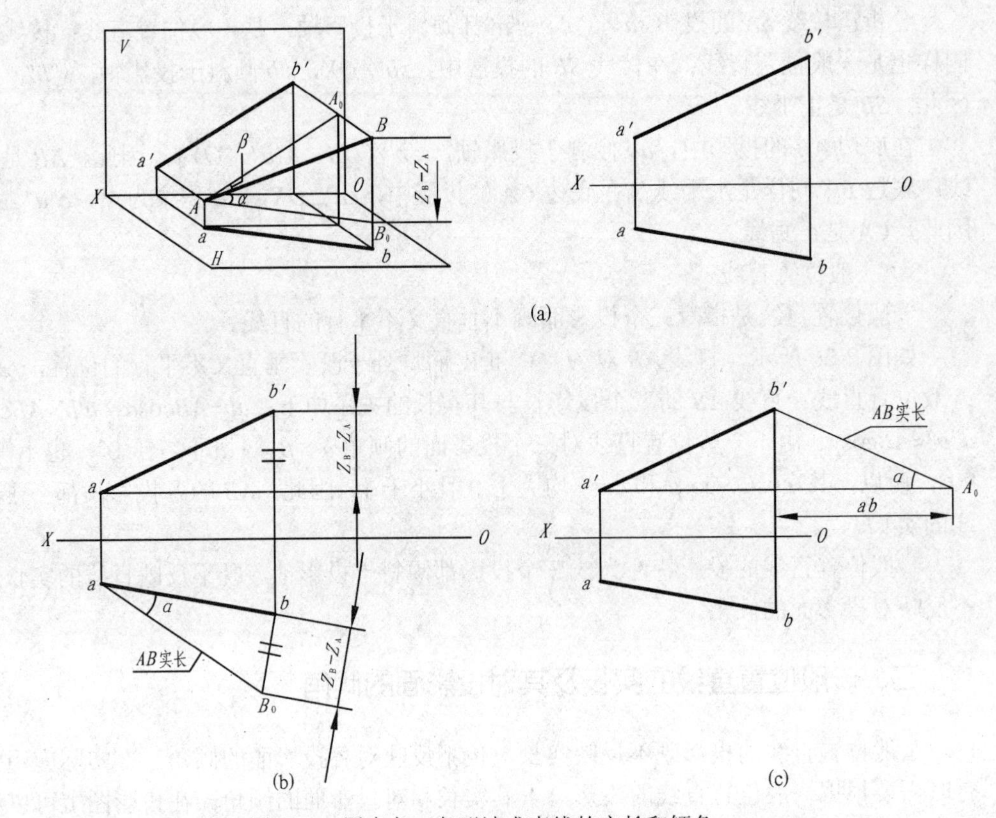

图 2-28 用直角三角形法求直线的实长和倾角 α

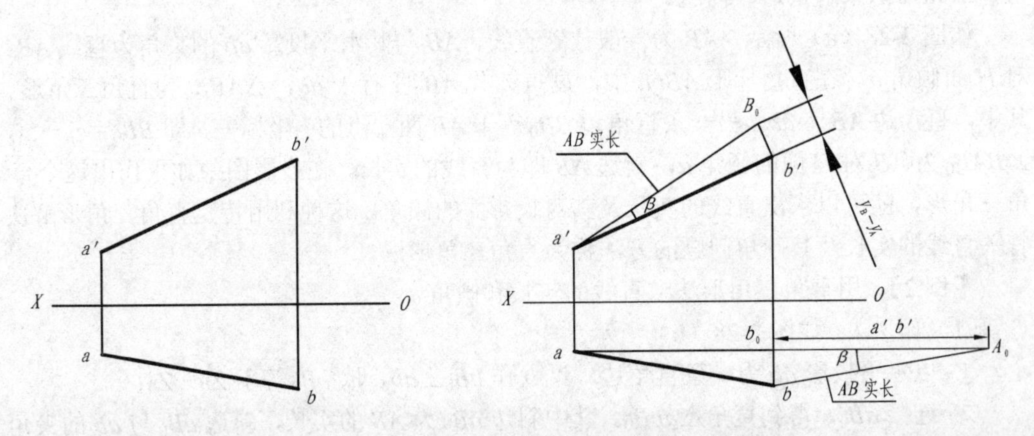

图 2-29 用直角三角形法求直线的实长和倾角 β

而若求直线 AB 对 W 面的倾角 γ，应以 $a''b''$ 和 x_A-x_B 为直角边作直角三角形，斜边与 $a''b''$ 的夹角即为 γ 角。

【例 3】 如图 2-30 所示，已知直线 AB 的正面投影 $a'b'$ 及 A 点的水平投影 a，$AB=L$，求 AB 的水平投影。

分析：在 V 面内，以直线 AB 的正面投影为直角边、直线的实长为斜边作一个直角三角形，该直角三角形的另一条直角边即为 AB 的 y 坐标差，进而求出 ab。

（1）过 b' 作 $a'b'$ 的垂线 $b'B_0$，以 a' 为圆心、L 为半径在 $b'B_0$ 上截取 B_0 点，$b'B_0=\left|y_A-y_B\right|$；

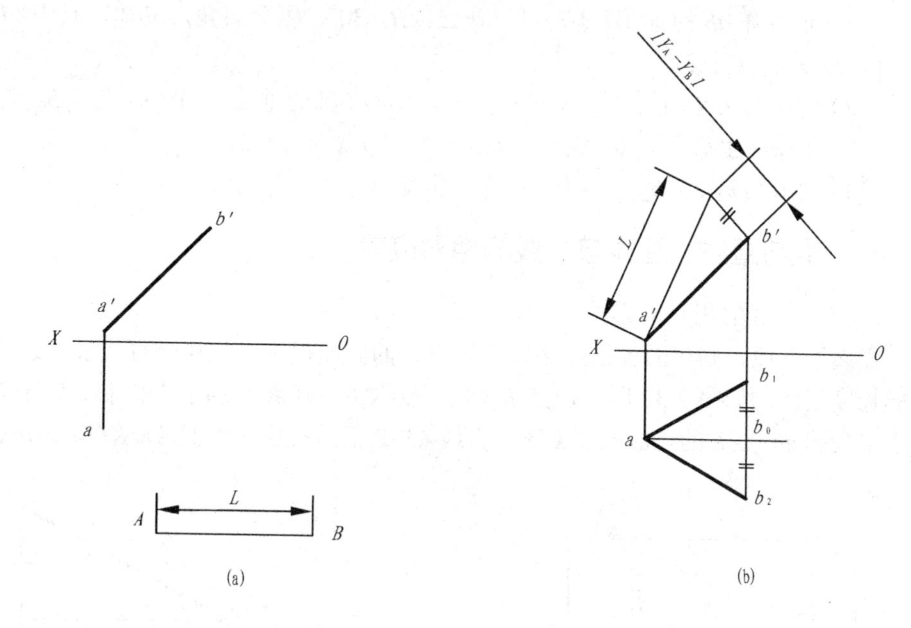

图 2-30　由直线的实长求其投影

（2）过 a 作 OX 轴的平行线 ab_0，过 b'作 OX 轴的垂线，与 ab_0 交于 b_0 点；

（3）在 $b'b_0$ 上截取 $b_0b_1=b_0b_2=b'B_0$，得到 b_1、b_2 两点；

（4）连接 ab_1、ab_2，即为 AB 的水平投影，本题有两解。

【例 4】 如图 2-31 所示，已知直线 AB 对 H 面的倾角 $\alpha=30°$，AB 的水平投影 ab 及点 A 的正面投影 a'，求 AB 的正面投影和实长。

分析：在 H 面内，以直线 AB 的水平投影为直角边，以 α 为锐角构造一个直角三角形，该直角三角形的另一条直角边即为 AB 的 z 坐标差，进而求出 $a'b'$和实长 AB。

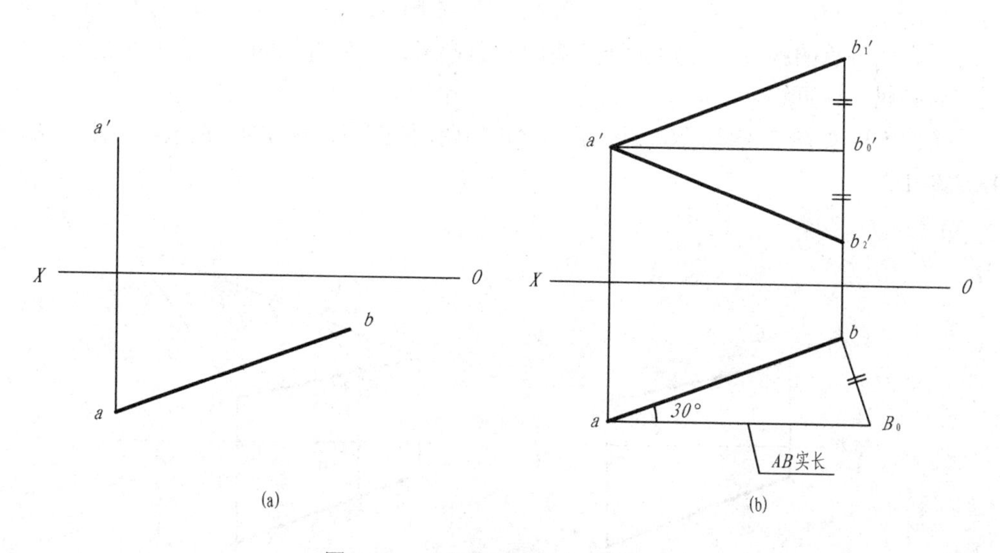

图 2-31　由直线的倾角求其投影和实长

作图步骤如图 2-31（b）所示：

（1）过 b 作 ab 的垂线 bB_0，过 a 作 $\angle baB_0$=30°，得到直角△abB_0，其中 $bB_0=\left|z_B-z_A\right|$，$aB_0=AB$ 实长；

（2）过 a'作 OX 轴的平行线 $a'b_0'$，过 b 作 OX 轴的垂线，与 $a'b_0'$交于 b_0'点；

（3）在 bb_0'上截取 $b_0'b_1'=b_0'b_2'=bB_0$，得到 b_1'、b_2'两点；

（4）连接 $a'b_1'$、$a'b_2'$，即为 AB 的正面投影，本题有两解。

三、点与直线、直线与直线的相对位置

1. 点与直线的相对位置

点属于直线，则点的各投影必属于该直线的同面投影，且点分直线长度之比等于其投影长度之比。如图 2-32 所示，点 K 属于直线 AB，则点 K 的水平投影 k 属于直线 AB 的水平投影 ab，点 K 的正面投影 k'属于直线 AB 的正面投影 $a'b'$，且 $AK:KB=ak:kb=a'k':k'b'$。

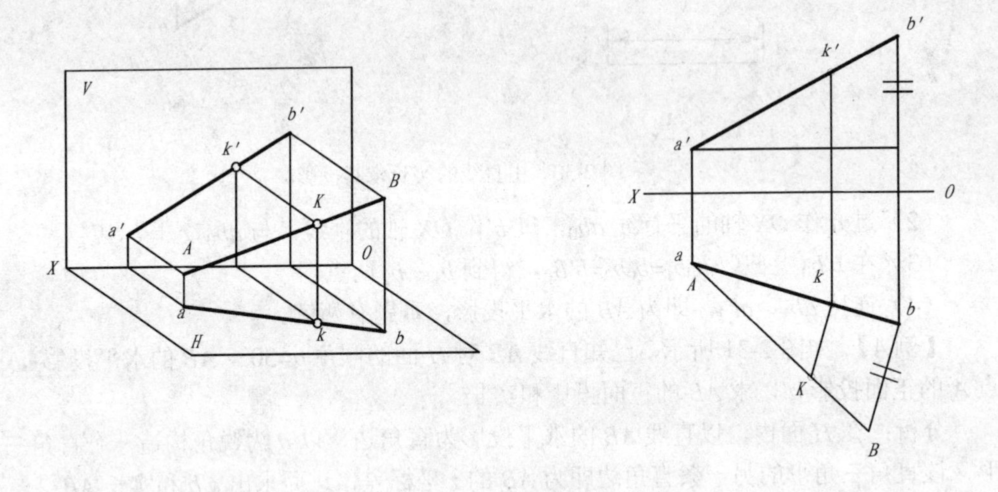

图 2-32 点属于直线

反之，若点的各投影分别属于直线的同面投影，且分直线的各投影长度之比相等，则该点必属于该直线。

【例 5】 如图 2-33 所示，已知直线 AB 的两面投影 ab 和 $a'b'$，在该线上求点 K，使 $AK:KB$=1:2。

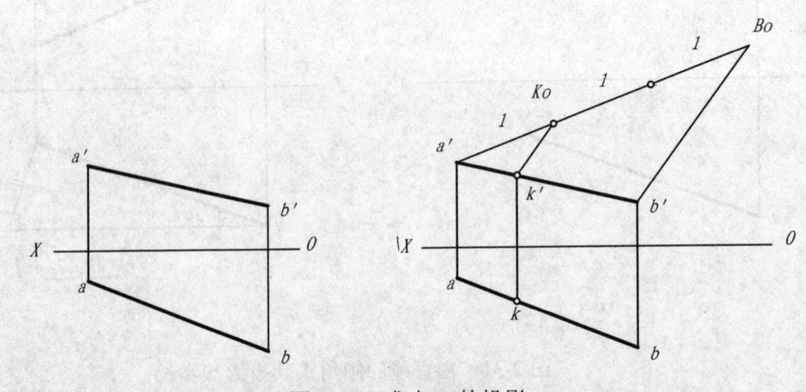

图 2-33 求点 K 的投影

分析：点 K 在直线 AB 上，则有 $AK:KB=a'k':k'b'=ak:kb=1:2$。可以用平面几何的作图方法将 AB 的任一已知投影三等分后确定点 K 的同面投影，进而求出点 K 的其他投影。

作图步骤如上图所示：

（1）过 a'作任意一条斜线 $a'B_0$。以任意长度为单位长度，在该线上截取三等份，确定 K_0，使 $a'K_0:K_0B_0=1:2$。连线段 $b'B_0$。再过 K_0 作 $K_0k' /\!/ B_0b'$，交 $a'b'$于 k'；

（2）过 k'作 OX 轴的垂线交 ab 于 k。点 K 即为所求。

【例 6】 如图 2-34 所示，已知侧平线 AB 的水平投影和正面投影，以及属于 AB 的点 K 的正面投影 k'，求点 K 的水平投影 k。

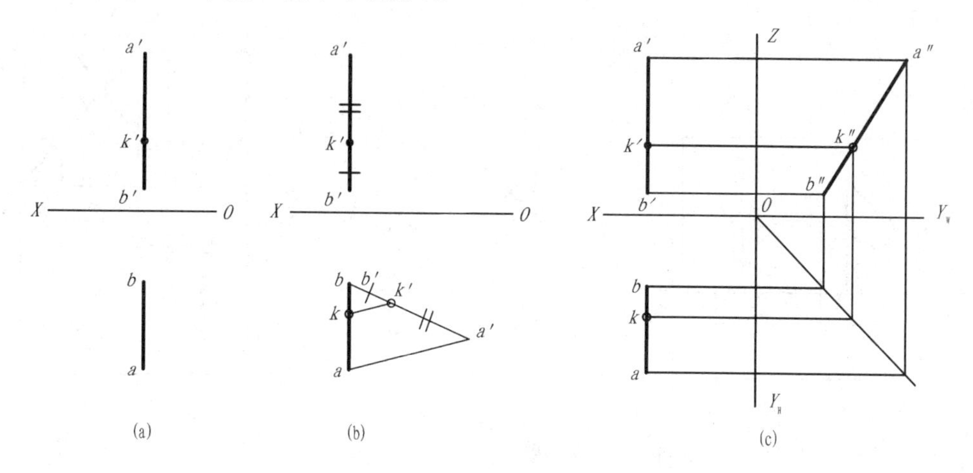

图 2-34　求侧平线上点 K 的水平投影

分析：可以利用 k'分 $a'b'$的长度比，在水平投影中作出 ak：$kb= a'k'$：$k'b'$，进而求出 k。

作图步骤如图 2-34（b）所示：

（1）过点 a 画任意一条斜线 aB_0，截取 $aK_0=a'k'$、$K_0B_0=k'b'$；

（2）连接 B_0b，过点 K_0 作 $K_0k /\!/ B_0b$，交 ab 于 k。k 即为所求。

另一种作法：如图 2-34（c）所示，先作出侧面投影 $a''b''$，再根据点属于直线的投影规律在 $a''b''$上由 k'求得 k''，最后在 ab 上由 k''求出 k。

2. 直线与直线的相对位置

空间两直线的相对位置有三种情况：平行、相交和交叉。其中平行和相交两直线均在同一平面上，交叉两直线不在同一平面上，因此又称为异面直线。

（1）平行　若空间两直线互相平行，则其同面投影都平行，且投影长度之比相等，端点字母顺序相同；反之，若两直线的同面投影都平行，则空间两直线互相平行。如图 2-35（a）所示，因为 $AB /\!/ CD$，则 $ab /\!/ cd$、$a'b' /\!/ c'd'$，且 $ab : cd=a'b' : c'd'$。

如果从投影图上判定两条直线是否平行，对于一般位置的直线和投影面垂直线，只需要看它们的任意两个同面投影是否平行即可。如图 2-35（b）中，因为 $ab /\!/ cd$、$a'b' /\!/ c'd'$，则 $AB /\!/ CD$。

对于投影面平行线，如果已知两直线不平行的两个投影面上的投影，则可以利用以下两种方法判断。

方法一：判断两直线投影长度之比是否相等，端点字母顺序是否相同，若相等同时相同则两直线平行。

方法二：求出两直线所平行的投影面上的投影判断是否平行，若平行则两直线平行。

例如图 2-36 中，AB、CD 是两条侧平线，它们的正面投影及水平投影均互相平行，即 $a'b' /\!/ c'd'$、$ab /\!/ cd$，但由于字母顺序 a'、b'、c'、d' 与 a、b、d、c 不同，因此便可以判定，AB、CD 两直线的空间位置不平行。当然，也可以从它们的侧面投影清楚地看出 $a''b''$ 与 $c''d''$ 不平行，由此同样得出 AB 与 CD 不平行的结论。

显然，与方法二求第三投影相比，方法一更加简便。

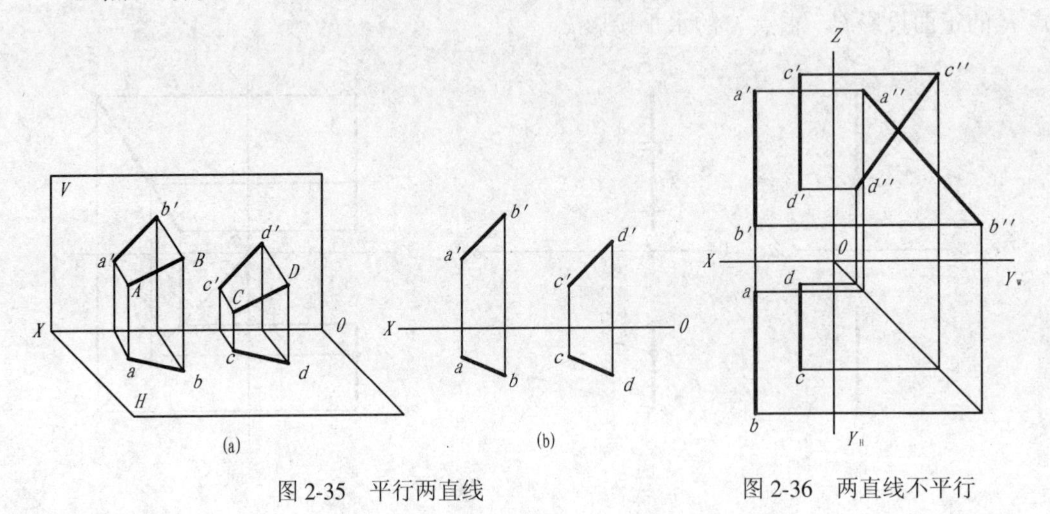

图 2-35　平行两直线

图 2-36　两直线不平行

（2）相交　若空间两直线相交，则它们的各个同面投影亦分别相交，且交点的投影符合点的投影规律；反之，如果两直线的各个同面投影分别相交，且交点的投影符合点的投影规律，则两直线在空间必相交。如图 2-37（a）所示，两直线 AB、CD 交于 K 点；则其水平投影 ab 与 cd 交于 k；正面投影 $a'b'$ 与 $c'd'$ 交于 k'；kk' 垂直于 OX 轴。

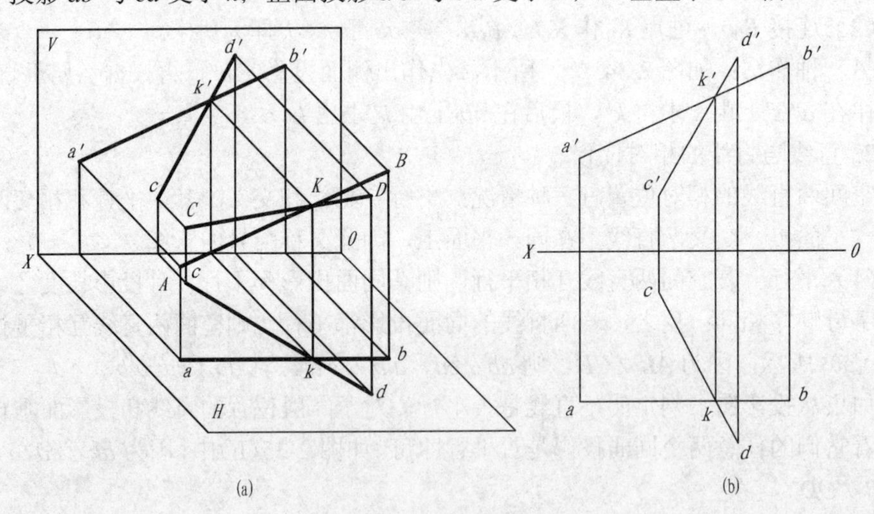

图 2-37　相交两直线

如果从投影图上判定两条直线是否相交，对于一般位置的直线和投影面垂直线，只要看它们的任意两个同面投影是否相交且交点的投影是否符合点的投影规律即可。例如图 2-37（b）

中，因为 ab 与 cd 交于 k，$a'b'$ 与 $c'd'$ 交于 k'，且 $kk' \perp OX$，则空间 AB 与 CD 相交。

当两直线中有一条为投影面平行线，且已知该直线不平行的两个投影面上的投影时，则可以利用定比关系或求第三投影的方法判断。如图 2-38（a）所示，点 K 在直线 AB 上，但是，由于 $ck : kd \neq c'k' : k'd'$，点 K 不在直线 CD 上，所以，点 K 不是两直线 AB 与 CD 的共有点，即 AB 与 CD 不相交。图 2-38（b）中求出了侧面投影，从图中可以看出，虽然两直线 AB 与 CD 的三个投影都分别相交，但是，三个投影的交点不符合一点的投影规律，因此直线 AB 与 CD 在空间不相交。

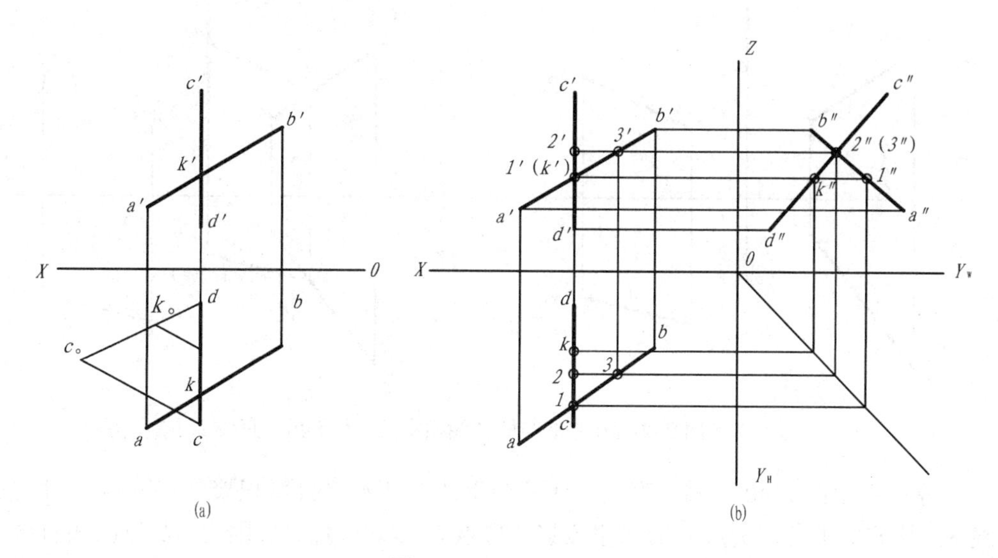

图 2-38　两直线不相交

（3）交叉　在空间既不平行又不相交的两直线称为交叉直线或异面直线。因此，在投影图上，既不符合两直线平行的投影特性，又不符合两直线相交的投影特性的两直线即为交叉直线。

如图 2-39（a）所示，$a'b' /\!/ c'd'$，但是，ab 不平行于 cd，因此，直线 AB、CD 是

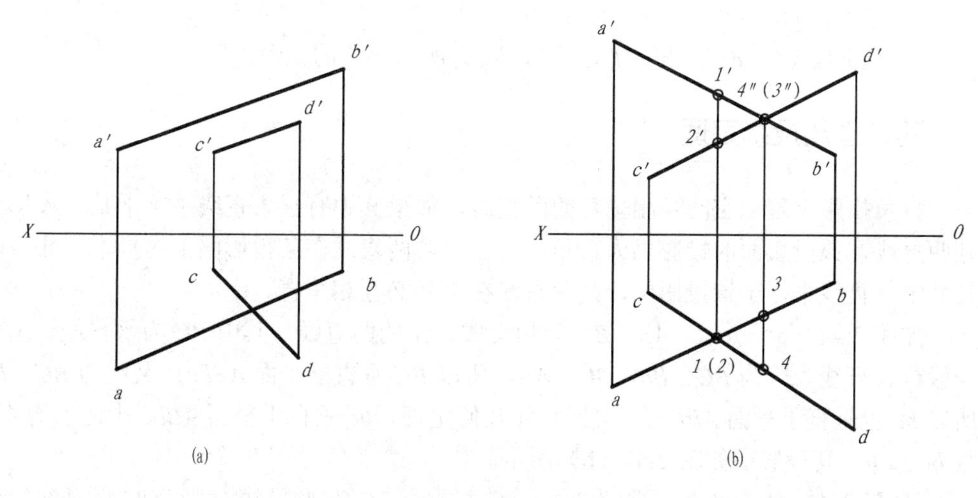

图 2-39　交叉两直线

交叉直线。图 2-39（b）中，虽然 ab 与 cd 相交，$a'b'$与 $c'd'$相交，但它们的交点不符合点的投影规律，因此，直线 AB、CD 是交叉直线。ab 与 cd 的交点是直线 AB 和 CD 上的点Ⅰ和Ⅱ对 H 面的重影点，$a'b'$与 $c'd'$的交点是直线 AB 和 CD 上的点Ⅲ和Ⅳ对 V 面的重影点。

【例 7】 如图 2-40 所示，作直线 KL 与已知直线 AB、CD 相交，且与 EF 平行。

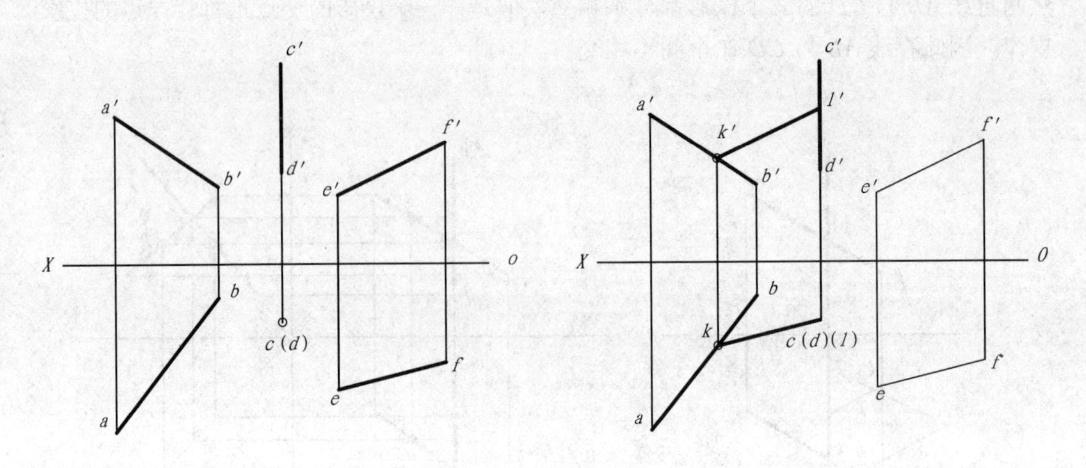

图 2-40 作直线与两直线相交且平行于另一直线

分析：由图 2-40 可知，直线 CD 是铅垂线，其水平投影积聚为点 c（d）。所求直线 KL 与 CD 相交，交点 L 的水平投影 l 与点 c（d）重合。又因为 KL 与已知直线 EF 平行，所以，$kl /\!/ ef$，且与 ab 交于 k 点。再由点线从属关系和平行直线的投影特性，可以求出 $k'l'$。

作图步骤如图 2-40 所示：

① 在点 c（d）处标出（l），过此点作 $kl /\!/ ef$，且与 ab 交于 k 点，kl 为所求直线的水平投影；

② 过 k 作 $kk' \perp OX$，与 $a'b'$交于 k'；

③ 过 k'作 $k'l' /\!/ e'f'$，与 $c'd'$交于 l'，$k'l'$为所求直线的正面投影。

四、直角投影定理

直角投影定理：空间互相垂直的两直线，如果其中有一条直线平行于某一投影面，则两直线在该投影面的投影仍为直角。反之，若两直线在某投影面上的投影互相垂直，且其中一直线平行于该投影面，则两直线在空间必互相垂直。

如图 2-41（a）所示，AB、BC 为相交成直角的两直线，其中 BC 为水平线，AB 为一般位置直线。因为 $BC \perp Bb$，$BC \perp AB$，所以 BC 垂直于平面 $ABba$；又因为 $BC /\!/ bc$，所以 bc 也垂直于平面 $ABba$。 根据立体几何定理，bc 垂直于平面 $ABba$ 上的所有直线，故 $bc \perp ab$，其投影图如图 2-41（b）所示。

如图 2-41（b）所示，因为 $bc \perp ab$，同时 BC 为水平线，则空间两直线 $AB \perp BC$。

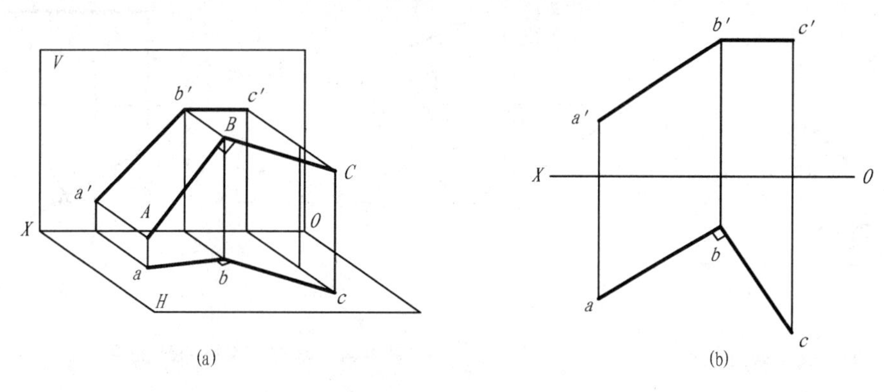

图 2-41　垂直相交两直线的投影

【例 8】 在图 2-42 中，已知点 *A* 及水平线 *BC* 的水平投影和正面投影，求点 *A* 到水平线 *BC* 的距离。

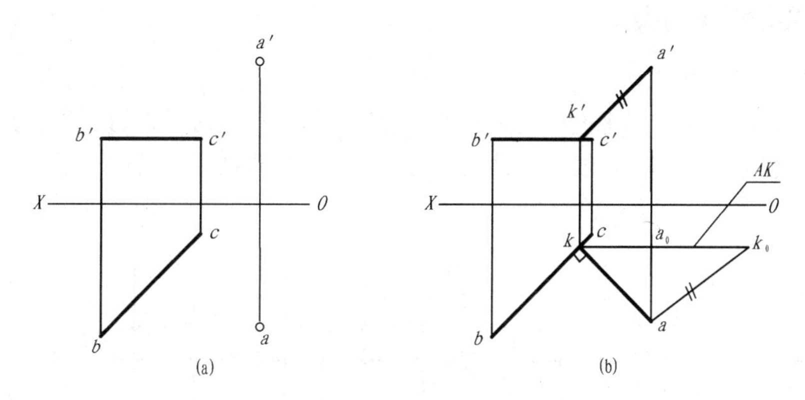

图 2-42　求点 *A* 到直线 *BC* 的距离

分析：由直线外一点向该直线作垂线，点到垂足的长度即为点到直线的距离。此题应作出距离的投影和实长。设点 *A* 到 *BC* 的距离为 *AK*。由于 *BC* 为水平线，根据直角投影定理，$ak \perp bc$。

作图步骤如图 2-42（b）所示。

① 过 *a* 作 $ak \perp bc$，垂足为点 *k*；

② 过 *k* 作 $kk' \perp OX$，与 *b′c′* 交于点 *k′*；

③ 连接 *a′k′*，得到距离的正面投影；

④ 用直角三角形法求 *AK* 的实长。

直角投影定理不仅适用于相交两直线，同样也适用于交叉两直线。

交叉两直线的夹角可以用相交两直线的夹角度量。图 2-43 中，*AB*、*CD* 为交叉两直线，过 *B* 点作 $BE /\!/ CD$，$\angle ABE$ 就是交叉两直线 *AB*、*CD* 的夹角。

如图 2-44（a）所示，交叉两直线 *AB*、*CD* 互相垂直，其中 *AB* 为水平线，*CD* 为一般位置直线。过 *AB* 的端点 *B* 作 $BE /\!/ CD$，则 $\angle abe=90°$，又因为 $cd /\!/ be$，故 $cd \perp ab$，其投影图如图 2-44（b）所示。因为 $cd \perp ab$，同时 *AB* 为水平线，则空间两直线 $AB \perp CD$。

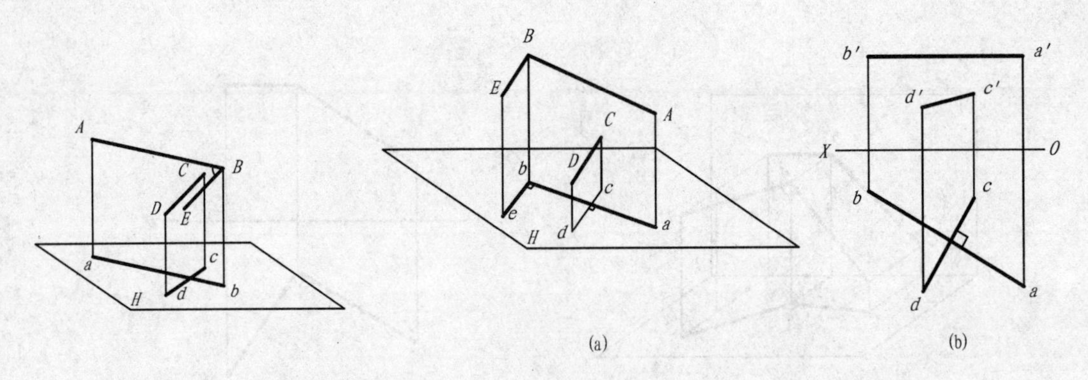

图 2-43　交叉两直线的夹角　　　　图 2-44　垂直交叉两直线的直线

2-4　平面的投影

一、平面的表示法

在空间平面可以无限延展，几何上常用确定平面的空间几何元素表示平面。 如图 2-45 所示，在投影图上，平面的投影可以用下列任何一组几何元素的投影来表示。不在同一直线上的三个点；一直线与该直线外的一点；相交两直线；平行两直线；任意平面图形（如三角形，圆等）。

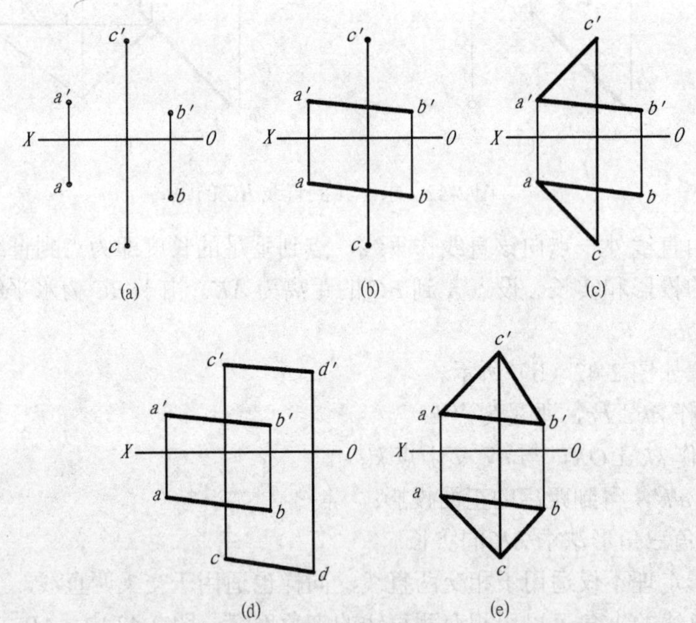

图 2-45　用几何元素的投影表示平面的投影

二、各种位置平面的投影

平面根据其对投影面的相对位置不同，可以分为三类：投影面的垂直面、投影面的平行面、一般位置平面，其中后两类统称为特殊位置平面。

1．投影面的垂直面

投影面的垂直面是指只垂直于某一投影面，并与另两个投影面都倾斜的平面。在三投影面体系中有三个投影面，所以投影面的垂直面有三种：铅垂面——只垂直于 H 面的平面、正垂面——只垂直于 V 面的平面、侧垂面——只垂直于 W 面的平面。

在三投影面体系中，投影面的垂直面只垂直于某一个投影面，与另外两个投影面倾斜。这类平面的投影具有积聚的特点，能反映对投影面的倾角，但不反映平面图形的实形。

以表 2-3 中的铅垂面为例，平面 P（$\triangle ABC$）垂直于 H 面，同时倾斜于 V、W 面，其投影特性如下。水平投影积聚为一条直线，正面及侧面投影仍为三角形。

表 2-3　投影面的垂直面

名称	轴测图	投影图及其特性
铅垂面	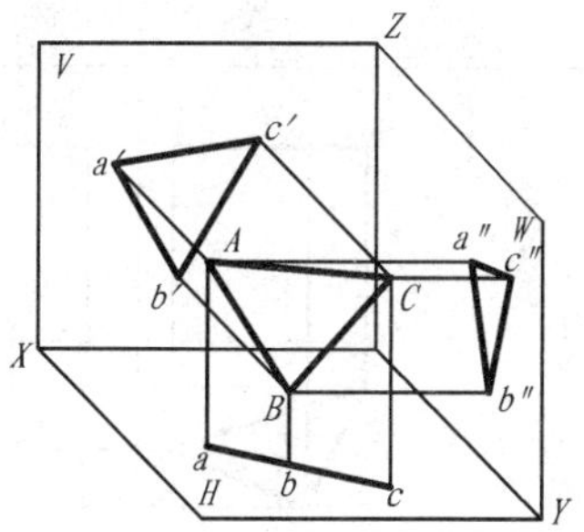	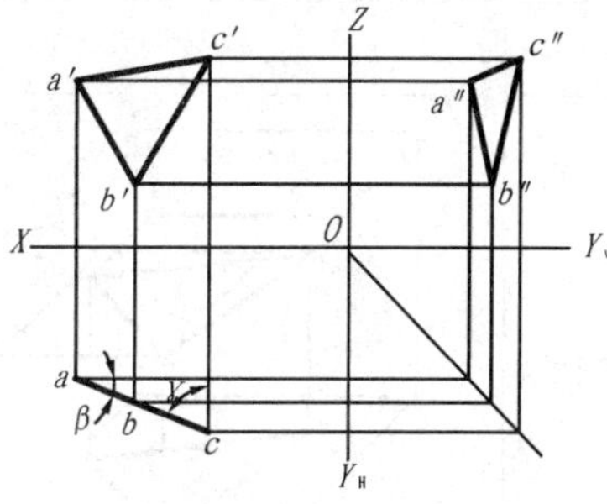 水平投影有积聚性且反映 β、γ
正垂面	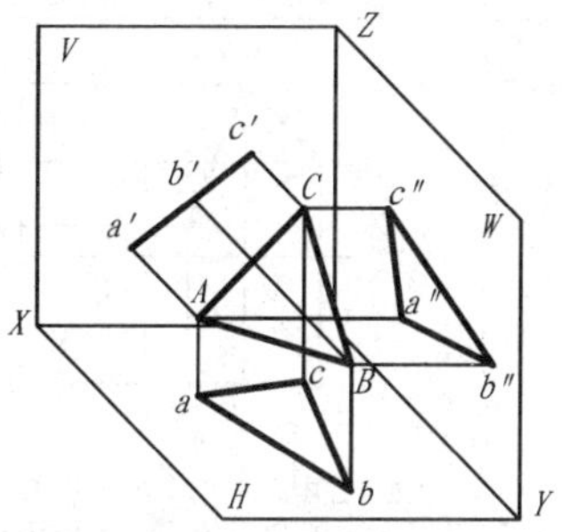	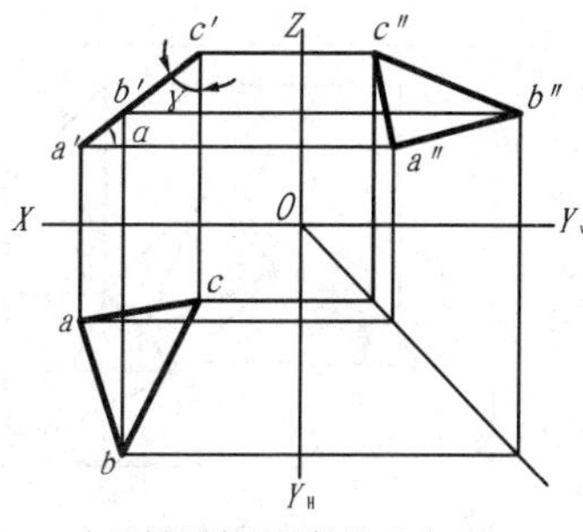 水平投影有积聚性且反映 α、γ
侧垂面	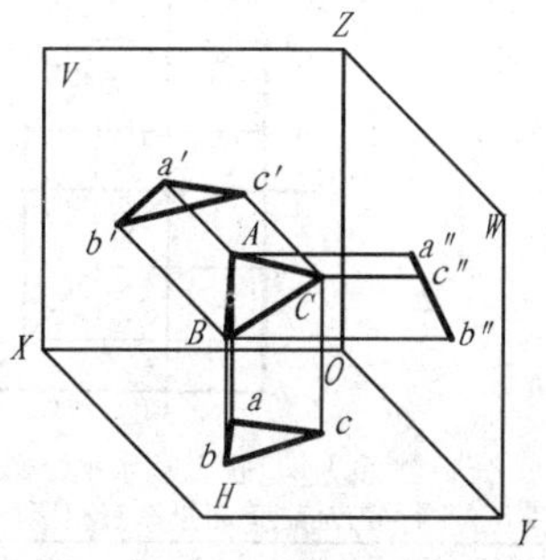	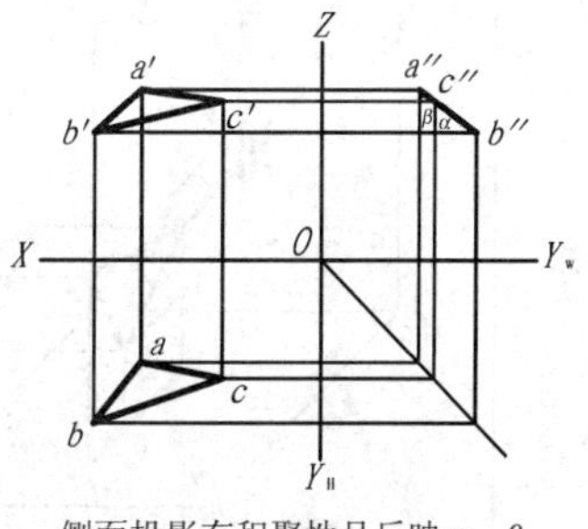 侧面投影有积聚性且反映 α、β

总之，用平面图形表示的投影面垂直面在所垂直的投影面上的投影积聚为一条直线，该直线与投影轴的夹角反映平面对另两个投影面的倾角；另外两面投影均为类似形。

2．投影面的平行面

投影面的平行面是指平行于某一个投影面的平面。在三投影面体系中有三个投影面，所以投影面的平行面有三种：水平面——平行于 H 面的平面、正平面——平行于 V 面的平面、侧平面——平行于 W 面的平面。

在三投影面体系中，投影面的平行面平行于某一个投影面，与另外两个投影面垂直。这类平面的一面投影具有反映平面图形实形的特点，另两面投影有积聚性。

以表 2-4 中的水平面为例，平面 P（$\triangle ABC$）平行于 H 面，同时垂直于 V、W 面，其投影特性如下。

（1）水平投影$\triangle abc$ 反映平面图形的实形；

（2）正面投影和侧面投影均积聚为直线，分别平行于 OX 轴和 OY_W 轴。

同样，正平面和侧平面也有类似的投影特性，如表 2-4 所列。

表 2-4　投影面的平行面

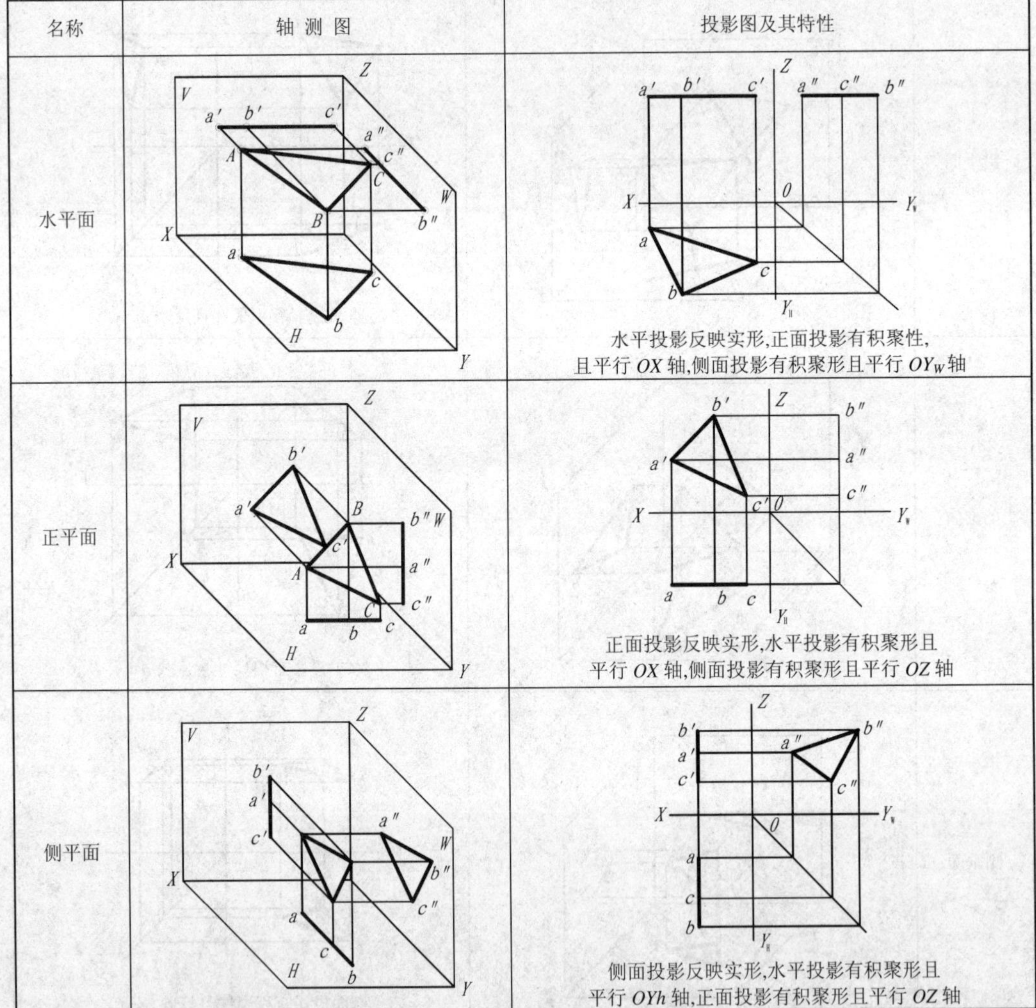

名称	轴测图	投影图及其特性
水平面		水平投影反映实形,正面投影有积聚性,且平行 OX 轴,侧面投影有积聚形且平行 OY_W 轴
正平面		正面投影反映实形,水平投影有积聚形且平行 OX 轴,侧面投影有积聚形且平行 OZ 轴
侧平面		侧面投影反映实形,水平投影有积聚形且平行 OYh 轴,正面投影有积聚形且平行 OZ 轴

总之，用平面图形表示的投影面平行面在所平行的投影面上的投影反映实形；其余两面投影均积聚为直线，且分别平行于该投影面所包含的两个投影轴。

3．一般位置平面

一般位置平面是指对三个投影面既不垂直又不平行的平面，如图 2-46 所示。平面与投影面的夹角称为平面对投影面的倾角，平面对 H、V 和 W 面的倾角分别用 α、β 和 γ 表示。由于一般位置平面对 H、V 和 W 面既不垂直也不平行，所以它的三面投影既不反映平面图形的实形，也没有积聚性，均为类似形。

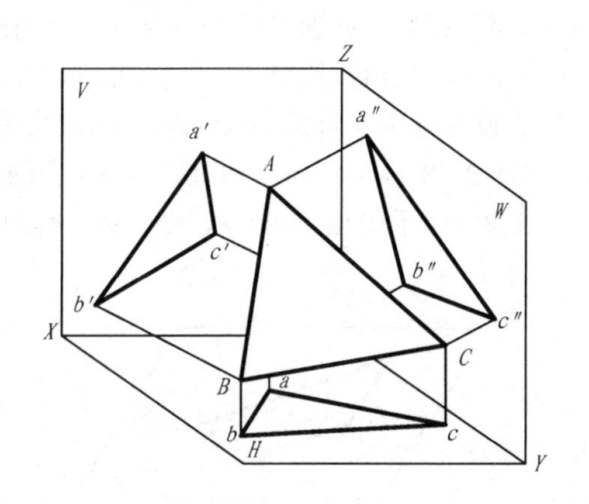

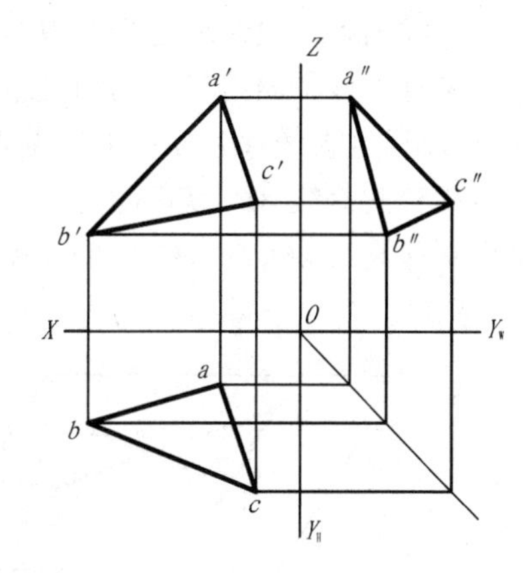

图 2-46　一般位置平面

三、属于平面的点和直线

1. 属于平面的点

由立体几何可知：若点属于平面，则该点必属于该平面内的一条直线；反之，若点属于平面内的一条直线，则该点必属于该平面。如图 2-47（a）所示，平面 P 由相交两直线 AB、BC 确定，M、N 两点分别属于直线 AB、BC，故点 M、N 属于平面 P。

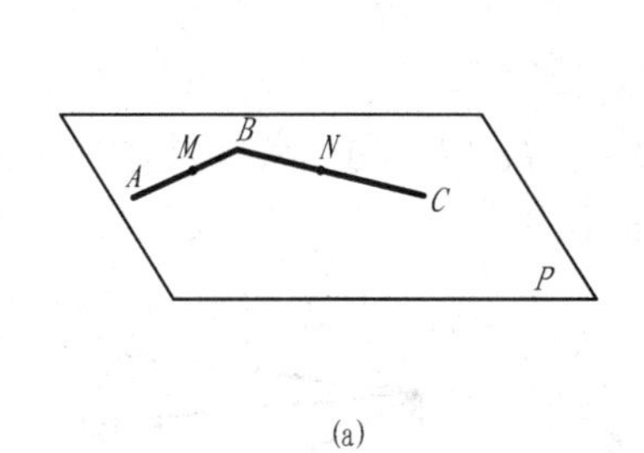

(a)

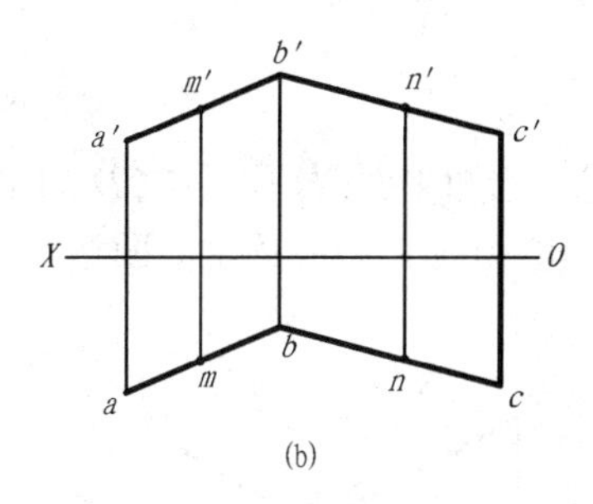

(b)

图 2-47　平面上的点

在投影图上，若点属于平面，则该点的各个投影必属于该平面内的一条直线的同面投影；反之，若点的各个投影属于平面内一条直线的同面投影，则该点必属于该平面。如图 2-47（b）所示，在直线 AB、BC 的投影上分别作 m、m'、n、n'，则空间点 M、N 必属于由相交两直线 AB、BC 确定的平面。

2. 属于平面的直线

由立体几何可知：若直线属于平面，则该直线必通过该平面内的两个点，或该直线通过该平面内的一个点，且平行于该平面内的另一已知直线；反之，若直线通过平面内的两个点，或该直线通过该平面内的一个点，且平行于该平面内的另一已知直线，则该直线必属于该平面。如图 2-48（a）所示，平面 P 由相交两直线 AB、BC 确定，M、N 两点属于平面 P，故直线 MN 属于平面 P。在图 2-48（b）中，L 点属于平面 P，且 $KL // BC$，因此，直线 KL 属于平面 P。

在投影图上，若直线属于平面，则该直线的各个投影必通过该平面内两个点的同面投影，或通过该平面内一个点的同面投影，且平行于该平面内另一已知直线的同面投影；反之，若直线的各个投影通过平面内两个点的同面投影，或通过该平面内一个点的同面投影，且平行于该平面内另一已知直线的同面投影，则该直线必属于该平面。如图 2-48（c）所示，通过直线 AB、BC 上的点 M、N 的投影分别作直线 mn、$m'n'$，则直线 MN 必属于由相交两直线 AB、BC 确定的平面。如图 2-48（d）所示，通过直线 AB 上的点 L 的投影分别作直线 $kl /\!/ bc$、$k'l' /\!/ b'c'$，则直线 KL 必属于由相交两直线 AB、BC 确定的平面。

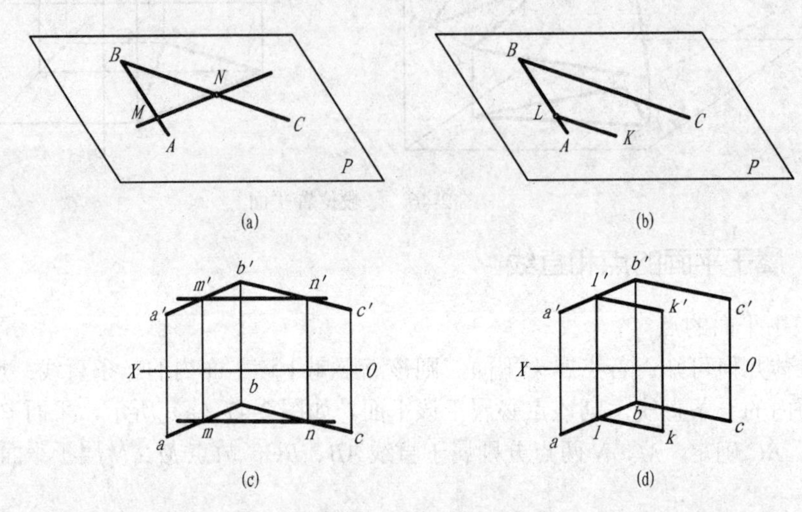

图 2-48　平面上的直线

【例 1】 已知平面四边形 $ABCD$ 的水平投影 $abcd$ 和 AB、BC 两边的正面投影 $a'b'$、$b'c'$，如图 2-49 所示，完成该平面四边形的正面投影。

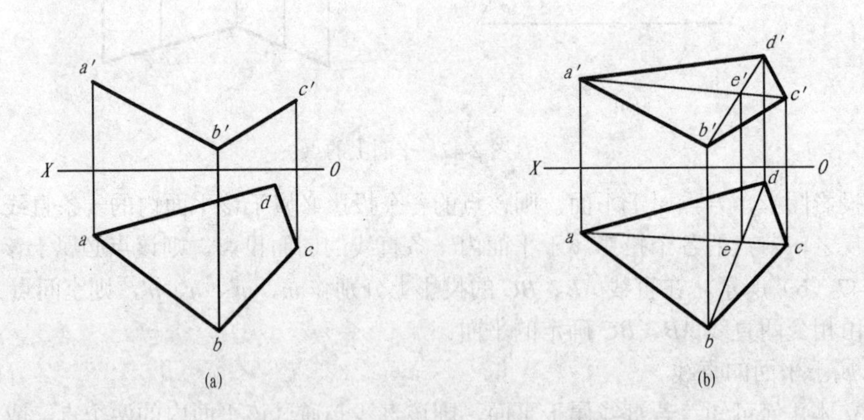

图 2-49　完成平面四边形 $ABCD$ 的正面投影

分析：平面四边形 $ABCD$ 所在的平面由已知的相交两边 AB、BC 确定，D 点必在该平面上。由已知的 D 点的水平投影 d，用平面上求点的方法可以求出 d'，再依次连线即成。

作图步骤如图 2-49（b）所示：

（1）连接 AC 的同面投影 $a'c'$、ac 及 BD 的水平投影 bd，bd 交 ac 于 e，E 点为平面

四边形两对角线 AC、BD 的交点；

（2）过 e 作 OX 轴的垂线与 $a'c'$ 交于点 E 的正面投影 e'；

（3）过 d 作 OX 轴的垂线与 $b'e'$ 的延长线交于 d'；

（4）连接 $a'd'$、$c'd'$，四边形 $a'b'c'd'$ 即为所求。

【例 2】 如图 2-50（a）所示，判断点 M 和 N 是否属于△ABC 平面

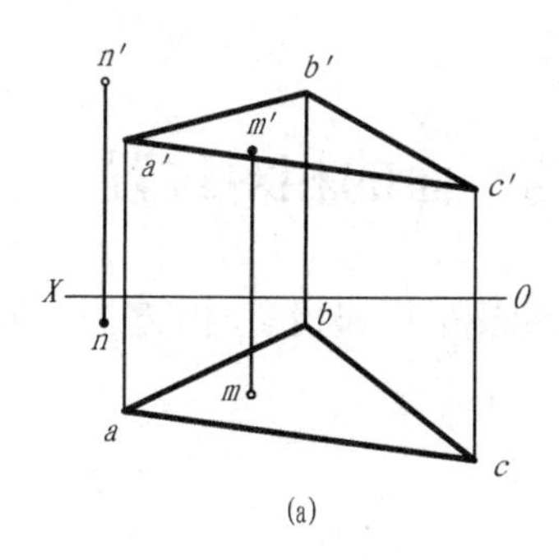

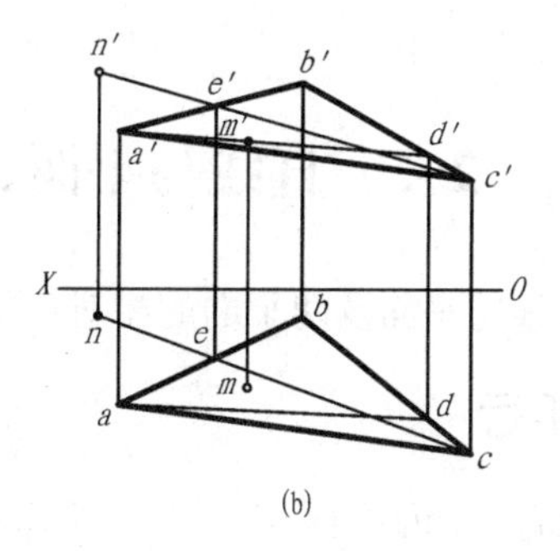

图 2-50 判断点是否属于平面

分析：要判断点是否属于平面，必须判断点是否属于平面内的一条直线。本题用作图的方法确定点 M、N 是否属于△ABC 平面。

作图步骤如图 2-50（b）所示：

（1）过 m' 作 $a'm'$ 并延长与 $b'c'$ 交于 d'；

（2）由 d' 作 OX 轴的垂线交 bc 于 d，连接 ad；

（3）由于 AD 属于△ABC 平面，而 m 不在 ad 上，故点 M 不属于直线 AD，亦即点 M 不属于△ABC 平面。

同理，可以判断点 N 属于△ABC 平面内的直线 CE，故点 N 属于△ABC 平面。

3．属于平面的投影面平行线

属于平面且同时平行于某一投影面的直线称为平面内的投影面平行线。平面内的投影面平行线既具有平面内直线的投影特性，又具有投影面平行线的投影特性。

平面内的投影面平行线有三种，平面内平行于 H 面的直线称为平面内的水平线；平面内平行于 V 面的直线称为平面内的正平线；平面内平行于 W 面的直线称为平面内的侧平线。

平面内的投影面平行线，既有投影面平行线的投影特性，又有与其所属平面的从属关系。

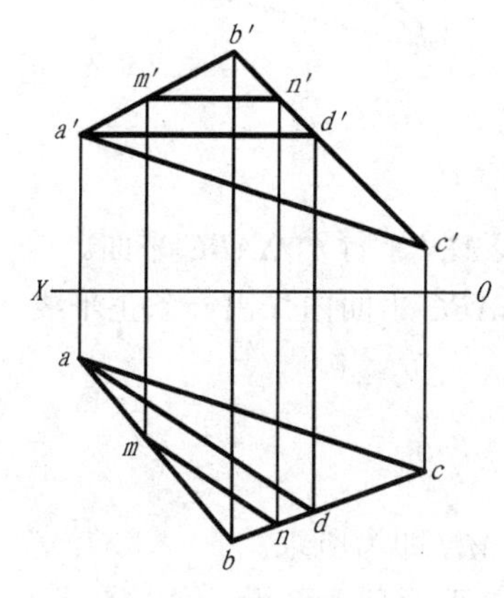

图 2-51 平面内的水平线

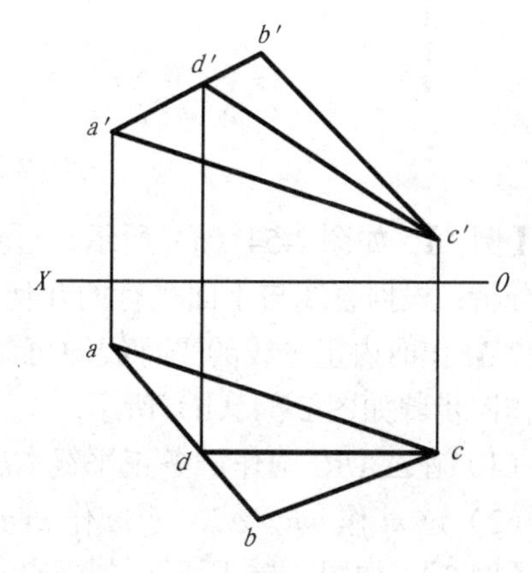

图 2-52 平面内的正平线

如图 2-51 所示，直线 AD 属于△ABC 平面，且 $a'd' \parallel OX$ 轴，直线 AD 是△ABC 平面内的水平线。同样，直线 MN 也是△ABC 平面内的水平线。由图可知，$mn \parallel ad$，$m'n' \parallel a'd'$，因此，$MN \parallel AD$。由此可见，同一平面内的所有水平线互相平行。

在图 2-52 中，直线 CD 属于△ABC 平面，且 $cd \parallel OX$ 轴，直线 CD 是△ABC 平面内的正平线。同样地，同一平面内的所有正平线互相平行。平面内的侧平线也有相同的特性。

2–5 直线与平面、平面与平面的相对位置

空间直线与平面及两平面的相对位置有两种情况：平行和相交，相交中有垂直的特例。

一、平行

1．直线与平面平行

1）一般情况

如果空间一条直线平行于平面内的一条直线，那么此直线与该平面平行。如图 2-53（a）所示，直线 AB 平行于平面 P 内的直线 CD，那么直线 AB 与平面 P 平行；反之，如果直线 AB 与平面 P 平行，则在平面 P 内必可以找到与直线 AB 平行的直线。

在投影图上，若直线 AB 的投影 $a'b'$和 ab 与△CDE 平面内一直线 EF 的同面投影平行，即 $a'b' \parallel e'f'$，$ab \parallel ef$，则直线 AB 与△CDE 平面平行，如图 2-53(b)所示。

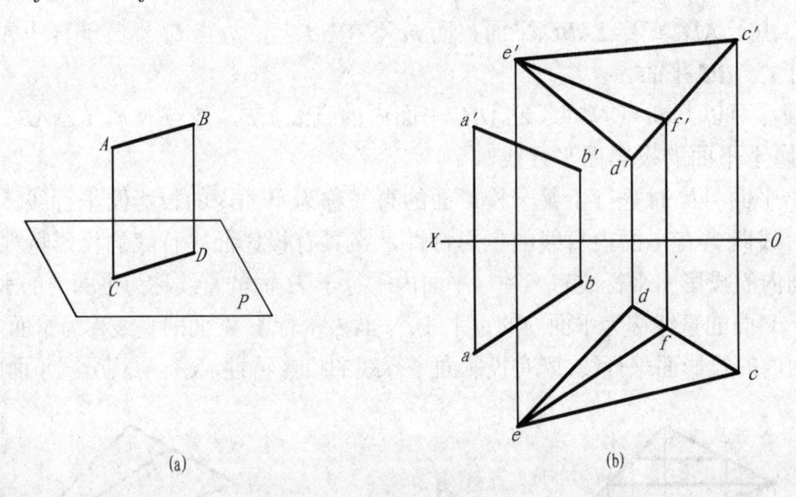

图 2-53 直线与平面平行

【例 1】 如图 2-54（a）所示，过点 M 作正平线 MN 平行于△ABC 平面。

分析：根据直线与平面平行的几何条件，先在△ABC 平面内作出一条正平线，然后再过点 M 作面内正平线的平行线即可。

作图步骤如图 2-54（b）所示：

（1）在△ABC 中作一条正平线 CD（cd，$c'd'$）；

（2）过 m 作 $mn \parallel cd$，过 m'作 $m'n' \parallel c'd'$，直线 MN 即为所求。

【例 2】 如图 2-55 所示，判断直线 KL 与△ABC 平面是否平行。

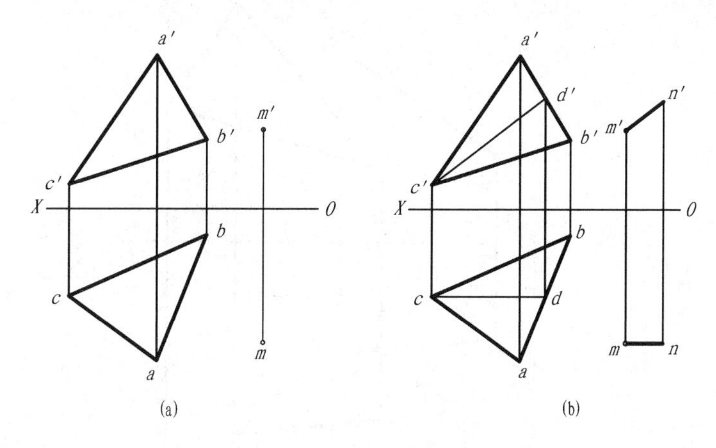

图 2-54　过点作正平线平行于平面

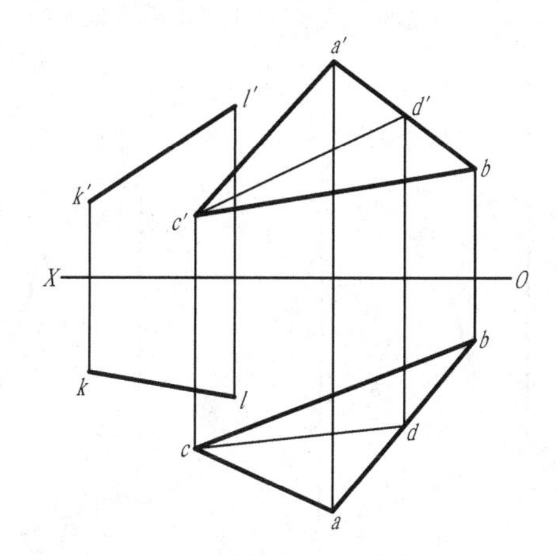

图 2-55　判断直线与平面是否平行

分析：若能在△*ABC* 平面中作出一条平行于 *KL* 的直线，那么直线 *KL* 就平行于平面，否则就不平行。作图步骤如图 2-55 所示：

（1）在$\triangle a'b'c'$中过 c'作 $c'd' /\!/ k'l'$，然后在△*abc* 中作出 *CD* 的水平投影 *cd*；

（2）判别 *cd* 是否平行 *kl*，图中 *cd* 不平行于 *kl*，那么 *CD* 不平行于 *KL*。

结论：△*ABC* 平面中不包含直线 *KL* 的平行线，所以直线 *KL* 不平行于△*ABC* 平面。

2）特殊情况

直线与投影面垂直面平行，则直线的投影平行于平面积聚的同面投影；反之亦然。

如图 2-56 所示，△*ABC* 为铅垂面，其水平投影 *abc* 积聚成一直线。由于直线 $DE /\!/ \triangle ABC$，故 $de /\!/ abc$。

2. 平面与平面平行

1）一般情况

如果一个平面内的两条相交直线分别与另一个平面内的两条相交直线对应平行，那么这两个平面平行。如图 2-57 所示，平面 *P* 内的相交直线 *AB*、*AC* 分别平行于平面 *Q* 内的相交直线 *DE* 和 *DF*，即 $AB /\!/ DE$，$AC /\!/ DF$，那么平面 *P* 与 *Q* 平行。

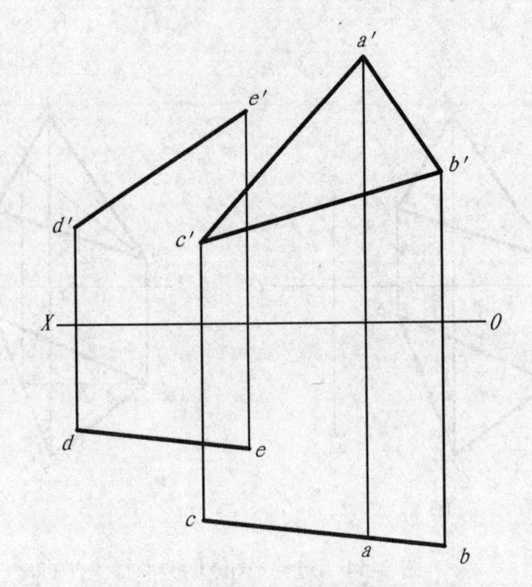

图 2-56　直线与投影面垂直面平行

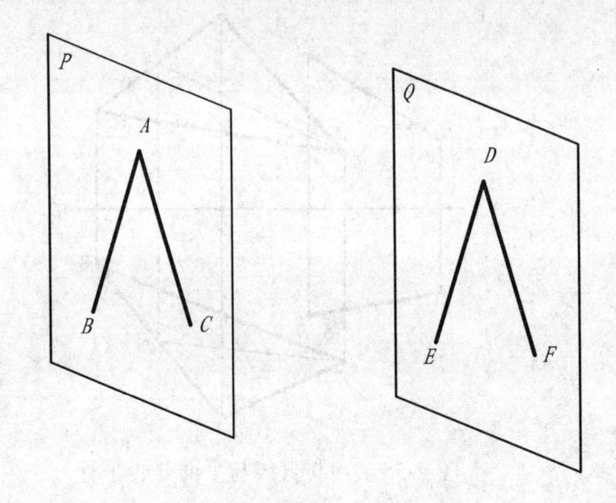

图 2-57　两平面平行

【例 3】 如图 2-58（a）所示，过点 D 作一平面平行△ABC 平面。

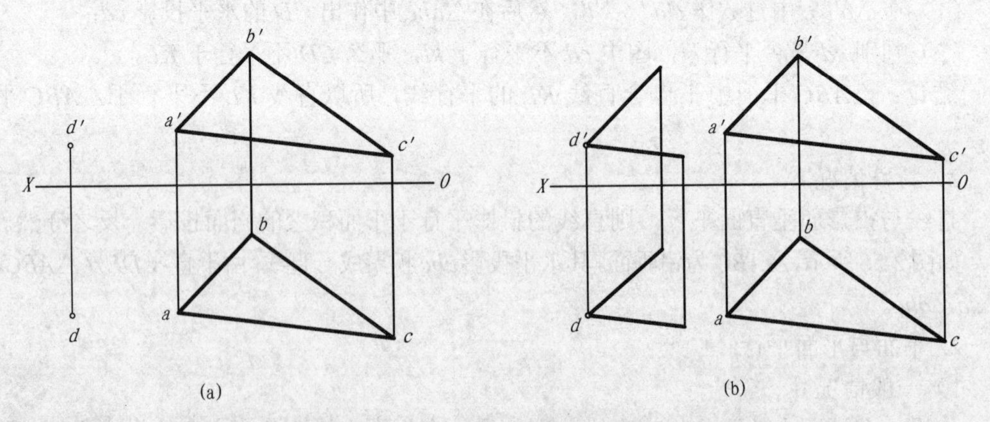

图 2-58　过点 D 作平面平行于△ABC 平面

分析：只需过点 D 作两条直线分别平行于△ABC 平面中的两条边，则这两条相交直线确定的平面即为所求。

作图步骤如图 2-58（b）所示：

（1）过 d' 作 $d'e' /\!/ a'b'$，$d'f' /\!/ a'c'$；

（2）过 d 作 $de /\!/ ab$，$df /\!/ ac$，则两相交直线 DE、DF 确定的平面与△ABC 平面平行。

【例 4】 如图 2-59（a）所示，判断△ABC 平面与△DEF 平面是否平行。

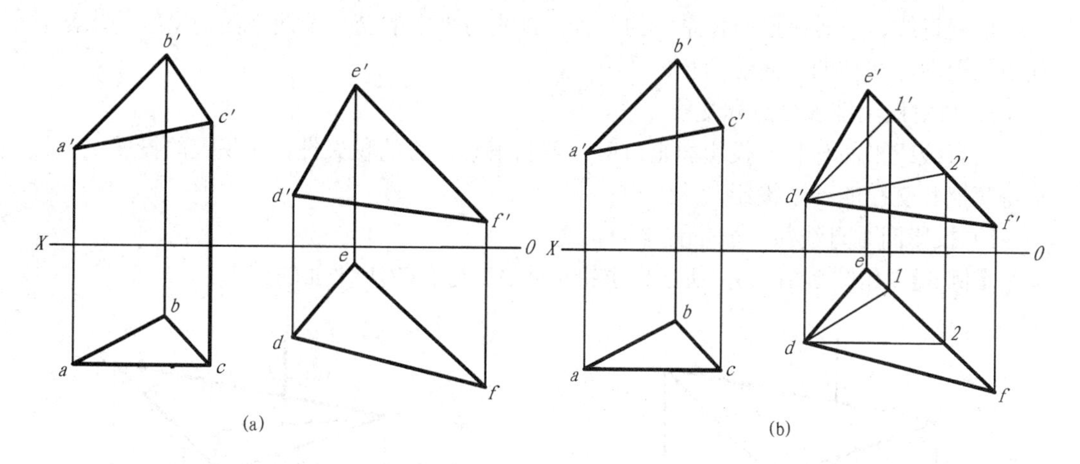

图 2-59 判断两平面是否平行

分析：判断两平面是否平行，实质上就是能否在其中的一个平面上作出与另一个平面内的一对相交直线对应平行的相交两直线。

作图步骤如图 2-59（b）所示：

（1）过 d' 作 $d'1' /\!/ a'b'$，$d'2' /\!/ a'c'$；

（2）将 DⅠ、DⅡ作为△DEF 平面内的直线，求出其水平投影 $d1$、$d2$；

结论：由图 2-59（b）可见，$d1$ 与 ab 平行，$d2$ 与 ac 平行，即△DEF 平面内可以作出两条相交直线与△ABC 平面内的相交直线对应平行，因此，△ABC 平面与△DEF 平面平行。

2）特殊情况

当平行两平面均为投影面垂直面时，它们有积聚性的同面投影必平行；反之亦然。如图 2-60 所示，△ABC 平面和△DEF 平面都是铅垂面，且互相平行，则 $abc /\!/ def$。

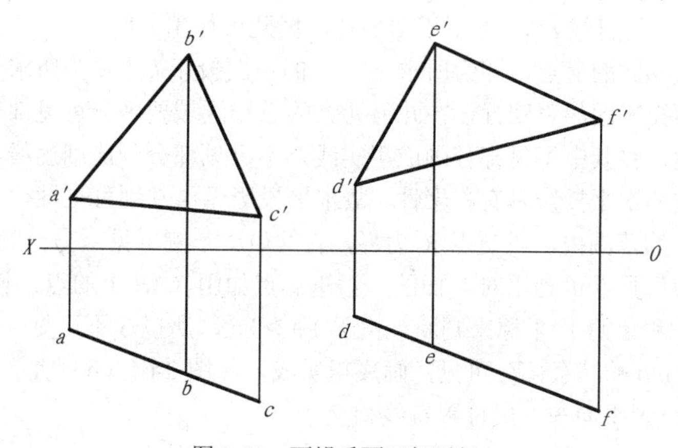

图 2-60 两铅垂面互相平行

二、相交

在空间中，若直线与平面、平面与平面不平行，则必然相交。

直线与平面相交于一点，该交点是直线和平面的共有点，它既属于直线，又属于平面。

平面与平面相交于一条直线，该交线为两平面的共有线，同时属于这两个平面。

根据直线、平面在投影体系中的位置，直线与平面的交点及两平面的交线的求法有利用积聚性法和辅助平面法两种。

1. 利用积聚性求交点和交线

当直线或平面与某一投影面垂直时，可利用其投影的积聚性，在积聚的投影上直接求得交点和交线的一个投影。

1）投影面垂直线与一般位置平面相交

【例 5】 如图 2-61（a）所示，求铅垂线 *AB* 与△*CDE* 平面的交点。

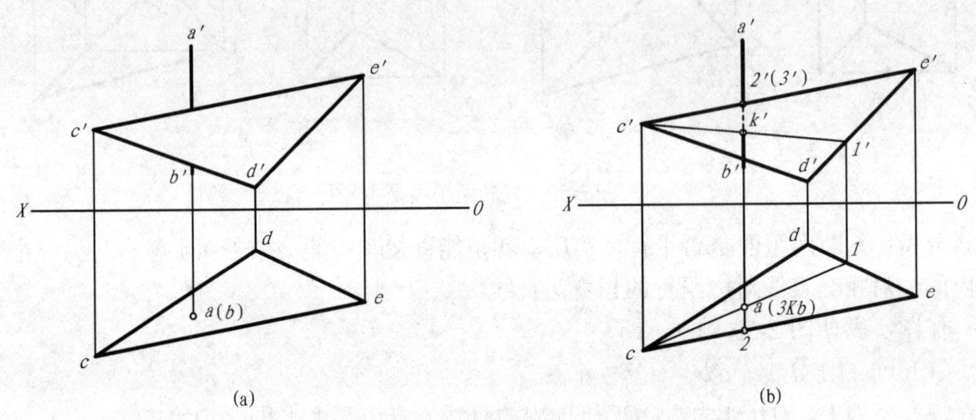

图 2-61　投影面垂直线和一般位置平面相交

分析：设△*CDE* 平面与铅垂线 *AB* 的交点为 *K*。*K* 点属于铅垂线 *AB*，则 *K* 点的水平投影 *k* 与 *AB* 积聚的水平投影 *a*（*b*）重合；*K* 点同时属于△*CDE* 平面，利用平面上求点的方法，在△*CDE* 平面上作辅助直线 *C*Ⅰ求出 *K* 点的正面投影 *k*′。

作图步骤如图 2-61（b）所示：

（1）在 *ab* 上标出 *k*。

（2）过 *k* 点作直线 *c*1，*CI* 属于△*CDE*，据此再作出 *c*′1′；

（3）*c*′1′与 *a*′*b*′的交点，即为所求交点 *K* 的正面投影 *k*′。*K* 为所求交点。

为了增加投影图的直观性，在几何元素的重影区域要区分可见部分和不可见部分，即判别可见性，将其中可见部分画成粗实线，不可见部分画成细虚线。

由于直线的水平投影具有积聚性，故水平投影无需判别可见性。正面投影有重影区域，在△*c*′*d*′*e*′的范围内，以交点 *K* 为界，直线 *AB* 一侧可见，另一侧不可见。直线 *AB* 的正面投影的可见性可利用对 *V* 面的一对重影点如Ⅲ（*AB* 上的点）和Ⅱ（*CE* 上的点）的水平投影 3 和 2 的 *Y* 坐标来判断。由于 $Y_{\text{Ⅱ}}>Y_{\text{Ⅲ}}$，所以 3′不可见，*k*′3′也不可见，*k*′3′画成细虚线，*a*′*b*′的其余部分可见，画成粗实线，如图 2-61（b）所示。

2）特殊位置平面与一般位置直线相交

【例 6】 如图 2-62（a）所示，求直线 *AB* 与铅垂面△*CDE* 的交点。

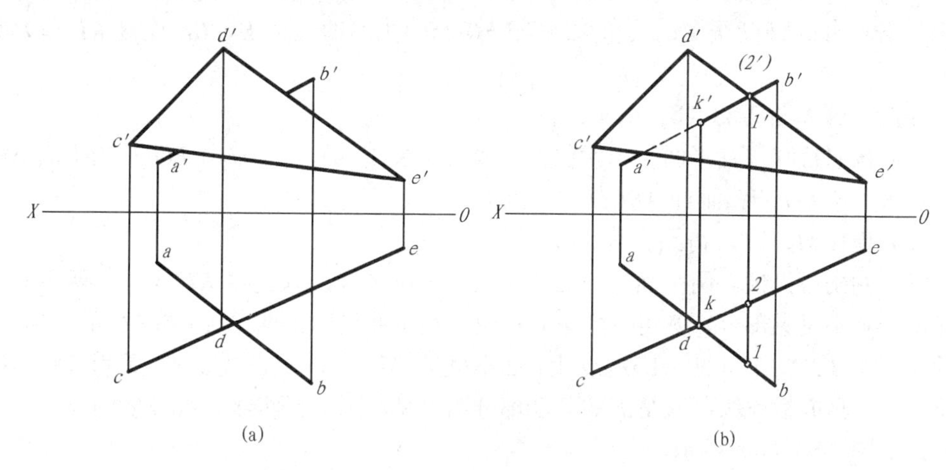

图 2-62　一般位置直线与特殊位置平面相交

分析：设直线 *AB* 与铅垂面△*CDE* 的交点为 *K*。铅垂面△*CDE* 的水平投影积聚为直线 *ce*，交点 *K* 的水平投影 *k* 必在 *ce* 上；因为交点是直线与平面的共有点，所以 *ce* 和 *ab* 的交点一定是交点 *K* 的水平投影 *k*，再根据点 *K* 与直线 *AB* 的从属关系便可以求出交点 *K* 的正面投影 *k*′ 。

作图步骤如图 2-62（b）所示：

（1）在水平投影上标出 *ab* 与 *cde* 的交点 *k*。

（2）在 *a*′*b*′上作出 *K* 点的正面投影 *k*′，则 *K* 为所求交点。

（3）判断可见性。直线和平面在正面投影上有重影区域，需判别直线的可见性。在正面投影上选择 *AB* 和 *DE* 的重影点Ⅰ、Ⅱ的投影 1′（2′），1′可见，1 在 *ab* 上；2′不可见，2 在 *de* 上，故 *k*′1′可见，画成粗实线，*k*′*a*′与平面的重影部分不可见，画成细虚线，如图 2-62（b）所示。

3）特殊位置平面与一般位置平面相交

【例 7】 如图 2-63（a）所示，求铅垂面 *ABCD* 与△*EFG* 平面的交线 *KL*。

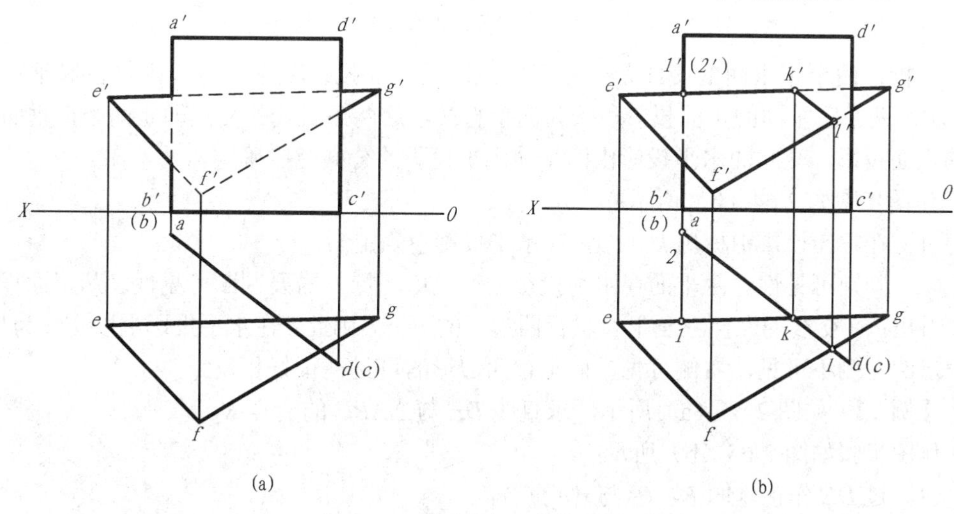

图 2-63　铅垂面与一般位置平面相交

分析：铅垂面 *ABCD* 的水平投影 *abcd* 积聚为一条直线。要求这两个面的交线，实际上只需求出△*EFG* 平面的两条边 *EG*、*FG* 与铅垂面的交点 *K*、*L*，连接 *KL* 即为所求交线。

作图步骤如图 2-63（b）所示：

（1）按照特殊位置平面与一般位置直线相交求交点的方法求出 *EG* 与铅垂面 *ABCD* 的交点 *K*，及 *FG* 与铅垂面 *ABCD* 的交点 *L*。

（2）连接 *kl*、*k'l'*，得到交线 *KL*。

（3）判别可见性。两平面在正面投影上有重影区域，以交线 *KL* 为界，两平面均有可见部分和不可见部分，其可见性正好相反。在正面投影上选择 *AB* 和 *EG* 的重影点Ⅰ、Ⅱ的投影 1′（2′），1′可见，1 在 *eg* 上；2′不可见，2 在 *ab* 上，故 *a'b'* 在重影范围内的部分不可见，画成细虚线；*a'b'c'd'* 的其余部分都可见，画成粗实线。△*e'f'g'* 的可见性正好相反，如图 2-63（b）所示。

4）两个同一投影面的垂直面相交

【例 8】 如图 2-64（a）所示，求两个正垂面△*ABC* 和平行四边形 *DEFG* 的交线 *KL*。

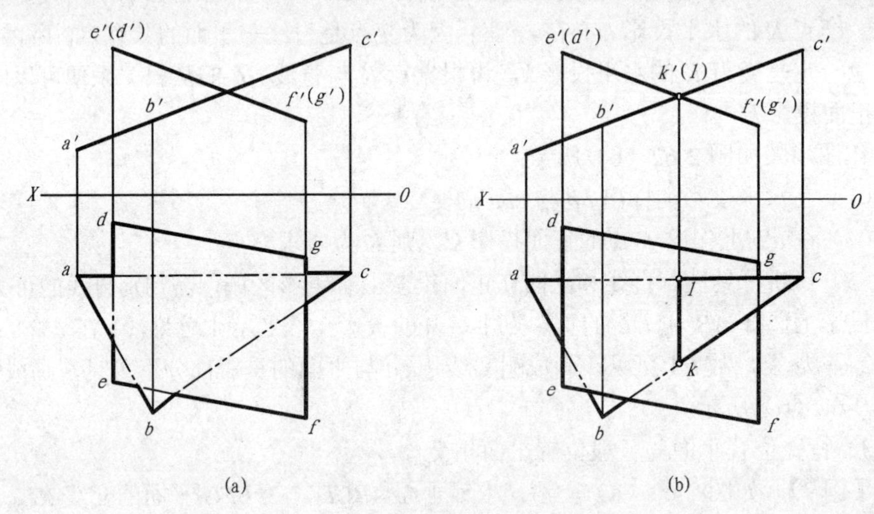

图 2-64 两个正垂面相交

分析：两个正垂面的交线是一条正垂线，其正面投影积聚为点，水平投影垂直于 *OX* 轴。两个正垂面的正面投影积聚为两条直线，这两条直线的交点即是两个正垂面交线的正面投影，交线的水平投影由两平面水平投影的公共范围确定。

作图步骤如 2-64（b）所示：

（1）在正面投影中标出 *k'*（*l'*），在水平投影中确定 *kl*。

（2）判别可见性。两平面在水平投影上有重影区域，需要判断可见性。从正面投影可以看出，在交线的左侧三角形在平行四边形的下方，因此，在水平投影上以交线为界，三角形的左侧不可见，右侧可见，而平行四边形的可见性正好相反。

【例 9】 如图 2-65（a）所示，求直线 *DE* 与△*ABC* 的交点 *K*。

作图步骤如图 2-65（b）所示：

（1）过 *DE* 作正垂面 *P*，P_V 与 *d'e'* 重合。

（2）求正垂面 *P* 与△*ABC* 的交线 *Ⅰ Ⅱ*（12，1′2′）。*P*v 与 *a′c′*的交点为 1′、与 *b′c′*的交点为 2′，然后在 *ac*、*bc* 上投影得到 1、2。

（3）求交线 *Ⅰ Ⅱ*与直线 *DE* 的交点 *K*。12 与 *de* 的交点为 *K* 点的水平投影 *k*，然后在 1′2′上投影得到 *k′*，*K* 即为直线 *DE* 与△*ABC* 平面的交点。

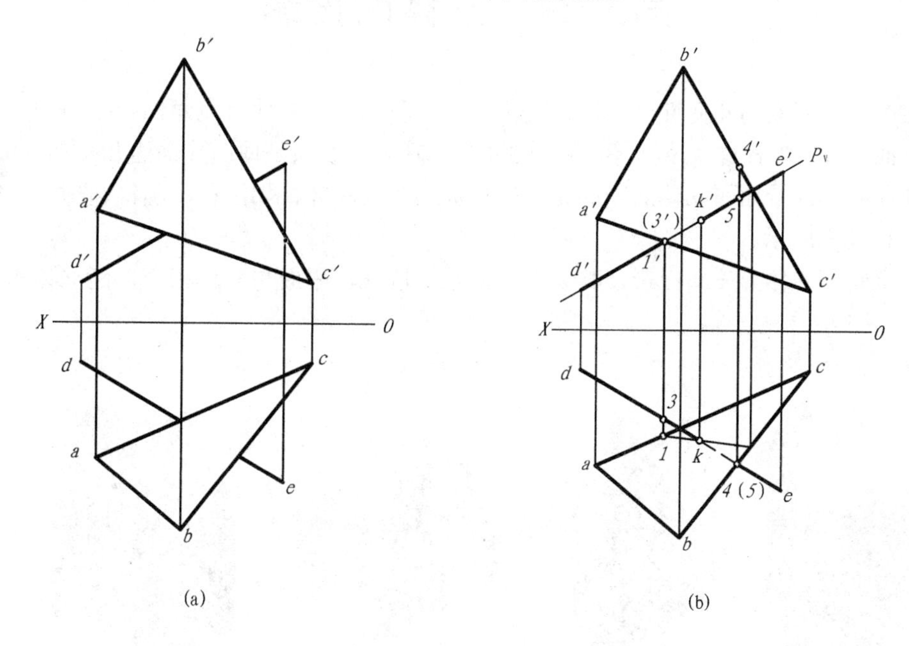

图 2-65　求一般位置直线与一般位置平面的交点

（4）判别可见性。直线和平面在正面投影、水平投影上都有重影区域，需判别直线的可见性。

正面投影的可见性选择 *AC* 和 *DE* 的重影点 *Ⅰ*、*Ⅲ*，其正面投影为 1′（3′），1′可见，1 在 *ac* 上；3′不可见，3 在 *de* 上，故 *k′*3′不可见，画成细虚线，*d′e′*的其他部分可见，画成粗实线。

水平投影的可见性选择 *BC* 和 *DE* 的重影点*Ⅳ*、 *Ⅴ*，其水平投影为 4（5），4 可见，4′在 *b′c′*上，5 不可见，5′在 *d′e′*上，故 *k*5 不可见，画成细虚线，*de* 的其他部分可见，画成粗实线。

第三章　立体的投影

根据立体表面的几何性质，可以分为平面立体和曲面立体。表面都是平面的立体，称为平面立体，如棱柱、棱椎等，如图 3-1（a）所示；表面是曲面或曲面和平面的立体，称为曲面立体。若曲面立体的表面是回转曲面称为回转体，如圆柱、圆锥、球、环等，如图 3-1（b）所示。

本章研究立体的三面投影及其表面上取点、取线，平面与立体相交，两立体相交等问题。

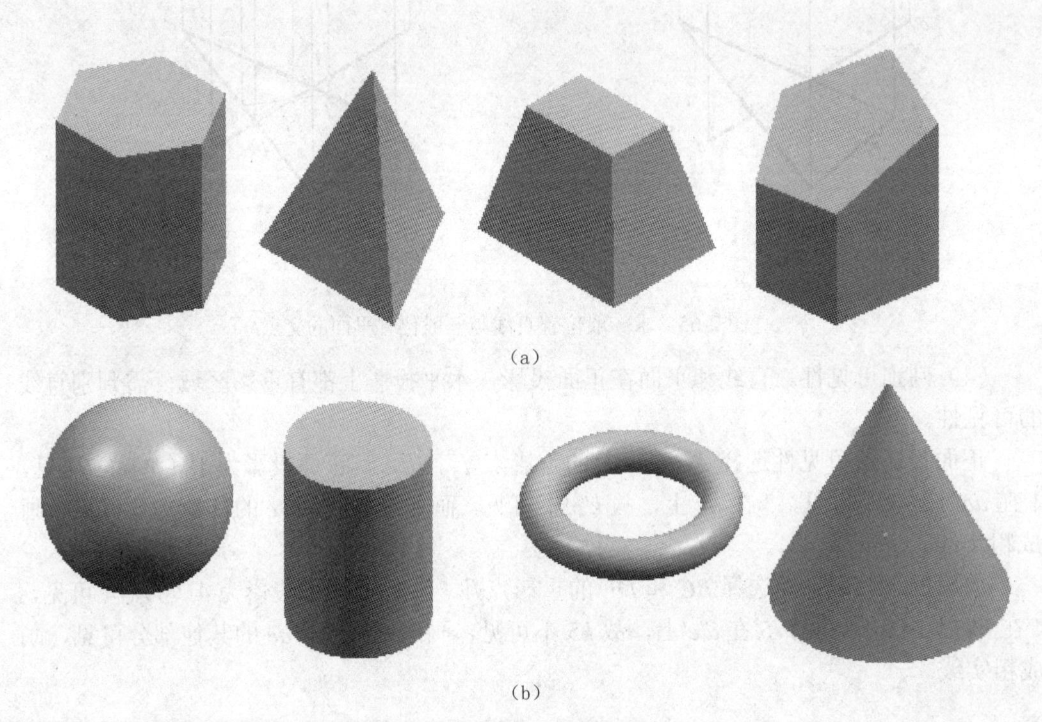

（a）

（b）

图 3-1　基本立体

（a）平面立体；（b）曲面立体。

3-1　立体的投影

一、 平面立体

平面立体的投影就是将组成它的平面和棱线的投影画出，并判别可见性，不可见的棱线投影用虚线画出。

1. 棱柱

1）棱柱的投影

图 3-2（a）为一正六棱柱，由六个棱面和顶面、底面组成。顶面和底面均为水平面，其水平投影反映实形，正面、侧面投影分别积聚成一直线段。前、后两个侧面都是正平面，其正面投影反映实形，水平投影和侧面投影均积聚成直线段。棱柱的另外四个棱面都是铅垂面，因此其水平投影分别积聚为一直线段，正面和侧面投影为四边形，但不反映实形。正六棱柱的投影如图 3-2（b）所示。

棱线 AB 为铅垂线，其水平投影积聚成一点 *a*（*b*），正面投影和侧面投影均反映实长，即 $a'b'=a''b''=AB$。棱面与顶面的交线 *DE* 为侧垂线，侧面投影积聚成为一点 d''（e''），水平投影及正面投影均反映实长，即 $de=d'e'=DE$。棱面与底面的交线 *BC* 为水平线，水平投影反应实长，即 $bc=BC$，正面投影 $b'c'$ 和侧面投影 $b''c''$ 均处于水平位置且小于实长。其余棱线的投影情况可自行分析。

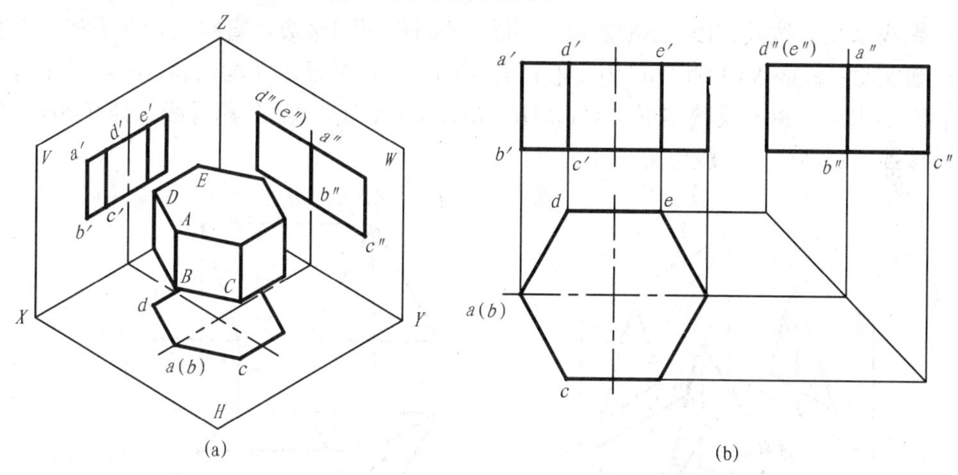

图 3-2　正六棱柱的投影及其表面取点

正六棱柱三面投影作图步骤：

（1）画出正面投影和侧面投影的对称线、水平投影的对称中心线；

（2）画出顶面、底面的三面投影；

（3）画出六个棱面的三面投影。

注意：可见棱线画粗实线，不可见棱线画虚线。当它们重影时，画可见棱线。

【例 1】 如图 3-3 所示，已知棱柱表面上 *M* 点的水平投影 *m*，求其正面投影 m' 和侧面投影 m''。

分析：由于 *M* 可见，所以 *M* 在棱柱顶面上，棱柱顶面为水平面，它的正面和侧面投影都有积聚性。*M* 点的投影必在顶面的同面投影上。所以由 *m* 可求得 m' 和 m''。*M* 点的三个投影均为可见。

2. 棱锥

1）棱锥的投影

图 3-4（a）为一正三棱锥，它由底面△*ABC* 和三个棱面△*SAB*、△*SBC*、△*SAC* 组成。棱锥的底面△*ABC* 是一个水平面，它的水平投影△*abc* 反映△*ABC* 的实形，正面和侧面

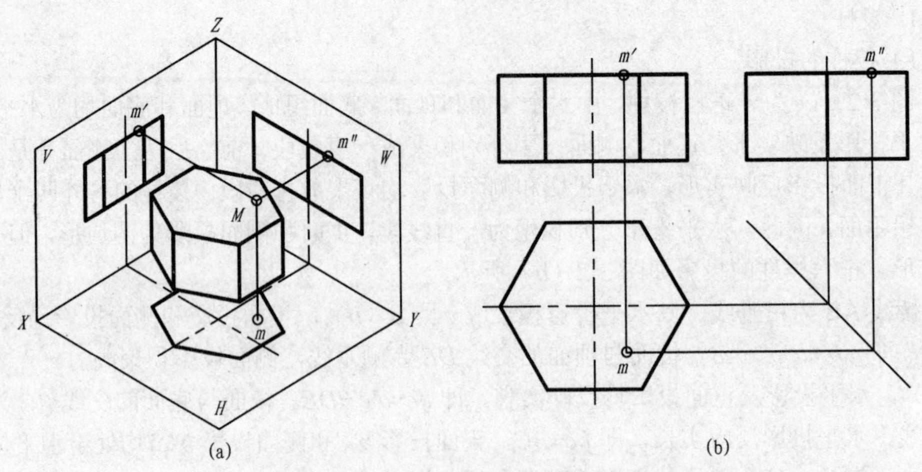

图 3-3　正六棱柱的投影及其表面取点

投影积聚成水平直线段；棱面 *SAC* 为侧垂面，侧面投影积聚成一直线段，水平和正面投影不反映实形；棱面 *SAB* 和 *SBC* 为一般位置平面，与三个投影面均倾斜，所以三个棱面的投影既不积聚，也不反映实形。底边 *AB*、*BC* 为水平线，*AC* 为侧垂线、棱线 *SB* 为侧平线，棱线 *SA*、*SC* 为一般位置直线。

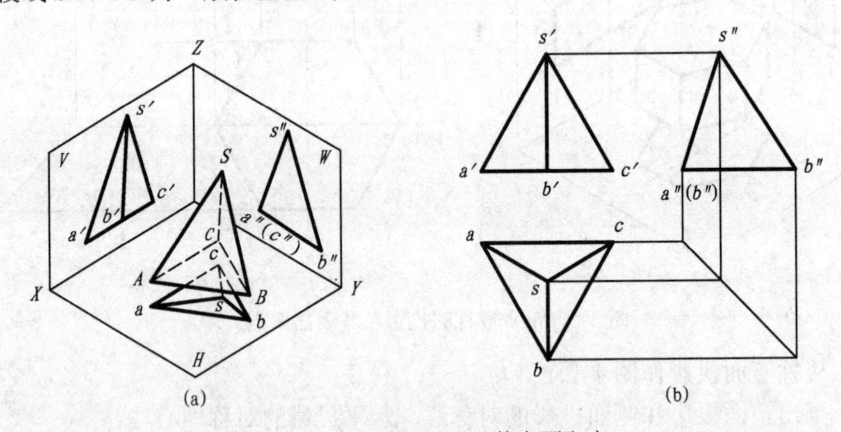

图 3-4　正三棱锥的投影及其表面取点

画棱锥的投影时，画出底面△*ABC* 和棱线 *SA*、*SB*、*SC* 的三面投影即可。作图步骤如下：

（1）先从反映底面△*ABC* 实形的水平投影画起，画出△*ABC* 的三面投影；

（2）画出顶点 *S* 的三面投影；

（3）画出棱线 *SA*、*SB*、*SC* 的三面投影，并判别可见性。

2）棱锥的表面取点

组成棱锥的表面既有特殊位置平面，也有一般位置平面。特殊位置平面上点的投影可利用平面的积聚性作图，一般位置平面上点的投影，可选取适当的辅助直线作图。

【例 2】 如图 3-5 所示，已知 *M* 点的正面投影 m'，求 *M* 点的其他投影。

分析：由于 m' 可见，所以 *M* 点在棱面△*SAB* 上，该面是一般位置平面，因此可过点 S、*M* 作辅助直线 *SI*，因 *M* 点在直线 *SI* 上，*M* 点的投影必在 *SI* 的同面投影上，由 m' 可求得 *m* 和 m''；也可过 *M* 点在 *SAB* 面上作平行于 *AB* 的直线 *II III* 为辅助线（$23 /\!/ ab$、$2''3'' /\!/ a''b''$），因点 *M* 在 *II III* 线上，由 m' 可求得 *m* 和 m''。

方法一作图步骤：

（1）连接 $s'm'$ 并延长与 $a'b'$ 交于 $1'$，$s'1'$ 即为辅助直线的正面投影；

（2）作出 SI 的其他两面投影；

（3）由 m' 可求得 m 和 m''。

方法二作图步骤：

（1）过 m' 作 $2'3' // a'b'$；

（2）作出 IIIII 的其余两面投影，并由 m' 求得 m 和 m''。

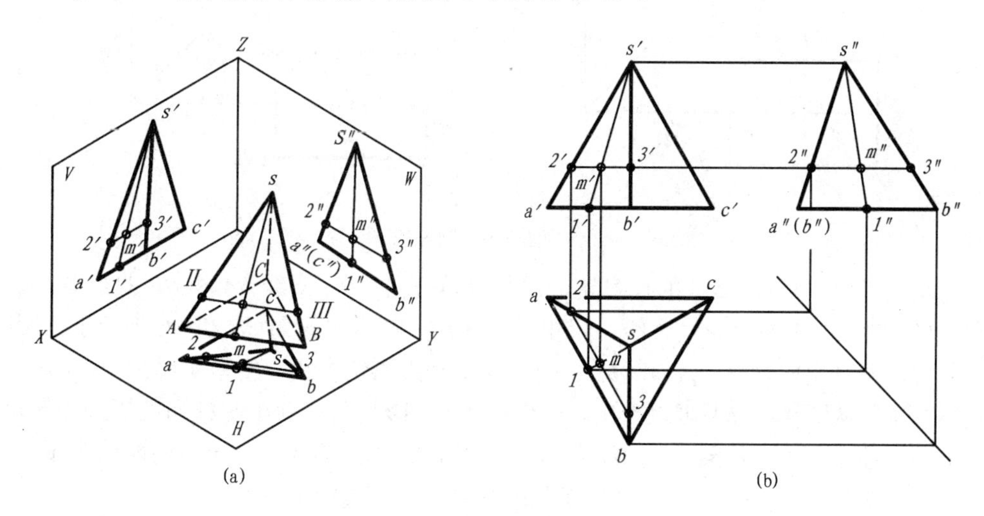

图 3-5　正三棱锥的投影及其表面取点

二、回转体

一动线绕一条定直线回转一周，形成一个回转面。这条定直线称为回转体的轴线。动直线称为回转体的母线。母线在回转体上任意位置称为素线。

1. 圆柱

1）圆柱的形成

如图 3-6 所示，以直线 *AB* 为母线，绕与它平行的轴线 *OO* 回转一周所形成的面称为圆柱面。圆柱面和两端平面围成圆柱体，简称圆柱。

2）圆柱的投影

图 3-6 所示为一水平放置的圆柱，轴线为侧垂线，因此圆柱面的侧面投影积聚为圆，此圆同时也是两底面的投影；在正面投影和水平投影上，两底面的投影各积聚成一条直线段。求圆柱面的投影要分别画出决定其投影范围的外形轮廓线的投影，该线也是圆柱面上可见和不可部分的分界线。从图中看出，圆柱面最上端的素线 *AA* 和最下端的素线 *BB* 处于正面投射方向的外形轮廓位置，称为正面投射轮廓线，它们的正面投影 $a'a'$ 和 $b'b'$ 即为正面投影轮廓线，如图 3-6（a）所示，最前端的素线 *CC* 和最后端的素线 *DD* 处于水平投射方向的外形轮廓位置，称为水平投射轮廓线，其水平投影 *cc*、*dd* 即为水平投影轮廓线,如图 3-6（b）所示。

圆柱投影作图步骤：

（1）先用细点画线画出轴线的正面投影和水平投影以及圆柱侧面投影的对称中心线；

（2）画出侧面投影圆；

（3）画出两个底面的其他两面投影；

（4）画出各投影轮廓线。

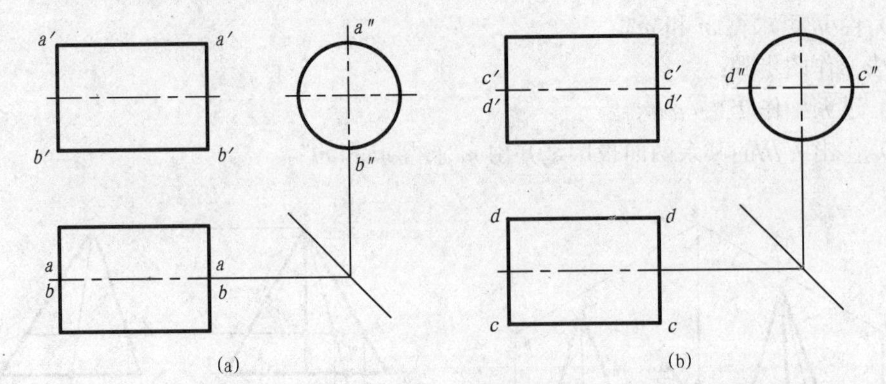

图 3-6 圆柱投影

画图时应注意：回转体的投射轮廓线与投射方向有关。素线 *AA* 和 *BB* 的正面投影 *a'a'* 和 *b'b'* 是圆柱的正面投影轮廓线，用粗实线画出；其水平投影 *aa* 和 *bb* 不处于投影的轮廓位置，不画出。同样，*cc* 和 *dd* 是圆柱的水平投影轮廓线，用粗实线画出，*c'c'* 和 *d'd'* 则不画出。从图 3-6（a）可以看出，以素线 *AA*、*BB* 为界，前半圆柱面的正面投影可见，后半圆柱面不可见；从图 3-6（b）可以看出以 *CC*、*DD* 为界，上半圆柱面的水平投影可见，下半圆柱面不可见，由此可判断此圆柱面上点，线的可见性。

3）圆柱表面上取点、取线

在图 3-6 中，由于圆柱面上每一条素线都垂直于侧面，所以圆柱面的侧面投影有积聚性，凡是在圆柱面上的点和线的侧面投影一定与圆柱面的侧面投影（圆）重合。因此可以利用积聚性法求解。

【例 3】 如图 3-7 所示，已知 *M* 点的正面投影 *m'*，求 *M* 点的其他投影。

作图步骤：

（1）确定 *M* 点在圆柱面上的位置（上、前圆柱面上）；

（2）利用圆柱侧面投影的积聚性，由 *m'* 求 *m''*；

（3）由 *m'*、*m''* 求 *m*，并判断可见性。

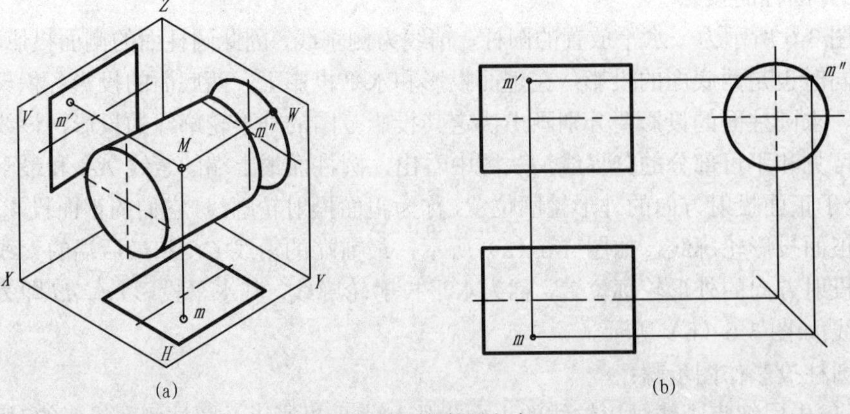

图 3-7 圆柱表面取点

2．圆锥

1）圆锥的形成

如图 3-8 所示，以直线 *AB* 为母线，绕与它相交的轴线 *OO* 回转一周所形成的面称为圆锥面。由圆锥面和锥底平面围成圆锥体,简称圆锥。

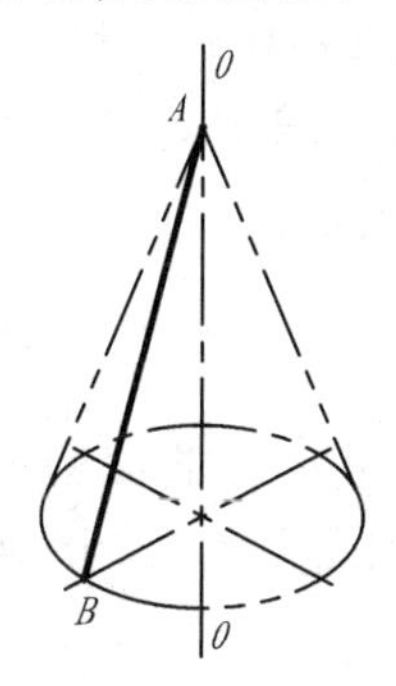

图 3-8　圆锥的形成

2）圆锥的投影

图 3-9（a）所示为一正圆锥，其轴线为铅垂线，底面为水平面。底面的正面和侧面投影积聚为一段水平直线，水平投影反映实形，是一个圆。圆锥面上点的水平投影都落在此圆范围内，这一点与圆柱面的投影不同（圆柱面的投影积聚在圆周），圆锥面投影无积聚性。求作圆锥的投影要分别画出圆锥面的投影轮廓线，即圆锥面上可见与不可见部分的分界线。圆锥面上最左端素线 *SA* 和最右端素线 *SB* 是正面投射轮廓线，其投影 *s'a'* 和 *s'b'* 为圆锥的正面投影轮廓线；而最前端素线 *SC* 和最后端素线 *SD* 是侧面投射轮廓线，其投影 *s″c″* 和 *s″d″* 为侧面投影轮廓线。

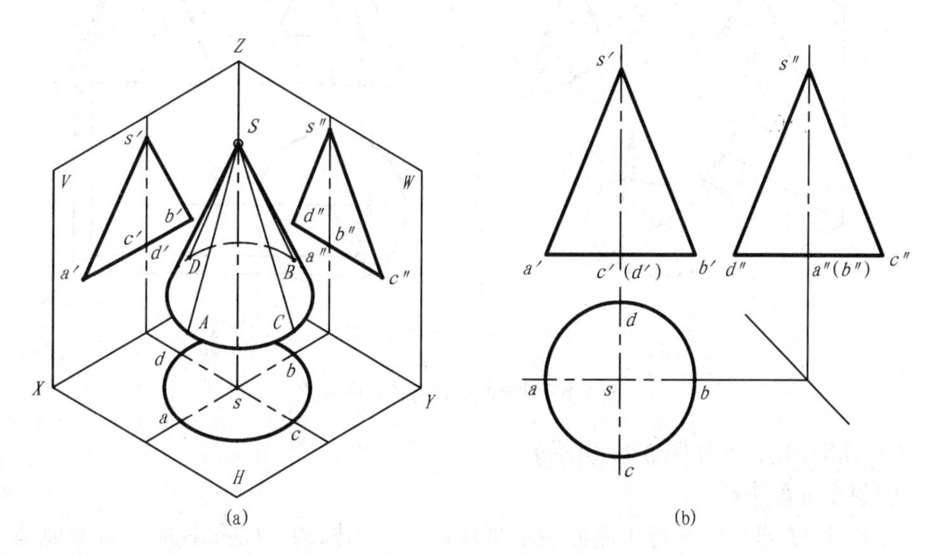

图 3-9　圆锥投影及其表面取点

圆锥投影作图步骤：

（1）用细点画线画出轴线的正面和侧面投影以及画出圆锥水平投影的对称中心线；

（2）画出锥底面的三面投影；

（3）画出锥顶点 s 的投影；

（4）画出各投影轮廓线。

画图时应注意：回转体的投射轮廓线与投射方向有关。素线 SA 和 SB 的正面投影 $s'a'$ 和 $s'b'$ 是圆锥面正面投影轮廓线，图中用粗实线画出，其侧面投影 $s''a''$、$s''b''$ 和水平投影 sa、sb 均不画出。$s''c''$ 和 $s''d''$ 是侧面投影轮廓线，应该用粗实线画出，而 $s'c'$、$s'd'$ 和 sc、sd 则不画出。以 SA、SB 为界，前半圆锥面在正面投影中可见，后半圆锥面不可见；以 SC、SD 为界，左半圆锥面在侧面投影中可见，右半圆锥面不可见，以此可判断圆锥面上点、线的可见性。

3）圆锥表面取点、取线

【例 4】 已知 M 点的正面投影 m'，求 M 点的水平投影 m 和侧面投影 m''。

分析：由 m' 可知，M 点在圆锥面上。由于圆锥面的投影无积聚性，因此欲在其表面取点需要先作适当的辅助线。

1）辅助素线法（如图 3-10 所示）

作图步骤如下：

（1）在正面作过锥顶 S 和点 M 的辅助素线。连接 $s'm$ 并延长交锥底于 $1'$；

（2）求出水平投影 $s1$ 和侧面投影 $s''1''$。M 点的投影必在在 $S\ I$ 线的同面投影上；

（3）按投影规律由 m' 可求得 m 和 m''。M 点所在锥面的三个投影均可见，所以 m、m'、m'' 均可见。

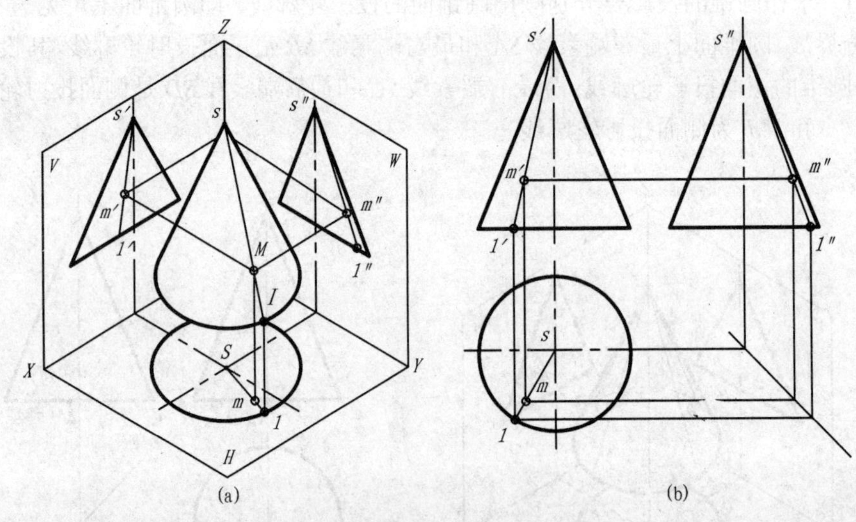

图 3-10　圆锥投影及其表面取点

2）辅助圆法 （如图 3-11 所示）

作图步骤如下：

（1）过 M 点作一平行于底面的水平辅助圆，该圆的正面投影为过 m' 且垂直于轴线的直线段 $2'3'$；

（2）它的水平投影为一直径等于 $2'3'$ 的圆；

（3）m' 必在此圆上，由 m' 求得 m，再由 m'、m 求出 m''。

圆锥表面取线的方法一般是在线的已知投影上适当选取若干点，利用辅助素线法或辅助圆法求出这些点的另外两投影，光滑地连接各点的同面投影，并判别可见性，即完成投影图。

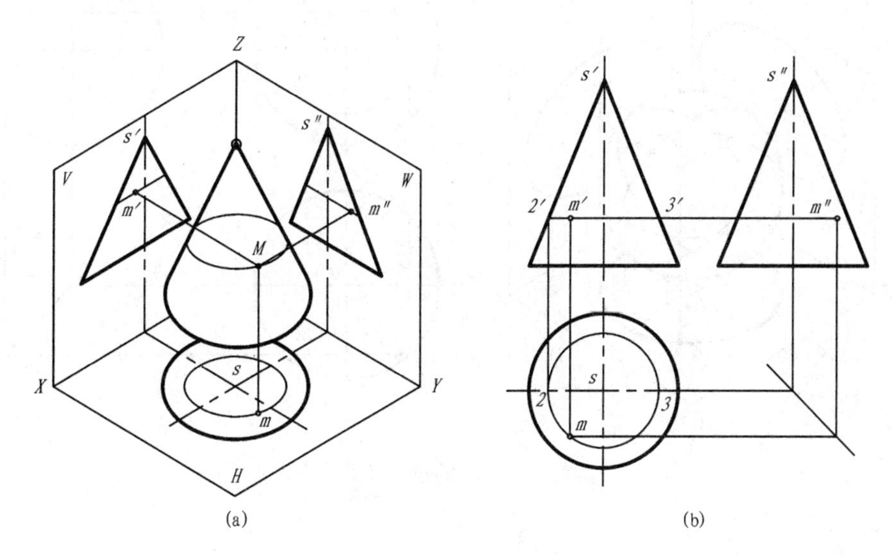

图 3-11 圆锥投影及其表面取点

3. 球

1）球的形成

以半圆为母线，绕其直径所在轴线回转一周形成的面称为球面。球面围成球体，简称球。

2）球的投影

球由单纯的球面形成，它的三个投影均为圆，其直径与球的直径相等，三个投影分别是球面上三个投射方向的投影轮廓线。正面投影轮廓线是平行于 *V* 面的最大圆的投影；水平投影轮廓线是平行于 *H* 面的最大圆的投影；侧面投影轮廓线是平行于 *W* 面的最大圆的投影。

球投影作图步骤：

（1）先用细点画线画出对称中心线，确定球心的三个投影位置；

（2）再画出三个与球直径相等的圆。

3）球表面取点

【例 5】 如图 3-12 所示，已知球面上 *M* 点的水平投影 *m*，求 *m*′和 *m*″。

分析：球的三个投影均无积聚性，在球面上取点只能用辅助圆法作图。

作图步骤如下：

（1）过 *M* 点作一平行于正面的辅助圆，它的水平投影为直线段 12；正面投影为直径等于 1′2′的圆。

（2）*m*′在该圆周上，由于 *m* 可见，所以 *M* 在前、上球面，*m*′应在辅助圆的上部；

（3）再由 *m* 和 *m*′作出 *m*″。

当然，也可过 *M* 点作平行于水平面的辅助圆或平行于侧面的辅助圆求解。

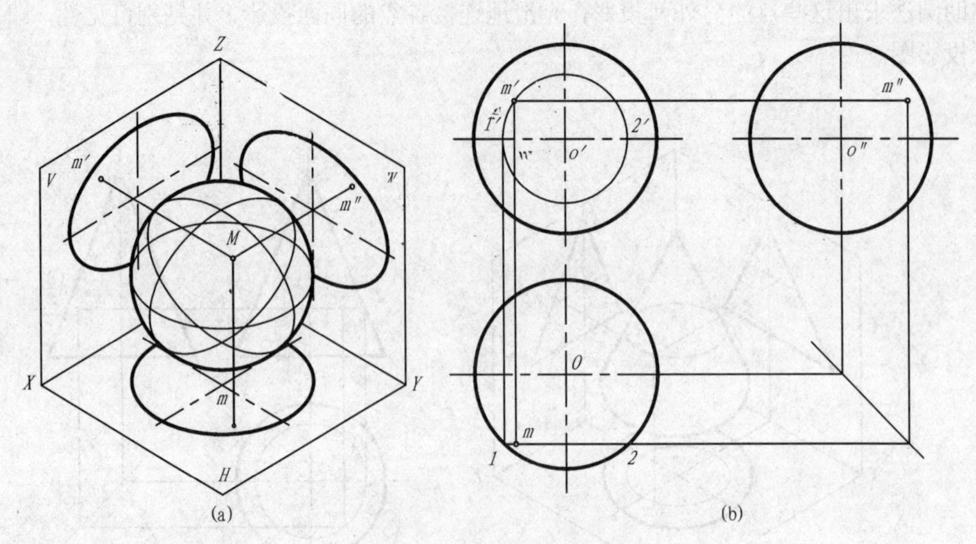

图 3-12　球的投影及其表面取点

4. 环

1）环的形成

如图 3-13 所示，以圆 *A* 为母线，绕与该圆在同一平面内但不通过圆心的轴线 *OO* 回转一周所形成的面称为环面。环面围成环体，简称环，其中圆 *A* 的外半圆回转形成外环面，内半圆回转形成内环面。

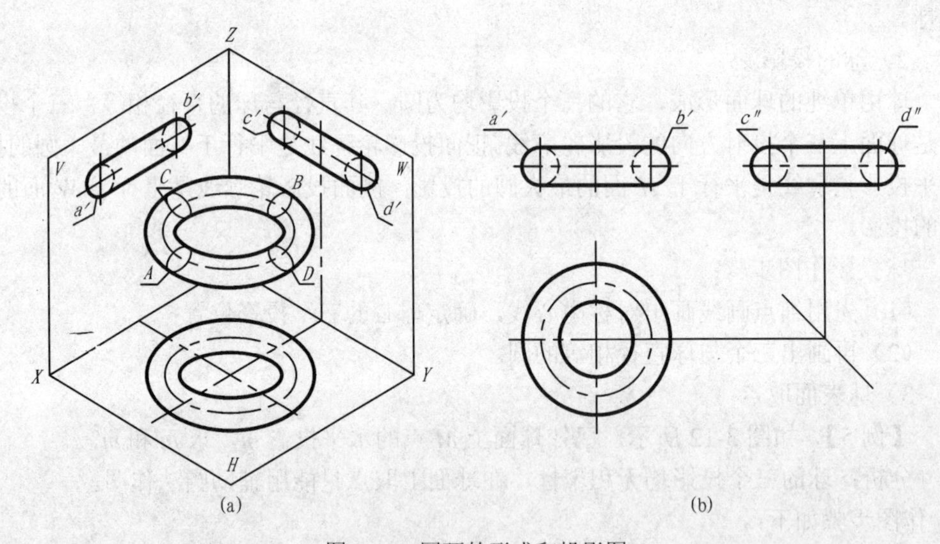

图 3-13　圆环的形成和投影图

2）圆环的投影

图 3-13（a）中所示的环的轴线为铅垂线，在水平投影中，最大和最小圆是水平投影轮廓线，也是可见的上环面和不可见的下环面分界线的投影；用细点画线画出的圆是各素线中心所在圆的投影。

在正面投影中，两个圆是环上 *A*、*B* 两圆的投影，*A*、*B* 两圆是环面前后分界线，也是正面投射轮廓线。两个粗实线半圆是外环面正面投影轮廓线，两个虚线半圆为内环面正面投影轮廓线。两个圆的上、下两条切线是环面上最高、最低两个水平圆的积聚投影，也是正面投影的上、下轮廓线。侧面投影与正面投影形状相同，但是，投影图中的两个圆应是环上 *C*、*D* 两圆的投影，具体情况自行分析。

圆环投影作图步骤：

（1）先用细点画线画出轴线的正面投影和侧面投影，并画出圆环水平投影的对称中心线；

（2）在水平投影中，画出内、外水平投影轮廓线（两个粗实线圆），并用细点画线画出个素线圆中心所在圆的投影；

（3）画出正面投影轮廓线，即圆 a'、b'和两圆的上、下两条切线；

（4）画出侧面投影轮廓线，即圆 c''、d''和两圆的上、下两条切线。

3）环面取点、取线

【例 6】 如图 3-14 所示，已知 *M* 点的水平投影 *m*，求另外两投影。

分析：*M* 点在内环面上，可过 *M* 点作水平圆。

作图步骤如下：

（1）过 *M* 点作水平辅助圆的水平投影；

（2）求作水平辅助圆的正面投影；

（3）由 *m* 点求得 m'；

（4）由 *m* 和 m'求得 m''，并判断可见性。

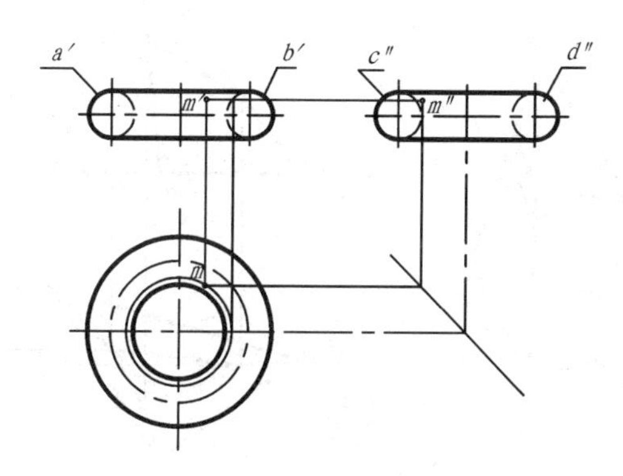

图 3-14　圆环表面取点

3-2　平面与立体相交的投影

在机器零件上经常见到一些立体与平面相交，或立体被平面截去一部分的情况。这时，立体表面所产生的交线称为截交线。这个平面称为截平面。

图 3-15 是带有截交线立体的例子。从图中可以看出，截交线既属于截平面，又属于立体表面，因此截交线上的每个点都是截平面和立体表面的公有点。这些公有点的连线就是截交线。求截交线的投影，就是求截交线上一系列公有点的投影，并按一定顺序连接成线（从本节开始，用来标注不可见点的字母或数字不再加括号）。由于立体具有一定的大小和范围，所以截交线一般是封闭的平面图形。

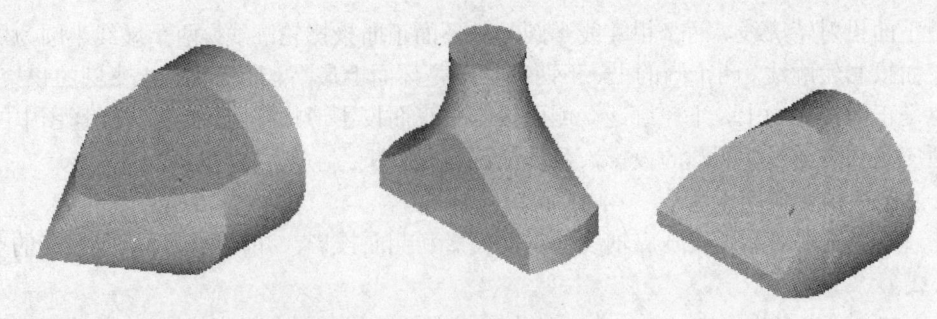

图 3-15　立体表面的截交线

一、 平面与平面立体相交

平面与平面立体相交时，截交线是平面多边形，多边形的各边是截平面与立体各相关表面的交线，多边形的各顶点一般是立体的棱线与截平面的交点。因此，求平面立体截交线的问题，可以归结为求两平面的交线和求直线与平面的交点问题。

【例 1】 如图 3-16 所示，求三棱锥 *S—ABC* 被正垂面 *P* 截切后的投影。

分析：由图中可知，平面 *P* 与三棱锥的三个棱面相交，交线为三角形，三角形的顶点是三棱锥三条棱线 *SA*、*SB*、*SC* 与平面 *P* 的交点。

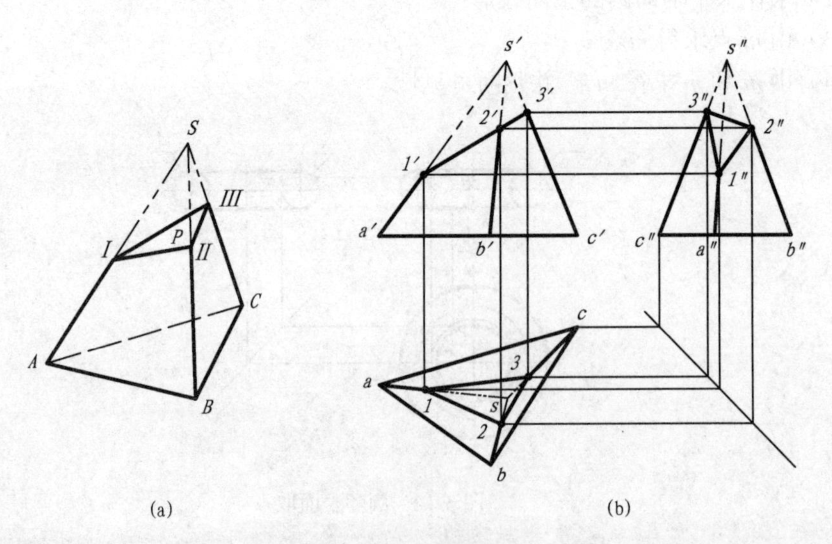

图 3-16　三棱锥的截交线

作图步骤:

（1）平面 *P* 为正垂面，利用其正面迹线 *P*，可直接得到各棱线与面 *P* 交点的正面投影 1′、2′、3′;

（2）根据 1′、2′、3′，在各棱线的水平投影上求出截交线各顶点的水平投影 1、2、3;

（3）根据 1′、2′、3′，在各棱线的侧面投影上求出截交线各顶点的侧面投影 1″、2″、3″;

（4）依次连接各顶点的同面投影，即得截交线的水平投影△123 和侧面投影△1″2″3″;

（5）整理轮廓线，并判断可见性。

【例 2】 如图 3-17 所示，求带切口的五棱柱的投影。

分析：当立体被两个或两个以上的截平面截切时，首先要确定每个截平面与立体截交线，同时还要考虑截平面之间有无交线。

图 3-17 为带切口的五棱柱，即五棱柱被正平面 *P* 和侧垂面 *Q* 所截切而成。五棱柱与 *P* 平面的交线为 *B-A-F-G*，其水平投影和侧面投影积聚成直线段；与 *Q* 平面的交线为 *B-C-D-E-G*，其水平投影积聚在五棱柱棱面的水平投影上，侧面投影积聚成直线段；*P*、*Q* 两截平面的交线为 *BG*。作图时，只要分别求出五棱柱上点 *A*、*B*、*C*、*D*、*E*、*F*、*G* 的三面投影，然后顺序连接各点的同面投影即可。

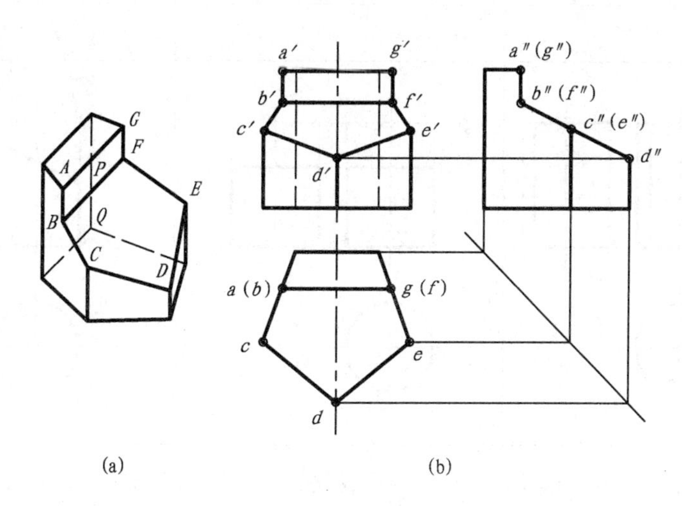

图 3-17 带切口的五棱柱的投影图

作图步骤：

（1）画出五棱柱的正面投影；

（2）在五棱柱的侧面投影上，画出 *P*、*Q* 平面的投影，求出截交线上点 *A*、*B*、*C*、*D*、*E*、*F*、*G* 的侧面投影；

（3）由截平面的积聚性，求出各点的水平投影和正面投影；

（4）连线求截交线的投影，按 *A-B-C-D-E-F-G-A* 的顺序，分别求截交线 *B-A-G-F* 和截交线 *B-C-D-E-F* 的投影，并画出截平面交线 *BF* 三面投影；整理轮廓线，并判断可见性。

二、平面与曲面立体相交

平面与曲面立体相交，截交线一般是由曲线或曲线与直线组成的封闭的平面图形，当其投影为非圆曲线时，可以利用表面取点的方法求出截交线上一系列点的投影，再连成光滑的曲线。

1．平面截切圆柱

平面截切圆柱时，根据平面与圆柱轴线的相对位置不同，有下列三种截交形式（见表 3-1）。

表 3-1　平面截切圆柱

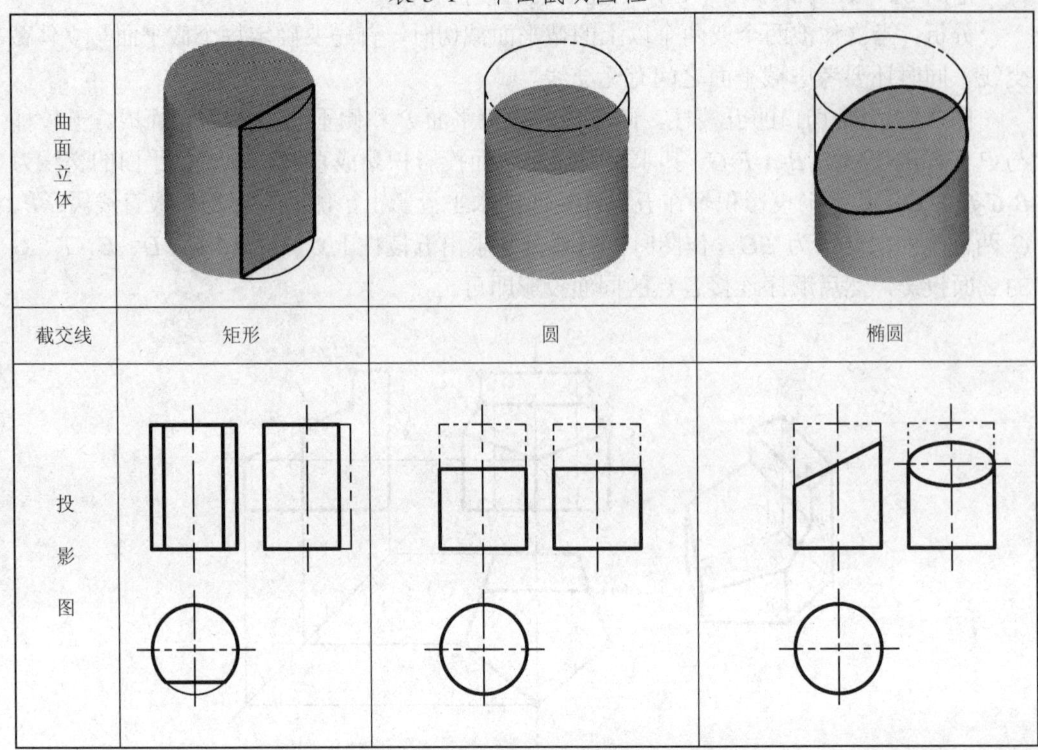

曲面立体			
截交线	矩形	圆	椭圆
投影图			

（1）截平面（表中为正平面）平行于圆柱轴线　截交线为矩形，由于截平面为正平面，所以截交线的正面投影反映实形，水平投影和侧面投影分别积聚成直线段。

（2）截平面（表中为水平面）垂直于圆柱轴线　截交线为圆，其水平投影与圆柱面的水平投影重合，正面投影和侧面投影分别积聚成直线段。

（3）截平面（表中为正垂面）倾斜于圆柱轴线　截交线为椭圆，其正面投影积聚为直线段，水平投影与圆柱面的水平投影重合，侧面投影一般仍为椭圆。

下面举例说明圆柱的截交线投影的作图方法。

【例 3】 如图 3-18 所示，求圆柱被正垂面 *P* 截切后的投影。

分析：由于截平面 *P* 是正垂面，倾斜于圆柱的轴线，截交线的空间形状是椭圆，其长轴为 *I II*，短轴为*IIIIV*。截交线的正面投影积聚为一斜线。又因为圆柱的水平投影积聚成圆，而截交线又是圆柱表面上的线，所以截交线的水平投影就在此圆上。利用圆柱表面取点的方法，由已知的正面投影（斜直线）和水平投影（圆），求出各点的侧面投影，再按顺序光滑连接，就是截交线的侧面投影。由分析可知此题主要是求截交线的侧面投影。

作图步骤：

（1）求截交线上特殊点的投影如下：

① 求投射轮廓线上点 *I*、*II*、*III*、*IV*。利用轮廓线的投影特点，按照点线从属关系，由它们的正面投影和水平投影可直接得到其侧面投影；

② 求椭圆长、短轴端点。对于椭圆应求出其长、短轴的四个端点的投影，本例中椭圆长轴端点为 *I*、*II*，短轴端点为*III*、*IV*。这 4 个点恰好是轮廓线上点，其侧面投影

1″、2″、3″、4″已经求出；

（2）求截交线上一般位置点的侧面投影。为了使截交线作图比较准确、便于连接，还应求出适当数量的一般位置点的投影。例如图中的 *V*、*VI*点和*VII*、*VIII*点；

（3）光滑连线。按照水平投影 1-5-3-7-2-8-4-6-1 的顺序，将相应各点的侧面投影按1″-5″-3″-7″-2″-8″-4″-6″-1″的顺序光滑连接，即得截交线的侧面投影；

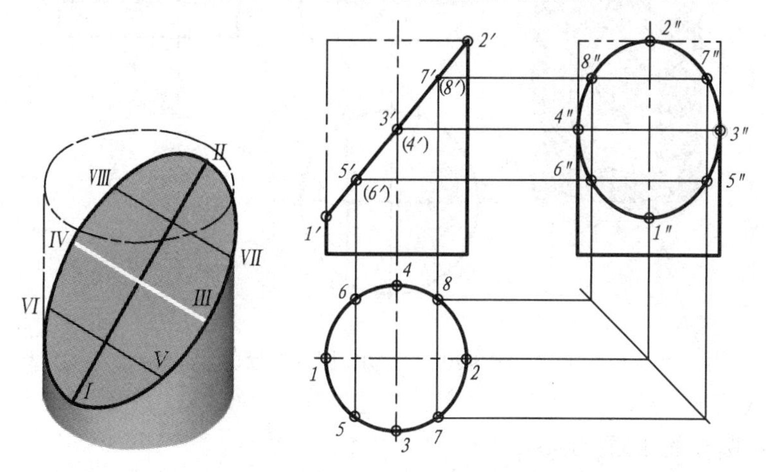

图 3-18　圆柱截切的投影图

（4）判断可见性。在图 3-18 中，由于圆柱由左向上被截去，所以截交线上所有点的侧面投影均可见，连线时用粗实线；

（5）整理投影轮廓线。在图 3-18 中，圆柱的上半部分被截去，其侧面投影轮廓线从 3″、4″两点以上部分不应画出。

当截平面与圆柱轴线斜交的夹角发生变化时，其侧面投影上椭圆的形状也随之变化；如图 3-19 所示，当夹角为 45°时，截交线的侧面投影为圆，如图 3-19（b）所示。

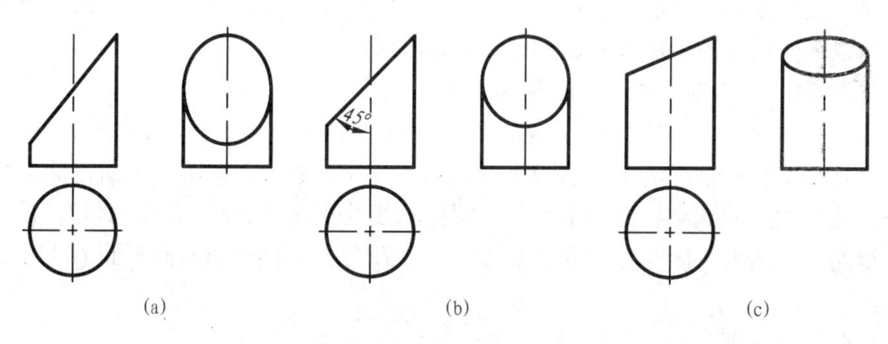

图 3-19　截平面倾斜角度对截交线投影的影响

【例 4】 如图 3-20 所示，求带切口圆柱的投影。

分析：图 3-20 所示的圆柱切口，是由三个截平面组成，截交线也由三部分组成。其中正垂面倾斜于圆柱轴线，截交线是部分椭圆 *I III II*；侧平面平行于圆柱轴线，截交线是两条直线 *I VIII*、*II IX*；水平面垂直于圆柱轴线，截交线是圆弧*VIII IX*。三个截平面的交线是直线 *I II*、*VIII IX*。

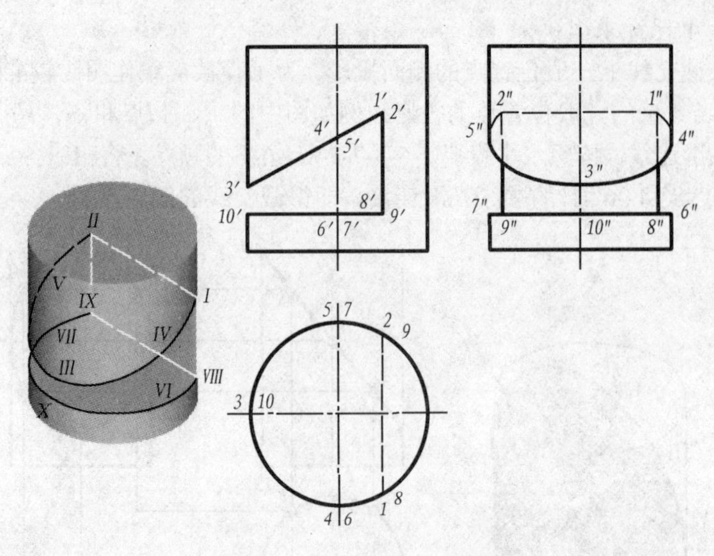

图 3-20　带切口圆柱的投影

作图步骤如下：

（1）画出圆柱的侧面投影图；

（2）求截交线的正面投影。由于三个截平面都垂直于正面，所以三部分截交线的正面投影分别为直线段 1′3′、1′8′、8′10′；

（3）由于圆柱面的水平投影有积聚性，所以截交线的水平投影已知；

（4）求出截交线的侧面投影。其中椭圆中的 1″4″、2″5″两部分为不可见，应该用虚线画出，直线中被圆柱挡住的部分也要画成虚线，其他部分均为可见，用粗实线画出；

（5）画出截平面之间的交线的投影。截平面交线 *I II*、*VIII IX*的正面投影分别积聚为点；水平投影重合为一条直线，而且不可见，应画成虚线。侧面投影 1″2″不可见，应画成虚线，8″9″与圆弧 *VIII IX*的侧面投影重合；

（6）整理投影轮廓线。由正面投影可知，圆柱被正垂截平面和水平截平面切去一部分，所以侧面投影图中应没有这部分投影轮廓线。

【例 5】 如图 3-21 所示，求圆柱开槽后的投影。

分析：由图 3-21 可知，圆柱槽口的截交线是由两个平行于圆柱轴线侧平面 *P*1、*P*2 和一个垂直于圆柱轴线的水平面 *Q* 相交而成。平面 *P*1、*P*2 截圆柱顶面得截交线 *I VII*、*III V*。截圆柱面的截交线为四条平行于圆柱轴线的直线 *I II*、*III IV*、 *V VI*、*VII VIII*。平面 *Q* 截得的截交线为两段圆弧 *II IV*、*VI VIII*。直线 *IV VI*、*II VIII*分别为截平面 *Q* 与 *P*1、*P*2 的交线。

作图步骤如下：

（1）画出圆柱的侧面投影图；

（2）画出截平面 *P*1、*P*2 与圆柱的截交线的正面投影，即为直线 1′2′、7′8′、3′4′、5′6′，截平面 *Q* 与圆柱的截交线的正面投影为直线 2′4′、6′8′；

（3）画出各截交线的水平投影，顶面上截交线的投影为直线 17 和直线 35；圆柱面上截交线的投影积聚在圆周上；

（4）求出各截交线的侧面投影；

（5）求截平面之间交线 *IIVIII*、*IVVI* 的投影。正面投影积聚成点 2′8′、4′6′，水平投影直线 28、46 分别与直线 17、35 重合，侧面投影为虚线 2″8″和 4″6″；

（6）整理投影轮廓线。

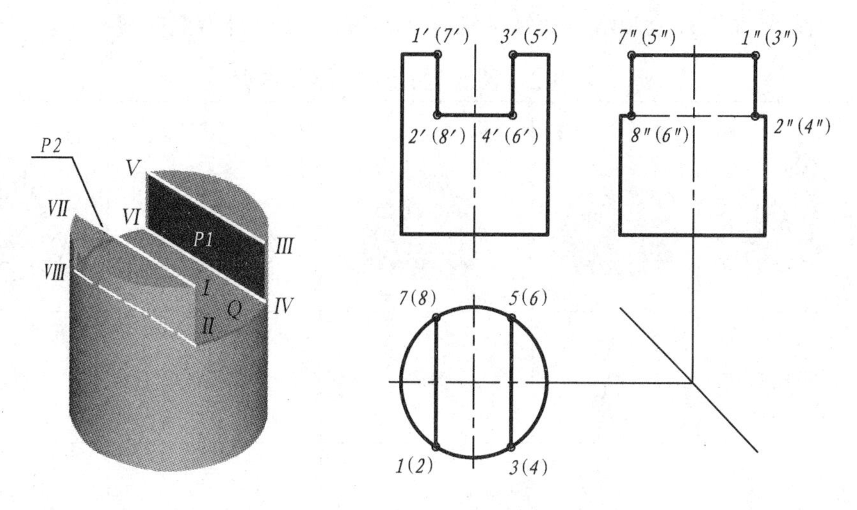

图 3-21　圆柱开槽

圆柱切口、开槽、穿孔是机械零件中常见的结构，应熟练地掌握其投影的画法。如图 3-22 所示，是空心圆柱被平面截切后的投影，其外圆柱面截交线的画法与例 5 相同。内圆柱表面也会产生另一组截交线，画法与外圆柱面截交线画法类似，但要注意它们的可见性，截平面之间的交线被圆柱孔分成两段，所以 6″、8″之间不应连线。

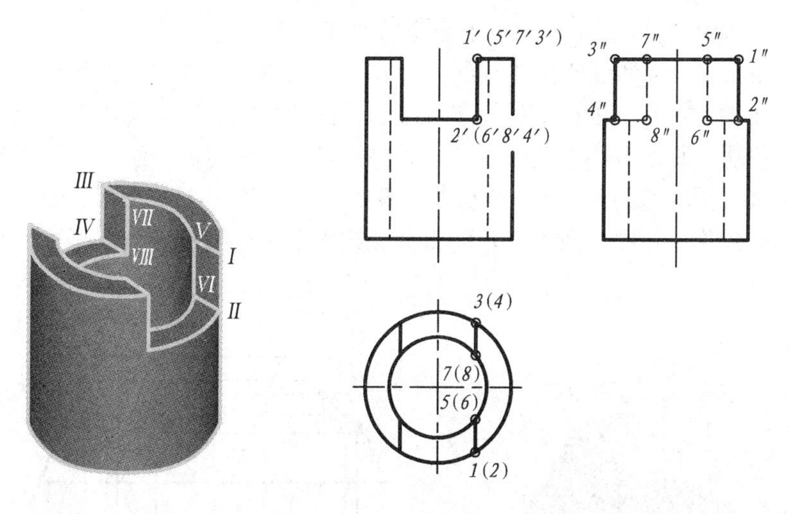

图 3-22　空心圆筒开槽

2. 平面截切圆锥

当截平面与圆锥轴线的相对位置不同时，圆锥表面上便产生不同的截交线，其基本形式有五种（见表 3-2）。

（1）当截平面通过圆锥顶点时　截交线是过锥顶的两条直线，连同它与锥底面的交线构成一个三角形；

（2）当截平面垂直于圆锥轴线时，截交线为圆；

（3）当截平面倾斜于圆锥轴线，且 $\theta>\alpha$ 时，截交线为椭圆；

（4）当截平面倾斜于圆锥轴线，且 $\theta=\alpha$ 时，截交线为抛物线；

（5）当截平面平行或倾斜于圆锥轴线时（$\theta<\alpha$），截交线为双曲线。

表 3-2　圆锥面截交线的基本形式

平面截切圆锥					
截交线	相交两直线	圆	椭圆	抛物线	双曲线
投影图					

【例 6】 如图 3-23 所示，求正垂面截切圆锥的投影。

分析：由于正垂面倾斜于圆锥轴线，且 $\theta>a$，所以截交线的空间形状是椭圆，其长轴为 *I II*，短轴为*IIIIV*。因截交线属于截平面，而截平面的正面投影有积聚性，所以截交线的正面投影为斜线段，它反映椭圆长轴的实长。又因为截交线也属于圆锥面，所以可以利用圆锥表面取点的方法（一般点及特殊点），求出椭圆上一系列点的水平和侧面投影，再将同面投影按顺序光滑连接，即得截交线水平和侧面投影。

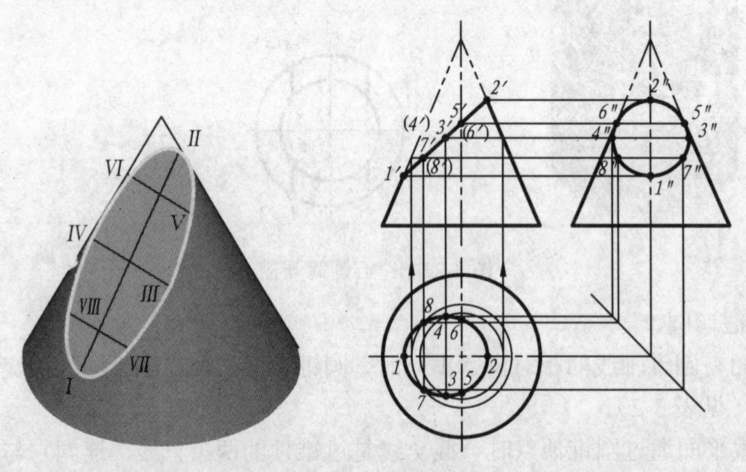

图 3-23　正垂面截切圆锥

作图步骤：

（1）求完整圆锥的侧面投影图；

（2）求截交线上特殊点的侧面投影；

① 求轮廓线上点。截交线在圆锥正面投影轮廓线上的点 1′、2′的对应水平投影 1、2 及侧面投影 1″、2″可以利用点、线从属关系直接求得。圆锥侧面投影轮廓线上点 5″、6″可以根据 5′、6′直接求得，然后再求出水平投影 5、6；

② 求截交线（椭圆）长、短轴的端点。1′、2′是长轴端点的正面投影，1、2 和 1″、2″分别是其水平投影和侧面投影。1′2′的中点（3′4′）是短轴端点的正面投影。本例中用辅助圆法求得椭圆短轴端点的水平投影 3、4 和侧面投影 3″、4″；

（3）求截交线上一般位置点的投影。利用辅助素线法或辅助圆法，求适当数量的一般位置点的投影。图中点 *Ⅶ*、*Ⅷ*的投影是用辅助圆法求得的；

（4）光滑连线。将求得的点的水平投影按 1-7-3-5-2-6-4-8-1 的顺序光滑连接，并将各点的侧面投影以同样顺序连接，即得所求截交线的水平投影和侧面投影；

（5）整理投影轮廓线。圆锥侧面投射轮廓线自 *Ⅴ*、*Ⅵ*两点以上部分被截平面截去，所以圆锥侧面投影轮廓线的 5″、6″以上部分不应画出。

图 3-24 为侧平面截切圆锥的截交线的作图。侧平面与圆锥轴线平行，所以截交线为双曲线。双曲线的正面投影和水平投影均积聚为直线；侧面投影反映实形，作图时用表面取点法求出双曲线的顶点*Ⅲ*（正面投射轮廓线上点）的侧面投影 3″和 *Ⅰ*、*Ⅱ*两点（截交线上最低点）的侧面投影 1″2″，再求出若干一般位置点的投影，例如点*Ⅳ*、*Ⅴ*的投影 4″、5″。按 1″-4″-3″-5″-2″的顺序连接成光滑曲线，即得截交线的侧面投影。

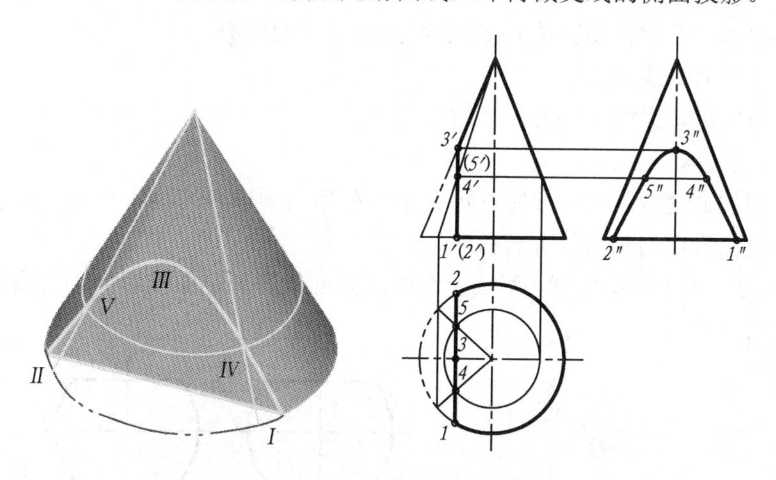

图 3-24　侧平面截切圆锥

【例 7】 如图 3-25 所示，求截切圆锥的投影。

分析：圆锥被三个平面截切，其中一个是垂直于圆锥轴线的水平面，它截圆锥的截交线为圆弧 *Ⅱ Ⅰ Ⅲ*；一个是过锥顶的正垂面，截得的截交线为直线段 *Ⅱ Ⅴ*、*ⅢⅥ*（延长线过锥顶）；另一个是倾斜于圆锥轴线的正垂面，截得的截交线为椭圆弧 *ⅤⅣⅥ*。*ⅡⅢ*、*Ⅴ Ⅵ*是三个截平面的交线。

作图步骤：

（1）求完整圆锥的侧面投影图。

（2）求截交线的投影。

① 水平面截圆锥的截交线的投影。截交线正面投影为直线段 1′2′（3′）对应水平投影为反映实形的圆弧 213，侧面投影为一直线段 2″1″3″（该线段两端画到圆锥侧面投影轮廓线），三个投影均可直接画出。

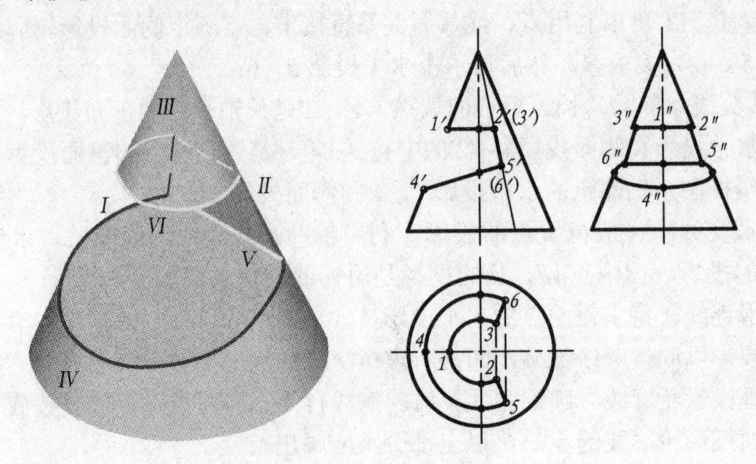

图 3-25　截切圆锥

② 过锥顶的正垂面截圆锥的截交线的投影。截交线为直线，其正面投影为 2′5′、3′6′，对应的水平投影为 25、36 和侧面投影 2″5″、3″6″；图中 *II*、*V*、*VI*、*III* 四点是截交线的结合点，在投影图中它们的投影仍是截交线投影的结合点。

③ 正垂面截圆锥的截交线的投影。先求出其特殊点的投影（*IV V VI* 的投影）；再求出一般点的投影（利用辅助圆法）；最后得到截交线的投影。

（3）求截平面交线的投影。

（4）整理投影轮廓线并擦去多余的线。

3．平面截切球

平面与球的截交线是圆，圆的直径大小与截平面到球心的距离有关。截交线圆的投影与截平面对投影面的相对位置有关。

图 3-26 为一水平面截切球，其截交线圆的正面投影和侧面投影分别为直线段，而水平投影反映圆的实形。

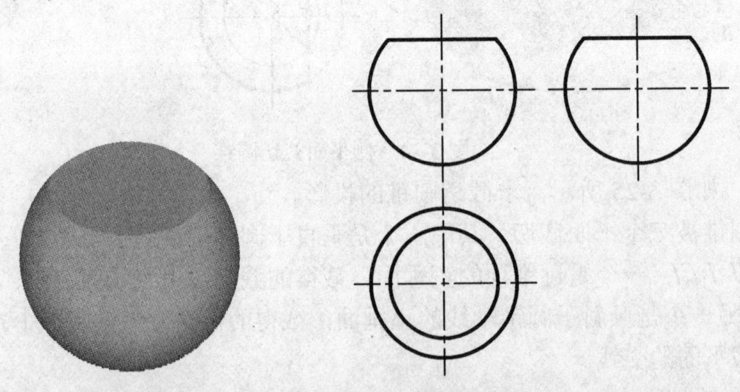

图 3-26　水平面截切球

当截平面为某一投影面的垂直面时，则截交线圆在该投影面上投影为直线段，其他两个投影分别为椭圆。

图 3-27 是一正垂面截切球，截交线的正面投影为直线段，其长度为截交线圆的直径；截交线圆的水平投影和侧面投影分别为椭圆。作图步骤如下：

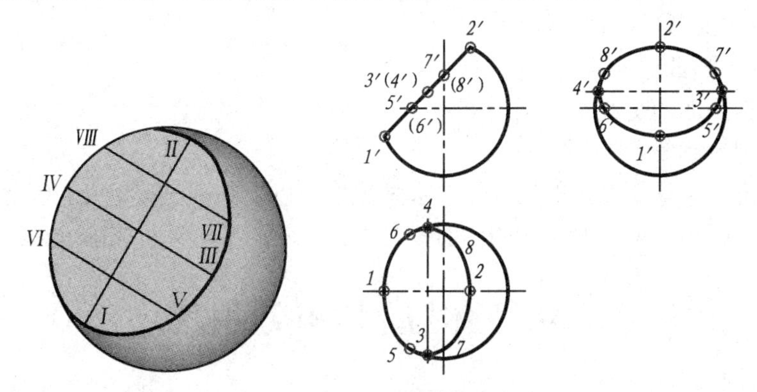

图 3-27　正垂面截切球

（1）求截交线的投影。

① 求截交线上特殊点的投影。球面正面投射轮廓线、水平投射轮廓线和侧面投射轮廓线上点的正面投影分别为 1′、2′、5′、6′、7′、8′，它们对应的水平和侧面投影可直接求出。截交线圆的水平和侧面投影都是椭圆，两椭圆的短轴分别为 12 和 1″2″，求出两椭圆的长轴端点，在正面投影上求出 1′2′的中点 3′4′。利用辅助圆法求出其水平投影 3、4 和侧面投影 3″、4″，分别为两椭圆的长轴。

② 求一般位置点。在 1′2′上再取适当数量的一般点，然后用辅助圆法求出这些点的水平投影和侧面投影。

③ 光滑连线并判别可见性。因所求各点的水平和侧面投影均可见，故分别用粗实线光滑连接之，即得所求截交线的投影。

（2）整理投影轮廓线。在各投影中，被截平面切去的那部分的投影轮廓线，不应画出。

【例 8】 求图 3-28 半球切槽的投影。

分析：半球被两个侧平面和一个水平面截出一个凹槽，凹槽上的截交线均为圆弧。它们的正面投影都是直线。在水平投影上，由水平面截切出的截交线的投影（圆弧）反映实形；由两个侧平面截切出的截交线分别投射成直线段。在侧面投影上，由水平面截切出的截交线投射成两段直线，由两个侧平面截切出的截交线的投影反映实形，即圆弧，两个截平面的交线为正垂线 *I II*和*IIIIV*。

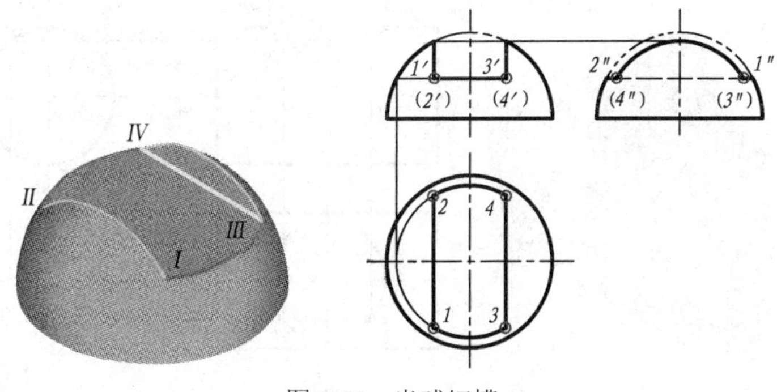

图 3-28　半球切槽

作图步骤:

（1）求完整侧面投影图；

（2）求截交线的投影；

① 求侧平面截球的截交线；

② 求水平面截球的截交线；

（3）求截平面的交线；

（4）整理轮廓线。

应当注意，半球侧面投射轮廓线在水平截平面以上部分已被切去，因此，该部分的侧面投影不应画出。截平面交线的侧面投影 1″2″、3″4″不可见，应画成虚线。

3–3　立体与立体相交的投影

立体相交又称立体相贯，其表面的交线称为相贯线。立体的相交概括起来，主要是平面体与平面体相交（简称平平相交）、平面体与曲面体相交（简称平曲相交）、曲面体与曲面体相交（简称曲曲相交）。平面立体相交可归结为求两平面的交线问题，或求棱线与平面的交点问题；平面与曲面立体相交可归结为求平面与曲面立体截交线问题。本节主要讨论曲面立体相贯线。

一、　利用积聚性法求相贯线

两圆柱相贯或圆柱与其他回转体相贯时，如果圆柱的轴线垂直于一投影面，则圆柱面在这个投影面上的投影有积聚性。因而，相贯线的这一投影就可以认为是已知的。利用这个已知投影，按照曲面立体表面取点的方法，求出相贯线的其他两面投影。这种求相贯线的方法称为积聚性法。

【例 1】 求图 3-29 中正交两圆柱的相贯线。

分析：图中两圆柱轴线垂直相交，称为正交。根据相贯线的公有性，相贯线是直立圆柱表面的线，而直立圆柱表面的水平投影积聚成圆，所以相贯线的水平投影也就是这个圆，这是相贯线的一个已知投影。又因为相贯线也是水平圆柱表面的线，水平圆柱的侧面投影积聚成圆，所以相贯线的侧面投影必在这个圆上，而且应当在两圆柱侧面投影的重叠区域内的一段圆弧上。从而找到了相贯线的侧面投影，因此只需求出相贯线的正面投影。

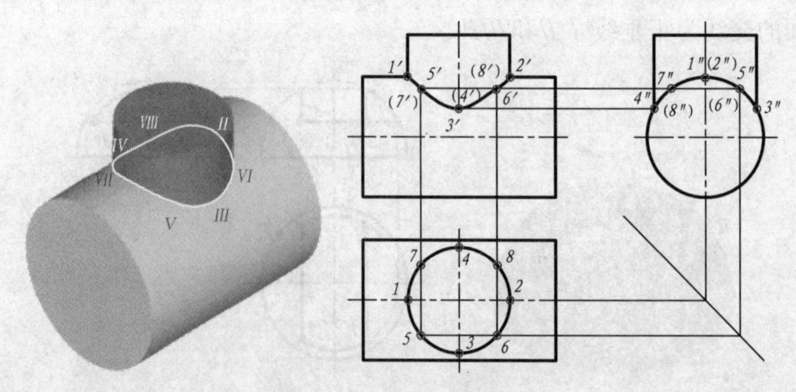

图 3-29　两正交圆柱相贯

解题步骤：

（1）求两立体的正面投影轮廓线。

（2）求相贯线的投影。

① 求相贯线上的特殊点（轮廓线上点）。分别求正面投射轮廓线上的点 *I*、*II*和侧面投射轮廓线上的点*III*、*IV*。它们的水平投影 1、2、3、4 和侧面投影 1″、2″、3″、4″都可以直接求出，再利用投影规律求出它们的正面投影 1′、2′、3′、4′。

② 求一般位置点。根据光滑连线的需要，作出适当数量一般位置点，如点 *V*、*VI*、*VII*、*VIII*。可先在相贯线水平投影上取点 5、6、7、8，再在相贯线的侧面投影上求出 5″、6″、7″、8″，然后求出 5′、6′、7′、8′。

③ 光滑连线。根据点的水平投影顺序，光滑连接各点相应的正面投影，因相贯线前后对称，所以只需光滑连接 1′-5′-3′-6′-2′，即为相贯线的正面投影。

（3）整理轮廓线。

应当注意，两圆柱相贯后，水平圆柱正面投影轮廓线上 1′2′一段不应画出。

1. 正交两圆柱相贯线变化趋势

（1）直径不相等的两正交圆柱相贯，相贯线在平行于两圆柱轴线的投影面上的投影为双曲线，曲线的弯曲趋势总是向大圆柱投影内弯曲，如图 3-30 中（a）、（b）所示；

（2）当两正交圆柱直径相等时，其相贯线为两条平面曲线—椭圆，相贯线在平行于两圆柱轴线的投影面上的投影为相交两直线，如图 3-30（c）所示。

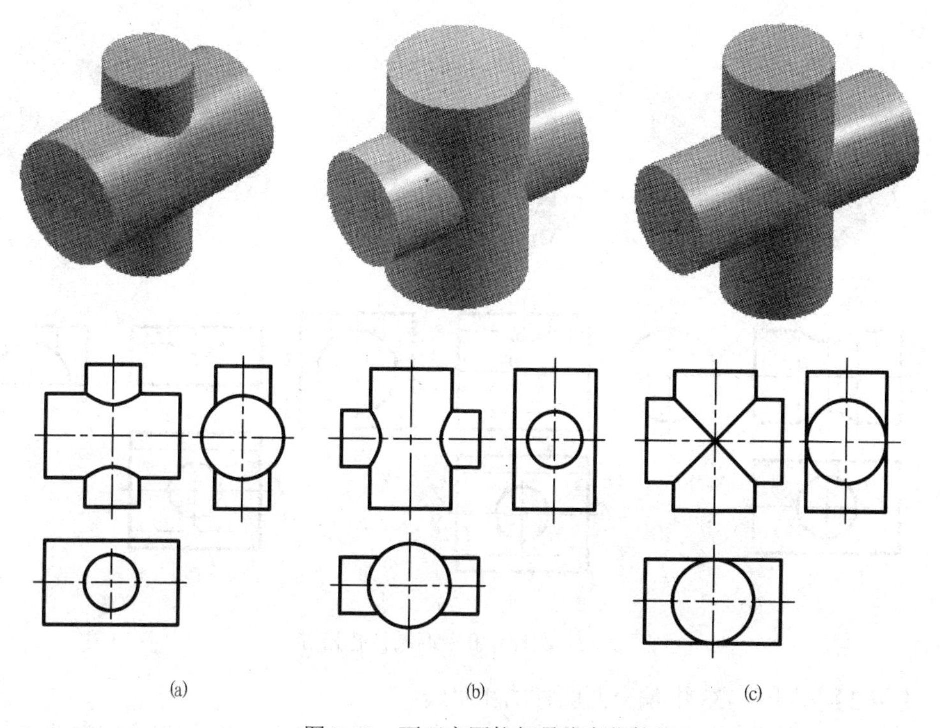

图 3-30　两正交圆柱相贯线变化趋势

图 3-31 为直径相等的两正交圆柱不完全贯通时相贯线的投影。图（a）的相贯线为两个左、右对称的半椭圆，正面投影为相交两直线；图（b）的相贯线为一个椭圆，正面投影为一条斜线。

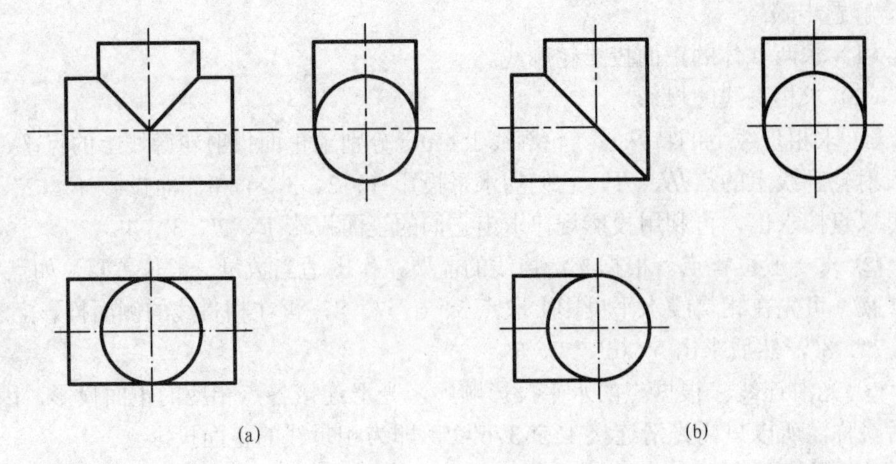

图 3-31　等直径圆柱不完全贯通

2. 圆柱上穿孔及两圆柱孔的相贯线

圆柱上穿孔后，形成内圆柱面。图 3-32 表示了常见的三种穿孔形式。图（a）为圆柱与圆柱孔相贯，其相贯线的求法与图 3-30 的方法相同，只是画图时应注意画出内圆柱面的投影轮廓线。图（b）为圆柱孔与圆柱孔相贯，图（c）既有内、外圆柱面相贯，又有两内圆柱面相贯。这些相贯线的求法与圆柱体外表面相贯线的求法相同。

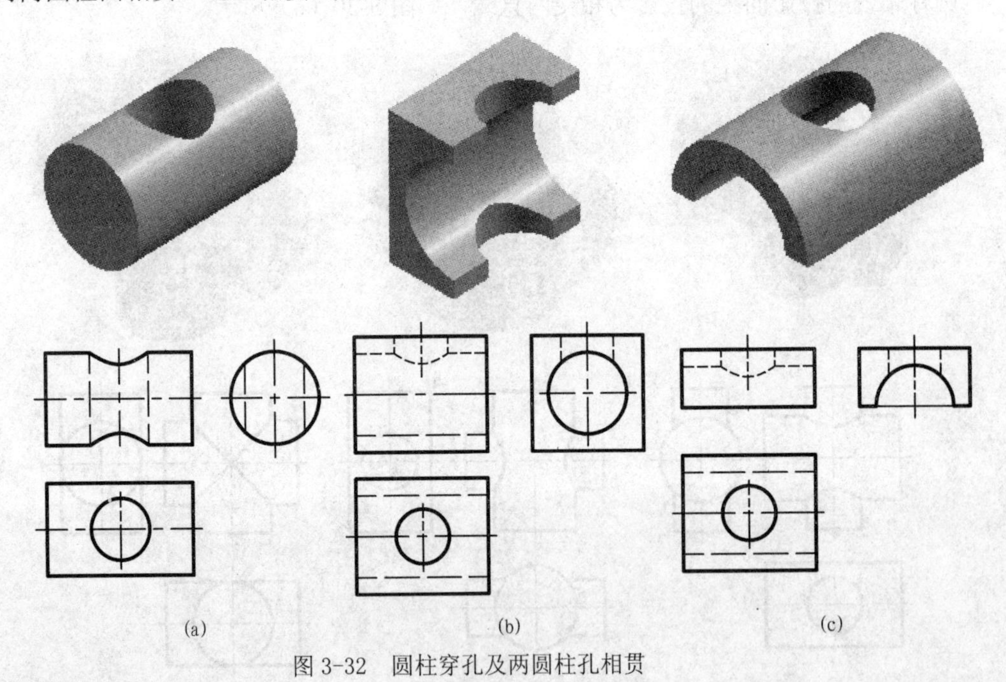

图 3-32　圆柱穿孔及两圆柱孔相贯

【例 2】 求图 3-33 中偏交两圆柱的相贯线。

分析：图 3-33 中相交两圆柱的轴线交叉垂直，相贯线是一条封闭的空间曲线。直立圆柱的轴线垂直于水平面，其水平投影积聚成圆。相贯线是该圆柱表面上的线，因此相贯线的水平投影与该圆柱的水平投影重合，从而找到相贯线的一个投影。相贯线同时又是水平圆柱表面上的线，因此相贯线的侧面投影与水平圆柱面的侧面投影重合，它是处于直立圆柱与水平圆柱侧面投影重叠域内的一段圆弧。有了相贯线的水平投影和侧面投影，可求出其正面投影。

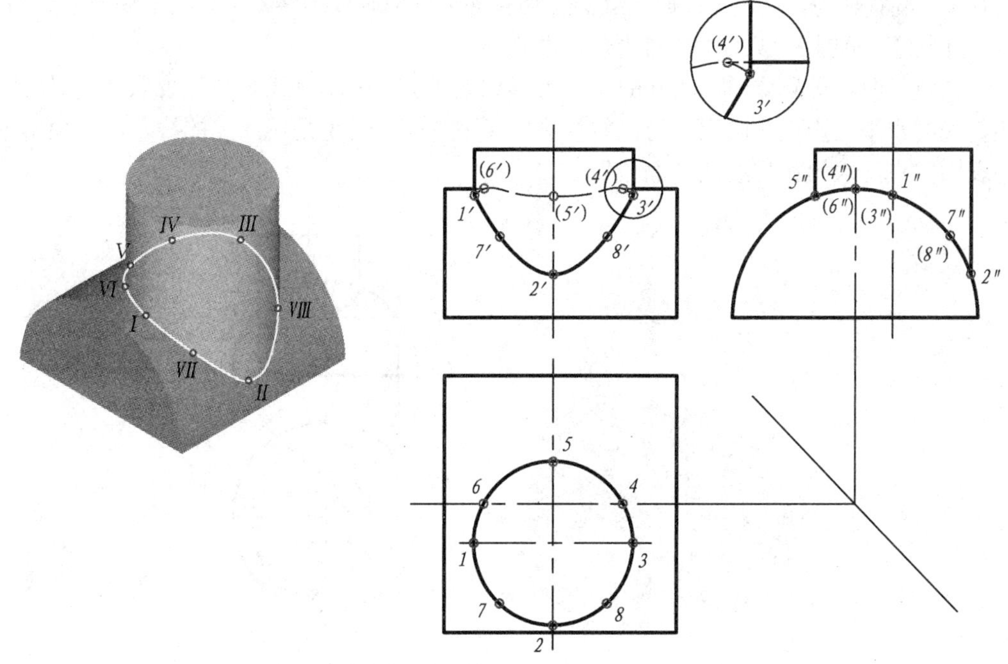

图 3-33　求两圆柱偏交的相贯线

作图步骤：

（1）立体正面投影的轮廓线。

（2）求相贯线的投影。

① 求相贯线上的特殊点（轮廓线上点）。

（a）求直立圆柱正面投射轮廓线上的点 *I*、*III*；其水平投影在水平投影图上已知为 1、2　，其侧面投影为 1′、2′，然后根据其水平投影和侧面投影求得正面投影为 1″2″。

（b）求直立圆柱侧面投射轮廓线上的点 *II V*；作图步骤同上，对应的投影为 2、5，2′、5′，2″、5″。

（c）求水平圆柱正面投射轮廓线上点 *IVVI*；其投影为 4、6，4′、6′，4″、6″；

② 求一般位置点。根据光滑连线的需要，适当求出若干一般位置点，如图中的 *VII*、*VIII* 两点的投影。

③ 光滑连线并判断可见性。按水平投影各点 1-7-2-8-3-4-5-6-1 的顺序，将各点的对应正面投影光滑连接起来。连接时，相贯线的可见部分用粗实线连接，不可见部分用虚线连接。当两立体表面在某一投影面上的投影均可见时，其相贯线在该投影面上的投影才是可见的，否则为不可见。本例的正面投影中，由于相贯线的 *I*-*VII*-*II*-*VIII*-*III* 一段处于两立体表面的可见部分，因此 1′-7′-2′-8′-3′为可见，用粗实线画出。而相贯线的 *III*-*IV*-*V*-*VI*-*I* 一段，在直立圆柱的后半圆柱面上，其正面投影 3′-4′-5′-6′-1′不可见，应画成虚线。

（3）整理轮廓线。求出相贯线后还要整理一下投影轮廓线，将应画的投影轮廓线画全，并分清虚实。本例中，两圆柱的正面投射轮廓线不相交，而是交叉，直立圆柱的两条正面投影轮廓线应分别从上画到 1′和 3′两点为止，这两段轮廓线为可见。水平圆柱的正面投射轮廓线与直立圆柱的交点为 *IV*、*VI*。所以水平圆柱的正面投影轮廓线应从左画到 6′点，从右画到 4′点，而且被直立圆柱挡住的部分应画成虚线，详见图中局部放大图。

【例 3】 求图 3-34 中圆柱与半球的相贯线

分析：两相贯立体中，圆柱的水平投影积聚成圆。因相贯线是圆柱表面的线，所以相贯线的水平投影在此圆上，为已知投影。又因为相贯线也是球面上的线，可以利用球的表面取点法求出相贯线的正面投影。

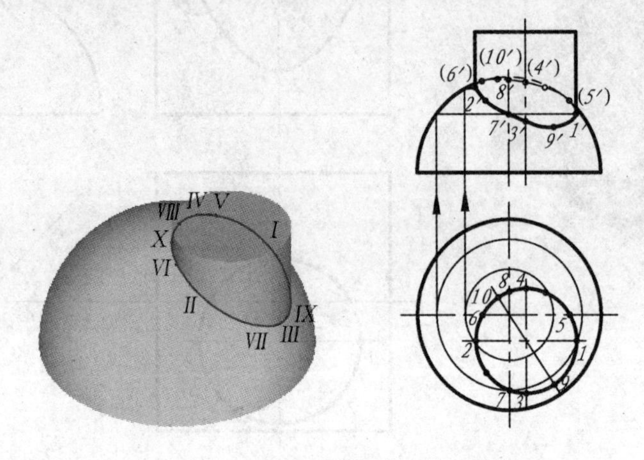

图 3-34 求圆柱和半球的相贯线

作图步骤：

1）求相贯线的投影。

（1）求相贯线上的特殊点。

①求轮廓线上点。

（a）求圆柱正面投射轮廓线上的点（同时也是球面上的点），圆柱正面投影轮廓线上的点 *I*、*II*，其水平投影在水平投影图上已知为 1、2，其正面投影利用辅助水平圆求得为 1′、2′。

（b）求圆柱侧面投射轮廓线上的点，圆柱侧面投影轮廓线上的点 *III*、*IV*，其水平投影为 3、4，同上，利用球表面取点的方法求出侧面投影为 3′、4′。

（c）求球面正面投影轮廓线上的点，球面正面投影轮廓线上的点 *V*、*VI*，其水平投影为 5、6，侧面投影为 5′、6′。

（d）求球面侧面投射轮廓线上的点，球面侧面投影轮廓线上的点 *VII*、*VIII*，其水平投影 7、8，正面投影为 7′、8′。

② 求最高、最低点。在水平投影上将两圆心连线延长，并与相贯线水平投影相交于 9、10 两点，10 点距球心最近，所以 *X* 点是相贯线在球面上的最高点。利用水平辅助圆法，由 10 点求出 10′，10′是相贯线正面投影最高点；9 点距球心最远，对应的 9′是最低点。

（2）求一般位置点。根据连线的需要，适当求出若干一般位置点。

2）光滑连线并判断可见性

将相贯线各点的正面投影按水平投影 1-5-4-8-10-6-2-7-3-9-1 的顺序光滑连接起来。

连线时，由于相贯线上点 *I*、*IX*、*III*、*VII*、*II*对圆柱面和球面来说，正面投影都可见，所以 1′-9′-3′-7′-2′可见，用粗实线画出，其他为不可见，画成虚线。

3）整理轮廓线

圆柱的两条正面投射轮廓线与球面分别相交于 *I*、*II*点，所以圆柱正面投影轮廓线应分别画到 1′、2′点为止，因可见，故画成粗实线。球面的正面投射轮廓线与圆柱面相交于 *V*、*VI*点，所以球面的正面投影轮廓线 5′6′一段不应画出，其余的轮廓线被圆柱挡住的部分应画成虚线

二、 利用辅助平面法求相贯线

假想用一辅助平面截切相贯两立体，则辅助平面与两立体表面都产生截交线。截交线的交点既属于辅助平面，又属于两立体表面，是三面公有点，即相贯线上的点。利用这种方法求出相贯线上若干点，依次光滑连接起来，便是所求的相贯线。这种方法称为“三面共点辅助平面法”，简称辅助平面法。

用辅助平面法求相贯线时，要选择合适的辅助平面，以便简化作图。选择的原则是：辅助平面与两曲面立体的截交线投影是简单易画的图形——由直线或圆弧构成的图形。

【例 4】 求图 3-35 中圆柱和圆锥正交的相贯线

分析：圆柱轴线为侧垂线，圆锥的轴线为铅垂线，选用水平面作为辅助平面，它与圆柱面的截交线是与轴线平行的两直线，与圆锥面的截交线为圆；两直线与圆的交点即为相贯线上的点。两直线和圆的投影都是简单易画的图形（圆和直线）。本例中，相贯线的侧面投影在圆柱的侧面投影上，所以只需求相贯线的水平投影和正面投影。

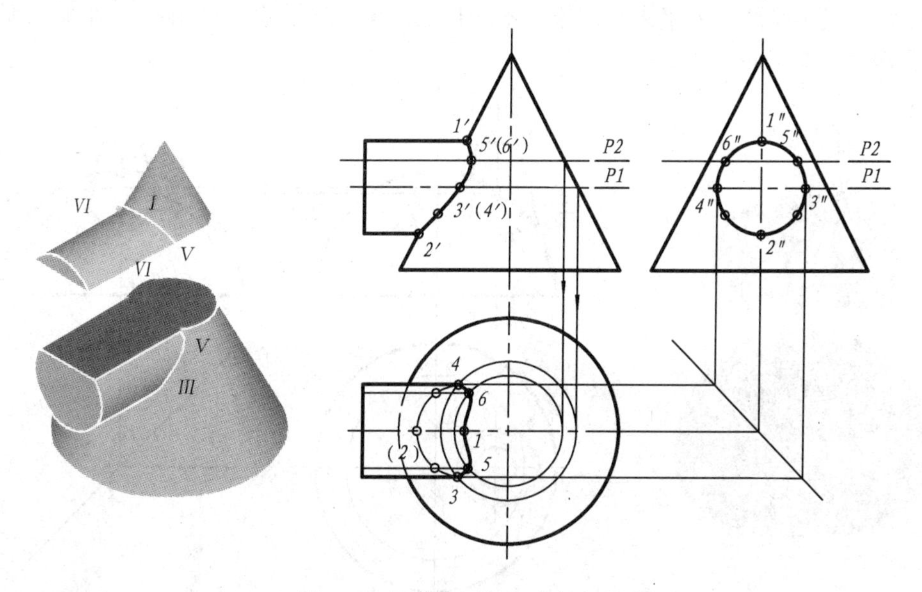

图 3-35 圆柱和圆锥正交的相贯线

作图步骤：

（1）求两立体的正面投射轮廓线。

（2）求相贯线的投影。

① 求相贯线上的特殊点（轮廓线上点）。

（a）求圆锥正面投射轮廓线和圆柱正面投射轮廓线的交点，点 *I*、*II* 为圆锥正面投射轮廓线和圆柱正面投射轮廓线的交点，其投影 1′、2′和 1″、2″可以直接确定，然后利用轮廓线对应关系求出 1、2。

（b）求圆柱水平投射轮廓线上的点。*III*、*IV* 为圆柱水平投射轮廓线上的点，由侧面投影可以直接得到 3″、4″，然后用过这两点的水平面 *P*1 为辅助平面，它与圆锥的截交线为圆，与圆柱的截交线为平行两直线（圆柱水平投射轮廓线），圆、直线水平投影的交点即为 3、4；由 3、4 和 3″、4″可求出 3′、4′。

② 求一般位置点。根据连线的需要，适当求一些一般位置点，如 *V*、*VI* 点，它们的投影是选用水平面 *P*2 作为辅助平面求出的。

③ 光滑连线并判断可见性。在正面投影中，相贯线的前半部分为可见，后半部分为不可见；因相贯线前、后对称，后半部分与前半部分投影重合，所以用粗实线按 1′-5′-3′-2′顺序光滑连线。水平投影中，圆柱上半部分可见，下半部分不可见，所以相贯线的水平投影以 3、4 点为界，3-5-1-6-4 一段为可见，用粗实线连接，3-2-4 一段为不可见，用虚线连接。

（3）整理轮廓线。

水平投影中，3、4 两点是圆柱水平投射轮廓线与圆锥面的交点的水平投影，所以圆柱水平投影轮廓线应自左画到 3、4 两点。

【例 5】 求图 3-36 中圆锥台和半球的相贯线。

分析：由于圆锥台和半球的三面投影均无积聚性，所以不能利用积聚性法求相贯线的投影。但是可以采用辅助平面法求解。本例选用水平面作为辅助平面，它与圆锥台、半球的截交线都是圆；为了求得圆锥台侧面投影轮廓线上的点，可用通过圆锥台轴线的侧平面作为辅助平面。

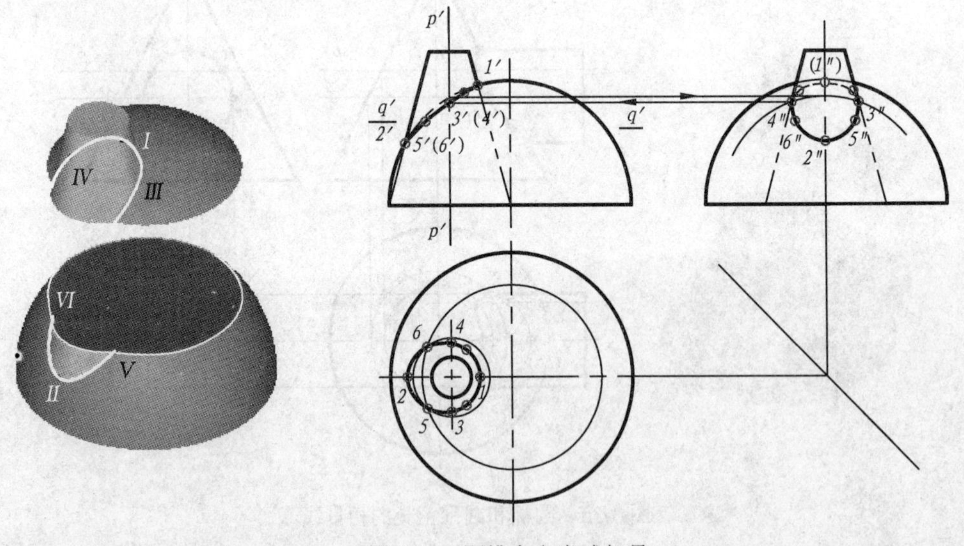

图 3-36　圆锥台和半球相贯

作图步骤：

（1）求两立体的轮廓线。

（2）求相贯线的投影。

① 求相贯线上的特殊点（轮廓线上点）。

（a）求正面投影轮廓线。从水平投影中可以看出，圆锥台和半球的正面投射轮廓线在同一正平面内，所以两立体正面投影轮廓线必相交。交点的正面投影分别是 1′、2′，根据 1′、2′利用轮廓线对应关系可直接求出 1、2 和 1″、2″。

（b）求圆锥台侧面投影轮廓线上的点 3″、4″。可用过圆锥台轴线的侧平面 P 作为辅助平面求出。*P* 平面与半球的截交线是半圆，该半圆与圆锥台侧面投影轮廓线的交点即为 3″、4″，由 3″、4″按轮廓线对应关系可直接求出 3′、4′和 3、4。

② 求一般位置点。在 *I II*高度范围内，选取水平面 *Q* 为辅助平面，它与圆锥台、半球的截交线都是圆，两圆水平投影交于 5、6 点，然后，由 5、6 求出其相应的正面投影和侧面投影 5′、6′和 5″、6″。按这种方法求出所需若干一般位置点。

③ 光滑连线并判断可见性。依次分别光滑连接各点的正面投影、水平投影、侧面投影，并判别可见性，完成作图。连线的顺序按以下原则进行；相邻辅助平面求出的点是相贯线上的相邻点（因没有积聚性时，找不到相贯线的已知投影）；这些点的投影仍是相邻点；连线时，各投影中的相邻点相连，同一辅助平面求出的点不能相连。

（3）整理轮廓线。

圆锥台侧面投影轮廓线从上画到 3″、4″，半球侧面投影轮廓线为半圆。半圆被圆锥台挡住的部分圆弧应画成虚线。

三、 相贯线的特殊情况

两回转体相交，其相贯线一般是封闭的空间曲线。但在某些特殊情况下，相贯线是平面曲线或直线。

1．两同轴回转体的相贯线

两同轴回转体相交，其相贯线是垂直于轴线的圆。当轴线平行于某一投影面时，交线圆在该投影面上的投影是过两立体投影轮廓线交点的直线段。图 3-37（a）所示的相贯线是由圆柱和球、圆柱孔和球同轴相交而成的；（b）图所示的相贯线是圆柱孔和圆锥孔、圆柱和圆锥台同轴相交而成的；（c）图所示相贯线是圆锥台和球同轴相交而成的。

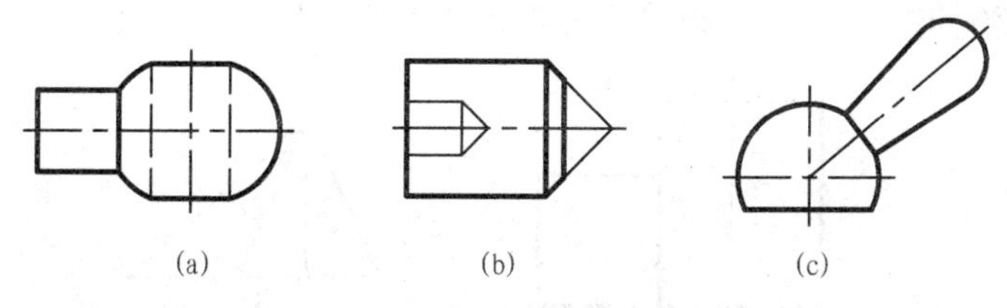

图 3-37　同轴回转体的相贯线

2．两个外切于同一球面的回转体的相贯线

在图 3-38（a）图表示两个等径圆柱正交，两圆柱外切于同一球面，其相贯线是两个相同的椭圆。椭圆的正面投影为两圆柱投影轮廓线交点的连线。

图 3-38（b）图表示两个外切于同一球面的圆柱和圆锥正交。其相贯线也是两个相同的椭圆，正面投影也是两立体投影轮廓线交点的连线。

图 3-38（c）图和（d）图表示圆柱和圆柱、圆锥和圆柱斜交的情况，它们分别外切于同一球面，其交线为大小不等的椭圆，椭圆的正面投影也是两立体投影轮廓线交点的连线。

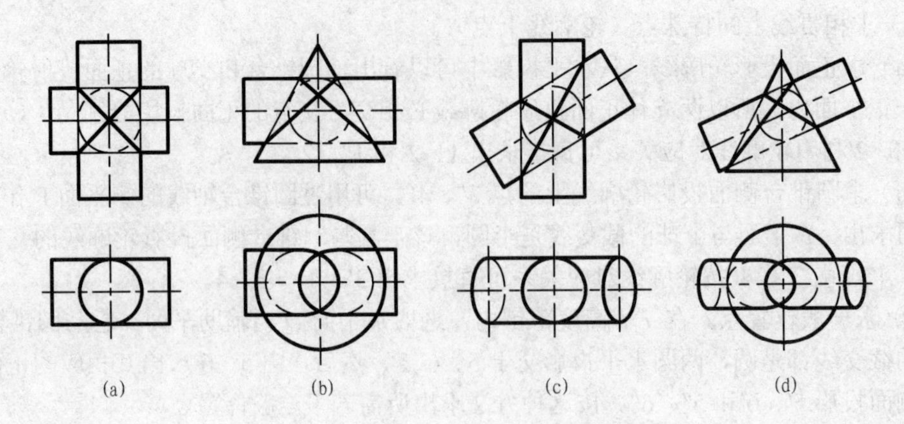

图 3-38　外切于同一球面的回转体的相贯线

实例：图 3-39 表示工程上用圆锥过渡接头连接两个不同直径圆柱管道结构的投影图。两圆柱分别与过渡接头外切于球面，它们的相贯线（椭圆）的投影为直线段。

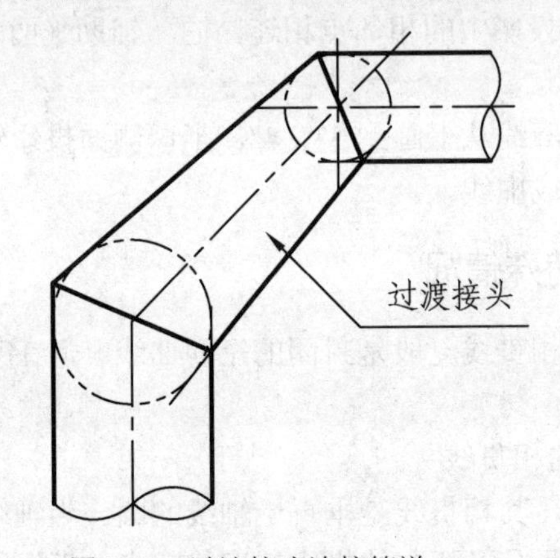

图 3-39　过渡接头连接管道

3. 两轴线平行的圆柱、两共顶锥的相贯线

两轴线平行的圆柱相交时，其相贯线为平行于圆柱轴线的直线，如图 3-40（a）所示。两锥共顶锥相交时，其相贯线为过锥顶的直线，如图 3-40（b）所示。

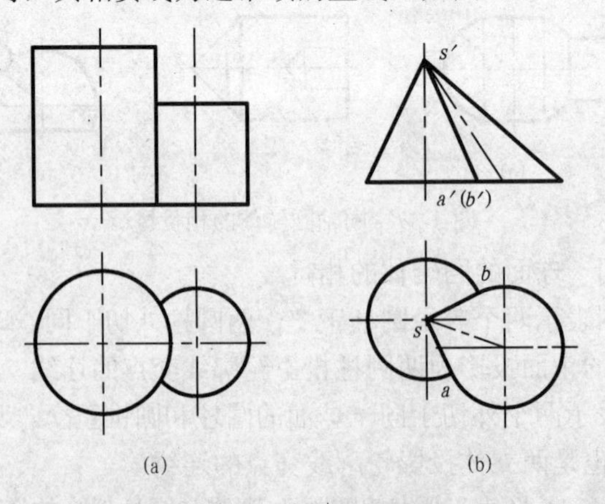

图 3-40　相贯线为直线

四、 立体表面交线的综合举例

在实际物体中，有时会遇到两个以上的立体相交的情况，如图 3-41 所示。求多个立体相交的相贯线，其作图方法和求两个立体相交的相贯线一样，只是在作图前，首先要分析各相交立体的形状和相对位置，确定每两个相交立体的相贯线形状，然后分别求出各部分相贯线的投影。

【例 6】 求图 3-41 中三个圆柱相交的交线。

分析：直立圆柱 *A* 和 *B* 同轴，水平圆柱 *C* 分别与圆柱 *A*、*B* 正交；圆柱 *C*、*A* 的相贯线和圆柱 *C*、*B* 的相贯线都是空间曲线；圆柱 *B* 的上表面（平面）和圆柱 *C* 相交，它们的截交线是两条平行于圆柱 *C* 轴线的直线段。通过以上分析可知，三圆柱之间的交线是由两段空间曲线和两条直线段组成。

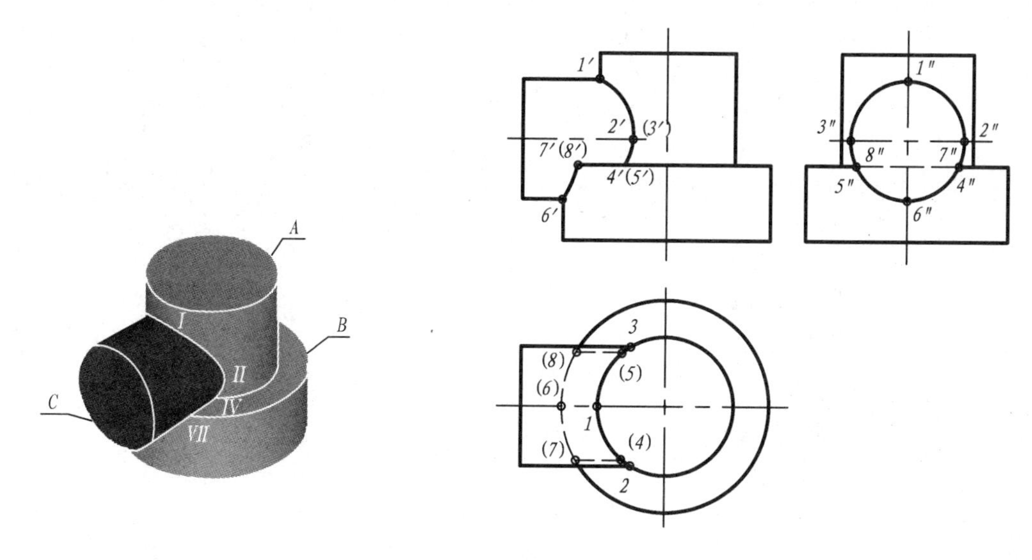

图 3-41　三个圆柱相交

作图步骤如下：

（1）求圆柱 *C* 与 *A* 的相贯线及圆柱 *C* 与 *B* 的相贯线。由于圆柱 *C* 的侧面投影和圆柱 *A* 的水平投影均有积聚性，所以它们的相贯线 *VI- II- I -III- V* 的侧面投影和水平投影都分别在相应的圆弧上，利用侧面投影和水平投影可求出相贯线的正面投影 1′2′4′，其中 *I* 为圆柱 *C* 和 *A* 正面投射轮廓线上点，*II*、*III* 为圆柱 *C* 水平投射轮廓线上点，如图 3-41 所示。同样方法，可求出圆柱 *C* 与 *B* 相贯线 *VIII- VI- VII* 的三面投影。

（2）求圆柱 *B* 的上表面与圆柱 *C* 的截交线。由于圆柱 *C* 的轴线是侧垂线，所以截交线 *IVVII*、*VVIII* 是侧垂线，它们的侧面投影积聚为点 4″7″和 5″8″。水平投影为直线段 47 和 58，正面投影为 4′7′和 5′8′。其中 47 和 58 为虚线。

（3）整理轮廓线判断可见性。圆柱 *C* 水平投影轮廓线应画到 2、3；圆柱 *B* 的水平投影中，被圆柱 *C* 挡住的部分应画成虚线。圆柱 *B* 的上表面的侧面投影中 5″4″一段不可见画成虚线。

正交圆柱相贯线投影的简化画法如图 3-42 所示。

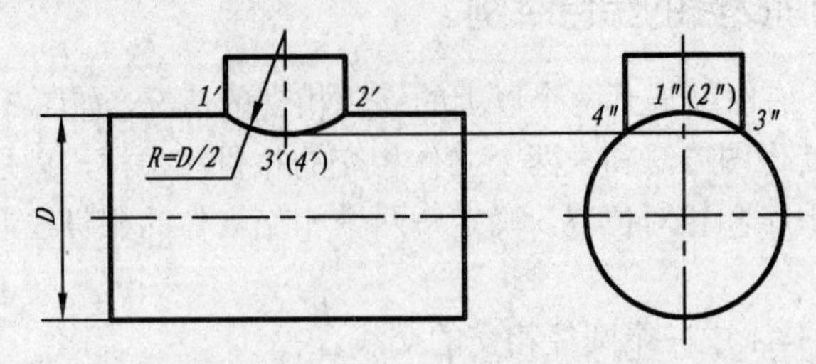

图 3-42　两个圆柱相交

第四章 组 合 体

4-1 组合体及其组合方式

一、组合体的组合方式

物体的形状是多种多样的。但从形体角度来看，都可以认为由若干基本立体（如棱柱、棱锥、圆柱、圆锥、球、圆环）通过叠加和挖切两种方式组合而成。由基本立体组合而成的物体称为组合体。例如图 4-1（a）所示的立体，可以看成是由棱柱 1、圆柱 2 和圆台 3 叠加组成；图 4-1（b）所示的立体，可以看成是从棱柱上挖切去 2、3 两块后形成的；而图 4-1（c）所示立体的构成方式，既有叠加又有挖切。

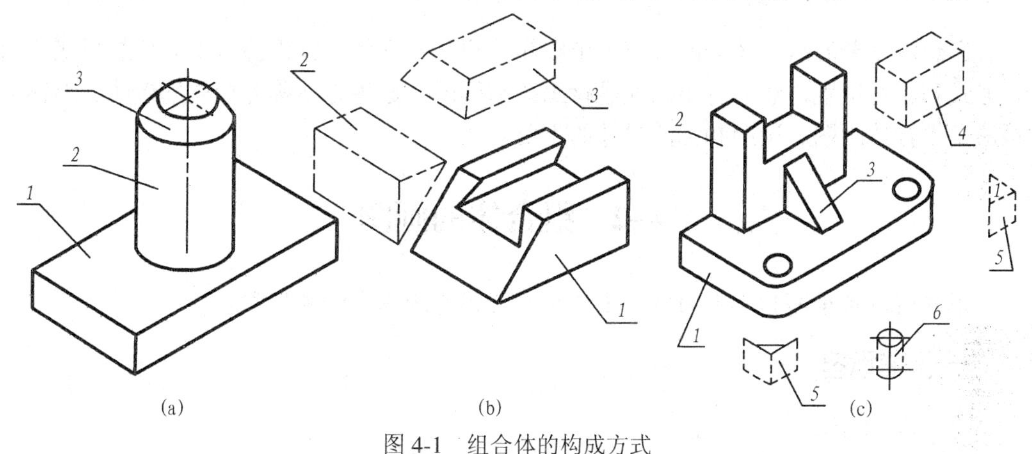

图 4-1 组合体的构成方式

二、组合体表面间的关系

（1）两表面相切，相切处不画线；两表面相交，相交处画线。

当组成组合体的两立体表面相切时，相切处是光滑过渡，没有交线，投影中不应画出，如图 4-2 所示；当两立体表面相交时，表面交线必须画出，如图 4-3 所示。

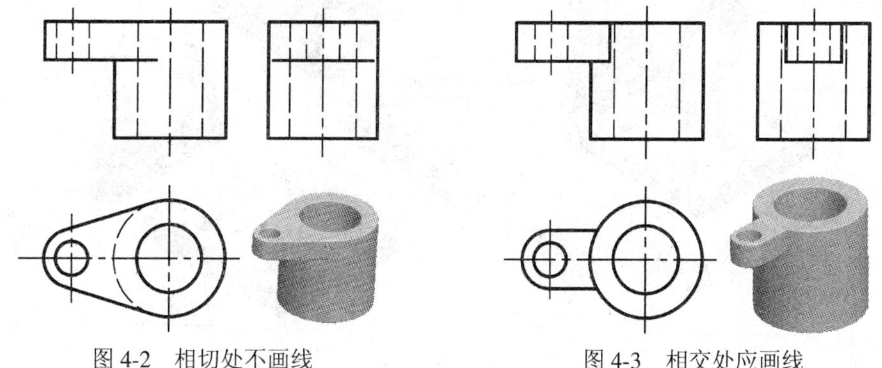

图 4-2 相切处不画线　　　　图 4-3 相交处应画线

（2）不同形体的表面同面时无分界线，否则有交线，如图 4-4 所示。

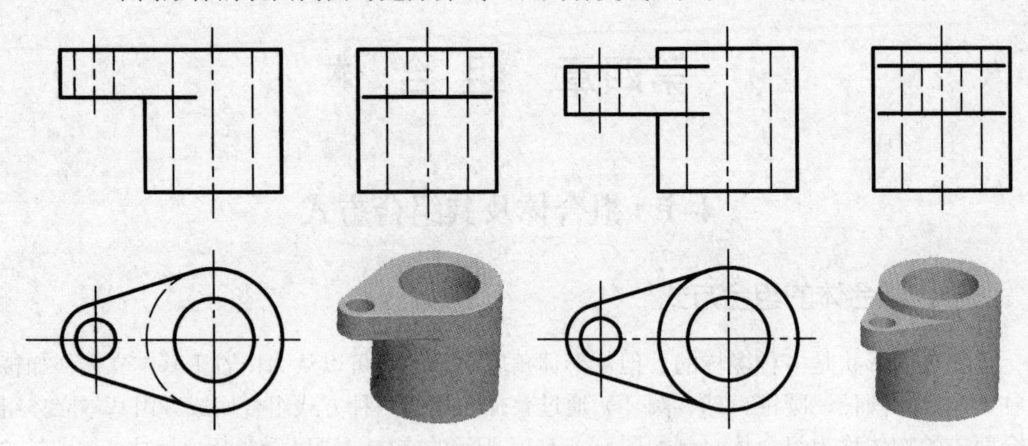

图 4-4　不同形体的表面同面时无分界线，否则有交线

三、形体分析法

假想将复杂的组合体分解成若干个较简单的基本立体，分析各基本立体的形状、组合方式和相对位置，然后有步骤地进行画图和读图，这种方法称为形体分析法。形体分析法是组合体画图、读图和标注尺寸的主要方法。

4–2　组合体的画图

下面就以轴承座和支架为例，来说明组合体的画图方法和步骤。

一、轴承座

1. 形体分析

轴承座前后对称可分解为套筒 *I*、支板 *II*、肋板 *III* 、底板 *IV* 四个基本立体，如图 4-5 所示。*I* 为空心圆柱，*II*、*III*、*IV* 均为棱柱。支板 *II*、肋板 *III*、底板 *IV* 之间的组合方式为堆积，其中支板 *II* 的两侧面和套筒 *I* 外表面相切，肋板 *III* 和套筒 *I* 相交。

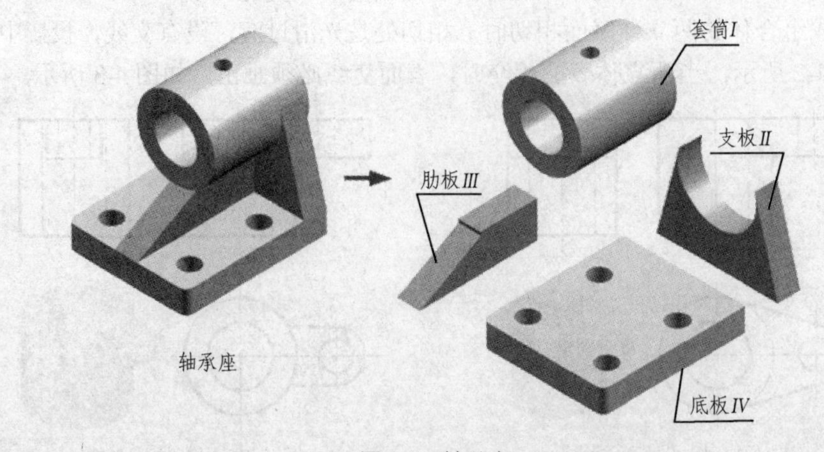

图 4-5　轴承座

2. 选择正面投影

正面投影是各投影中的主要投影。选择正面投影时必须考虑物体的安放位置和正面投影的投射方向两个问题。

组合体的安放位置一般选择为物体安放平稳时的位置，如图 4-5 所示，轴承座的底板位于下方且水平放置。

正面投影的投射方向，一般选择最能反映物体各组成部分的形状特征和相互位置的方向。另外，还应考虑到使其他投影细虚线较少和图幅的合理利用。比较图 4-6 中 *A*、*B*、*C*、*D* 四个方向，以 *A* 向作为正面投影的投射方向为好。

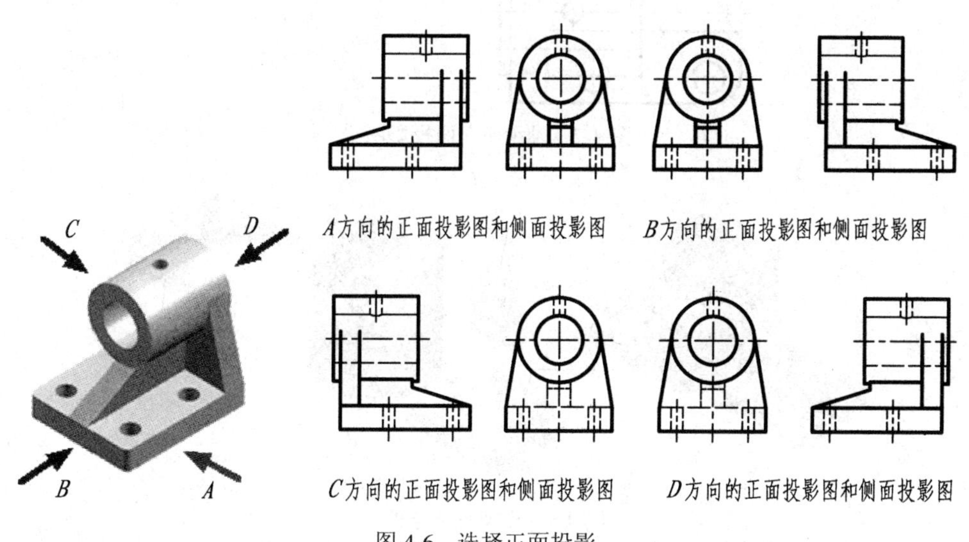

图 4-6 选择正面投影

正面投影（以 *A* 向为投射方向）确定之后，另外两个投影也就相应地确定了。水平投影主要反映底板的形状和上面四个小圆孔的位置，侧面投影主要反映支板与套筒相切的情况。

3. 画图步骤

（1）选比例、定图幅。根据物体实际大小和复杂程度，选定作图比例和图幅大小。比例尽可能选用 1:1，图幅则根据绘图面积选择标准图幅。

（2）布图。

（3）画底稿。画底稿时，应根据形体分析法逐个形体画，对于每个形体，应从反映形体实形的投影画起，各投影对应画。画图过程中应考虑各形体的组合方式和相对位置，注意图线的变化，同时要画出截交线、相贯线。

轴承座底稿的画图顺序为：画底板→画套筒→画支板→画肋板及小孔。

（4）校核、按线型描深三面投影。如图 4-7 所示。

二、支架

1. 形体分析

支架可分解为左底板 *I*、右底板 *II*、肋板 *III*、直立圆筒 *IV* 四个基本立体，如图 4-8 所示。左底板 *I* 上开有 U 型槽，右底板 *II* 上有两个圆孔，直立圆筒 *IV* 前面开槽、后面钻圆孔。左底板 *I*、肋板 *III* 与直立圆筒 *IV* 相交，右底板 *II* 与直立圆筒 *IV* 相切，左底板 *I* 与

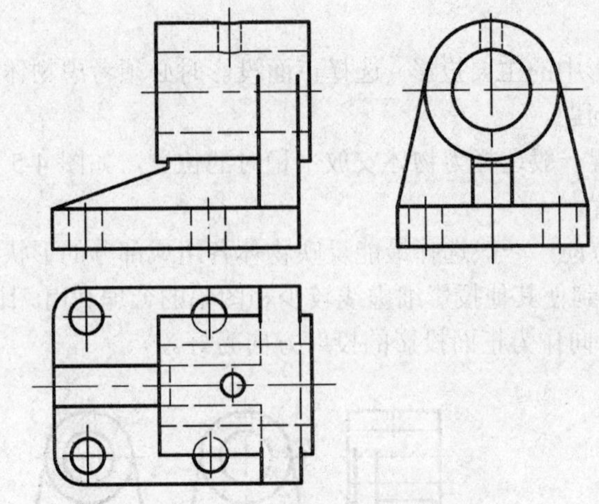

图 4-7　轴承座三面投影图

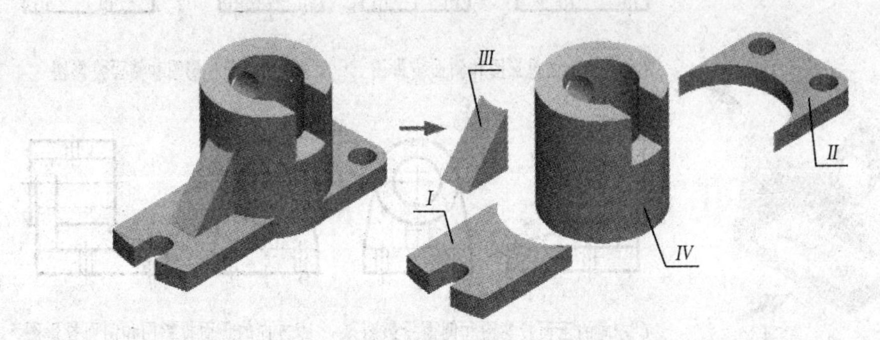

图 4-8　支架形体分析

肋板*III*堆积。

2. 作图步骤

（1）选比例、定图幅。

（2）布图。

（3）画底稿：画直立圆筒→画左底板→画右底板→画肋板。

（4）校核、描深。如图 4-9 所示。

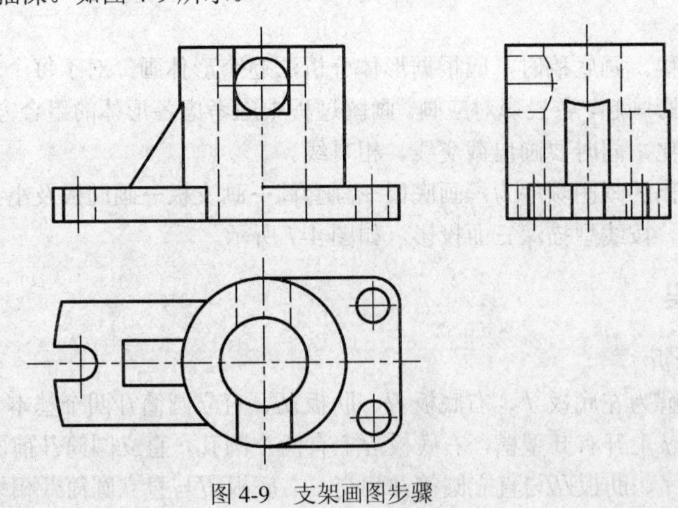

图 4-9　支架画图步骤

4–3 组合体的读图

一、读图的基本知识

1. 各个投影联系起来看

在一般情况下，一个投影是不能完全确定物体的空间形状,因此读图时要将各投影联系起来看,根据投影规律进行分析比较。如图 4-10 中四组投影图中的正面投影都一样，而水平投影不一样，反映的物体形状也不同，立体图如图 4-10 所示。

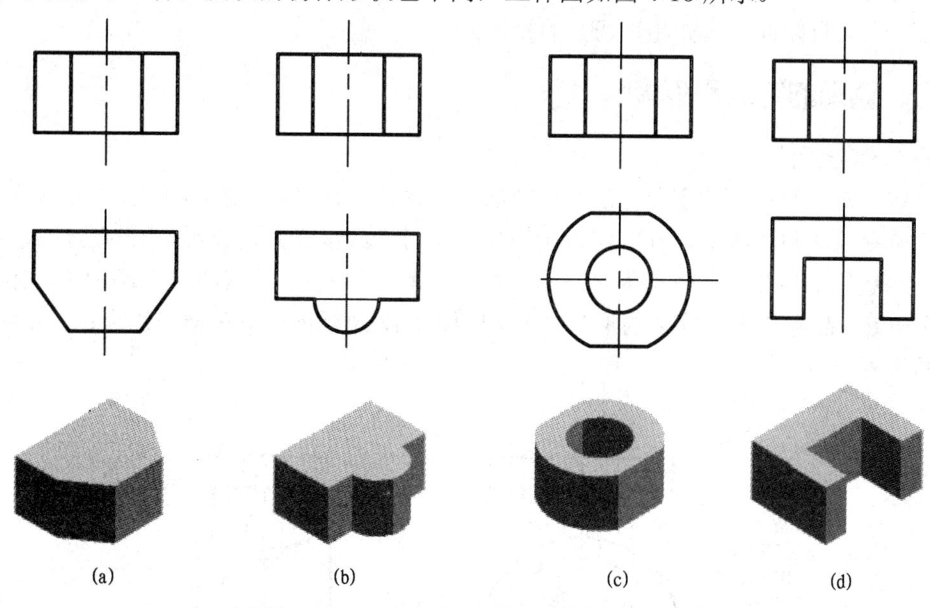

图 4-10　一个投影不能确定物体的形状

有时两个投影也不能完全确定物体的空间形状。如图 4-11 所示，正面投影和水平投影都一样，只有结合侧面投影一起看，才能确定物体的确切形状，立体图如图 4-11 所示。

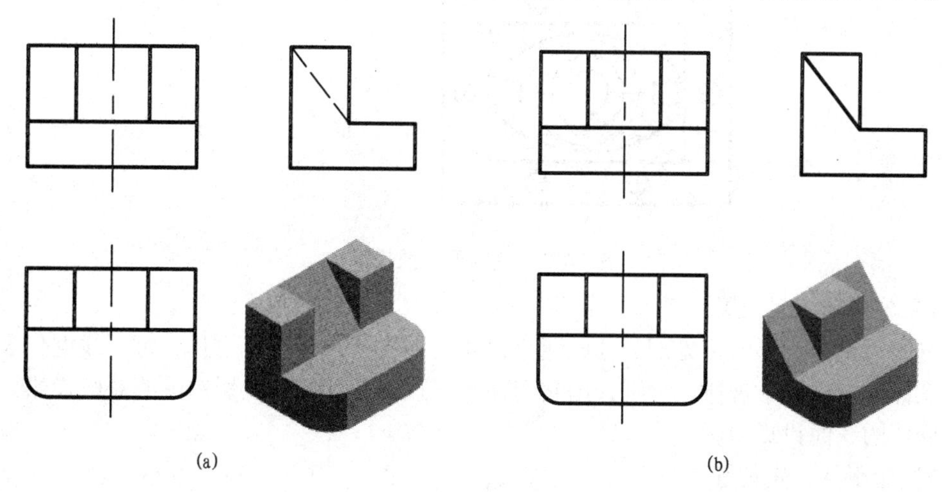

图 4-11　两个投影不能确定物体的形状

读图时不能只看一个或两个投影，必须以正面投影为中心，将几个投影联系起来看，才能正确地想象出该物体的形状。

2. 投影中线条、线框的含义

投影中的线条有直线和曲线，它们表示如下含义：

（1）具有积聚性表面的投影。平面的积聚投影为直线，曲柱面的积聚投影为曲线。

（2）表面和表面的交线投影。

（3）曲面轮廓线的投影。

投影图中的线框表示的含义如下：

（1）表示平面、曲面的投影。

（2）空间封闭曲线（如相贯线）的投影。

二、读图的方法和步骤

1. 形体分析法

形体分析法是读图的主要方法。一般从反映物体特征的正面投影开始，找出若干个代表简单立体的封闭线框，并按照投影规律找出每一线框在其他投影中所对应的投影；然后由此想象出各简单立体的形状及其在整体中所处的位置；最后把各形体按相互位置组合在一起，想象出整个物体的形状。下面以图 4-12 所示的阀盖三面投影为例，介绍其读图的步骤。

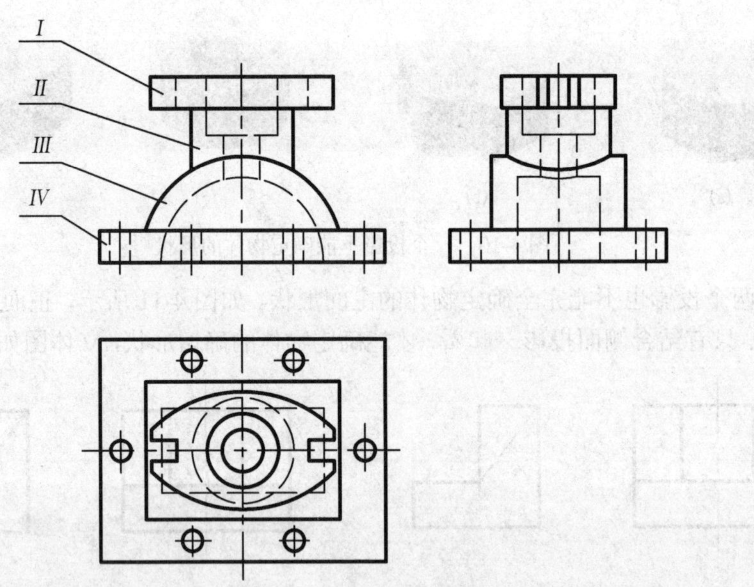

图 4-12　阀盖的三面投影

1）分线框、对投影

将阀盖正面投影的可见部分分成四个封闭线框（*I*、*II*、*III*、*IV*），每一线框代表一简单立体。按照投影规律，分别找出它们在水平投影图和侧面投影图中的对应投影，得到各形体的三面投影图。

2）想形状、定位置

根据 *I*、*II*、*III*、*IV* 各形体的三面投影图，确定各形体的形状。

从图示的三面投影中，还可以确定各形体之间的组合方式和相对位置。即形体 *I* 在最上面，*II*、*III*、*IV* 依次在其下方。整个物体前后、左右对称。

3）综合起来想整体

各形体间的组合方式为：*I* 与 *II*、*III* 与 *IV* 是堆积，*II* 与 *III* 是相贯。按照各形体的形状、相互位置和组合方式，综合起来想象出整个物体的空间形状。

2. 线面分析法

当组合体中有较复杂的形体时，仅用形体分析法难以确定其形状，可借助于线面分析法确定其形状。

线面分析法就是利用投影规律和线、面的投影特点分析投影中的线条和线框的含义，判断形体上各交线和表面的形状和位置，从而确定形体形状的方法。

下面以图 4-13 所示的支座为例说明线面分析法的方法和步骤。

支座可以看成由空心圆筒 *I* 和底板 *II* 两个形体组成。空心圆筒 *I* 简单易懂。而底板 *II* 由于被几个平面切割，形体显得比较复杂，就可应用线面分析法帮助读图。

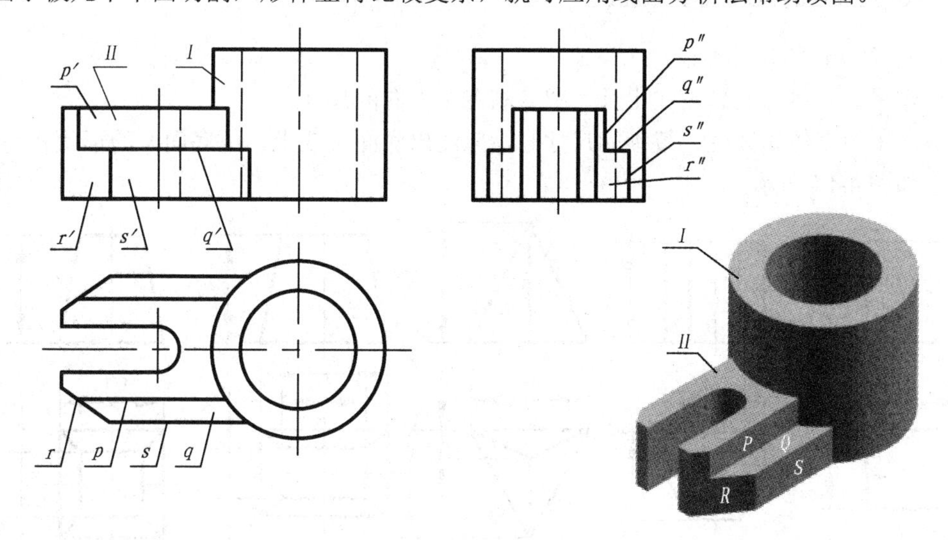

图 4-13　支座的三面投影

（1）由正面投影中线框 p'，按投影规律在水平投影、侧面投影中找出其对应的投影 p、p''，两者均积聚成直线。因此 P 平面为正平面，其正面投影反映实形。

（2）由水平投影中线框 q，按投影规律在正面投影、侧面投影中找出其对应的投影 q'、q''，两者均积聚成直线。因此 Q 平面为水平面，其水平投影反映实形。

（3）由正面投影中线框 r'，按投影规律在水平投影、侧面投影中找出其对应的投影 r、r''，r 积聚成一条斜线，r'' 为封闭线框。因此 R 平面为铅垂面，其正面投影、侧面投影均不反映实形。

（4）由正面投影中线框 s'，按投影规律在水平投影、侧面投影中找出其对应的投影 s、s''，两者均积聚成直线。因此 S 平面为正平面，其正面投影反映实形。

通过以上的分析，可想象出支座的整体结构形状。

3. 读图的一般步骤

上面介绍了读图的基本方法——形体分析法和线面分析法。为了提高读图能力，有条不紊地看懂投影，读图的一般步骤如下。

（1）初步了解。

首先从正面投影着手了解各投影之间的位置关系，物体的大概形状和大小，并分析有哪几个主要部分组成。

（2）深入分析。

在初步了解之后，应用形体分析法，对较复杂的部分结合线面分析法逐个进行分析，根据各部分的投影特点，判断物体的基本形状和表面形状。

（3）通过形体分析和线面分析，根据各基本形体在空间所处的位置和相互间的组合关系想象出物体的形状。

4–4 尺寸标注

一、基本立体的尺寸注法

1. 平面立体的尺寸注法

基本平面立体一般只需注出长、宽、高三个方向的尺寸。

标注平面立体如棱柱、棱锥的尺寸时，应注出底面（或上、下底面）的形状和高度尺寸，如图 4-14 所示。

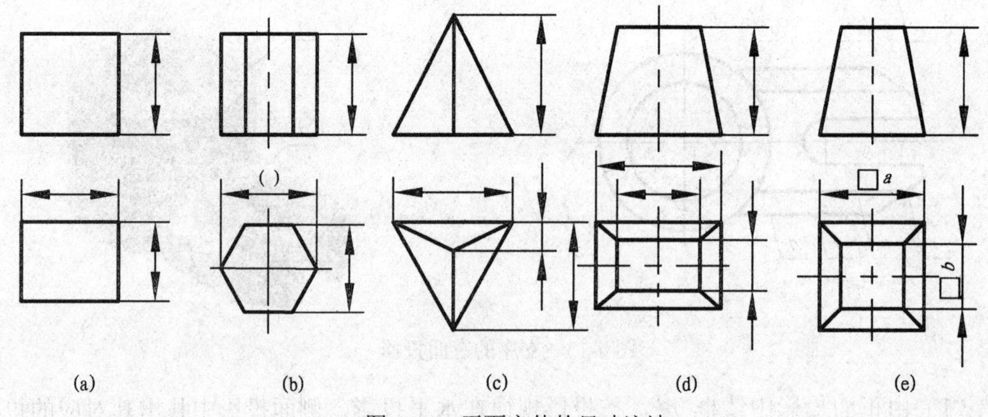

图 4-14　平面立体的尺寸注法

1）棱柱

图 4-14(a)、(b)是棱柱，其长、宽尺寸注在反映底面实形的水平投影图中，高度尺寸注在反映棱柱高度的正面投影图中。

2）正六棱柱的底面形状为正六边形

图 4-14(b)中正六棱柱的底面形状为正六边形，其对角距离不必标注。若要标注，则应把尺寸数字用括号括起来，作为参考尺寸。

3）三棱锥

图 4-14(c)是三棱锥，除了注出长、宽、高三个尺寸外，还要在反映底面实形的水平投影图中注出锥顶的定位尺寸。

4）棱台

图 4-14(d)、(e)是棱台，标注尺寸时要注出顶面、底面和高度尺寸。

5）正方形的边长

图 4-14(e)中的尺寸“□*a*”、“□*b*”中的 a、b 是正方形的边长。

2. 回转体的尺寸注法

1）圆柱和圆锥(台)的尺寸

标注圆柱和圆锥(台)的尺寸时，需要注底圆的直径尺寸和高度尺寸。一般要把这些尺寸注在非圆投影图中，且在直径尺寸数字前加注符号ϕ，如图 4-15（a）、（b）所示。

2）球体的尺寸

球体的尺寸应在ϕ或 *R* 前加注字母 *S*，如图 4-15(d)所示。

3）环的尺寸

圆环的尺寸应注出母线圆和中心圆的直径，如图 4-15(c)所示。

4）一般回转体的尺寸

一般回转体的尺寸还应注出确定其母线形状的尺寸，注法如图 4-15(e)所示。

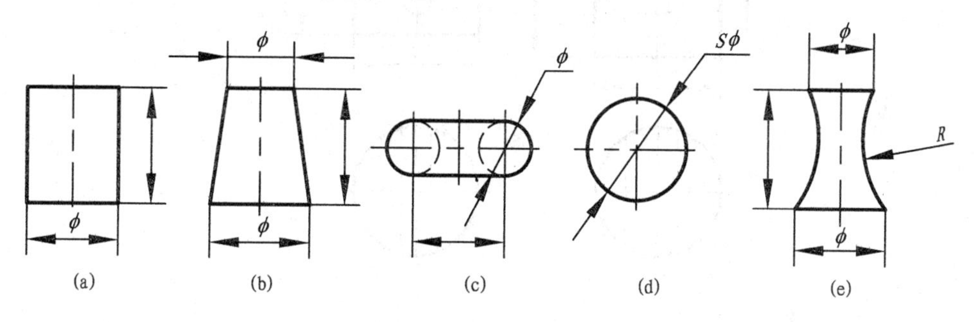

图 4-15　回转体的尺寸注法

3. 切割和相贯立体的尺寸注法

标注被平面截断或带有切口的立体的尺寸时，除了注出基本立体的尺寸外，还应注出确定截平面位置的定位尺寸。标注两个相贯立体的尺寸时，除了注出两个相贯立体的尺寸外，还应注出确定两相贯立体之间相对位置的尺寸。常见的切割和相贯立体的尺寸注法如图 4-16 所示。

应当注意：

（1）当立体大小和截平面位置确定后，截交线也就确定了，所以截交线不应标注尺寸。

图 4-17(a)为正确注法，该图既注出了圆柱的定形尺寸ϕ40 和 34，又注出了截平面的定位尺寸 24 和 16，这样侧面投影图中两截交线也就自然确定了。图 4-17(b)中不注定位尺寸 24，却注两截交线的距离 32，这是错误的。

（2）当两相贯立体的大小和相互位置确定后，相贯线也就相应确定了，因此，相贯线也不应标注尺寸。

如图 4-18(b)中注出相贯线尺寸 *R*13（实际上并非圆弧）是错误的。该图中定位尺寸 10 和 9 也是错误的，因为这两个尺寸是以圆柱轮廓线为尺寸基准的，而轮廓线一般不能作为尺寸基准。正确注法应如图 4-18(a)那样，注出定位尺寸 23 和 16。

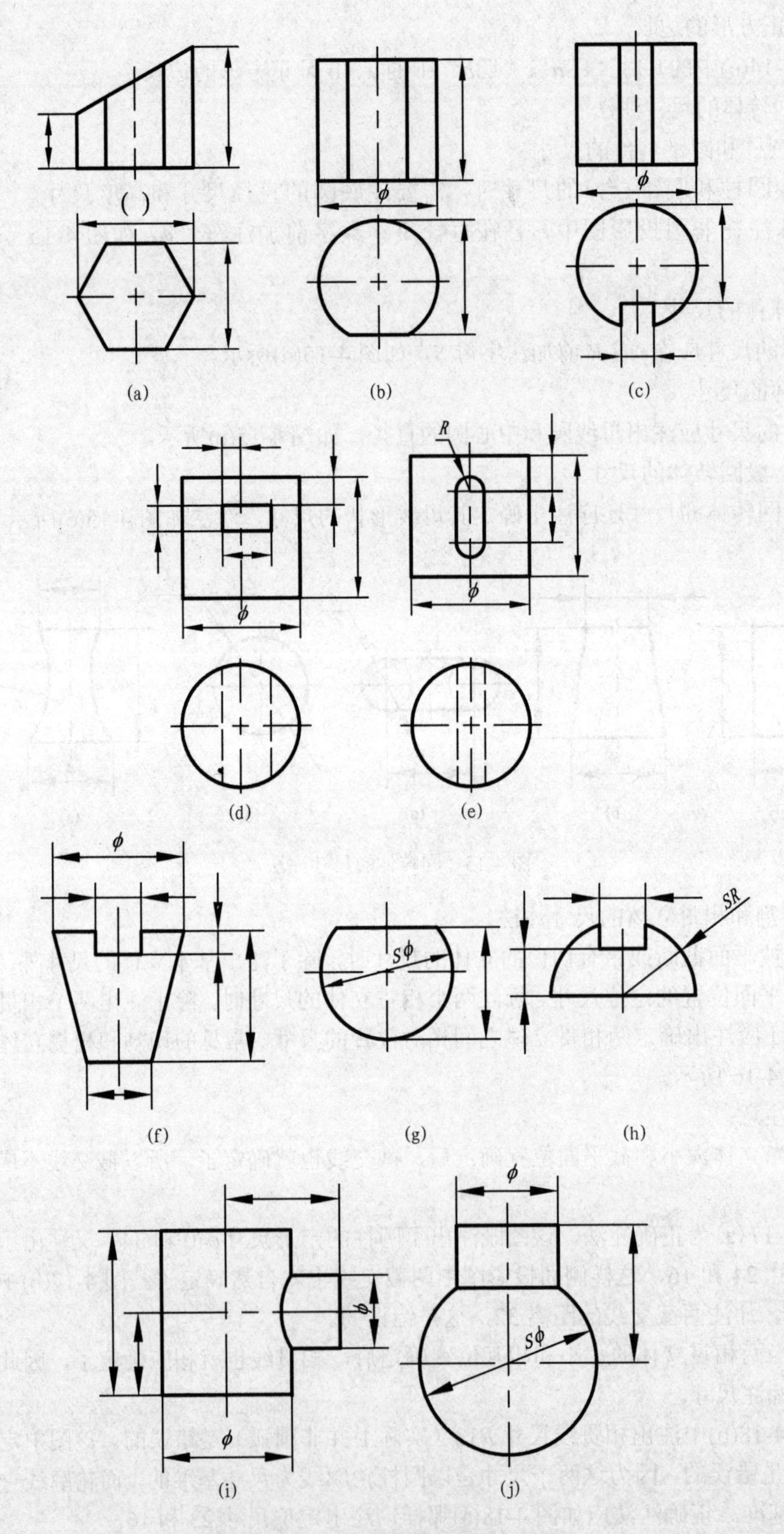

图 4-16　切割和相贯立体的尺寸注法

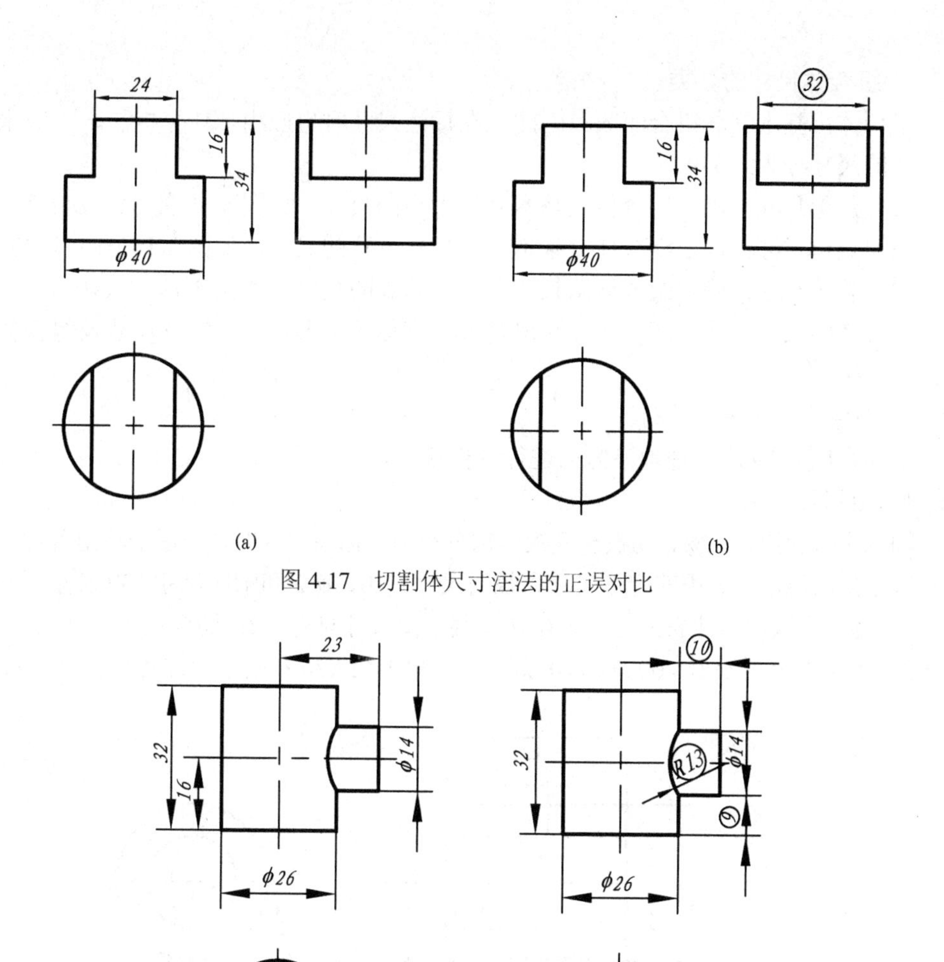

图 4-17　切割体尺寸注法的正误对比

图 4-18　相贯立体尺寸注法正误对比

二、组合体的尺寸注法

1. 尺寸标注的基本要求

要准确地表达立体的形状和大小，必须在视图中标注尺寸。尺寸是图样中的一项重要内容，尺寸标注上出现的任何问题，会使生产遭受重大损失。因此，标注尺寸要严肃认真。

标注组合体尺寸的基本要求是：

（1）严格遵守国家标准中规定的尺寸注法。

（2）标注尺寸要完整。所谓完整是：尺寸必须完全确定立体的形状和大小，不能有多余尺寸，也不能遗漏尺寸。当某一尺寸在某一视图已经标出，在其他视图一般不再重复标注。

（3）标注尺寸要清晰。所谓清晰是：所标注的尺寸应排列适当、整齐、清晰，便于看图。

2. 组合体尺寸的分类

组合体由基本立体组合而成。因此，在标注尺寸时也应用形体分析法，一般来说，组合体的尺寸分为三类：

（1）定形尺寸：确定组合体上基本立体大小的尺寸，如图 4-19 的 32，ϕ15 等。

（2）定位尺寸：确定组合体上基本立体相互位置的尺寸，如图 4-19 的 110，7 等。

（3）总体尺寸：确定组合体总长、总宽、总高的尺寸，如图 4-19 的 170。

组合体的尺寸标注，即是要标注出各基本立体的定形尺寸、定位尺寸及组合体的总体尺寸。

3. 组合体尺寸注法举例

下面以图 4-19 所示轴承座为例进行分析说明。

1）定形尺寸

轴承座有套筒、支板、肋板和底板四部分组成。标注尺寸时，应逐个注出各部分的定形尺寸，如图所示。套筒的定形尺寸为径向尺寸ϕ110、ϕ65 和轴向尺寸 130 及小圆柱孔直径尺寸ϕ15；支板前后两表面与套筒相切，其定形尺寸只有 32；肋板定形尺寸为 80、32 和 35；底板定形尺寸有长 200、宽 170、高 32、圆角半径 R20 和四个圆柱孔直径尺寸 4×ϕ24。

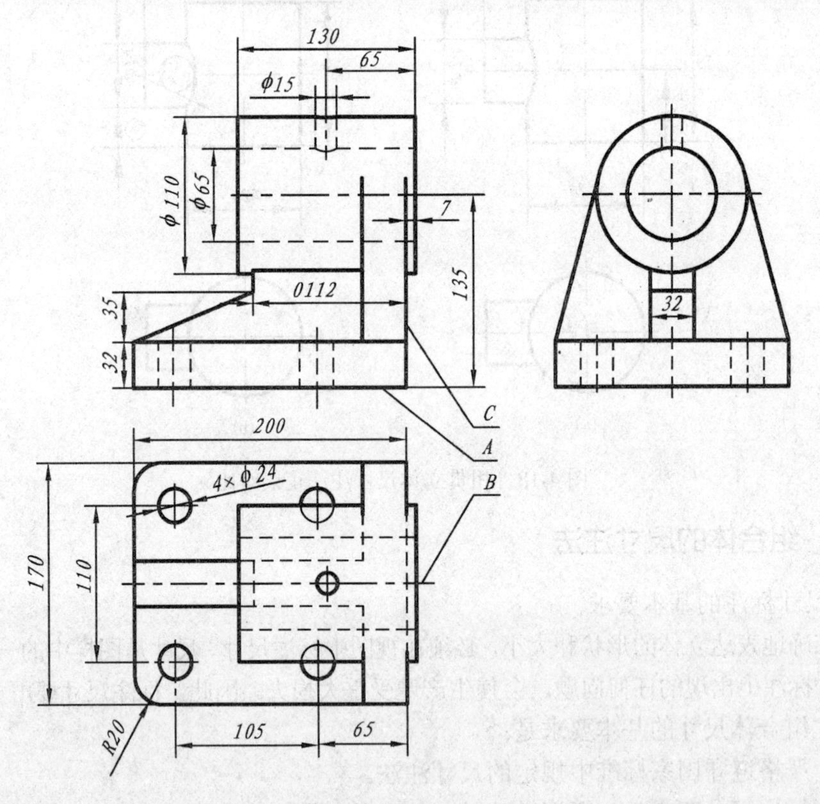

图 4-19　轴承座三视图

2）定位尺寸

标注各基本立体之间的定位尺寸时，首先要确定标注定位尺寸的基准。定位尺寸的起点，称为尺寸基准。一个组合体应有长、宽、高三个方向的尺寸基准。常用的基准是平面和轴线。在图 4-20 中，选择底板底平面 A、前后方向对称平面 B 和底板右侧面 C 分别作为高度方向、宽度方向和长度方向的尺寸基准。然后分别注出各形体相对于这些基准的定位尺寸。如套筒高度方向和长度方向的定位尺寸为 135 和 7，小圆柱孔长度方向定位尺寸为 65；底板上四个小圆柱孔应首先注出确定其相对位置的尺寸 105 和 110，再注出这一组孔长度方向定位尺寸 65，由于这组孔对称于基准 *B*，所以宽度方向定位尺寸不必注出。同样，各基本立体宽度方向都对称于基准 *B*，故它们宽度方向的定位尺寸都不用注。

需要说明，有时一个方向可以有多个基准，但其中只有一个主要基准，其余基准为辅助基准，如图 4-20 中平面 *C* 是长度方向的主要基准，在标注ϕ15 孔长度方向的定位尺寸 65 时，是从套筒右端面注出的，套筒右端面就是辅助基准。

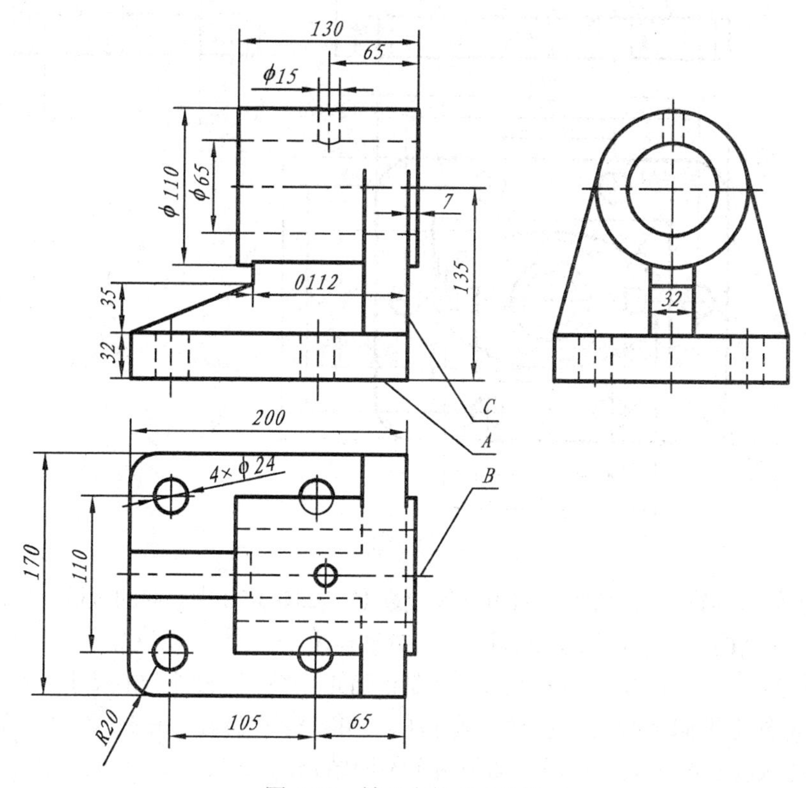

图 4-20　轴承座的尺寸注法

3）总体尺寸：确定组合体总长、总宽、总高的尺寸。

如图 4-21 所示的，阀盖总长 90，总宽 70、总高 50。

有的组合体总体尺寸不直接注出，而是间接得出。如图 4-20 轴承座的长度方向总体尺寸由底板长度尺寸 200 和套筒定位尺寸 7 相加得出，高度方向总体尺寸则由套筒直径ϕ110 和套筒轴线高度尺寸 135 确定。

还应当注意，组合体的一端结构为回转面时，则该方向的总体尺寸一般不直接注出。如图 4-20 轴承座高度方向总体尺寸则由套筒直径ϕ110 和套筒轴线高度尺寸 135 确定。

4. 标注尺寸的注意事项

（1）组合体各组成部分的尺寸应尽量集中标注在反映各部分形状特征的投影上，如图 4-20 所示，肋板的尺寸尽可能注在正面投影上，底板尺寸尽量注在水平投影上。

（2）表示同一形体的定形尺寸和定位尺寸应尽量注在同一投影上。如图 4-20 中套筒定形尺寸ϕ110、ϕ65、ϕ130 及高度方向定位尺寸 135、长度方向定位尺寸 7 都注在正面投影中；底板上四个小孔的定形、定位尺寸则注在水平投影中。

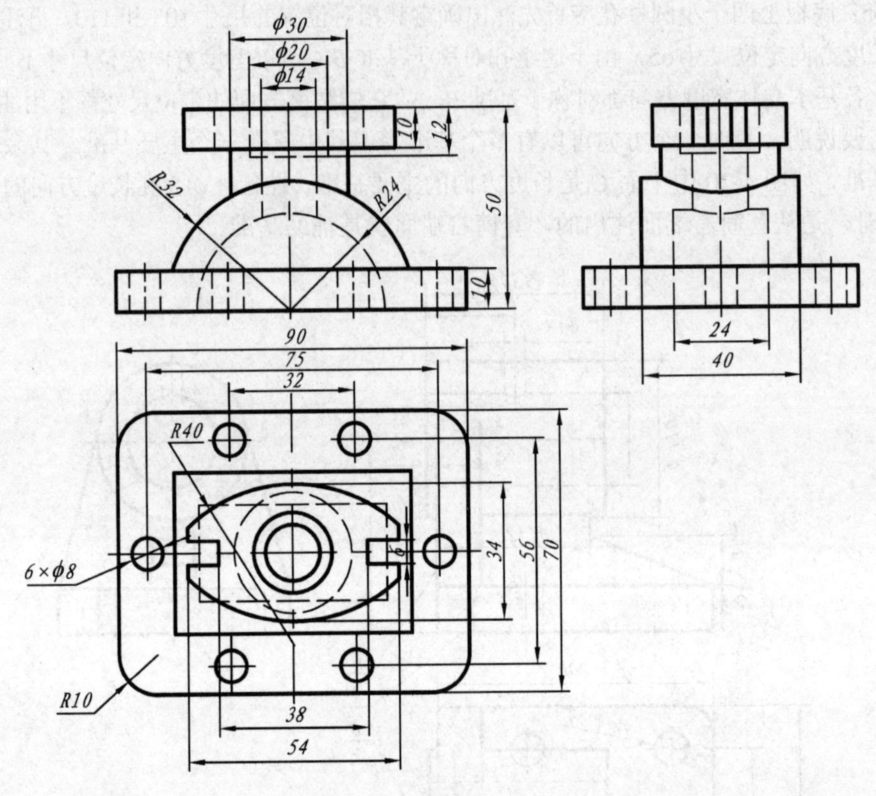

图 4-21　阀盖的尺寸注法

（3）回转体的直径尺寸最好注在其非圆投影上。如图 4-20 中套筒的直径尺寸ϕ110、ϕ65。

（4）对称结构的尺寸应合起来标注，不应分别标注，更不能只标注一半 。如图 4-22 所示的组合体前后、左右对称，图(a)的尺寸注法是正确的，图(b)只标注一半尺寸，是错误的。

（5）机件上不同结构的尺寸要分别标注，不能互相代替，如图 4-22 中，底板厚度 6 与ϕ12 孔的深度 6 虽然数值相同，却是两个不同结构的尺寸，应该分别注出。

（6）半径尺寸必须注在反映圆弧实形的投影上。如图 4-20 中底板的圆角半径 R20 只能注在水平投影上，而不能注在正面投影或侧面投影中。若有几个相同的圆角，只在其中的一个圆角上标注尺寸，且不注数量。

（7）尺寸尽量注在视图外部，并布置在与它有关的两投影之间，若所引的尺寸界线过长，或多次与图线交叉时，可注在视图内靠近所标注部位的适当空白处。如图 4-20 中肋板的定形尺寸 80。

（8）标注互相平行并列的尺寸时，应使小尺寸靠近投影，大尺寸远离投影，以避免尺寸线、尺寸界线相交，如图 4-20 所示。

（9）应避免标注封闭尺寸，如图 4-23 中长度方向尺寸 L_1、L_2、L_3 应只注其中两个尺寸即可。若三个尺寸全注出则形成封闭尺寸。图(b)中的尺寸 28 不应注出。

在标注尺寸过程中，有时难以兼顾以上各点，应该在保证正确、完整、清晰的前提下。根据具体情况统筹考虑、合理安排。

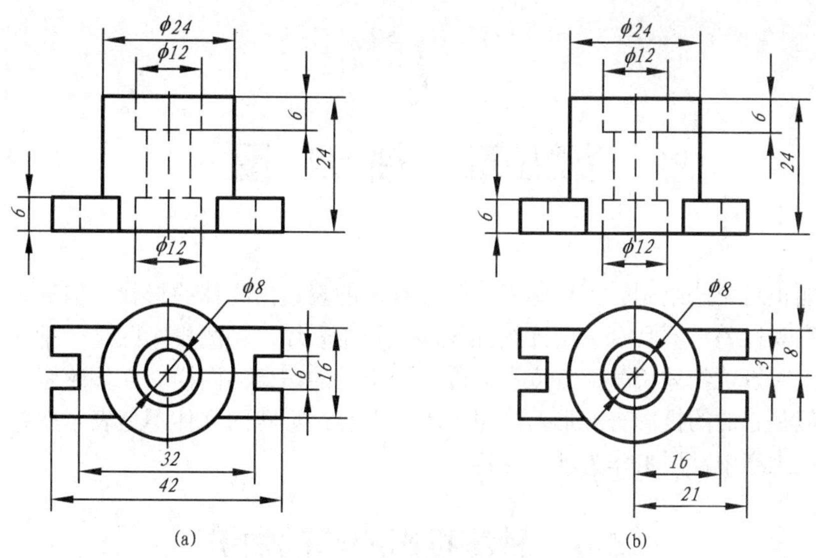

图 4-22　对称尺寸的注法

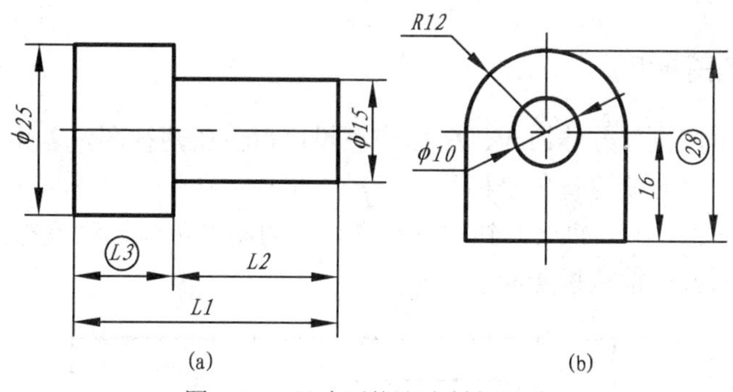

图 4-23　尺寸不能注成封闭形式

图 4-24 是支架的尺寸标注，供读者参考。

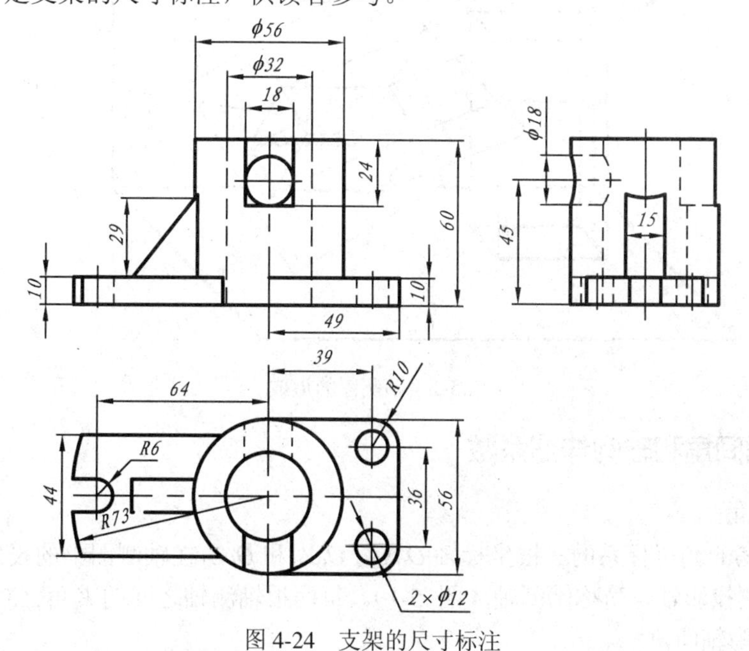

图 4-24　支架的尺寸标注

第五章　轴 测 图

用多面正投影法绘制的工程图纸，能够准确的表达出物体的形状，但这种图样缺乏立体感，直观性差，不具有一定读图知识的人较难看懂。轴测投影图是一种能够在一个投影面上同时表达物体长度、宽度和高度三个方向的信息的图样，立体感强，一般人都能看懂。但是它的的投影有变形，度量性差，对复杂形状的立体不易表示清楚，作图又繁，故而在生产中常用来作为辅助图样。

5-1　轴测投影的基础知识

一、轴测图的形成

如图 5-1 所示，将长方体向 *V*、*H* 面作正投影得主俯两视图，若用平行投影法将长方体连同固定在其上的参考直角坐标系一起沿不平行于任何一个坐标平面的方向投射到一个选定的投影面上，在该面上得到的具有立体感的图形称为轴测投影图，又称轴测图。这个选定的投影面就是轴测投影面。

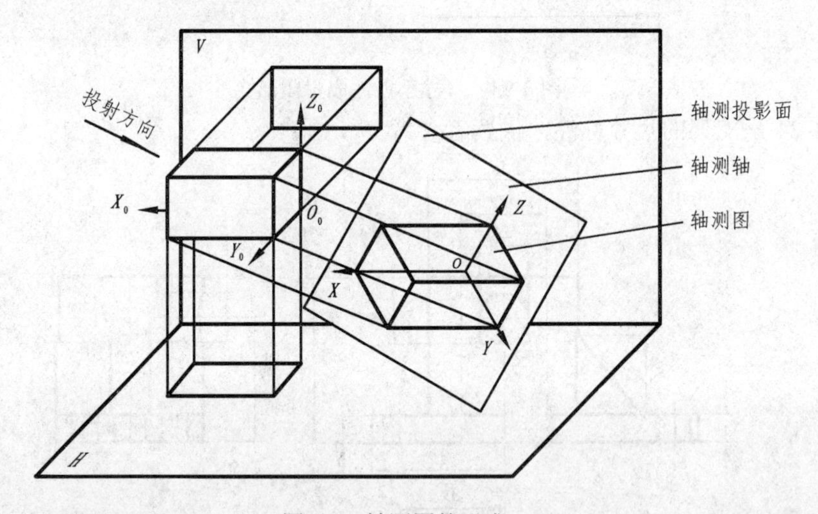

图 5-1　轴测图的形成

二、轴间角和轴向伸缩系数

1. 轴间角

物体参考直角坐标系的三根坐标轴 O_0X_0、O_0Y_0 和 O_0Z_0 在轴测图上的投影 OX、OY、OZ 称为轴测投影轴，简称轴测轴（图 5-1）。每两根轴测轴之间的夹角 $\angle XOY$、$\angle YOZ$ 和 $\angle ZOX$ 称为轴间角。

2. 轴向伸缩系数

轴测轴 O_0X_0、O_0Y_0 和 O_0Z_0 上的线段长度与空间直角坐标轴 OX、OY、OZ 上的对应线段长度之比，称为沿 OX、OY、OZ 轴的轴向伸缩系数。

在画轴测图时，如果知道了轴间角和轴向伸缩系数，只要沿物体上平行于各参考坐标轴方向度量线段的长度，并乘以相应轴测轴的轴向伸缩系数，再将这个长度画到对应的轴测轴方向上即可。

三、轴测图的投影特性

由于轴测图是用平行投影法得到的，因此必然具有平行投影的投影规律：

（1）物体上互相平行的线段，在轴测图上仍然互相平行。

（2）物体上两平行线段或同一直线上的两线段长度之比值，在轴测图上保持不变。

（3）物体上平行于轴测投影面的直线和平面，在轴测图上反映实际形状和大小。

（4）物体上平行于轴测轴的线段，在轴测轴上的长度等于沿该轴的轴向伸缩系数与该线段的长度之积。

由上可知，在轴测图中只有沿着轴测轴方向测量的长度才与原坐标轴方向的长度有成定比的对应关系，“轴测投影”由此得名。因此在画轴测图时，只需将与坐标轴平行的线段乘以相应的轴向伸缩系数，再沿相应的轴测轴方向上量画即可。用的最多的轴测图是正等轴测图和斜二轴测图，下面分别介绍这两种轴测图。

5-2　正等轴测图的画法

一、正等轴测图的特点

正等轴测图简称正等测。当空间直角坐标轴 O_0X_0、O_0Y_0 和 O_0Z_0 与轴测投影面倾斜的角度相同时，用正投影法得到的投影图称为正等轴测图。

1. 正等测的轴间角

由于三根坐标轴与轴测投影面倾斜的角度相同，因此，三个轴间角∠XOY、∠YOZ 和∠ZOX 相等，都是 120°，并规定 OZ 轴画成铅垂方向（图 5-2）。

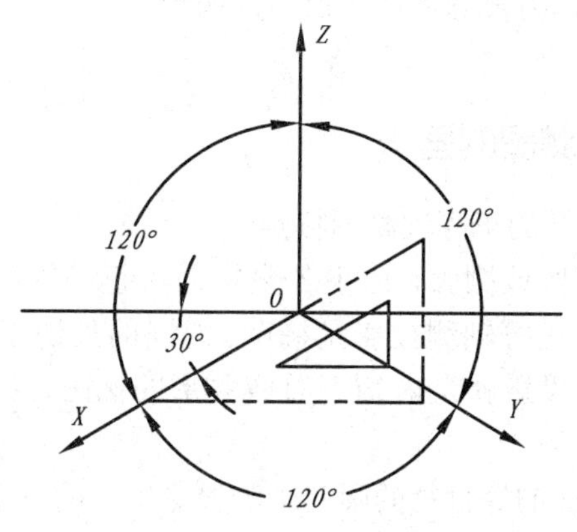

图 5-2　正等测的轴间角

2. 正等测的轴向伸缩系数

正等测沿三根坐标轴的轴向伸缩系数相等，根据计算，约为 0.82。为了作图简便起见，取轴向伸缩系数为 1，这样画出的正等轴测图就比采用轴向伸缩系数为 0.82 的轴测图在线形尺寸上放大了 1/0.82≈1.22 倍，但是形状不变，而且作图简便，只需将物体沿各坐标轴的长度直接度量到相应轴测轴方向上即可。图 5-3（b）、（c）分别为用这两种轴向伸缩系数画出的长方体的轴测图。

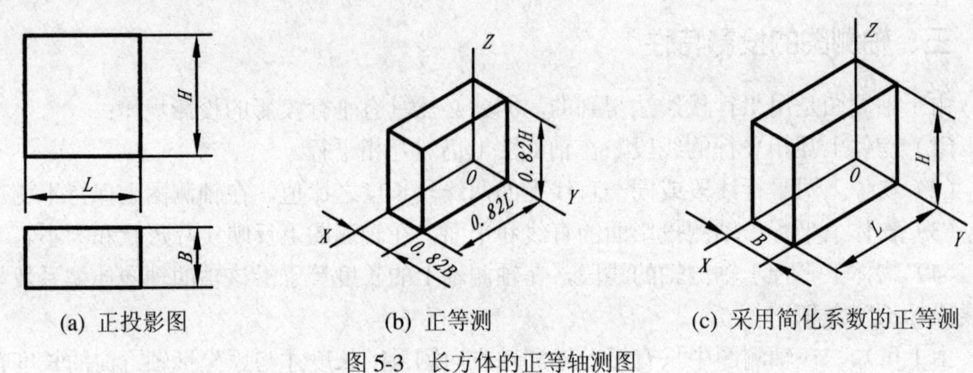

图 5-3　长方体的正等轴测图

二、平面立体正等轴测图的画法

绘制平面立体正等测的方法主要有坐标法和切割法两种。

1. 坐标法

在立体上建立参考直角坐标系，定出各顶点的坐标，再在轴测投影面内找出各顶点位置，连接各顶点，即可完成该立体的轴测投影图。坐标法是绘制轴测图的基本方法，不但适用于平面立体，也适用于曲面立体；不但适用于正等测，也适用于其他轴测图的绘制。

2. 切割法

这种方法适用于以切割方式构成的平面立体，先绘制出挖切前的完整形体的轴测图，再依据形体上的相对位置逐一进行切割。

【例 1】 绘制图 5-4（a）所示正六棱柱的正等测图。作图步骤见图 5-4。

【例 2】 求作 5-5（a）所示立体的正等测图，步骤见图 5-5。

解： 由投影图知该立体为长方体经切角、挖槽后形成，是一个挖切体，故采用切割法作图。

三、回转体正等轴测图的画法

1. 平行于坐标平面的圆的正等轴测图特点

画回转体时经常遇到圆或圆弧，由于各坐标面对正等轴测投影面都是倾斜的，因此平行于坐标平面的圆的正等轴测投影是椭圆。而圆的外切正方形在正等测投影中变形为菱形，因而圆的轴测投影就是内切于对应菱形的椭圆，如图 5-6 所示。从图中可以看出：

（1）平行于三个坐标面的等直径的圆其轴测投影得到的三个椭圆形状和大小是一样的，但方向不同。

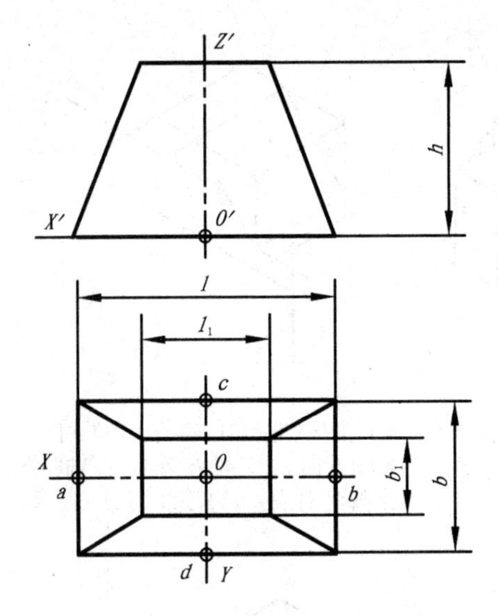

(a) 在视图上确定坐标原点。从投影图知该四棱台前后、左右对称，考虑作图简便，选择底面中心为坐标原点，建立坐标系。

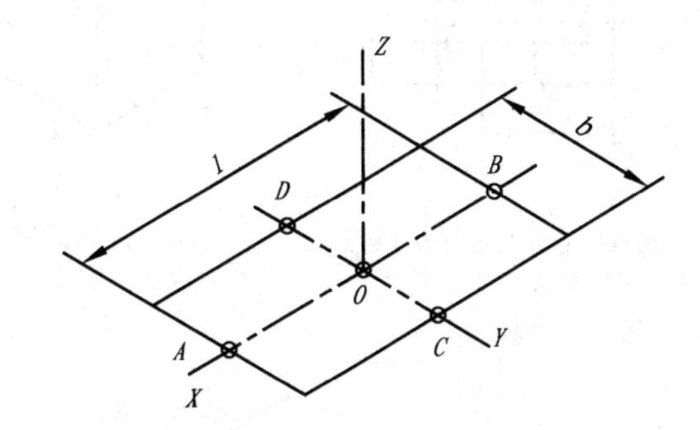

(b) 画出轴测轴，作出底面的轴测投影。先根据底边中点 a、b、c、d 的坐标找出它们的轴测投影 A、B、C、D，再过这四点分别作相应轴测轴的平行线，得到底面的轴测投影。

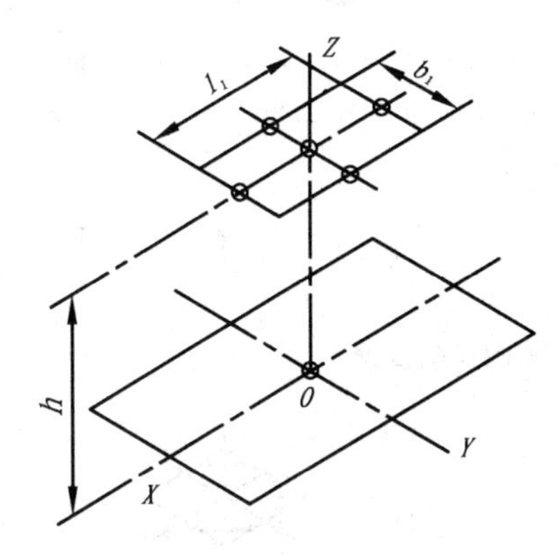

(c) 由尺寸 h 定出顶面中心，同上一步方法便可作出顶面的轴测投影。

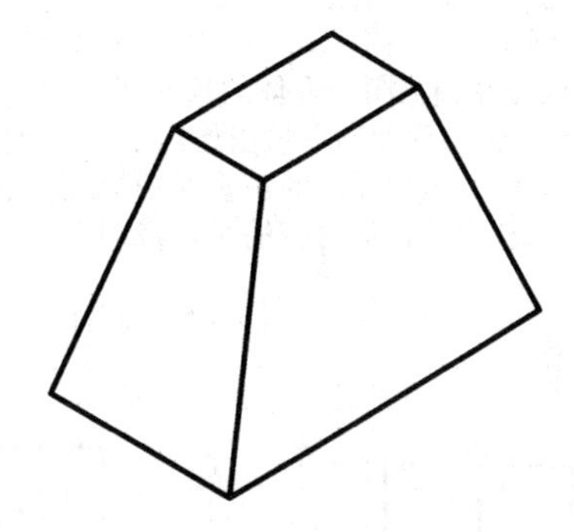

(d) 连接底面、顶面的对应顶点，擦去作图辅助线和不可见轮廓线（通常轴测图中不画不可见轮廓线），并加深所得结果图形。

图 5-4　坐标法求正六棱柱的正等轴测图作图步骤

（2）水平面内椭圆的长轴处于水平位置，正平面内的椭圆长轴为向右上倾斜 60°，侧平面上的椭圆长轴方向为向左上倾斜 60°，而三个椭圆的短轴分别与相应菱形的短对角线相重合，并且短轴方向就是与圆所在的平面垂直的坐标轴的方向。如图 5-6（a）、（b）所示。如果要作轴线与坐标轴平行的圆柱或圆锥，则其上下底面椭圆的短轴与轴线方向一致。如图 5-6（c）所示。

如果采用理论轴向伸缩系数 0.82，则椭圆的长轴为圆的直径 d，短轴为 $0.58d$，如图 5-6（a）所示。用简化轴向伸缩系数 1 作图，如图 5-6（b）所示，其长短轴的长度均放大 1.22 倍，长轴长为 $1.22d$，短轴为 $0.7d$。

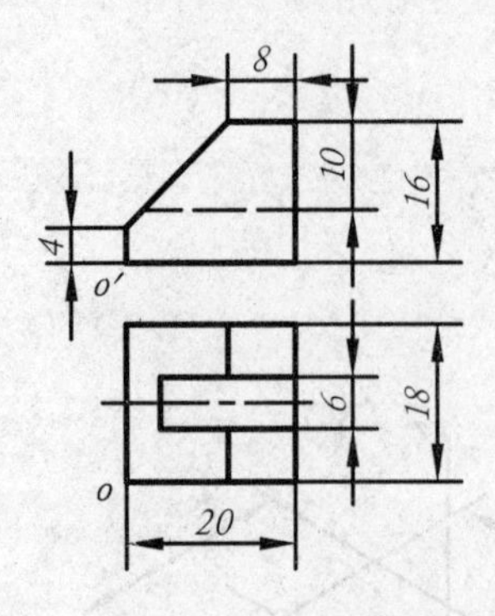

(a) 在视图上定坐标原点 o 于立体左、下、前角。

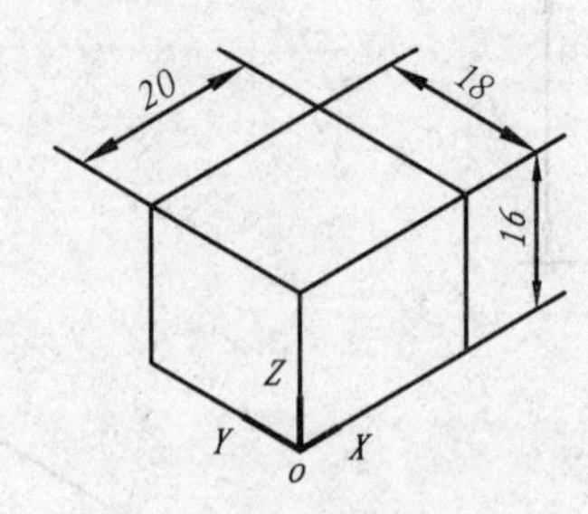

(b) 作出挖切前的基本立体，按立体的长、宽、高尺寸画出外形。

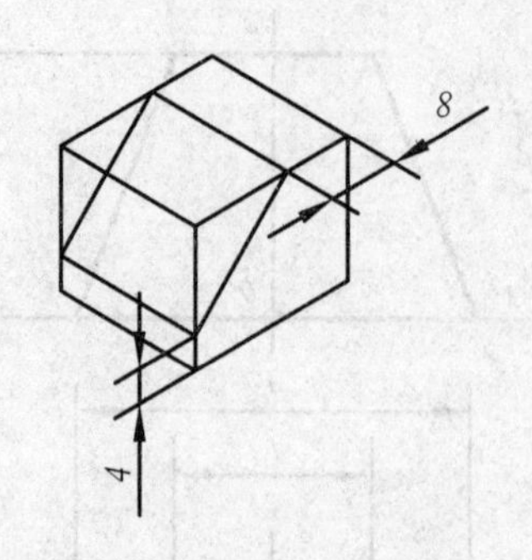

(c) 由投影图知切斜角所用尺寸：X 轴方向 8，Z 轴方向 4，在轴测图上找到对应点，并连线切去左上角。

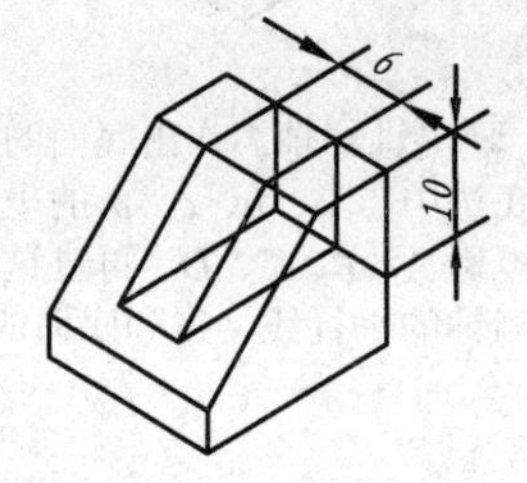

(d) 由俯视图知所挖槽在立体前后对称线上，由槽宽尺寸 6，槽深尺寸 10 所确定。在轴测图长方体的顶面找出槽宽尺寸 6，再由顶面向下量出槽深 10，至于槽与切去左上角而得的正垂面的交线，只需作与正垂面各边对应的平行线即可。

(e) 整理全图，擦去作图辅助线和不可见轮廓线，加深可见轮廓线。

图 5-5　切割法求立体的正等轴测图作图步骤

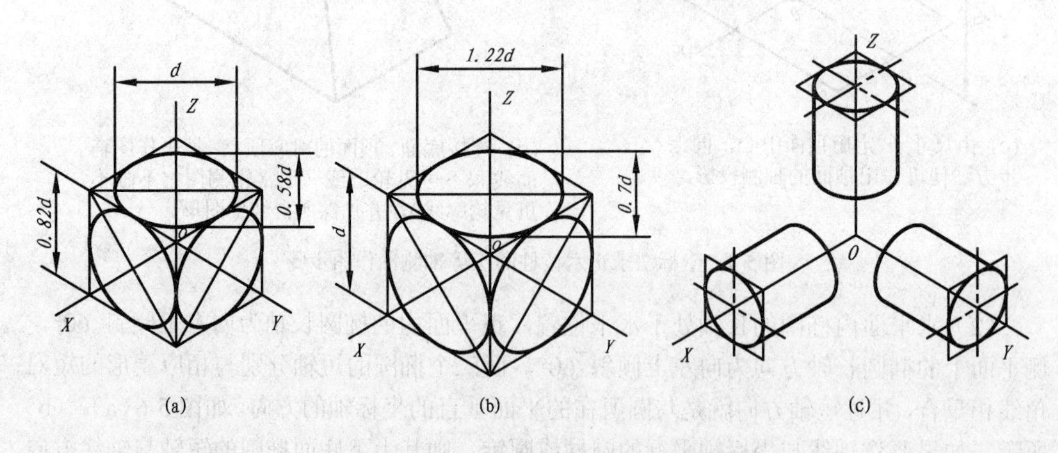

图 5-6　平行于坐标面的圆的正等测图

2. 圆的正等测画法

（1）弦线法（坐标法）这种方法画出的椭圆较准确，但作图较麻烦。步骤如图 5-7 所示。

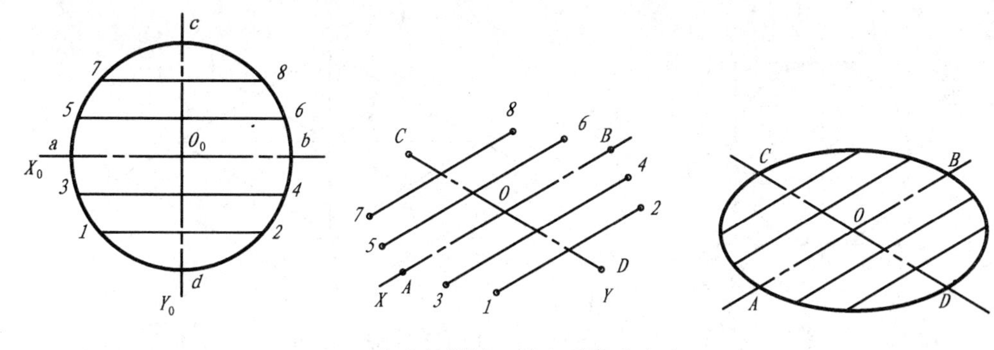

(a) 在圆上作若干弦线。 (b) 作出轴测轴，按各弦线分点坐标画出弦线的轴测投影。 (c) 依次光滑连接各端点。

图 5-7 弦线法画圆弧

例如用这种方法画压块零件的轴测图，压块有两条边是圆弧曲线，先在正投影图上定出若干弦线点，再将它们依坐标转画到轴测图上，并光滑连接。压块的视图及轴测图如图 5-8 所示。

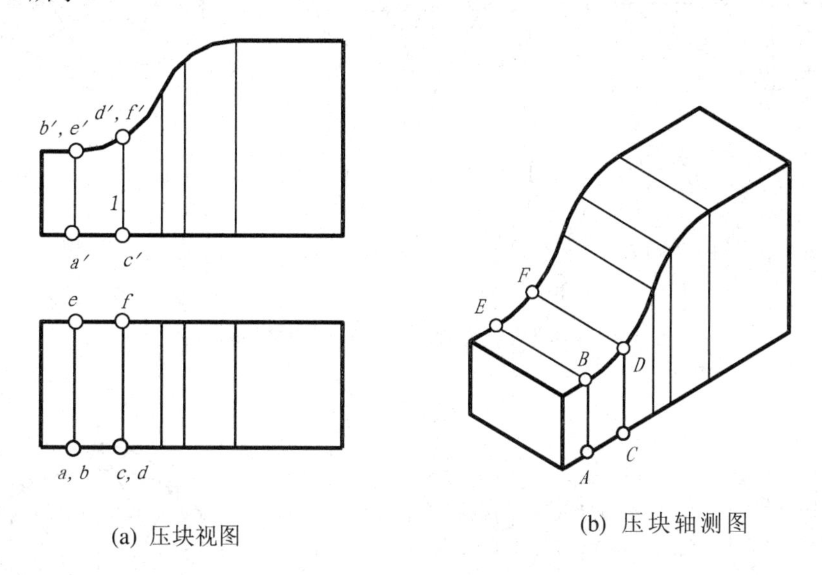

(a) 压块视图 (b) 压块轴测图

图 5-8 利用弦线法画压块轴测图

（2）为了简化作图，轴测投影中的椭圆常采用近似画法，用四段圆弧连接近似画出。这四段圆弧的圆心是用椭圆的外切菱形求得的，因此也称这个方法为“菱形四心法”。以水平面内的圆的正等测图为例说明这种画法。

（3）由于图 5-9（e）中菱形各边中点 *A*、*B*、*C*、*D* 以及钝角顶点 *E*、*G* 到中心 *O* 的距离都相等，并等于圆的半径 *R*，那么不必画出菱形也可以求得四心。同样以画水平面的圆的正等测图为例说明，如图 5-10 所示。

3. 圆柱体的正等轴测图画法

掌握了圆的正等测画法，圆柱体的正等测也就容易画出了。只要分别作出其顶面和底面的椭圆，再作其公切线就可以了。图 5-11（a）～（e）为绘制轴线为侧垂线的圆柱体的正等测图的步骤。

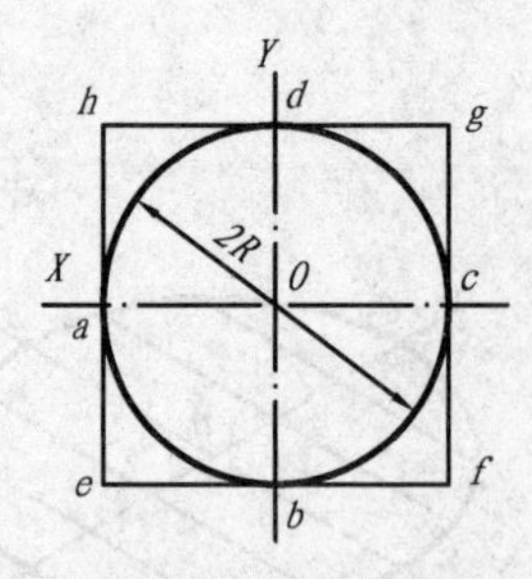

(a) 以圆心 O 为坐标原点，两条中心线为坐标轴，得圆及其外切正方形。

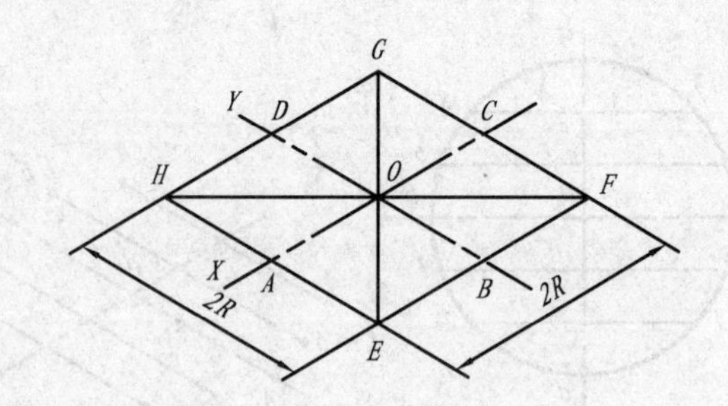

(b) 画轴测轴 OX，OY，以圆的直径 $2R$ 为边长，作菱形 $EFGH$，其邻边分别平行于两条轴测轴。

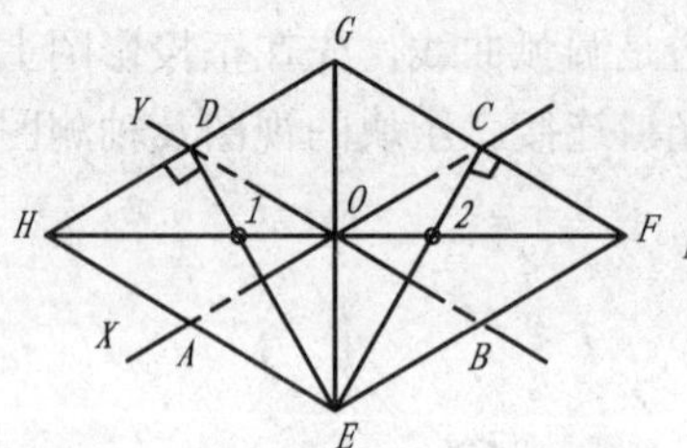

(c) 作菱形一钝角顶点 E 与对边中点 D、C 的连线 ED、EC，与菱形长对角线交于 1,2 两点，(连接 GA，GB 也可得 1,2)则 E、F、1、2 即为四个圆心。

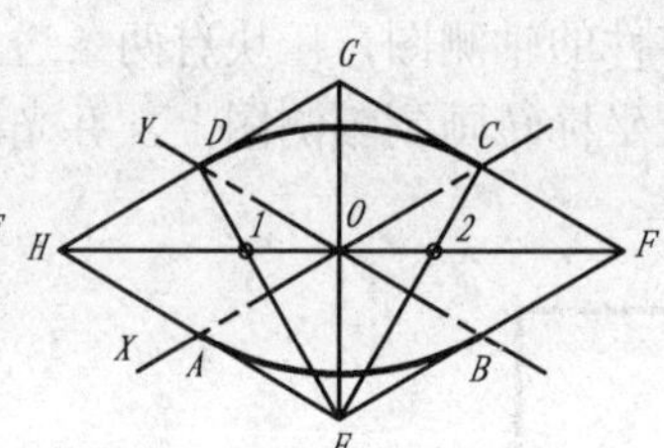

(d) 分别以 E、G 为圆心，ED、GA 为半径作连接 DC,AB 点的大圆弧。

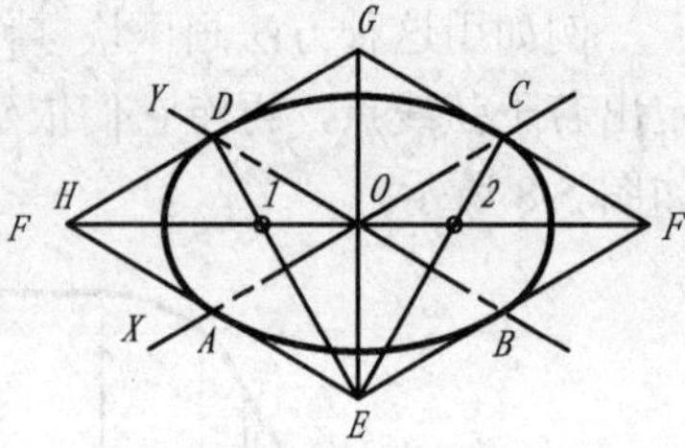

(e) 以分别以 1,2 为圆心，1D、2C 为半径作连接 DA、CB 点的小圆弧，完成作图。

图 5-9　用菱形四心法作水平面内圆的正等测图

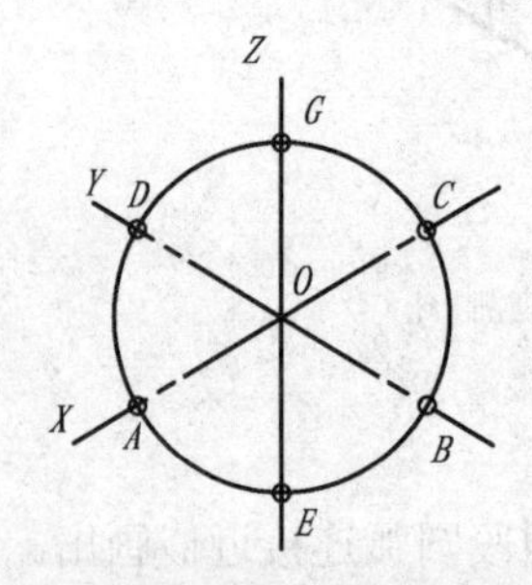

(a) 作轴测轴 OX、OY、OZ，在各轴上取圆的真实半径，得 A、B、C、D、E、G 六点。

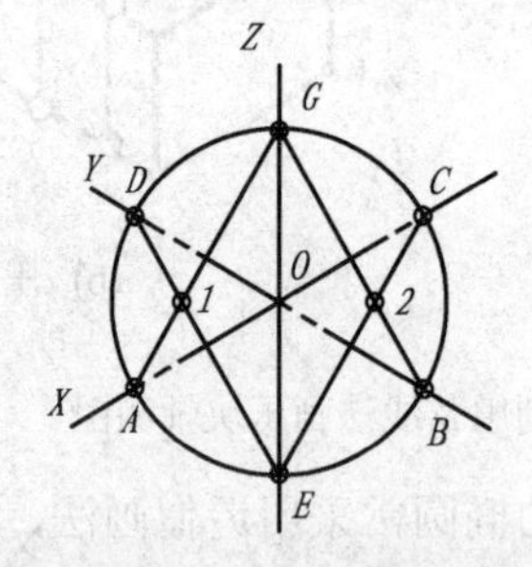

(b) 圆平行于 H 面，则 OZ 为椭圆短轴，即 E、G 为两大圆弧的圆心。将 E、G 分别与 C、D 和 A、B 相连，所得到的 1、2 点即为两小圆弧的圆心。

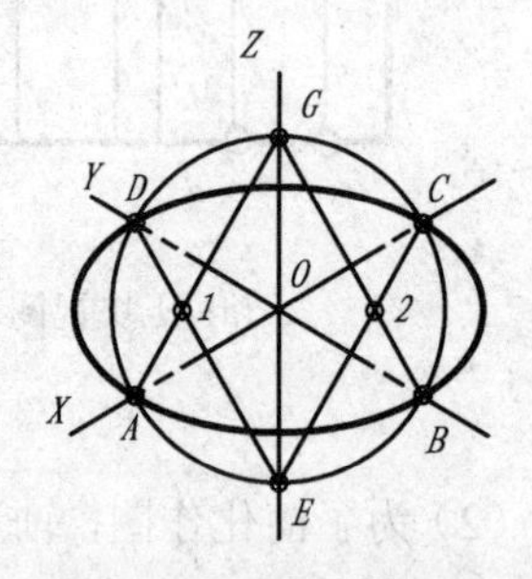

(c) 分别以 E、G、1、2 为圆心，画对应段的圆弧，完成作图。

图 5-10　求四心的简便方法

在使用图 5-11（f）所示方法时，需注意先确定短轴方向。所求椭圆平行于侧面，因此短轴在 X 轴上，定下大圆弧的圆心 3，4 后，再连线求小圆弧圆心 1，2。

4. 圆角的正等测画法

机件的底板或底座四角经常呈圆形，圆角可以看作整圆的 1/4，从图 5-7 所示的近似

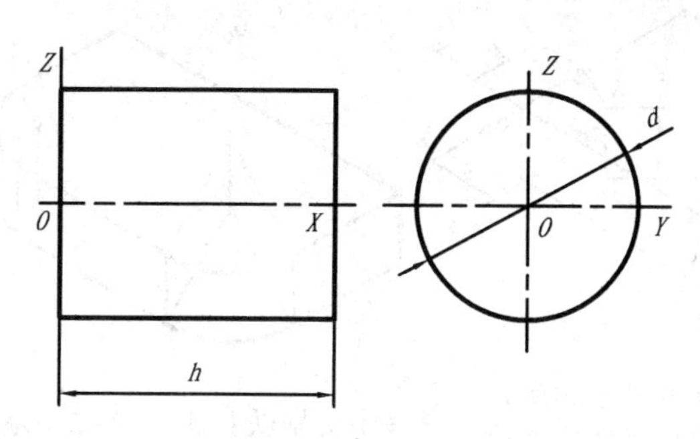

(a) 根据投影图定出坐标原点和坐标轴。

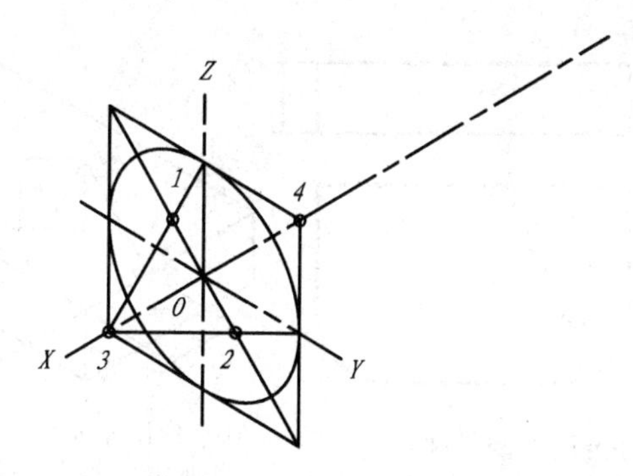

(b) 绘制轴测轴，作出侧平面内的菱形，求四心，绘出左侧圆的轴测图。

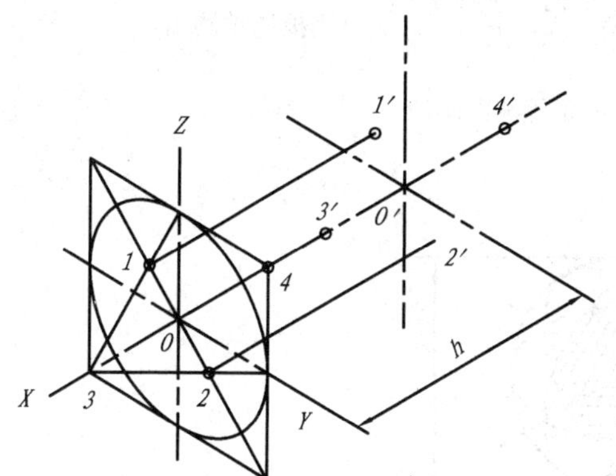

(c) 沿 X 轴方向平移左面椭圆的四心，平移距离为圆柱体长度 *h*。

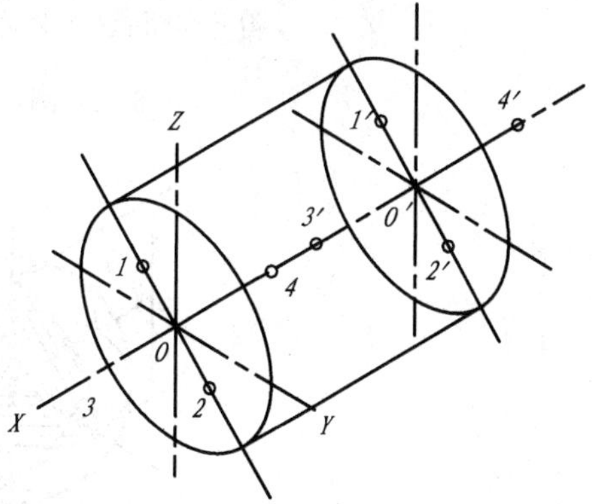

(d) 用平移得的四心绘制右侧面椭圆，并作左侧面椭圆和右侧面椭圆的公切线。

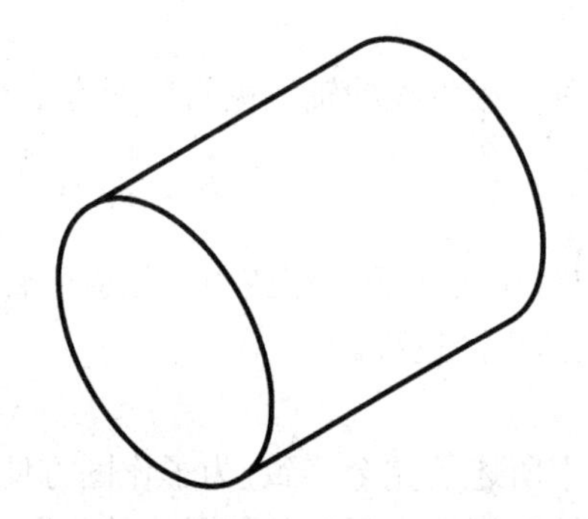

(e) 擦除不可见轮廓线并加深结果。

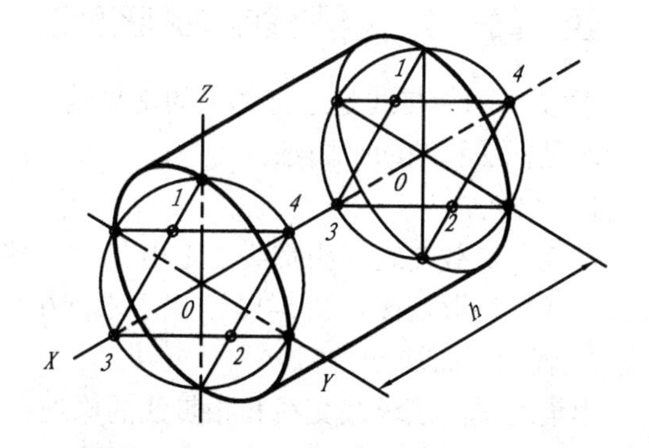

(f) 用简便方法直接画圆找四心。

图 5-11 圆柱体的正等测图的作图步骤

画法中可以看出：这 1/4 圆弧的轴测图就是取菱形内椭圆弧的对应部分。菱形的钝角与椭圆的大圆弧相对应，锐角与椭圆的小圆弧相对应，菱形相邻两边中垂线的交点就是圆心，由此可以直接画出圆角的正等测图，画法如图 5-12 所示。

5. 圆球的正等测画法

圆球的正等测图是圆。当采用简化伸缩系数时，圆的直径是球径 d 的 1.22 倍。为了增加图形的立体感，常把球切去 1/8，并连同以球心为原点的坐标面一并画出。如图 5-13 所示。

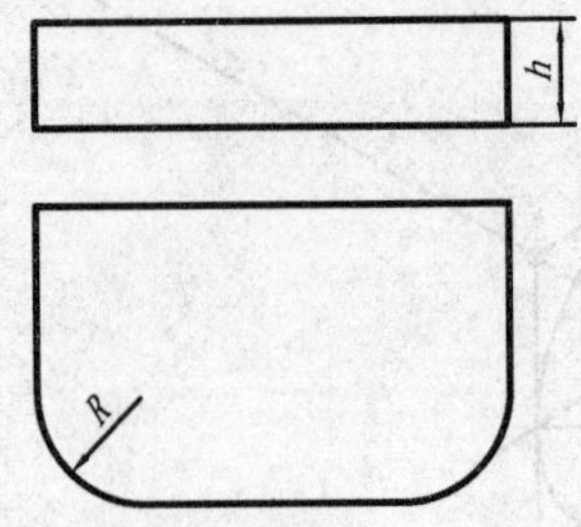

(a) 带有两个圆角的平板。

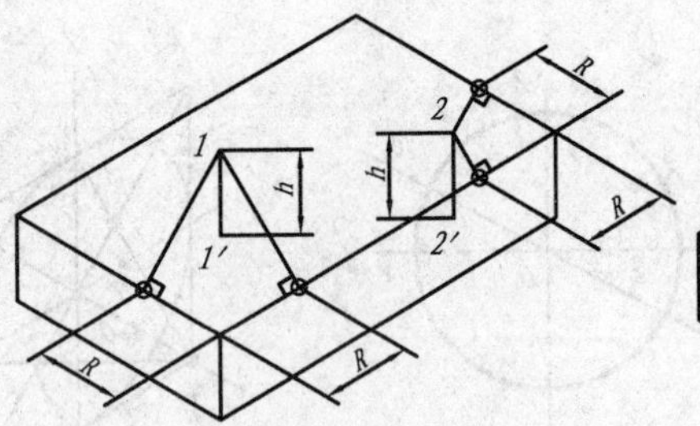

(b) 作出基本体，在两个圆角所处的顶角处沿两夹边量取圆角半径 R，得到切点，过各切点作所在边的垂线，交点 1、2 即为两上底面上圆弧的圆心。将 1、2 向下平移 h 得下底面的对应圆心 1′、2′。

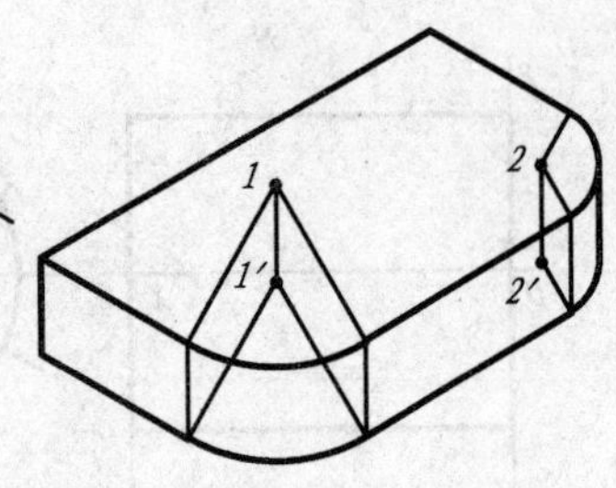

(c) 分别以 1、1′、2、2′ 为圆心，圆心到相应切点的距离为半径作圆弧，再作两小圆弧的公切线，整理即得带圆角的平板的轴测图。

图 5-12　圆角的正等测图画法

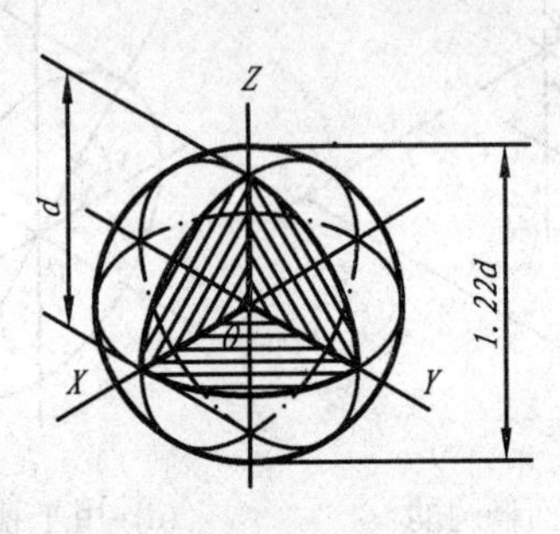

图 5-13　圆球的正等测图

四、截交线、相贯线的轴测图画法

截交线和相贯线是组合体上的常见结构，画截交线、相贯线的轴测图常用的方法有两种：坐标法和辅助平面法。

1. 坐标法

在视图中截交线或相贯线上定出若干点，将这些点依坐标画到轴测图中的相应位置，并用曲线板光滑连接。图 5-14 给出了求圆柱体截交线的作图过程。

2. 辅助平面法

用辅助平面法求截交线和相贯线的原理和第四章中所述的完全一致，为了作图方便，应使辅助平面与各形体的交线为直线。图 5-15 是利用辅助平面求圆柱体相贯线的作图过程。在三视图中求该立体上的相贯线时可以使用水平面，但在轴测图中则不宜使用，因为水平面截切铅垂圆柱的交线为圆，其轴测投影为椭圆，作图不便，所以这里使用正平面为辅助平面。

五、组合体正等轴测图的画法

画组合体的正等测图一般先用形体分析法将其分解为基本立体，画出基本立体的轴测图，再逐一细化。图 5-16 为组合体的其正等测图的作图步骤。

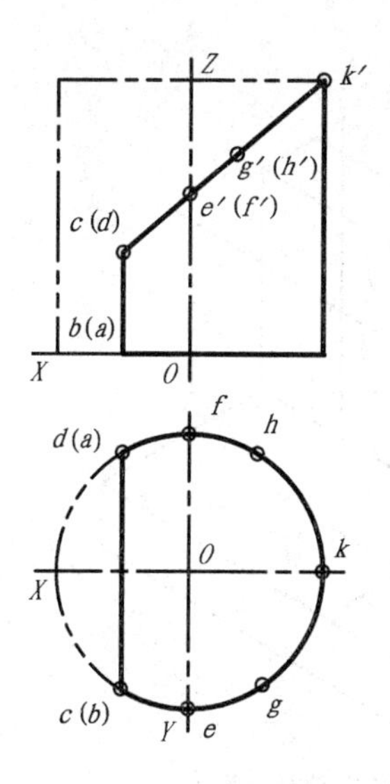

(a) 在视图上定截交线上若干点的坐标。

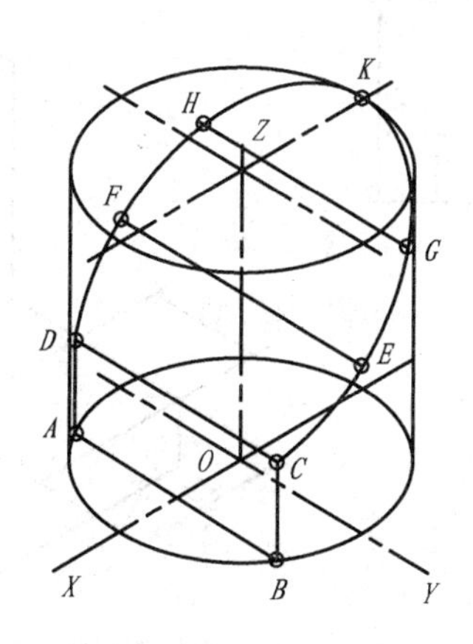

(b) 先画出完整的圆柱体的轴测图，再定出切圆柱的侧平面的位置，得到截交线——矩形 *ABCD*，然后按坐标关系定出正垂面切圆柱所得的部分椭圆上的各点，并光滑连接。

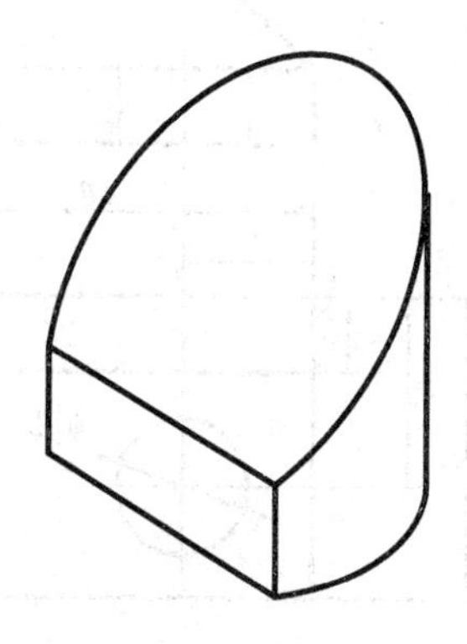

(c) 擦去作图线和不可见轮廓线，加深可见轮廓线，即得平面截切圆柱体的轴测图。

图 5-14　利用坐标法求圆柱体截交线正等测图

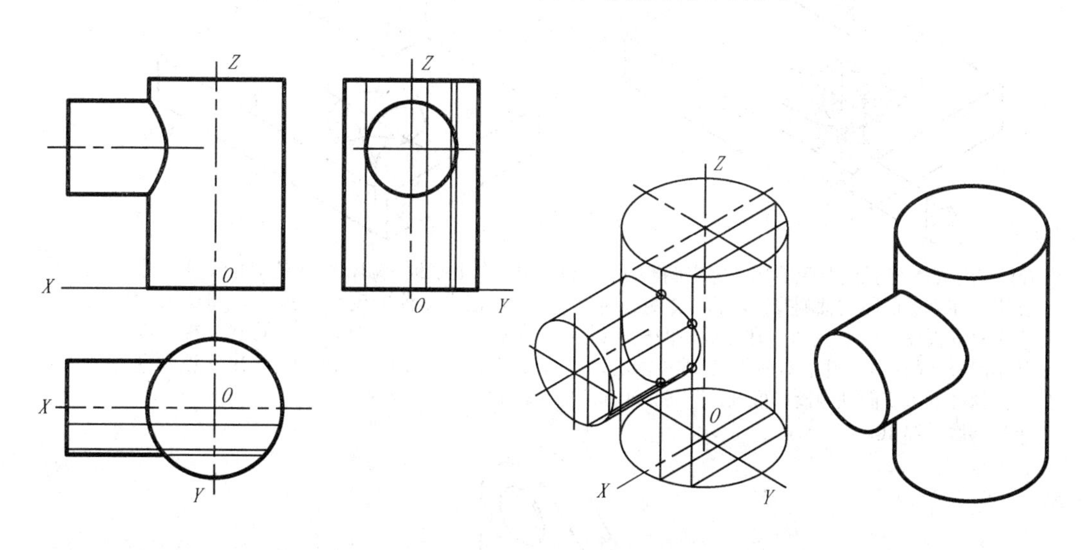

(a) 在视图上定求相贯线所使用各个正平面的位置。

(b) 在轴测图上作出相应的辅助平面，分别在两个圆柱上得到交线，交线的交点即为相贯线上的点，光滑连接各交点得相贯线的轴测投影。

(c) 擦去作图线和不可见轮廓线，并加深结果。

图 5-15　利用辅助平面法求圆柱体相贯线的正等测图

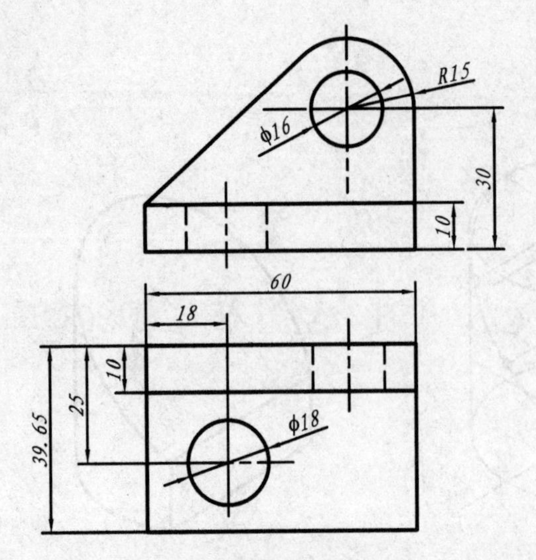

(a) 组合体的视图。

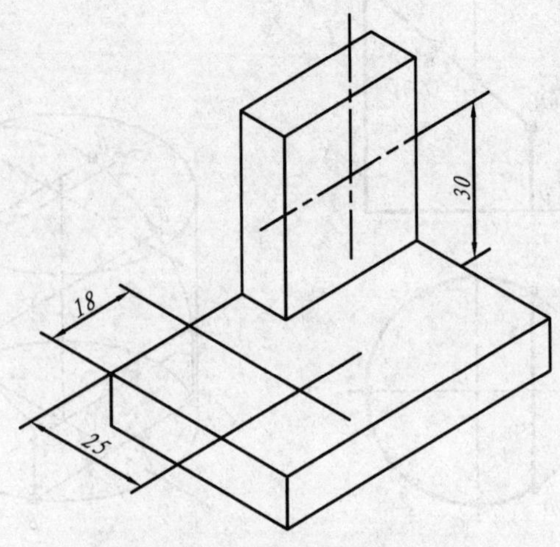

(b) 画基本立体，并确定底板圆孔ϕ18 和立板圆孔ϕ16(与 R15 圆弧同心)的圆心位置。

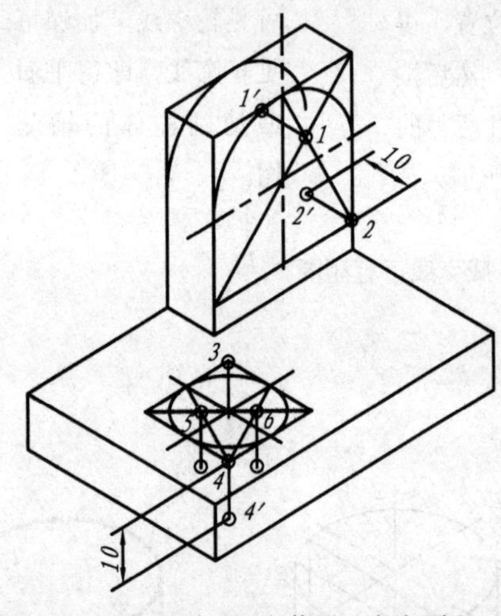

(c) 作出 R15 圆弧的对应菱形，定出两心 1,2，作出它在立板前面的轴测投影，将 1,2 两心向后平移立板厚 10，作出该弧在立板后面投影；作出底板上面ϕ18 圆孔的对应菱形，求得四心，作出该孔的上底面轴测投影椭圆，将圆心 4 向下平移底板厚 10。

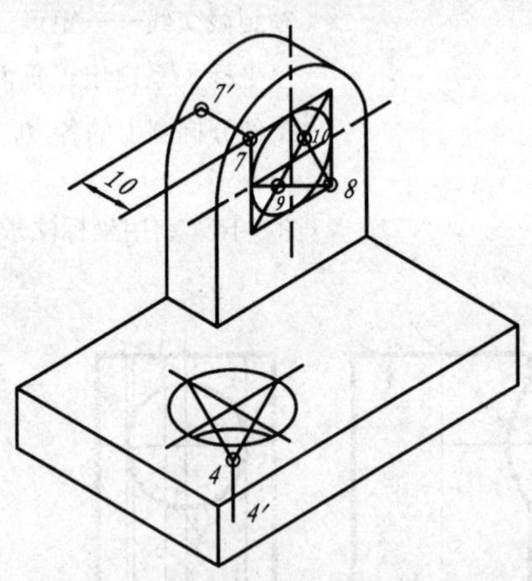

(d) 作出立板上ϕ18 圆孔的对应菱形，求得它在立板前面的轴测投影，将圆心 7 向后平移立板厚 10，作该孔在立板后面的投影（只作可见部分）；作出底板圆孔ϕ18 的下底面投影。

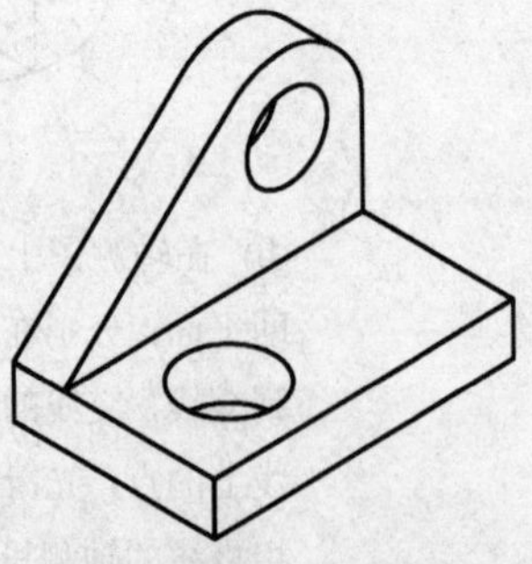

(e) 画立板上两条公切线，擦去不可见轮廓线，并加深结果。完成组合体的正等轴测图。

图 5-16 组合体的正等测图作图步骤

5-3 斜二轴测图的画法

斜二轴测图是由斜投影方式获得的，当选定的轴测投影面平行于 V 面，投射方向倾斜于轴测投影面，并使 OX 轴与 OY 轴夹角为 135°，沿 OY 轴的轴向伸缩系数为 0.5 时，所得的轴测图就是斜二等轴测图，简称斜二测图（图 5-17）。

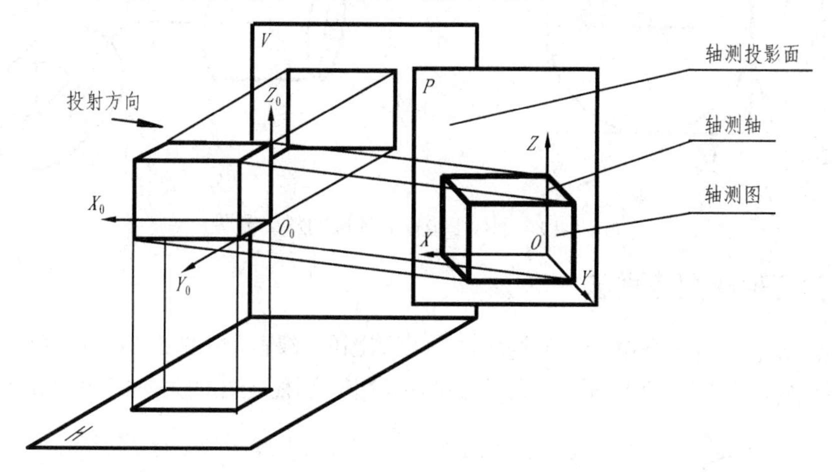

图 5-17 斜二轴测图的形成

一、斜二轴测图的特点

由于斜二轴测图的 XOZ 面与物体参考坐标系的 $X_0O_0Z_0$ 面平行，所以物体上与正面平行的平面的轴测投影均反映实形。斜二测图的轴间角是：$\angle XOY = \angle YOZ = 135°$，$\angle ZOX = 90°$。在沿 OX、OZ 方向上，其轴向伸缩系数是 1，沿 OY 方向则为 0.5。图 5-18 示出了斜二测的轴间角和一个长方体的斜二轴测图。

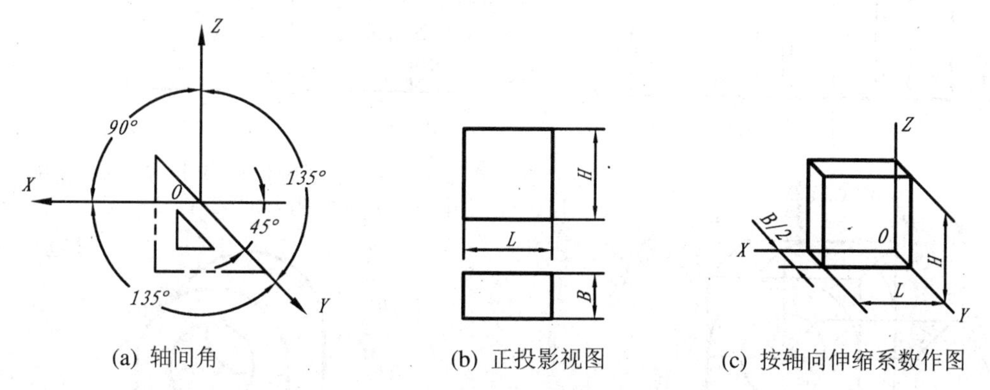

(a) 轴间角　　(b) 正投影视图　　(c) 按轴向伸缩系数作图

图 5-18 斜二轴测图的轴间角和轴向伸缩系数

由斜二测图的特点可知，立体上平行于正面的圆，经斜二测投影后保持不变，而平行于水平面和侧面的圆则无此特点，它们投影后变为椭圆，并且短轴不与相应的轴测轴平行，见图 5-19，这些椭圆的作图过程也很繁琐，为作图方便起见，对于那些在相互平行的平面内有较多曲线（如圆或圆弧等），形状复杂的立体，常采用斜二轴测投影，并且作图时总把这些平面定为正平面。

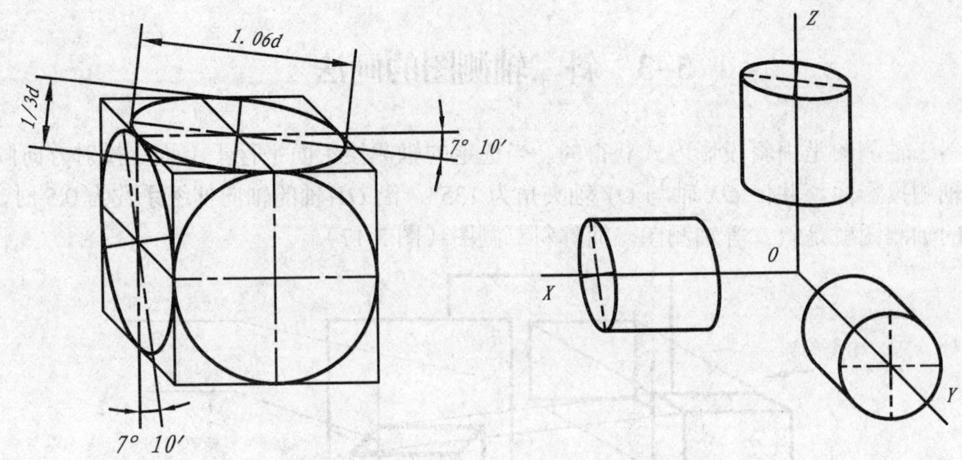

图 5-19 平行于坐标面的圆的斜二测图

二、斜二轴测图的画法

图 5-20 给出了由一个组合体的视图画斜二测图的过程。由图 5-20（a）知，组合体的前后两面平行，且在这个平面上有较多的圆和圆弧，因而定此面为轴测图的 *XOZ* 平面。

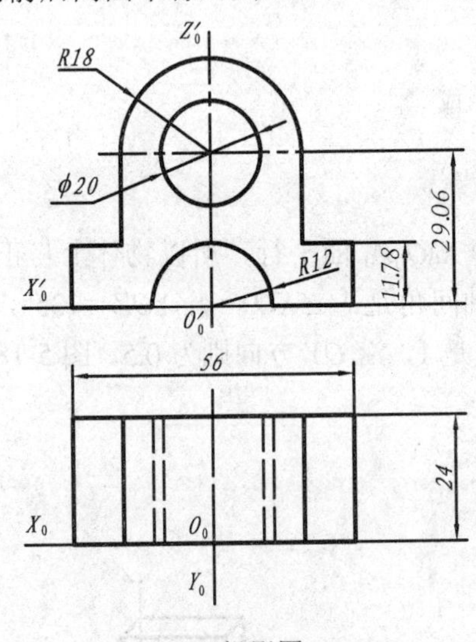

(a) 正投影图。

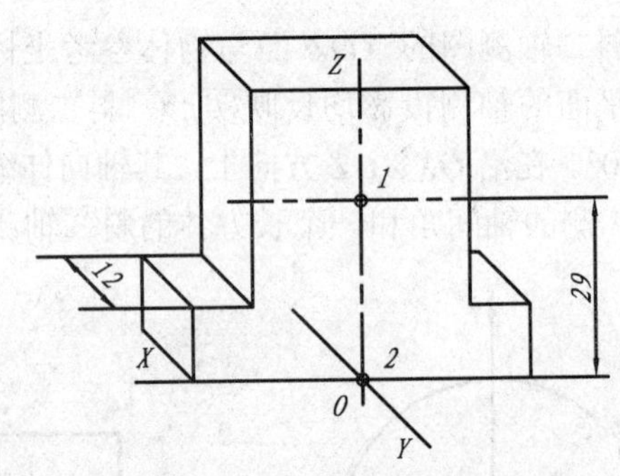

(b) 建立斜二轴测轴，绘制基本体，*Y* 轴方向长度要缩小一半，定出组合体前面的两个圆心 1、2。

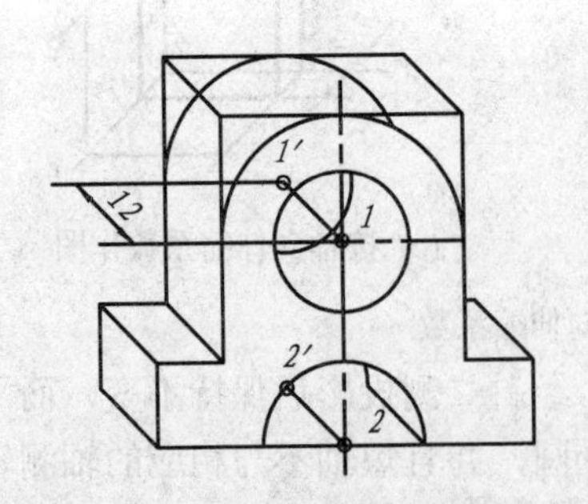

(c) 绘制组合体前面的圆与圆弧，并沿 Y 轴平移两圆心，绘制后面的圆弧。

(d) 绘制前后两圆弧的公切线，擦去不必要的线，完成组合体的斜二轴测图。

图 5-20 组合体的斜二测作图

5-4　轴测剖视图

一、轴测图的剖切方法

为了表达组合体的内部结构，可以用假想的剖切平面将组合体剖去一部分，这种剖切后的轴测图称为轴测剖视图。一般用两个互相垂直的轴测坐标面（或其平行面）进行剖切。

画轴测剖视图时应注意：

1. 剖切平面的位置

为了使图形清楚并便于作图，剖切平面一般应通过物体的主要轴线或对称平面，并且平行于坐标面；通常把物体切去 1/4，这样就能同时表达物体的内外形状。

2. 剖面线的画法

用剖切平面剖开物体后得到的断面上应填充剖面符号与未剖切部位相区别。不论是什么材料，剖面符号一律画成互相平行的等距细实线。剖面线的方向随不同轴测图的轴测轴方向和轴向伸缩系数而有所不同。图 5-21（a）为正等测剖面线方向，（b）为斜二测剖面线方向。

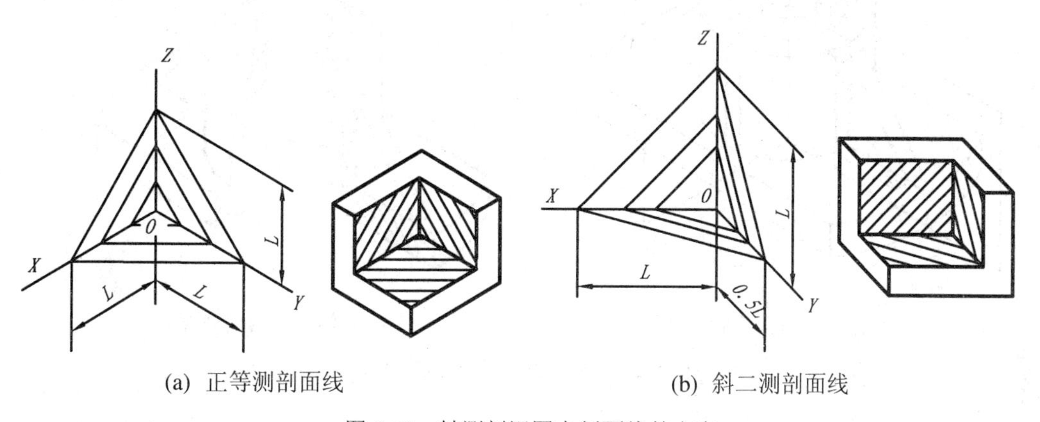

(a) 正等测剖面线　　(b) 斜二测剖面线

图 5-21　轴测剖视图中剖面线的方向

二、轴测剖视图的画法

轴测剖视图一般有两种画法：

1. 先外形，再剖切

先将物体完整的轴测外形图作出，然后用沿轴测轴方向的剖切平面将它剖开，画出断面形状，擦去被剖切掉的 1/4 部分轮廓，添加剖切后的可见内形，并在断面上画上剖面线。步骤如图 5-22 所示。

图 5-22 所示立体上有肋板结构，当剖切平面与立体的肋或薄壁结构等的纵向对称面重合时，这些结构的剖切面上不画剖面符号，只用粗实线将它与相邻部分分开。如图 5-22 中的（c），（d）所示。

2. 先作截断面，再作内、外形

先作出切角后的剖面形状，再由此逐步画外部的可见轮廓，这样能够减少很多不必要的作图线，作图较为迅速，但要求先准确想象剖切面形状。图 5-23 是一个由剖面画斜二轴测图的过程。

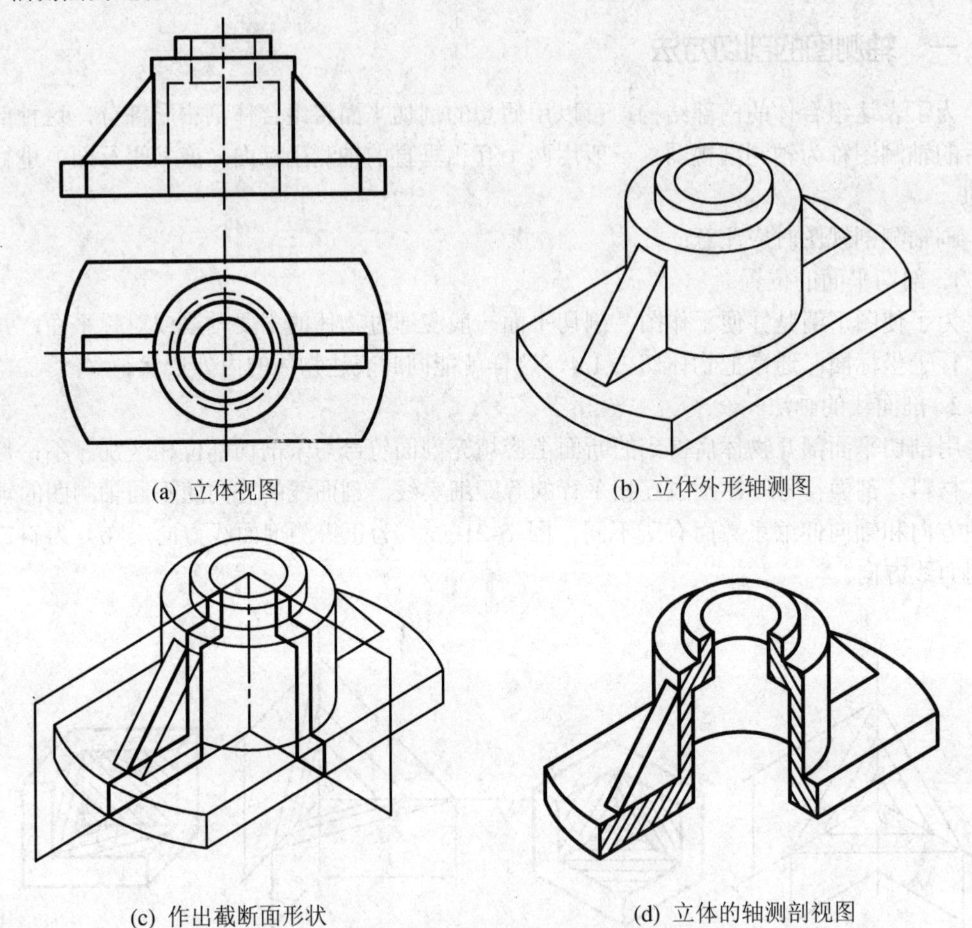

(a) 立体视图　(b) 立体外形轴测图

(c) 作出截断面形状　(d) 立体的轴测剖视图

图 5-22　求轴测剖视图方法(1)

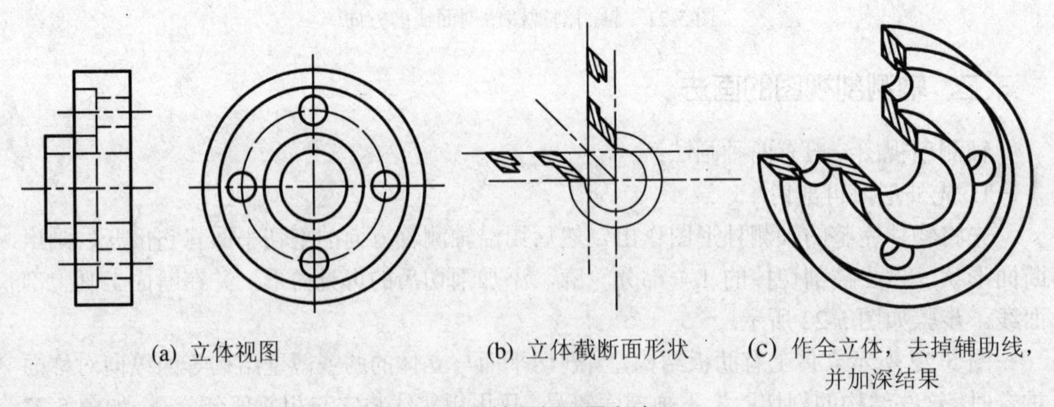

(a) 立体视图　(b) 立体截断面形状　(c) 作全立体，去掉辅助线，并加深结果

图 5-23　求轴测剖视图方法(2)

第六章　机件形状的表示方法

国家标准《技术制图 图样画法 视图》（GB/T17451—1998）提出的基本要求如下：

1. 技术图样应采用正投影法绘制，并优先采用第一角画法。

2. 绘制技术图样时，应考虑看图方便。

根据机件的结构特点，选用适当的表示方法。在完整、清晰地表示机件形状的前提下，力求制图简便。本书第二、三、四章为实现基本要求第“1”点打下了基础。本章主要介绍《图样画法》中规定的各种表示方法，初学者必须掌握它们的定义、画法、配置、标注方法和适用场合。

6–1　视　图

视图：机件向投影面投影所得的图形（一般只有可见部分，必要时才画视图不可见部分）。视图主要用来表达机件的外部结构形状。

视图分为：基本视图，辅助视图（向视图、局部视图、斜视图、旋转视图）。

一、基本视图和向视图

1. 基本视图：机件向基本投影面投影所得的视图，称为基本视图。

当机件的外部形状比较复杂并在上下、左右、前后各个方向形状都不同时，用三个视图往往不能完整、清晰地把它们表达出来。因此《机械制图》GB/T14689—93 规定，采用正六面体的六个面作为基本投影面，将物体放在其中，分别向六个投影面投影（如图 6-1、图 6-2 所示）。得到六个基本视图：主视图、俯视图、左视图、右视图、仰视图、后视图，这六个视图称为基本视图。

展开方法：均按第一角投影法，见图 6-1（正立面不动）。

2. 其他视图应按投影展开位置配置，此时不必标注视图的名称，见图 6-2。

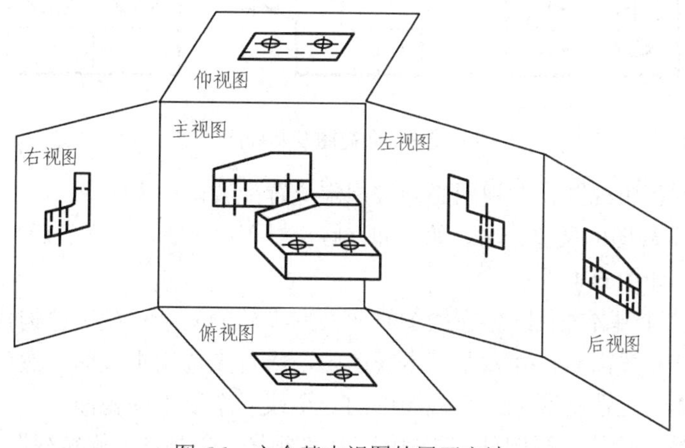

图 6-1　六个基本视图的展开方法

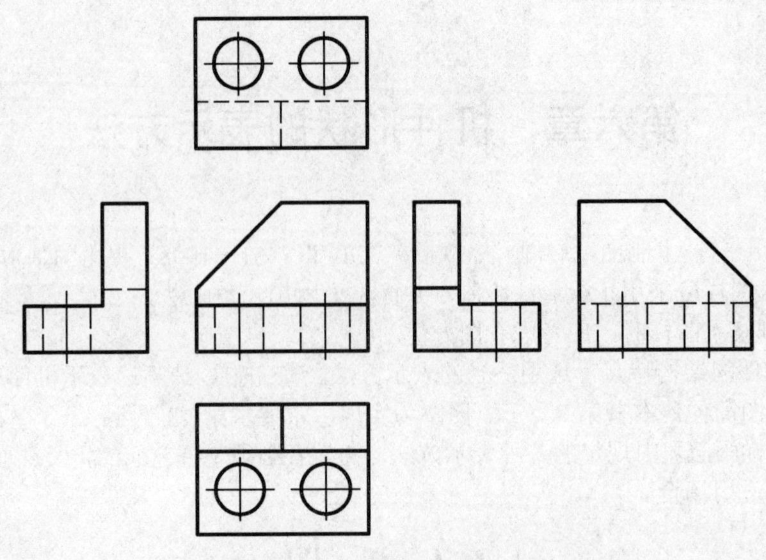

图 6-2　六个基本视图的配置

3. 基本视图若不能按规定位置配置视图，则应在该视图上方标注视图名称“×”（×——大写拉丁字母），并在相应视图的附近用箭头标明投影方向，同时注上同样字母，如图 6-3 所示。

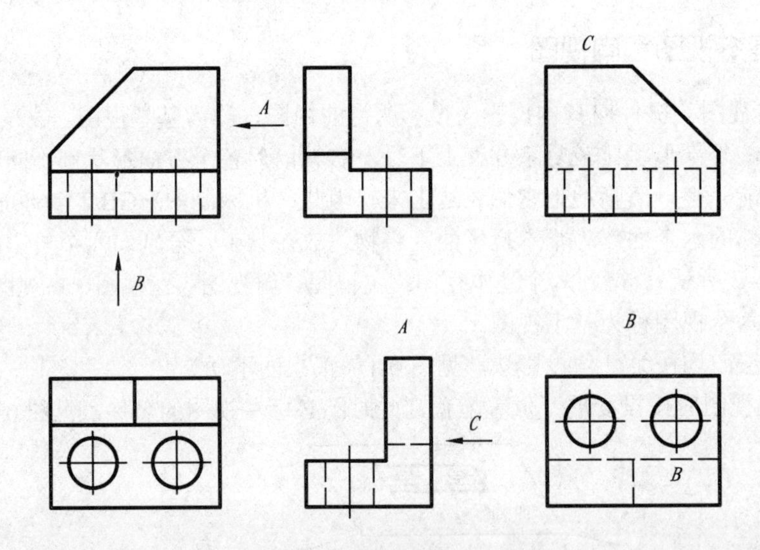

图 6-3　向视图及其标注

注：主视图、俯视图、左视图必须按规定位置配置。

4. 六个基本视图的关系：主、俯、仰、后长对正；主、左、右、后高平齐；俯、左、仰、右宽相等。如图 6-4 所示。

5. 虽然有六个基本视图，但在绘图时应根据零件的复杂程度和结构特点选用必要的几个基本视图。一般而言，在六个基本视图中，应首先选用主视图，然后是俯视图或左视图，再视具体情况选择其他三个视图中的一个或一个以上的视图。

6. 辅助视图：除基本视图外，向视图、局部视图、斜视图、旋转视图称为辅助视图。

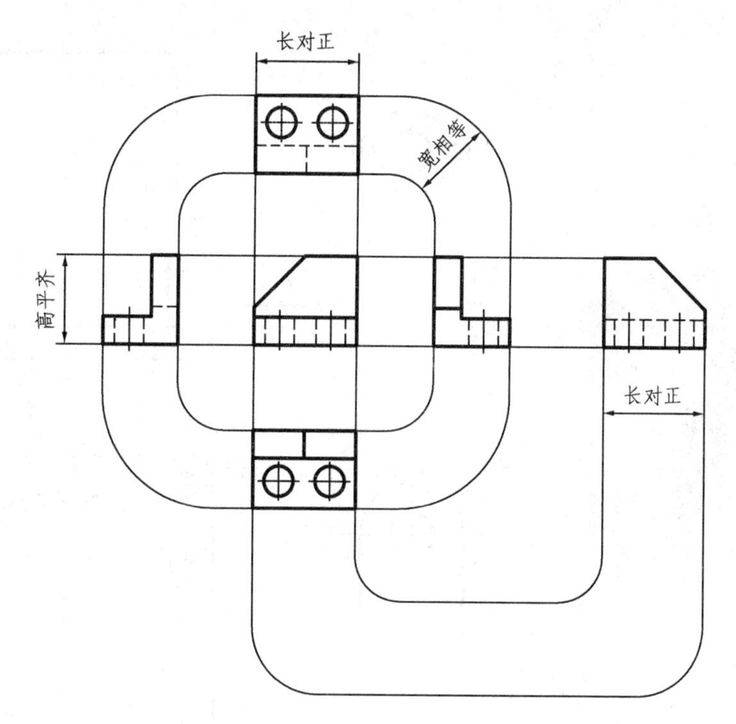

图 6-4　六个基本视图的“三等”规律

选用恰当的基本视图，可以清晰地表示机件的形状。图 6-5 是用基本视图表示机件形状的实例，图中选用了主、左、右三个视图来表示机件的主体和左、右凸缘的形状，左、右两个视图中省略了不必要的虚线。

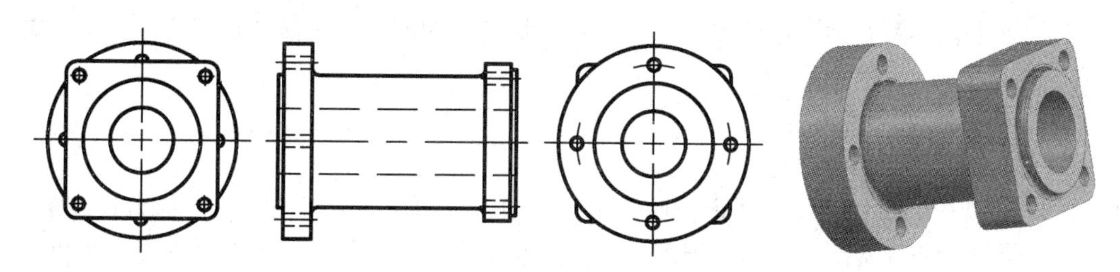

图 6-5　基本视图应用举例

二、局部视图

局部视图：将机件的某一部分向基本投影面投影的视图，称为局部视图。

局部视图是不完整的基本视图，利用它可减少基本视图的数量，补充基本视图尚未表达清楚的部分。如图 6-6 中的机件，“A 向”即为局部视图。如果选用主、俯、左、右四个视图，当然可以表示完整，但采用主、俯两个基本视图，并配合两个局部视图，就表示得更为简练、清晰，便于看图和画图，符合国家标准中关于选用适当表示方法的要求。

局部视图的画法、配置和标注规定如下：

1. 局部视图的断裂边界一般用波浪线表示，如图 6-6 中的 A 向局部视图。当所表示的局部结构是完整的，且外轮廓线成封闭时，波浪线可省略不画，如图 6-6 中未作标注的局部右视图。

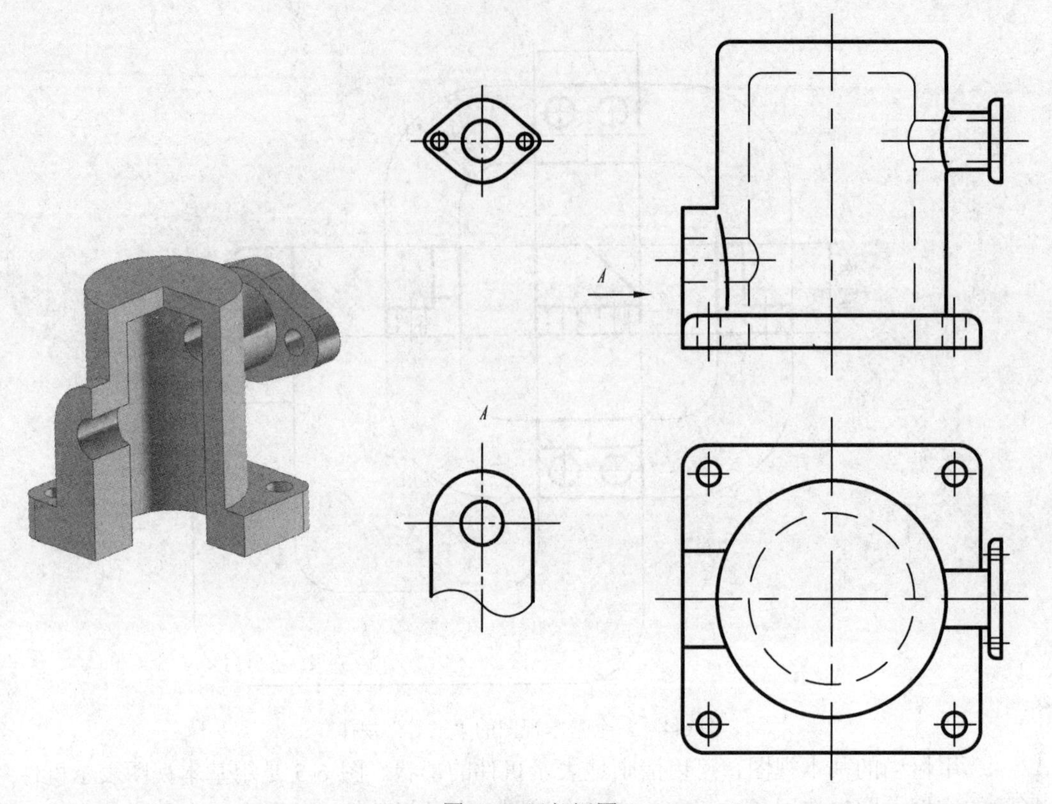

图 6-6　局部视图

2. 局部视图可按基本视图的配置形式配置，如图 6-6 中的局部右视图；也可按向视图的配置形式配置并标注，如图 6-6 中的 A 向局部视图所示，按前一种形式配置时，可省略标注。

三、斜视图

1. 斜视图：机件向不平行于任何基本投影面的平面投影所得的视图，称为斜视图。

当机件上的倾斜部分在基本视图中不能反映出真实形状时，可重新设立一个与机件倾斜部分平行的辅助投影面（辅助投影面又必须与某一基本投影面垂直）。将机件的倾斜部分向辅助投影面进行投影，即可得到机件倾斜部分在辅助投影面上反映实形的投影——斜视图。如图 6-7、图 6-8 所示。

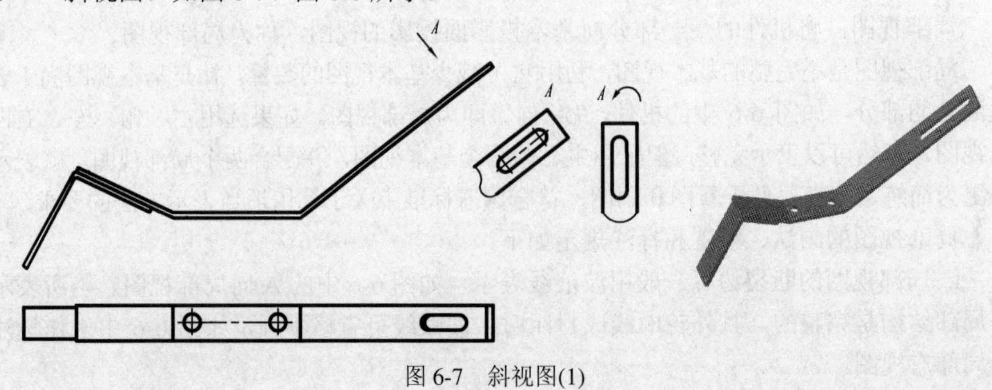

图 6-7　斜视图(1)

2. 斜视图的画法、配置和标注规定如下：

（1）斜视图一般只要求表达出机件倾斜部分的局部形状。因此在画出它的实形后，对机件的其他部分应断去不画，在断开处用波浪线表示。如图 6-7 所示。

（2）当获得斜视图的投影面是正垂面时，斜视图和主、俯视图之间存在着“长对正、宽相等”的投影规律。例如图 6-7, 图 6-7 中选用的投影面是正垂面，这时，正立投影面和选用的投影面的关系，同水平投影面和正立投影面的关系一样，也是相互正交的两投影面关系，因此，斜视图和主视图间应保持“长对正”；机件在选用的投影面上的投影也反映机件的宽度，因而斜视图和俯视图间则存在“宽相等”关系。同理，当获得斜视图的投影面是铅垂面时，斜视图和俯、主视图之间存在着“长对正、高相等”关系。

（3）斜视图通常按向视图的形式配置并标注，最好按投影关系配置，如图 6-7, 图 6-8 所示，也可平移到其他位置。要注意的是：表示投射方向的箭头应垂直于倾斜表面。

（4）必要时，允许将斜视图转正配置，这时标注在视图上方的字母应在旋转符号（图 6-7）的箭头端；也允许将旋转角度（只能小于 90°）标注在字母后面；这两个图还表明，旋转符号箭头的指向应与图的旋转方向一致。

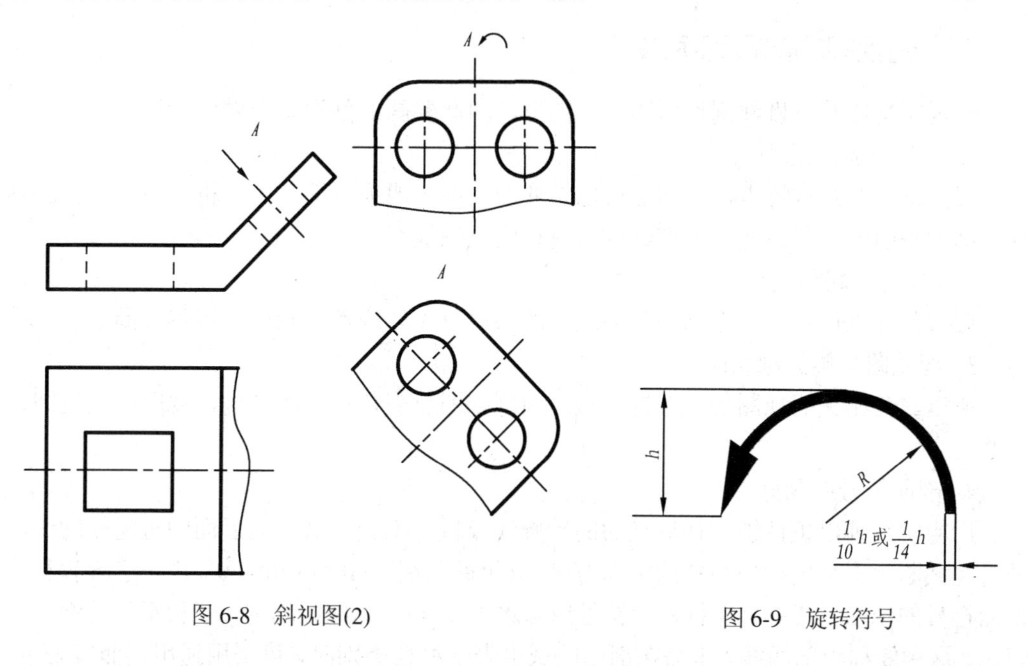

图 6-8　斜视图(2)　　　　图 6-9　旋转符号

6–2　剖　视

当机件的内部结构比较复杂时，视图上会出现较多虚线，这样既不便于看图,也不便于标注尺寸。为了解决这个问题，常采用剖视图来表示机件的内部结构。

一、　剖视图的形成

假想用剖切平面剖开机件，将处在观察者和剖切平面之间的部分移去，将其余部分向投影面投影，所得到的投影图称为剖视图（简称剖视）如图 6-10 所示。采用剖视后，机件上原来一些看不见的内部形状和结构变为可见,并用粗实线表示,这样便于看图和标注尺寸。

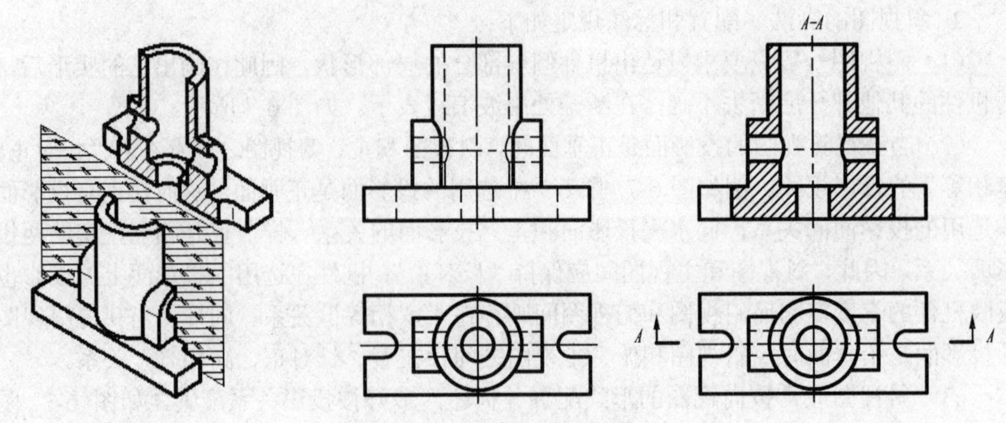

图 6-10　剖视图的概念

国家标准要求尽量避免使用虚线表达机件的轮廓及棱线，采用剖视的目的，就可使机件上一些原来看不见的结构变为可见，用粗实线表示，这样对看图和标注尺寸都比较清晰、方便。

二、剖视图的配置和画法

剖视图是假想将机件剖切后画出的图形，因此要画好剖视图应做到：

1. 剖切位置应适当

根据机件的结构特点，剖切面可以是曲面，但一般为平面，表示机件内部结构的剖视，剖切平面的位置应通过内部结构的对称面或轴线。

2. 内部轮廓要画全

假想剖开机件后，处在剖切平面之后的所有可见轮廓都应画全，不得遗漏。

3. 剖视图是假想剖切画出的

所以与其相关的视图仍应保持完整，由剖视图已表达清楚的结构，视图中虚线即可省略。

4. 剖面符号要画好

用粗实线画出机件被剖切后截面的轮廓线及机件上处于截断面后面的可见轮廓线，并且在截断面上画出相应材料的剖面符号。《机械制图》GB/T14689-93 规定了各种材料剖面符号的画法。其中金属材料的符号用与水平成 45° 的间隔均匀、互相平行的细实线表示，这种线称为剖面线。不需在剖面区域中表示材料类别时，可采用通用剖面线表示。通用剖面线应以适当角度的细实线绘制。如图 6-11 所示。注意：同一机件的剖面线倾斜方向和间隔应该一致。各种视图的配置形式同样适用于剖视图。

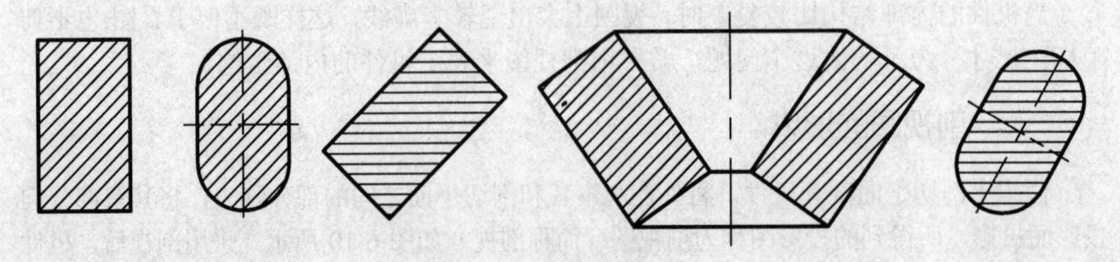
图 6-11　通用剖面线的画法

三、剖视图的种类

剖视图分类：按剖切范围的大小，剖视可分为全剖视，半剖视，局部剖视。

1. 全剖视图

1）定义

用剖切平面（可以是单一平面或是相交两平面，或是一组相平行的平面，或是柱面）来完全剖开机件，所得的剖视图，称为全剖视图。例如图 6-12 中的俯视图，是用一个平行于相应投影面的剖切平面完全地剖开机件后所得的全剖视图。

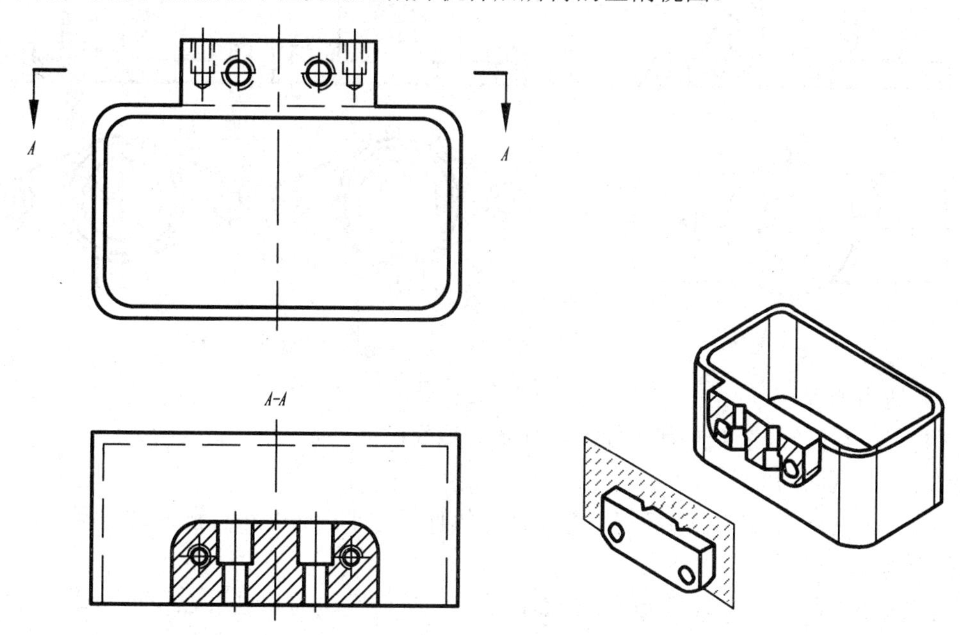

图 6-12　全剖视图

2）适用范围

机件外形较简单，内形较复杂，且该视图又不对称时，常采用全剖视画法。如图 6-10、图 6-12 所示。

3）剖视图的标注

在剖视图上方，用大写拉丁字母标出剖视图的名称“×—×”；在相应的视图上标注剖切符号。剖切符号是在剖切面起、迄和转折处用粗短线表示剖切面位置，在起、迄处画出箭头表示投射方向。在起、迄和转折处注上与剖视图相同的字母。粗短线尽可能不与图形的轮廓线相交。同一张图纸上需要作标注的图形，其名称不得相同，而且必须从字母“A”开始，按拉丁字母的顺序逐一取用。

4）省略标注

（1）当剖切平面通过机件对称（或基本对称）平面，且剖视图按投影关系配置，中间又无其他视图隔开时，可省略标注。如图 6-10 的情况即可省略标注；

（2）除此之外均应该标注。但可根据剖视图是否按投影关系配置而决定可否省略箭头指示。

全剖视的缺点是不能表示机件的外形，所以常用于表示外形简单的机件。如果机件的内、外结构都需要全面表达时，可在同一投射方向采用剖视图和视图分别表示内、外结构。

2. 半剖视图

半剖视图：以对称中线(对称平面的投影)为界，一半画成剖视图，另一半画成视图，称为半剖视图。如图 6-13，图 6-14 中的视图所示。

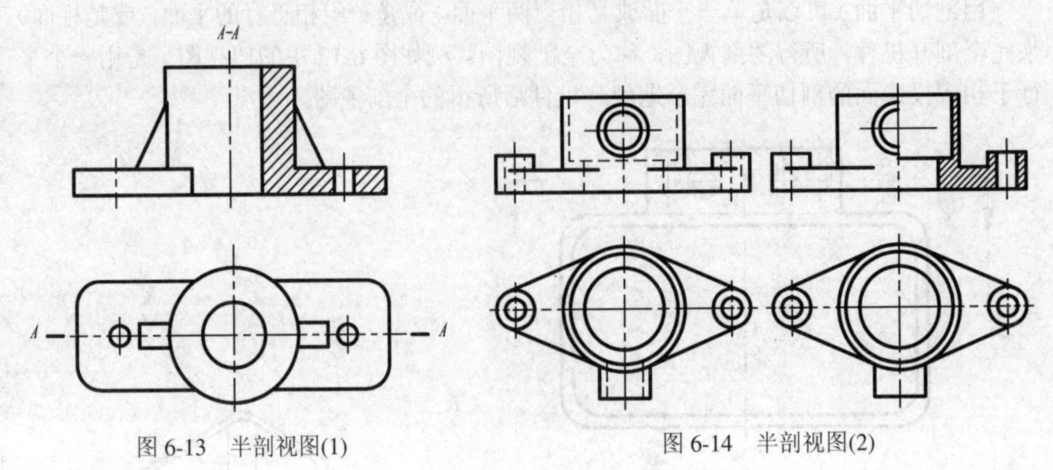

图 6-13　半剖视图(1)　　图 6-14　半剖视图(2)

1）适用范围

内、外形都较复杂的对称机件（或基本对称的机件）。

2）半剖视图的标注

① 与全剖视图相同，当剖切平面未通过机件对称平面时必须标出剖切位置和名称，箭头可省略；

② 尺寸线，尺寸线上只能画出一端箭头，而另一端只需超过中心线而不画箭头；

3）应注意的问题

（1）在半剖视图中，半个视图（表示机件外部）和半个剖视图（表示机件内部）的分界线是对称中心线，不能画成粗实线；

（2）在半个视图中应省略表示内部形状的虚线（如图形对称），因机件的内形已在半个剖视图中表达清楚；

（3）半个剖视图，对于主视图和左视图应处于对称中心线右半部，对于俯视图应处于对称中心线前半部。

（4）基本对称机件也可画成半剖视图。

3. 局部剖视图

用剖切平面局部地剖开机件所得的剖视图，称为局部剖视图。

局部剖视图不受图形是否对称的限制，在何部位剖切、剖切范围有多大，均可根据实际机件的结构选择，是一种比较灵活的表达方法，运用得当可使图形简明清晰。

1）适用范围

局部剖视图适用于三种情况：

（1）机件上有局部内形需表达。

（2）机件的内外结构均需表达，但不具有与剖切平面相垂直的对称平面，不能采用半剖视图，这时如果内外结构不相互重叠，则可以将一部分画成剖视图表达内形，另一部分画成视图表达外形。如图 6-15 所示。

（3）当图形的对称中心线或对称平面与轮廓线重合时，要同时表达内外结构形状，又不宜采用半剖视图，这时可采用局部剖视图，其原则是保留轮廓线。

2）应注意的问题

（1）机件局部剖切后，不剖部分与剖切部分的分界线用波浪线表示。波浪线只应画在实体断裂部分，而不应把通孔和空槽处连起来，也不应超出视图的轮廓（因为通孔和空槽处不存在断裂）。如图 6-16（a）所示。

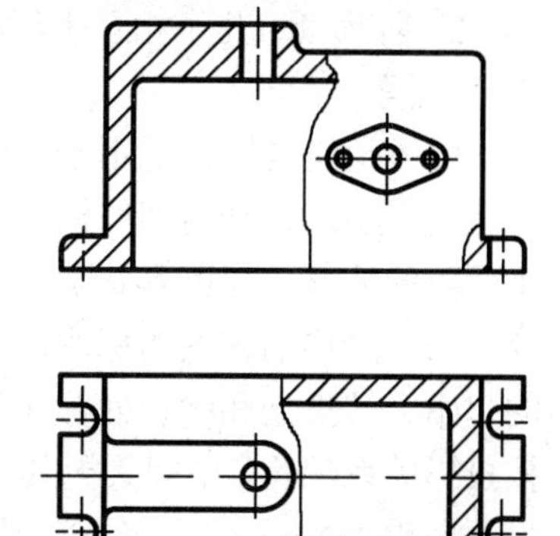

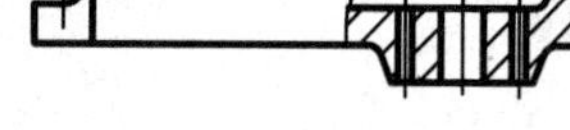

图 6-15　局部剖视图

（2）波浪线不应与视图上的其他图线重合或画在它们的延长线位置上（或用轮廓线代替），如图 6-16（b）所示。

（3）当被剖结构为回转体时，允许将结构的对称中心线作为局部剖视图与视图的分界线，如图 6-16（c）所示。

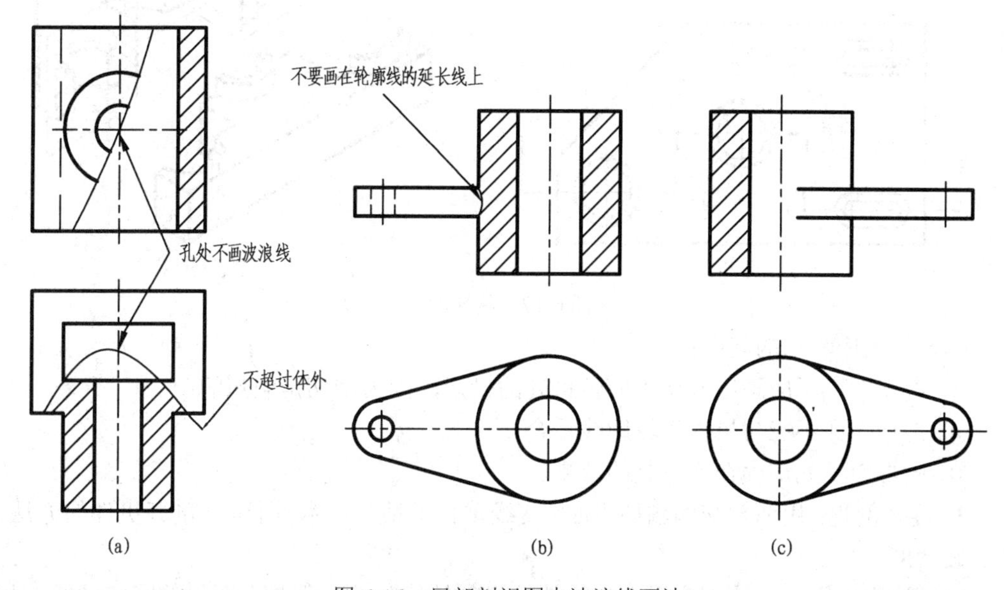

图 6-16　局部剖视图中波浪线画法

四、剖切面的种类及剖切方法

因为机件内部结构形状的多样性，剖切机件的剖切面也不尽相同。国家标准《机械制图》规定有五种：

（1）单一剖切平面；

（2）几个互相平行的剖切平面（阶梯剖）；

（3）两相交的剖切平面（旋转剖）；

（4）组合的剖切平面（复合剖）；

（5）不平行于任何基本投影面的剖切平面（斜剖）。

1. 单一剖切平面：前面所讲的全剖、半剖、局部剖均采用单一剖切平面，此不重复。

2. 阶梯剖：几个相互平行的剖切平面在同时剖切一机件，所得的剖视图，如图 6-17（b）所示。

（1）适用范围：适用于表达机件上在平行于某一投影面的方向上具有两个以上不同形状和大小的复杂内部结构，如孔、槽等，而它们的轴线又不在同一投影面的同一平行平面内的情况，如图 6-17 所示。

（2）阶梯剖视图的标注：必须在相应视图上用剖切符号表示剖切位置，在剖切平面的起始、转折处和终止处标注相同字母。剖切符号两端用箭头表示投影方向（当剖视图按投影关系配置，中间又无其他视图隔开时，可省略箭头），并在剖视图上方标出相同字母的名称“×—×”（×——是大写拉丁字母）。

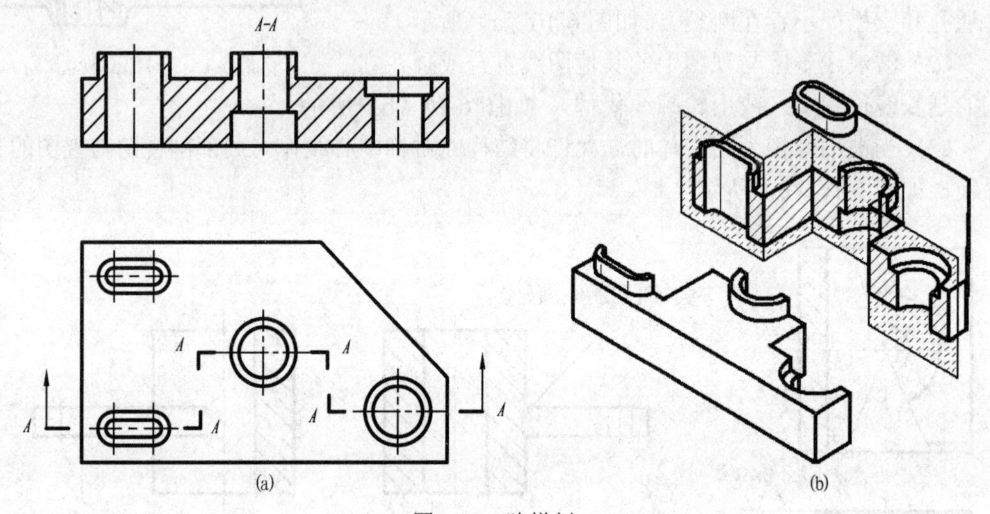

图 6-17　阶梯剖

（3）绘图应注意的问题：

① 剖视图中不应画出剖切平面转折处的投影，因为剖切是假想的；

② 剖切平面不应与机件的轮廓线重合；

③ 图形中不允许存在不完整的要素。

3. 旋转剖视：用两相交的剖切平面（交线垂直于某一基本投影面）剖开机件的方法，称为旋转剖。

（1）适用范围：表达相交平面内机件的内部结构且该机件具有明显的回转轴线，如盘类等机件。

（2）剖视的标注：画这种全剖视图时，必须在剖视图的上方标注剖视图的名称，并在相应的视图上用剖切符号（短粗实线段）及相同字母标注出剖切平面的起始、转折和终止位置。但可根据可省略标注的条件，决定是否画箭头。一般两剖切平面迹线（平面与投影面的交线称为平面的迹线）相交处（即转折处）是要标注字母的。但当转折处地方有限又不致引起误解时，允许省略字母。

（3）绘图应注意的问题：按此种方法剖开机件后，应将剖开的倾斜结构及其有关部分旋转到与选定的投影面平行位置进行投影；但在剖切平面后的其他结构一般仍按原来位置投影。例如图 6-18 所示摇臂右下方的小油孔，在旋转剖视图中仍应画成椭圆。

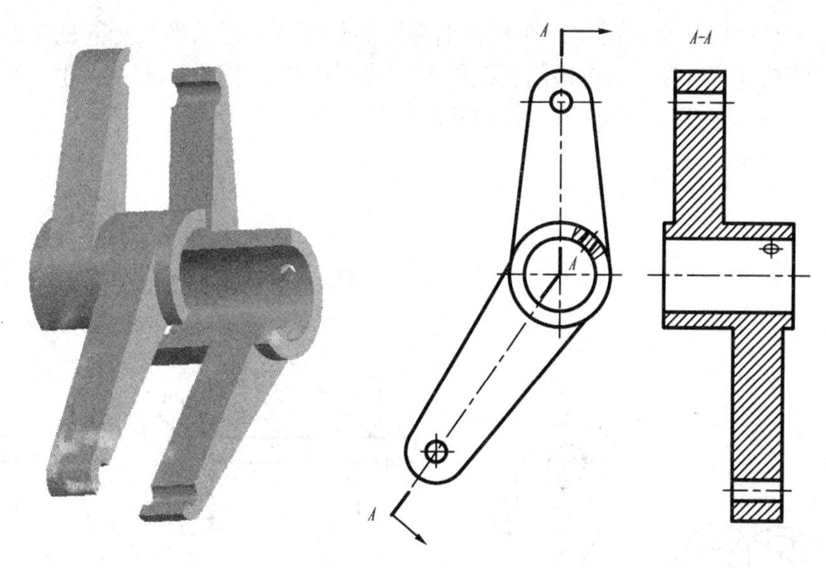

图 6-18　旋转剖视图

4. 复合剖：用组合的剖切平面剖开机件的方法，称为复合剖。

（1）适用范围：复合剖适用于表达机件具有若干形状、大小不一、分布复杂的孔和槽等的内部结构。如图 6-19 所示。

（2）复合剖视的标注：复合剖形成的剖视图必须标注，其方法与旋转剖、阶梯剖类似。

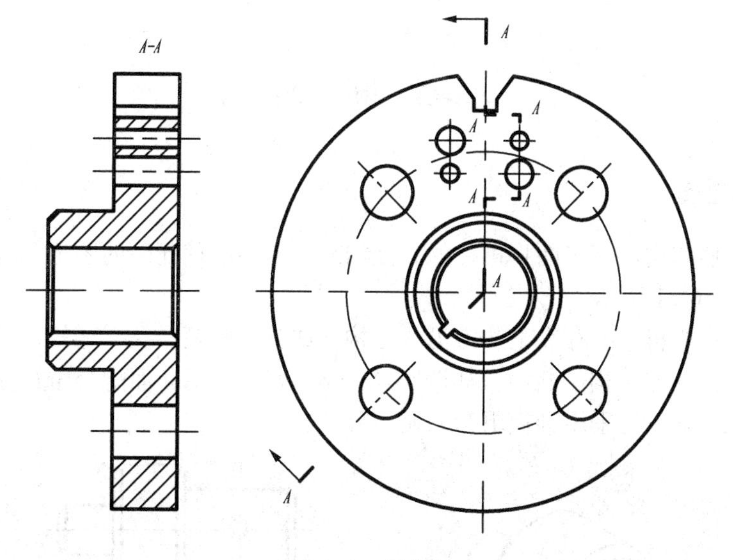

图 6-19　复合剖

5. 斜剖：用不平行于任何基本投影面的剖切平面剖开机件的方法，称为斜剖。如图 6-20 所示的 *A-A* 剖视图就是用斜剖方法获得的全剖视图。

（1）适用范围：适用于表达机件上处于倾斜于基本投影面位置部分的内部结构；

（2）斜剖视的标注：斜剖形成的全剖视图必须标注剖切位置、投影方向和剖视图名称。为了看图方便，这种剖视图一般都按投影关系配置在投影方向和相对应的位置上。必要时也允许将视图转正放置，并在图上方作相应的标注。如图 6-20 所示；

（3）绘图应注意的问题：在画斜剖视图的剖面符号时，当某一剖视图的主要轮廓线与水平线成 45° 角时，应将该剖视图的剖面线画成与水平线成 60° 或 30°，其余图形中的剖面线仍与水平线成 45°，但二者的倾斜趋势相同。

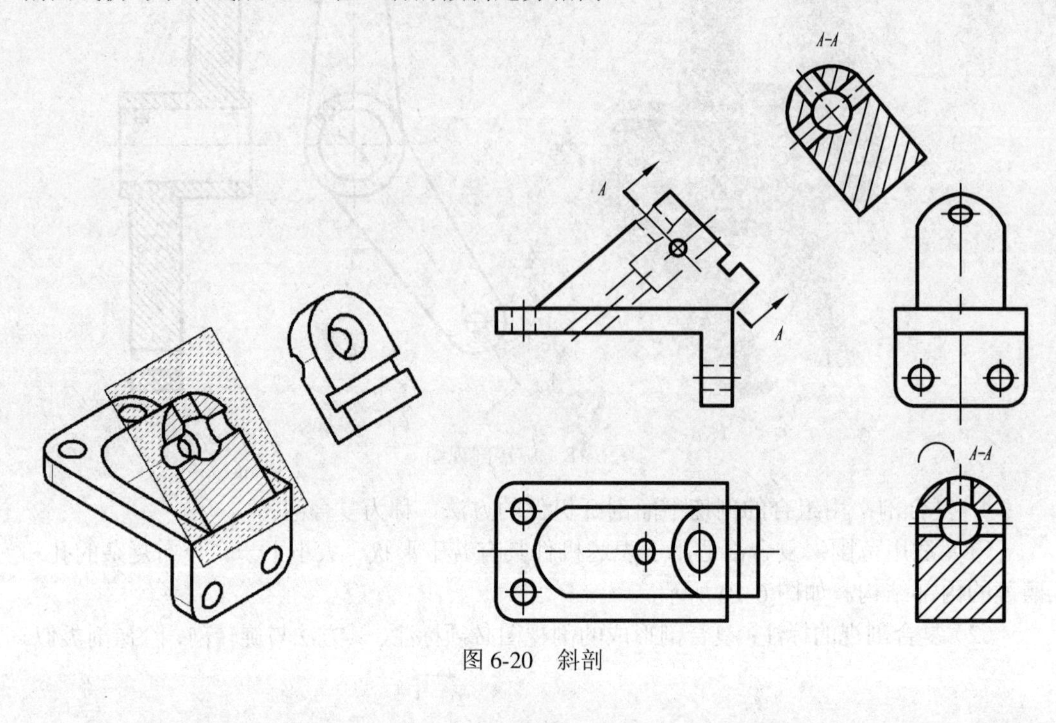

图 6-20　斜剖

6-3　断　面

一、断面图

断面图：假想用剖切平面将机件的某处切断，仅画出截断面的图形称为断面图（简称断面）。如图 6-21 所示。

适用情况：当机件上存在某些常见的结构，如筋，轮辐，孔，槽等，这时可配合视图再视需要画出这些结构的断面。如图 6-21（b）就是应用断面配合主视图表达轴上盲孔的，这样表达显然比采用剖视更为简明。

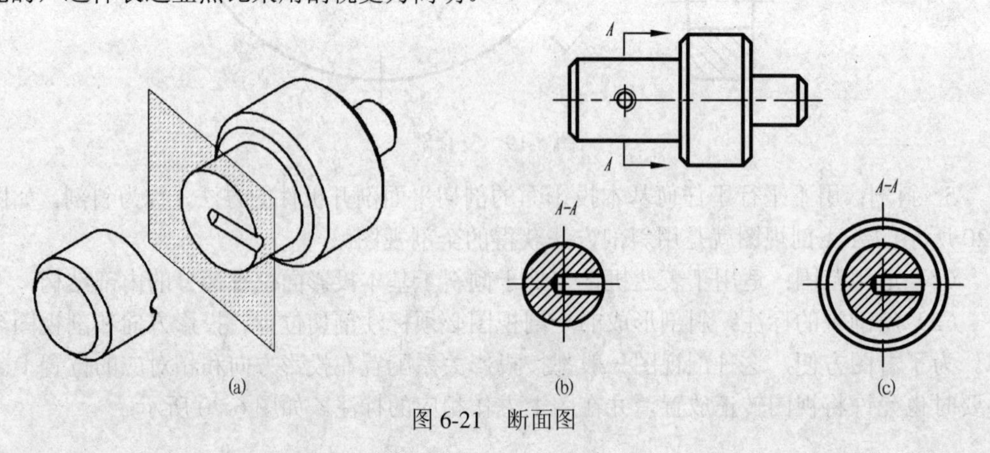

图 6-21　断面图

二、断面图与剖视图的区别

断面图仅画出机件被切断的截面的图形；剖视图则要画出剖切平面以后的所有可见部分的投影。如图 6-21（b）、（c）所示。

三、断面图的分类及其画法

分类：断面分为移出断面和重合断面两种。

1. 移出断面：画在视图轮廓之外的断面，称为移出断面。图 6-22 所示。

（1）移出断面的画法

① 移出断面：移出断面是画在视图之外的断面图。移出断面的轮廓线用粗实线绘制，断面上画出剖面符号；

② 移出断面应尽量配置在剖切符号或剖切平面迹线的延长线上。如图 6-22 所示；有时为了合理布置图面，也可以配置在其他适当的位置。如图 6-22 所示；

③ 当剖切平面通过回转面形成的孔或凹坑的轴线时，这些结构应按剖视绘制，即画闭合图形。如图 6-24 所示；

④ 当剖面图形对称时，移出剖面也可画在视图的中断处，如图 6-25 所示；

⑤ 为了表达切断表面的真实形状，剖切平面应垂直于所需表达机件结构的主要轮廓线或轴线。如图 6-23 所示；

⑥ 由两个或多个相交的剖切平面剖切得出的移出断面，在中间必须断开，画图时还应注意中间部分均应小于剖切迹线的长度。如图 6-23 所示。

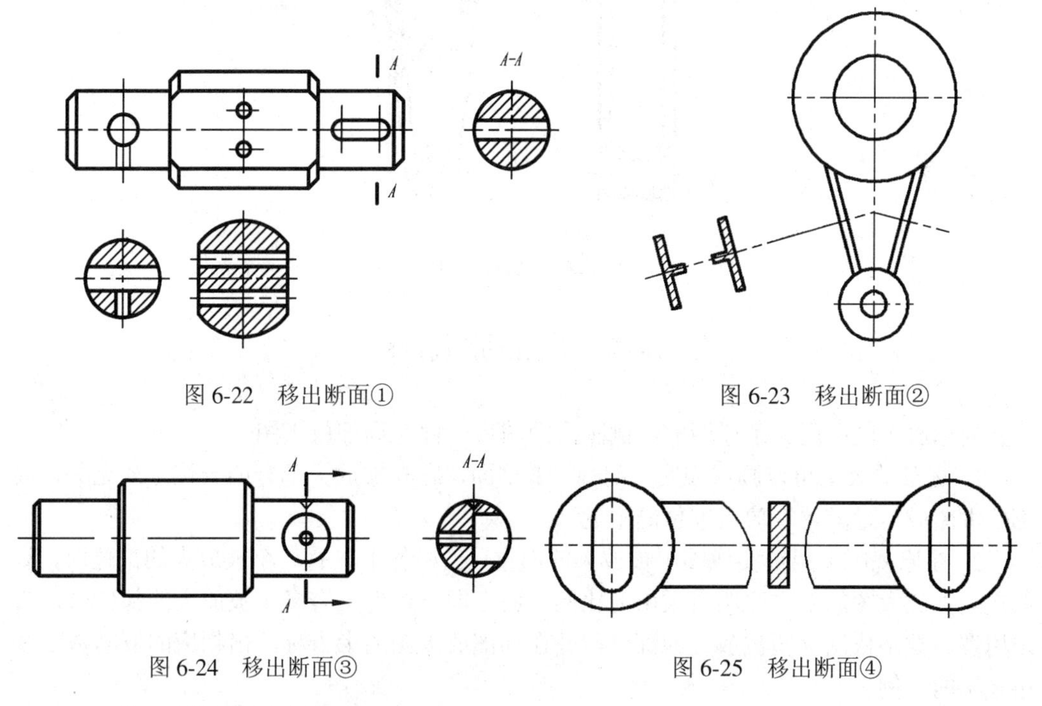

图 6-22　移出断面①

图 6-23　移出断面②

图 6-24　移出断面③

图 6-25　移出断面④

（2）移出断面的标注

① 移出断面一般用剖切符号表示剖切位置，用箭头表示投影方向，并注上字母，在

断面图的上方应用同样的字母标出相应的名称“×—×”（×——大写拉丁字母），如图6-24 中的 A-A 断面图所示；

② 配置在剖切符号延长线上不对称的移出剖面，可以省略断面图名称（字母）的标注如图 6-22 所示。

③ 按投影关系配置的不对称移出断面及不配置在剖切符号延长线上的对称移出断面图均可省略箭头，如图 6-22 所示；

④ 配置在剖切平面迹线延长线上的对称移出断面图（只需在相应视图上用点划线画出剖切位置）和配置在视图中断处的移出断面图，均不必标注，如图 6-22、图6-25 所示。

2. 重合断面：按投影关系画在视图中位于截断处的轮廓内的剖面，称为重合断面。

（1）重合断面的画法：重合断面的轮廓线用细实线绘制。当视图中的轮廓线与重合断面的图形重叠时，视图中的轮廓线仍需完整地画出，不可间断，如图 6-26 所示。

（2）重合断面的标注：配置在剖切符号上的不对称重合断面图，必须用剖切符号表示剖切位置，用箭头表示投影方向，但可以省略剖面图的名称（字母）的标注。对称的重合断面图只需在相应的视图中用点划线画出剖切位置，其余内容不必标注。

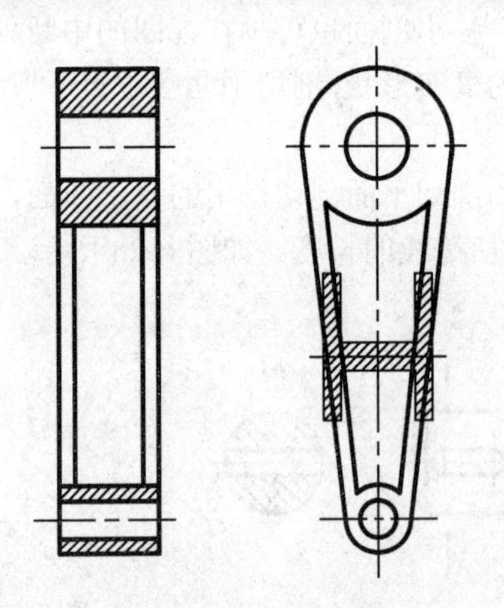

图 6-26　重合断面图

6–4　局部放大图

局部放大图：用大于原图的比例画出的图形，称为局部放大图。

1. 局部放大图可以画成视图、剖视、或剖面，它与被放大部分的表达方式无关，局部放大图应尽量配置在放大部位的附近。

2. 在原视图上用细实线圈出被放大的部位。当机件上只有一个被放大的部位时，只需在局部放大图的上方注明所采用的比例。而当同一机件上有多个被放大的部位时，必须用罗马数字依次标明被放大的部位，并在局部放大图的上方标注出相应的罗马数字和所采用的比例。

3. 同一机件上不同部位的局部放大图。当被放大部分的图形相同或对称时，只需画出一个，如图 6-27 所示。

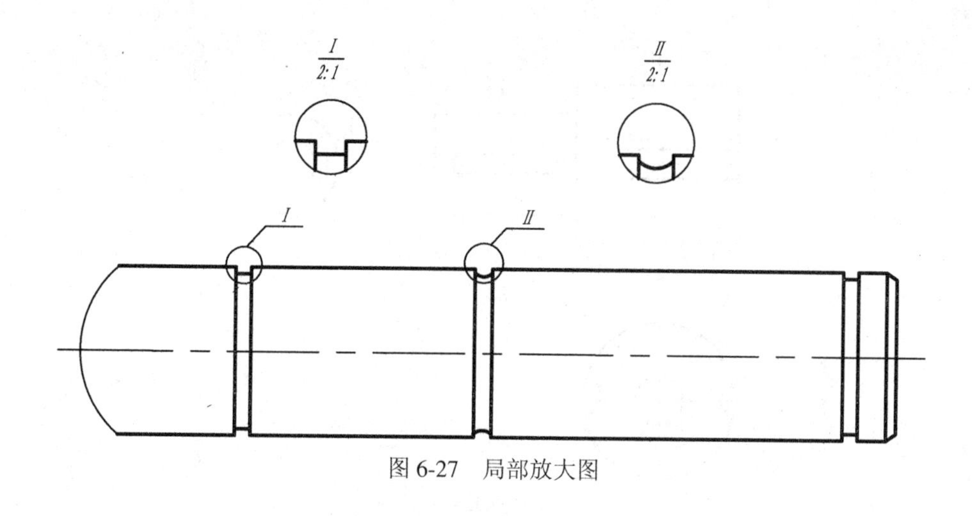

图 6-27　局部放大图

6–5　简 化 画 法

一、省略画法

1. 剖视图的简化画法

（1）机件上通常有筋板、轮辐等结构，若剖切面经过筋板厚度的对称平面或轮辐的轴线时，这些结构都不画剖面符号，还要用粗实线将它与邻接部分分开。如图 6-28 中左视图、图 6-29 中主视图所示。

（2）剖切面若不经过回转体机件上均匀分布的筋板，如图 6-29 的孔时，可将这些结构旋转到剖切平面上画出。

2. 断面图的简化画法

在不致引起误解时，机件的移出剖面图的剖面符号可以省略不画，而剖面图的标注仍按规定进行，如图 6-30 所示。

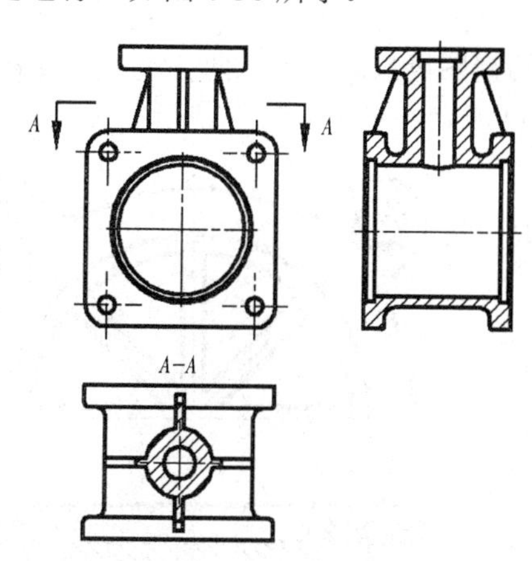

图 6-28　筋的剖视图画法

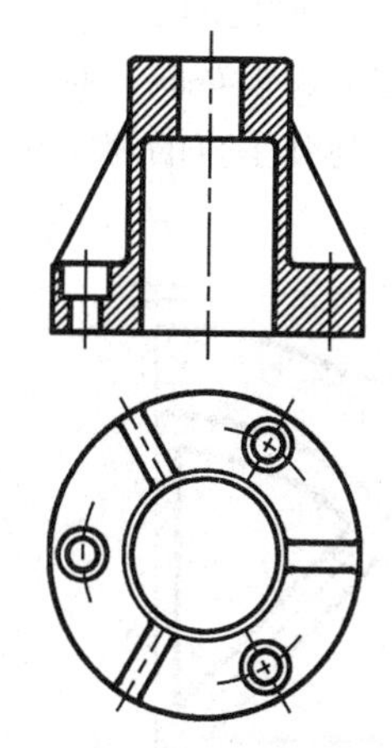

图 6-29　均布孔、筋的剖视图画法

3. 相同结构的简化画法

（1）当机件具有若干相同结构（如齿，槽等）并按一定规律分布时，只要画出几个

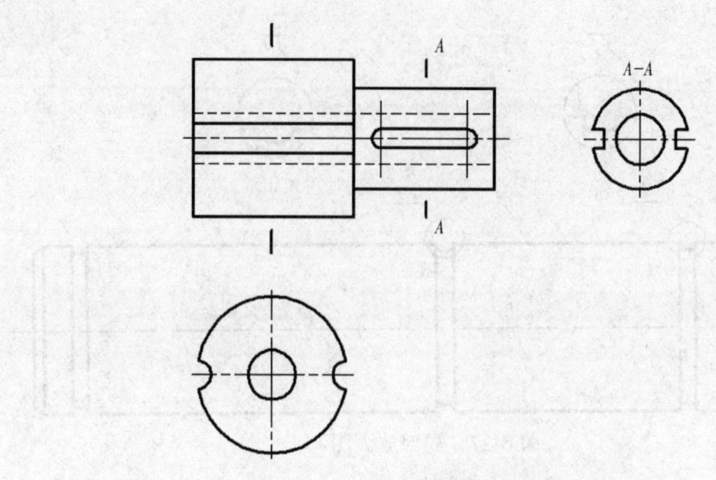

图 6-30　移出断面图的简化画法

完整的结构，其余用细实线连接，但在图中则必须注明该结构的总数。如图 6-31 所示。

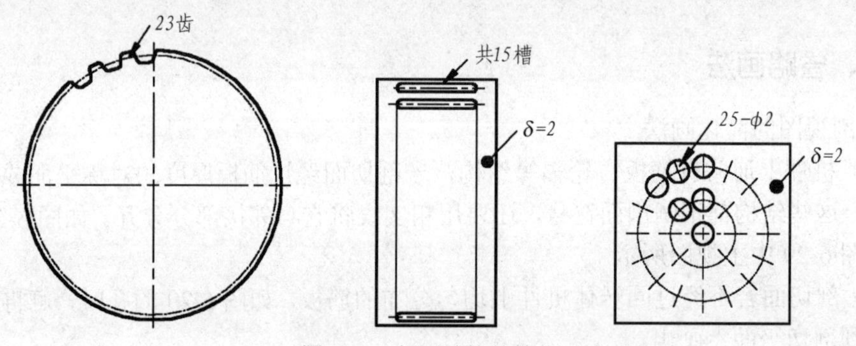

图 6-31　相同结构的简化画法

（2）当这些相同结构是直径相同的孔（圆孔、螺孔、沉孔等）时，也可以只画出一个或几件，其余只需用点划线画出孔中心位置，并在图上注明孔的总数，如图 6-31 所示。

4. 对称图形的简化画法

（1）在不致引起误解时，对于对称机件的视图可只画一半或四分之一，并在对称线的两端画出两段与其垂直的细实线。如图 6-32 所示。

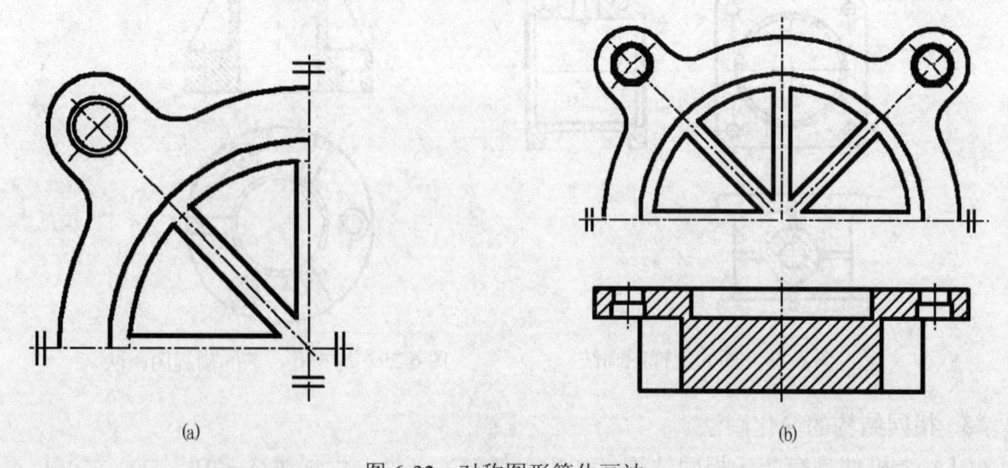

图 6-32　对称图形简化画法

（2）圆柱形法兰和类似机件上的均匀分布的孔，可按图 6-33 的方法绘制，孔的位置按规定从机件外向该法兰端面方向投影所得的位置画出。

5. 图形中投影的简化画法

（1）对于机件上与投影面的倾斜角度≤30º 的圆或圆弧，其投影可用圆或圆弧代替。

（2）在不致引起误解时，机件上较小结构的过渡线、相贯线允许简化用直线代替非圆曲线。

6. 用平面符号表示平面

当机件上的平面投影在视图中不能允分表达时，可再用平面符号表示（平面符号——相交两细实线表示），如图 6-34 所示。

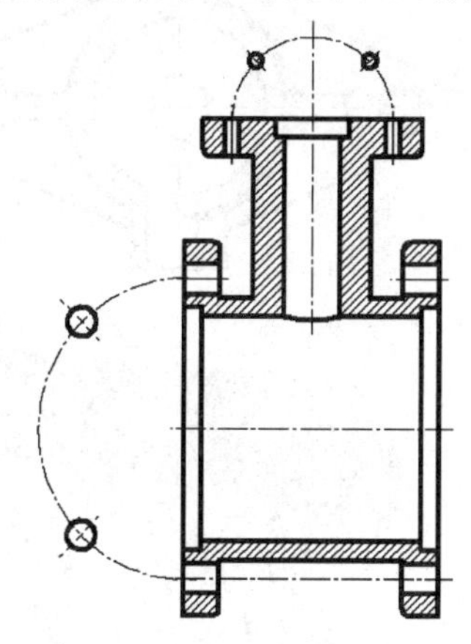

图 6-33　法兰上均布孔的简化画法

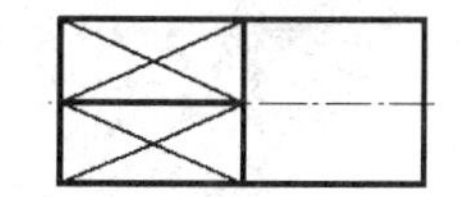

图 6-34　用平面符号表示平面

7. 折断画法

轴、杆类较长的机件，当其沿长度方向的形状一致或按规律连续变化时，可将其中间折断不画，然后将其两端向中间移动缩短绘制，如图 6-35 所示。

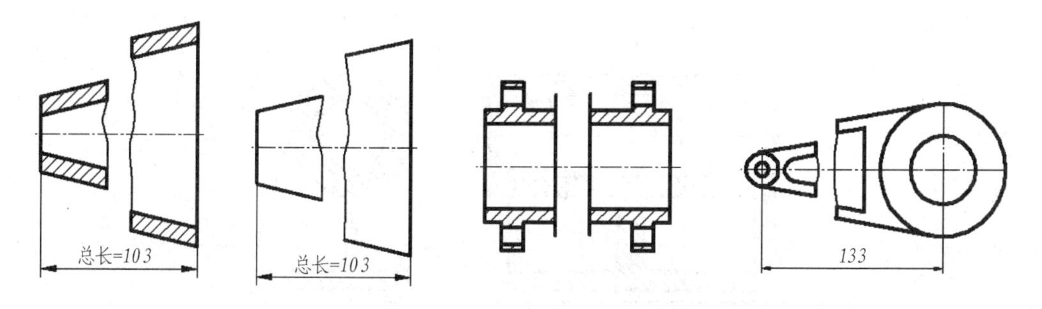

图 6-35　折断画法

二、规定画法

标准中对某些特定表达对象，所采用的某些特殊图示方法，就是规定画法。有关剖视图中的规定画法有：

1. 对于机件的筋、轮辐及薄壁等，如按纵向剖切，这些结构都不画剖面符号，而用粗实线将它与其邻接部分分开、若按横向剖切，这些结构也要画剖面符号，如图 6-36 所示。图 6-36（b）所示机件的中部由互相垂直相交的两块筋构成，在获得主、左两个剖视图时，两块筋中的一块被纵剖，另一块被横剖，因此，这两块筋分别按纵向剖切和横向剖切的规定画法绘制。

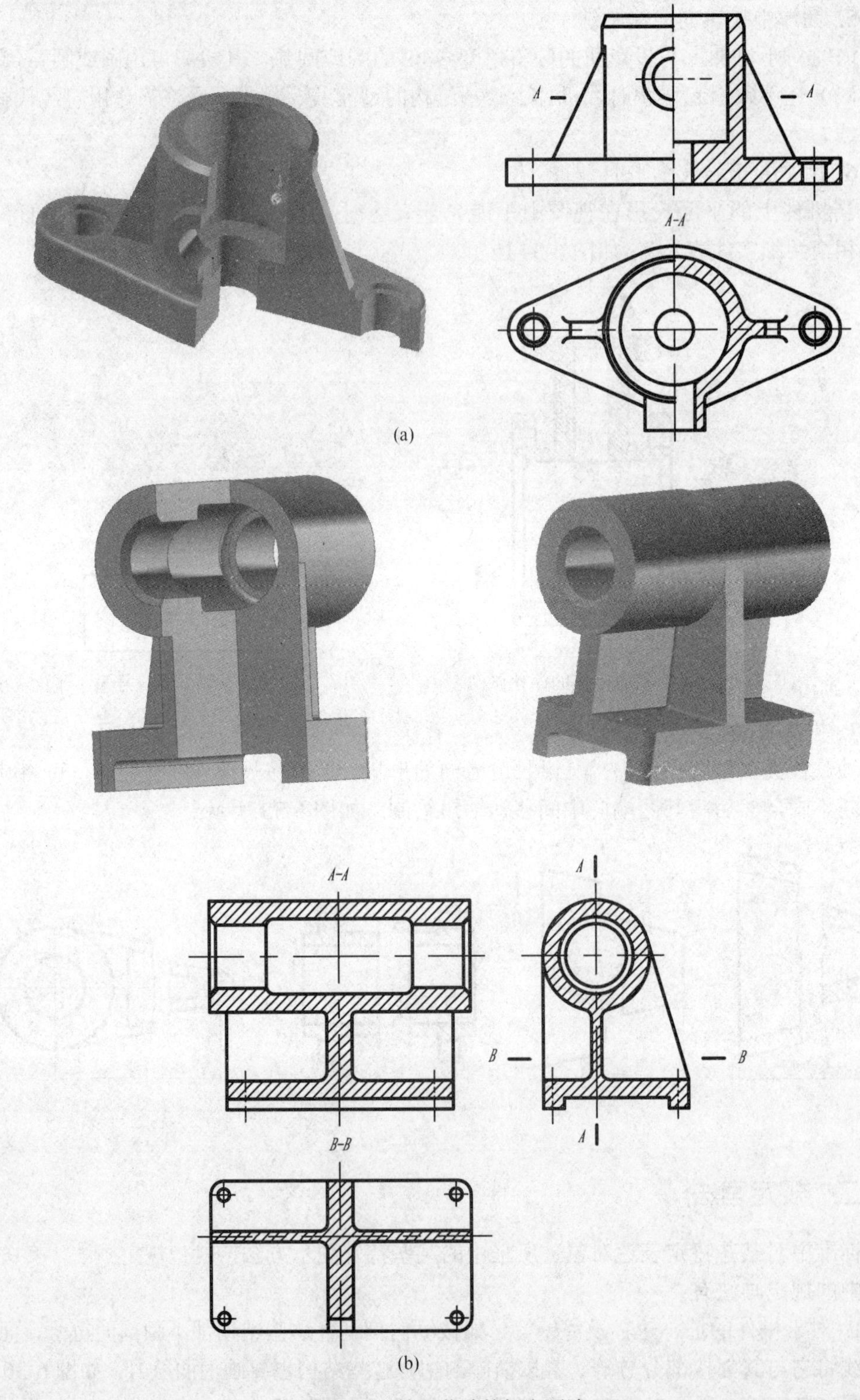

图 6-36 筋、薄臂的规定画法

2. 当零件回转体上均匀分布的筋、轮辐、孔等结构不处于剖切平面上时，可将这些结构旋转到剖切平面上画出，且对均布孔只需详细画出一个，另一个只画出轴线即可，如图 6-37 所示。

规定画法还有很多，后面将再介绍一些。

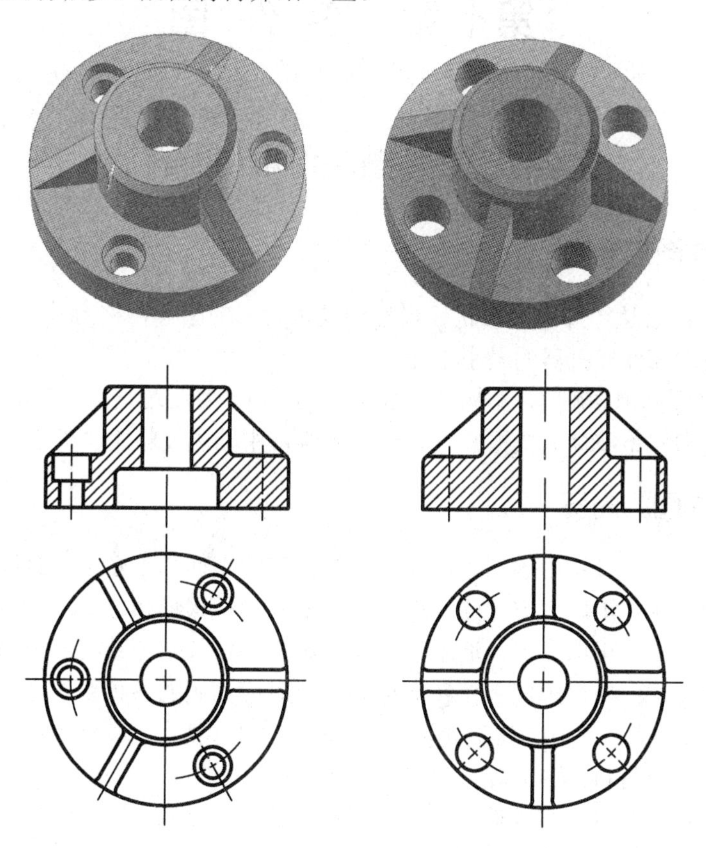

图 6-37 剖视图中均布轮辐的规定画法

第七章　零 件 图

7-1　零件图的作用和内容

一、零件图的作用

1. 零件图：表达零件结构形状、尺寸和技术要求的图样，称为零件图。

零件：组成部件或机器的最小单元。

2. 在生产实际中，哪怕是结构形状最简单的零件，要制造它，也必须有它的零件图。零件图是制造和检验零件的依据，也是使用和维修中的主要技术文件之一。

二、零件图的内容

由零件图在生产过程中的作用可知，一张完整的零件图，必须具有以下内容：

（1）一组视图：用以完整、清晰地表达出零件的结构形状。

（2）零件尺寸：用以完整、清晰、合理地确定零件各部分结构的大小和相对位置。

（3）技术要求：用以说明零件在制造和检验时应达到的各种要求（用一些符号、数字、字母和文字注解，简明、准确地给出）。例如：尺寸精度、零件上各个表面应具有的相应表面粗糙度、材料的热处理、材料的表面处理等。

（4）标题栏：用以填写零件的名称、材料、数量、比例、图样编号、责任签署（制图设计人、校核人、审核人、审定人等）、日期、单位等。

任何机器都是由各种零件组成的。表达一个零件的图样，称为零件图。

本章主要介绍零件图的视图选择、尺寸的合理标注、表面粗糙度、极限与配合及零件上一些常见结构的知识。

7-2　零件上的常见结构

一、螺纹

（一）基本知识

螺纹是零件上常用的一种结构，有外螺纹与内螺纹两种，见图 7-1 和图 7-2，一般成对使用。起连接零件作用的螺纹，称连接螺纹；而起传递运动和动力作用的螺纹，称传动螺纹。

螺纹有各种制造方法，常见的有车制外螺纹，工件绕轴线作等速回转，刀具沿轴线方向作等速移动，刀具切入工件一定深度即能切出螺纹。有些外螺纹也可用板牙铰出。加工内螺纹时，先钻孔，然后用丝锥攻丝。工业上制造螺纹的许多方法都是根据螺旋线的形成原理而得到的。

图 7-1　外螺纹

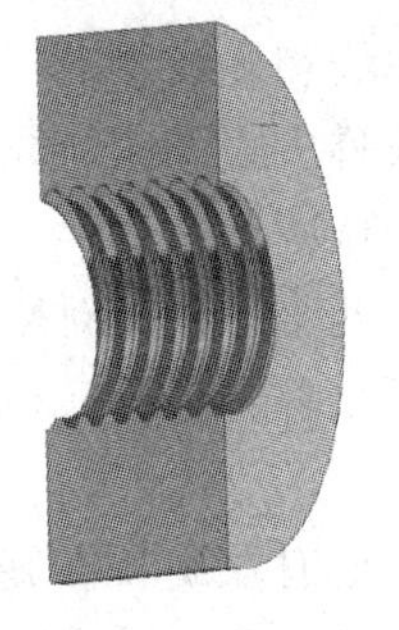

图 7-2　内螺纹

（二）螺纹的基本要素

螺纹的类型很多，国家标准规定了一些标准的牙型、大径和螺距。凡是这些要素都符合标准的螺纹称为标准螺纹，牙型符合标准，而大径和螺距不符合标准的称为特殊螺纹，凡牙型不符合标准的称为非标准螺纹。

1. 牙型

螺纹牙型是通过螺纹轴线的断面上的螺纹轮廓线的形状。

（1）普通螺纹　牙型角为 60°，内、外螺纹旋合后牙顶、牙底间留有间隙。普通螺纹分为粗牙和细牙两种，它们的牙型相同，当螺纹大径相同时，细牙螺纹的螺距与牙型高度比粗牙螺纹小，因此细牙螺纹适用于薄壁零件的连接。

（2）圆柱管螺纹及圆锥管螺纹　这两种螺纹主要用于管路连接，牙型为三角形，但牙型角为 55°，内、外螺纹旋合后牙顶及牙底间没有间隙，因此密封性较好。圆锥管螺纹比圆柱管螺纹有更好的密封性。

（3）圆锥螺纹　牙型为三角形，牙型角为 60°。

（4）梯形螺纹　是常见的传动螺纹，牙型为等腰梯形。

（5）锯齿形螺纹　也是传动螺纹，牙型为不等腰梯型，只适用于传递单向受力的情况。

2. 直径

大径：螺纹的最大直径（d，D）。

小径：螺纹的最小直径（d_1，D_1）。

中径：螺纹中径近似或等于螺纹的平均直径（d_2,D_2），d_2=（d+d_1）/2，D_2=（D+D_1）/2。

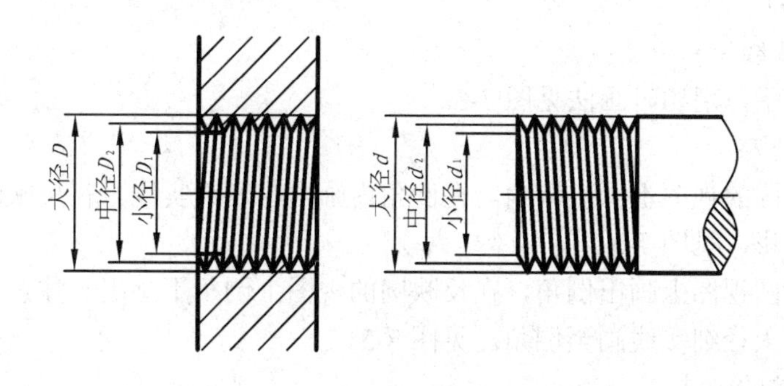

图 7-3　螺纹直径示意图

3. 线数

螺纹分单线和多线，沿一根螺旋线形成的螺纹称单线螺纹。沿两根或两根以上螺旋线形成的螺纹称多线螺纹（线数 n）。

4. 螺距和导程

螺纹相邻两个牙型上对应点间的轴向距离称为螺距（t）。沿同一条螺旋线旋转一周，轴向移动的距离称为导程（s）。螺距、导程和线数的关系为：$S=n\cdot t$。

5. 旋向

螺纹的旋向有左旋和右旋之分。当螺纹旋进时为顺时针方向旋转的，称为右旋螺纹。相反，为逆时针方向旋转的，则称左旋螺纹。见图 7-4。

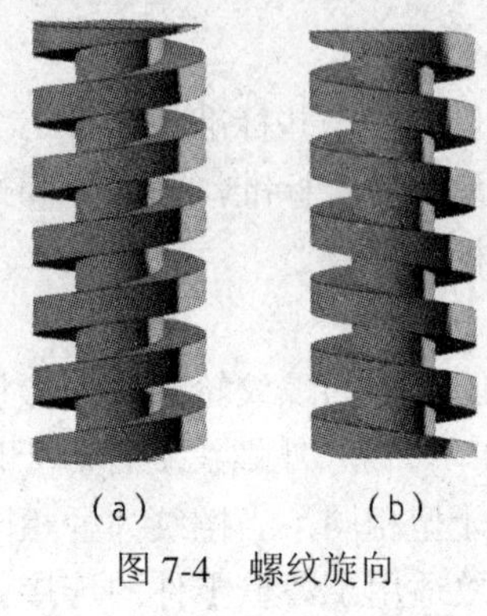

图 7-4　螺纹旋向

（a）右旋；（b）左旋。

（三）螺纹的规定画法及标注

1. 螺纹的画法

1）外螺纹的画法

在平行于螺纹轴线的视图上，大径用粗实线表示，小径用细实线表示。在与螺纹轴线垂直的视图上，大径用粗实线圆表示，小径用约 3/4 圈的细实线圆表示，见图 7-5（a）。

2）内螺纹的画法

螺孔未经剖切时，在平行螺纹轴线的视图上，螺纹的大、小直径和螺纹终止线均用虚线表示。在剖视图和断面图中，螺纹大径用细实线表示，小径和螺纹终止线用粗实线表示。在与螺纹轴线垂直的视图上，小径用粗实线圆表示，大径用约 3/4 圈细实线圆表示。见图 7-5（b）。

3）螺纹终止线

用粗实线表示，剖切时画法见图 7-5。

4）螺纹倒角

外螺纹在非圆的视图上画出倒角，在倒角内画出小径细实线。在反映圆的视图上不画出倒角圆的投影，见图 7-5。

内螺纹在非圆视图上画出倒角，在反映圆的视图上倒角不画出。注意在视图、剖视图上，内螺纹的大径细实线画至倒角。见图 7-5。

5）圆锥螺纹的画法

在平行于轴线的视图上，画法同前。在反映圆的视图上，不可见的结构省略不画，

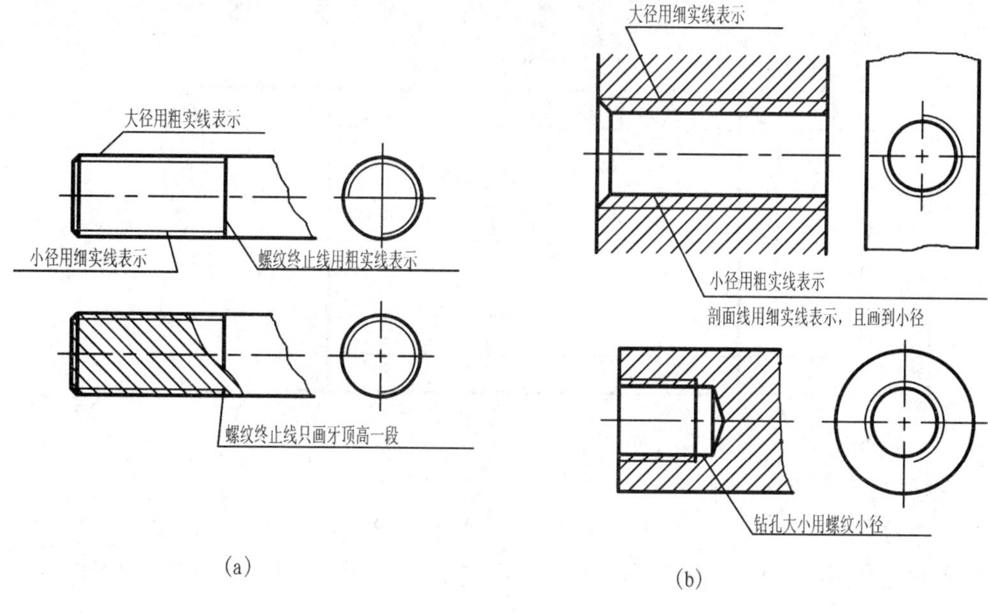

图 7-5

（a）外螺纹的画法；（b）内螺纹的画法。

只画可见结构。对于圆锥外螺纹，如图 7-6（a）所示，左视图中小端不可见，其大、小径的虚线圆均省略不画，右视图中省略大端的小径圆。对于圆锥内螺纹，如图 7-6（b）所示，左视图中省略小端大径的虚线圆，右视图中省略大端的大、小径圆。

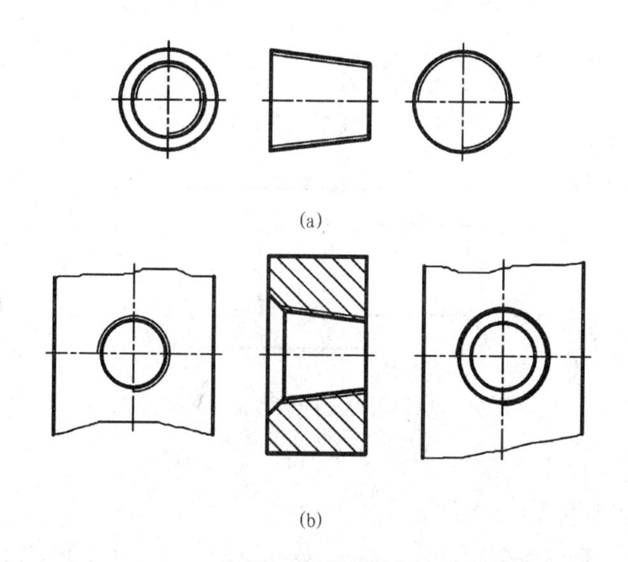

图 7-6　圆锥螺纹

（a）圆锥外螺纹；（b）圆锥内螺纹。

6）牙型

对非标准螺纹必须画出牙型，可采用局部剖视或局部放大图表示。见图 7-7。

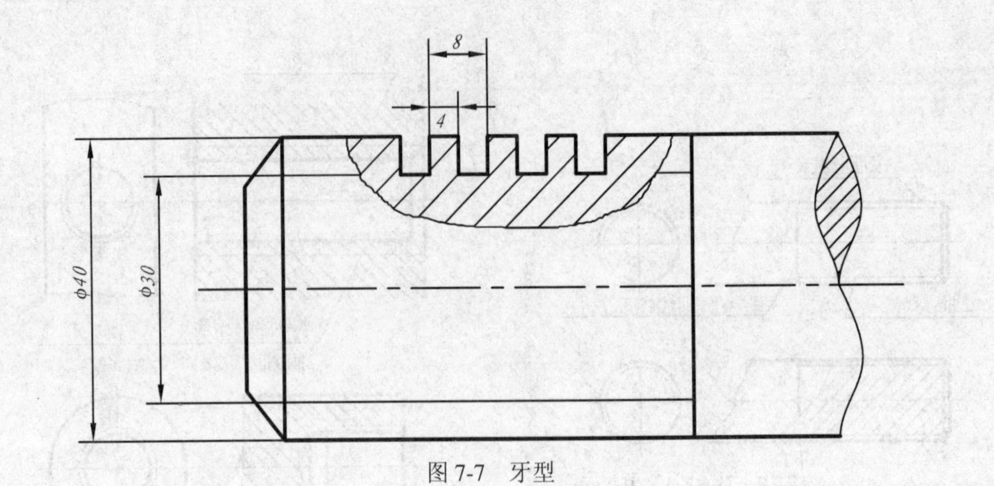

图 7-7　牙型

7）螺杆与螺孔的旋合部分

这部分常采用剖视表示。旋合部分应按螺杆的螺纹绘制；其余未旋合部分，仍分别用螺杆或螺孔的螺纹绘制，见图 7-8。如果不剖，不可见部分全部用虚线画，见图 7-9。

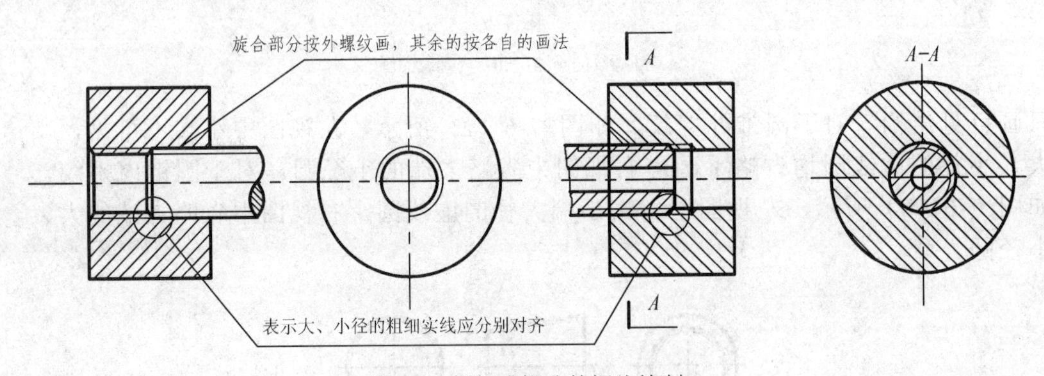

图 7-8　螺杆或螺孔的螺纹绘制

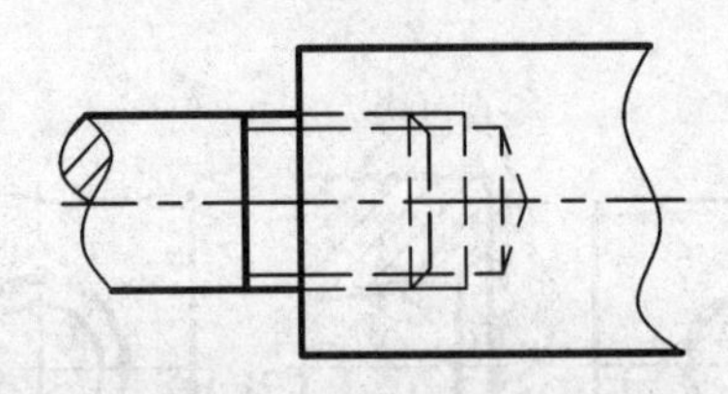
图 7-9　螺杆与螺孔的旋合部分的画法

2. 螺纹的标记和标注

1）螺纹必须按下列顺序进行标记：

牙型代号、公称直径×螺距（或导程/线数）、旋向、——公差带代号、——旋合长度代号。

牙型代号：牙型代号用字母表示。

公称直径：公称直径除管螺纹及圆锥螺纹外，其他螺纹的公称直径均为螺纹的大径。而管螺纹公称直径不是螺纹的大径，而近似等于管子的孔径。

螺距：粗牙普通螺纹和管螺纹，圆锥螺纹不必标注螺距。细牙普通螺纹，梯形螺纹，锯齿形螺纹则必须标注螺距，多线螺纹应标注“导程/线数”。

旋向：右旋螺纹不必标注，左旋螺纹必须标出“左”字或“LH”。

公差带代号：普通螺纹必须标注螺纹的公差带代号，它由用数字表示的螺纹公差等级和用拉丁字母（大写字母代表内螺纹，小写字母代表外螺纹）表示的螺纹公差基本偏差代号组成，公差等级在前，基本偏差代号在后，例如“7H”,“6g”。中径和顶径（外螺纹的大径或内螺纹的小径）的公差带代号都要表示出来，先写中径的公差带代号，后写顶径的公差带代号。当中径和顶径的公差带代号相同时只需标注一次；梯形螺纹和锯齿形螺纹只标注中径公差带，其中径公差带由数字加字母组成（大写字母代表内螺纹，小写字母代表外螺纹），例如“8H”,“8e”；

旋合长度代号：普通螺纹旋合长度分短旋合、中等旋合、长旋合三种，分别用符号“S”、“N”、“L”表示。中等旋合“N”一般不标注；梯形螺纹和锯齿形螺纹旋合长度分中等旋合（“N”）、长旋合（“L”）两种，“N”一般不标注。

标记举例如下：

① 普通螺纹：M10−5g6g−S、M10×1LH−7H.

② 梯形螺纹和锯齿形螺纹：Tr40×14（P7）LH、Tr40×7、B40×7−7A

B40×14（P7）−8c−L

③ 管螺纹：G1LH、G1/2.

2）螺纹的标注见表 7-1。

表 7-1　部分螺纹标记示例

螺纹类别		标注示例	标记说明
普通螺纹	粗牙	M10−6g　M10−6H	粗牙普通螺纹,大径 10,右旋;外螺纹中径和顶径公差代号都是 6g；内螺纹中径和顶径公差代号都是 6H；中等旋合长度
	细牙	M8×1LH−6h　M8×1LH−7h	细牙普通螺纹,大径 8,螺距 1,左旋;外螺纹中径和顶径公差代号都是 6h；内螺纹中径和顶径公差代号都是 7H；中等旋合长度
梯形螺纹		Tc40 × 7−7e	梯形螺纹,大径 40,单线,螺距 7,右旋,外螺纹, 中径公差带代号 7e；中等旋合长度
锯齿形螺纹		B40 × 7−7c	锯齿形螺纹,大径 40,单线,螺距 7,右旋,外螺纹,中径公差带代号 7c; 中等旋合长度
非螺纹密封管螺纹		G1A　G3/4	非螺纹密封的管螺纹，外螺纹的尺寸代号为 1，A 级；内螺纹的尺寸代号为 3/4，都是右旋

二、铸造零件的工艺结构

1. 拔模斜度

用铸造的方法制造零件毛坯时，为了便于在砂型中取出模样，一般沿模样拔模方向做成约 1:20 的斜度，叫做拔模斜度。铸造零件的拔模斜度较小时，在图中可不画、不注，必要时可在技术要求中说明。斜度较大时，则要画出和标注出斜度, 见图 7-10。

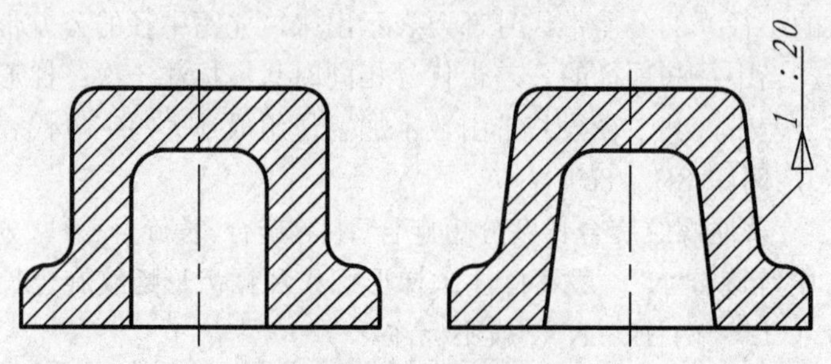

图 7-10　拔模斜度

2. 铸造圆角

为了便于铸件造型时拔模，防止铁水冲坏转角处以及冷却时产生缩孔和裂缝，将铸件的转角处制成圆角，这种圆角称为铸造圆角, 见图 7-11。

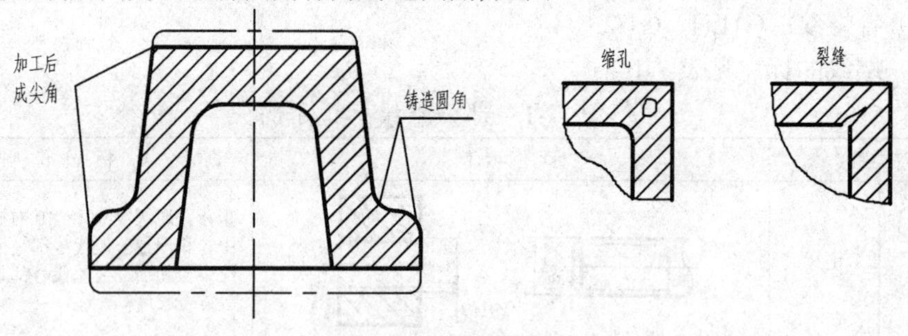

图 7-11　铸造圆角

铸造圆角半径一般取壁厚的 0.2 倍～0.4 倍，尺寸在技术要求中统一注明，在图上一般不标注铸造圆角。

3. 铸件壁厚

用铸造方法制造零件的毛坯时，为了避免浇注后零件各部分因冷却速度不同而产生缩孔或裂纹，铸件的壁厚应保持均匀或逐渐过渡, 见图 7-12。

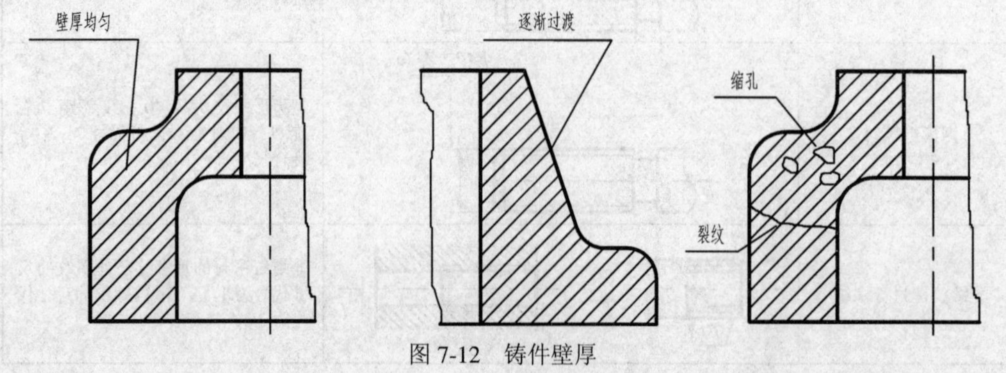

图 7-12　铸件壁厚

4. 过渡线

铸件及锻件两表面相交时，表面交线因圆角而使其模糊不清，为了方便读图，画图时两表面交线仍按原位置画出，但交线的两端空出不与轮廓线的圆角相交，此交线称为过渡线，见图 7-13。

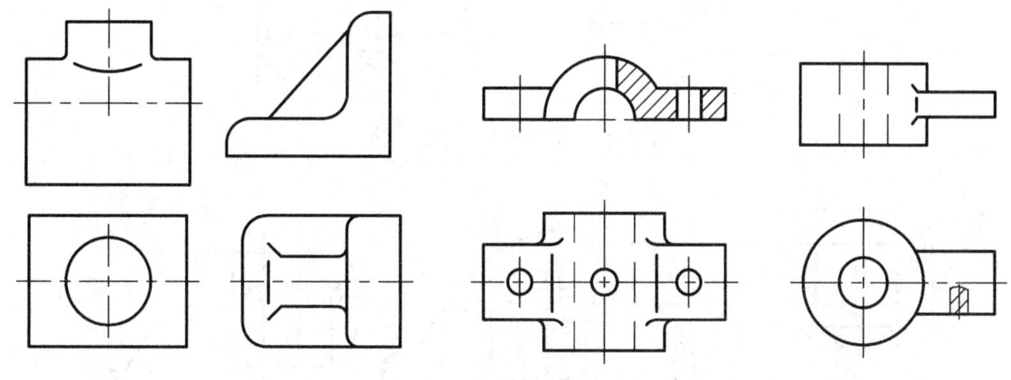

图 7-13　过渡线

三、零件机械加工的工艺结构

1. 倒角和倒圆

为了去除零件加工表面的毛刺、锐边和便于装配，在轴或孔的端部一般加工与水平方向成 45°、30°、60° 倒角。45° 倒角注成 $C\times45°$ 形式，其他角度的倒角应分别注出倒角宽度 C 和角度，如图 7-14 所示。为了避免阶梯轴轴肩的根部因应力集中而产生的裂纹，在轴肩处加工成圆角过渡，称为倒圆。倒角尺寸系列及孔、轴直径与倒角值的大小关系可查阅 GB6403.4—86；圆角查阅 GB6403.4—86。

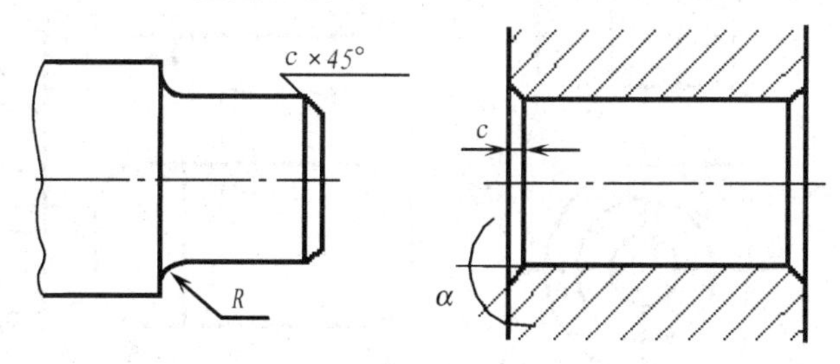

图 7-14　倒角和倒圆

2. 退刀槽和砂轮越程槽

零件在切削加工中（特别是在车螺纹和磨削），为了便于退出刀具或使被加工表面完全加工，常常在零件的待加工面的末端，加工出退刀槽或砂轮越程槽，如图 7-15 所示。图中 b 表示退刀槽的宽度；ϕ表示退刀槽的直径。退刀槽查阅 GB/T3—1997，砂轮越程槽查阅 GB6403.5—86。

3. 钻孔结构

用钻头钻盲孔时，在底部有一个 120° 的锥角。钻孔深度指的是圆柱部分的深度，不包括锥角。在阶梯形钻孔的过渡处，也存在锥角 120° 的圆台。对于斜孔、曲面上的孔，为使钻头与钻孔端面垂直，应制成与钻头垂直的凸台或凹坑，如图 7-16 所示。

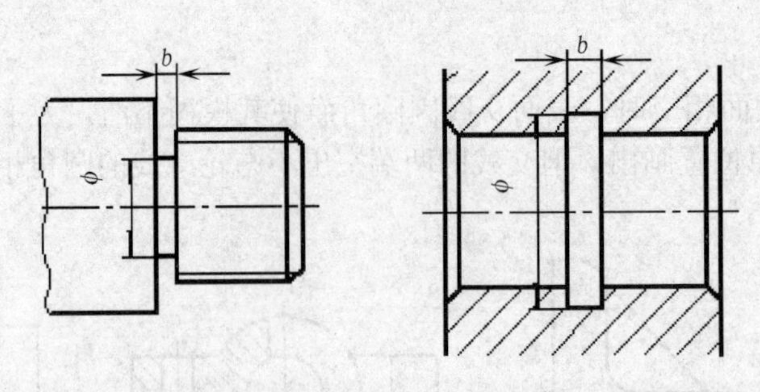

图 7-15　退刀槽和砂轮越程槽

图 7-16　钻孔结构

4. 凸台和凹坑

为使配合面接触良好，并减少切削加工面积，应将接触部位制成凸台或凹坑等结构，如图 7-17 所示。

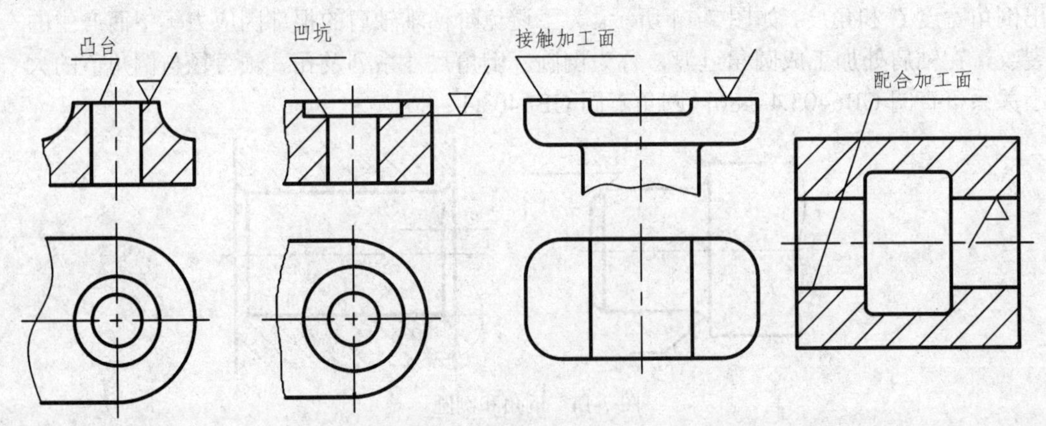

图 7-17　凸台和凹坑

7–3　零件图的视图选择

一、零件图的视图选择

1. 主视图的选择　主视图的选择将影响视图的数目与配置，因此在画零件图时，应首先对零件进行形体分析，考虑如何选择主视图。

选择主视图的步骤和原则如下：

（1）选择主视图的投影方向　按照“形状特征原则”确定主视图投影方向。

（2）选择主视图在图样上安放的位置　主视图投影方向确定后，还需确定主视图的安放位置。一般可按下列原则考虑：

① 工作位置原则　即按零件在机器中工作时的位置绘制主视图，以便于画图和读图。如图 7-18 减速器从动齿轮轴的工作位置，其主视图按工作位置原则选择。这样既显示了形状特征，又符合工作位置。

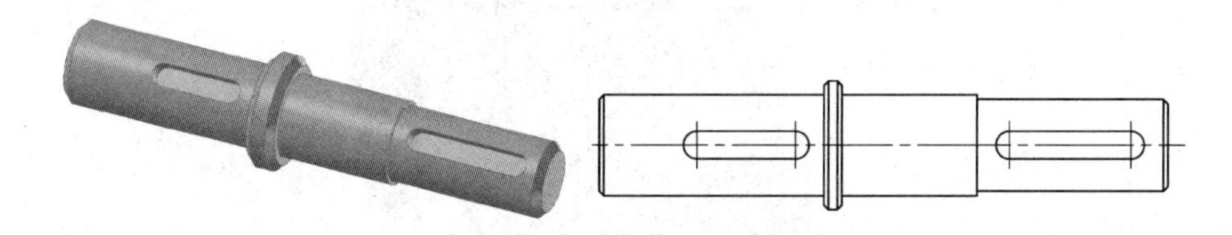

图 7-18　减速器从动齿轮轴的主视图

② 加工位置原则　即按零件在机床上进行加工时主要加工工序的位置，或加工前在毛坯划线时的位置绘制主视图，以便于工人对照图样进行生产。

如轴，由于轴主要在车床上进行加工，且加工时回转轴线处于水平位置，所以，选择主视图的安放位置应如图 7-18 所示。

在按上述原则考虑时，还应该注意以下几点：

（1）在满足“形状特征原则”的前提下，根据“加工位置原则”与“工作位置原则”所选择的主视图大多一致，但有时二者不能兼顾或某一个原则无法运用时，就应该根据具体情况决定，有些零件如发动机连杆，在机器中是运动的，没有固定的工作位置，其主视图则常按加工位置绘制。如阀体、手轮、螺栓等，在机器的不同部位中，没有固定的工作位置，其主视图习惯上按正常位置（如令进出口的轴线或主要加工平面处于水平位置）安放。手轮、螺栓一般按加工位置安放。轴及衬套一类零件，无论其工作位置如何，一般都按加工位置安放。某些零件在制造过程中要经过很多道工序，而不同工序的加工位置也不一样，此时，如考虑加工位置，则应选取其主要工序的加工位置。

（2）选择主视图时，应适当考虑图纸幅面的合理利用，例如对长宽相差悬殊的零件，常把长的方向放于同时与正面及水平面平行。

（3）选择主视图时，一般还须考虑能够画出清晰的左视图而不是右视图。

根据以上几点的分析，在选择主视图时，应针对具体零件，首先满足“形状特征原则”，然后，从是否符合生产情况，与其他视图的配置，便于阅读等方面作全面考虑，最后确定出最合理的方案。

2. 其他视图的选择　主视图选定后，其他视图的确定在保证充分且清楚地表示出零件内、外部形状的前提下，尽可能使视图数目最少。

要将零件表达清楚，除主视图外，究竟还需要哪些视图，这与零件的形状以及所采用的表达方法有关，对于同一零件，表达方法可能不止一种，如果能够恰当地运用剖视，断面图、局部视图及其他表达方法，不仅可使视图数目适当减少，而且也可使图样清晰易懂。因此，选择视图，应该多加思考，进行分析比较，以确定一个最好的方案。

按零件各形体的表达情况进行分析，是选择其他视图最基本的方法，当主视图选定后，应分析哪些形体的形状与位置已表示清楚，还有那些未表示清楚，它们还各需补充哪些视图，最后经过归纳分析，即可确定。

具体例子如图 7-19 所示的泵体。

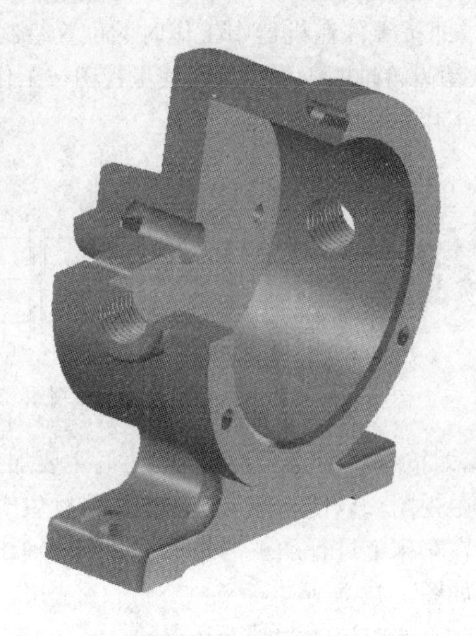

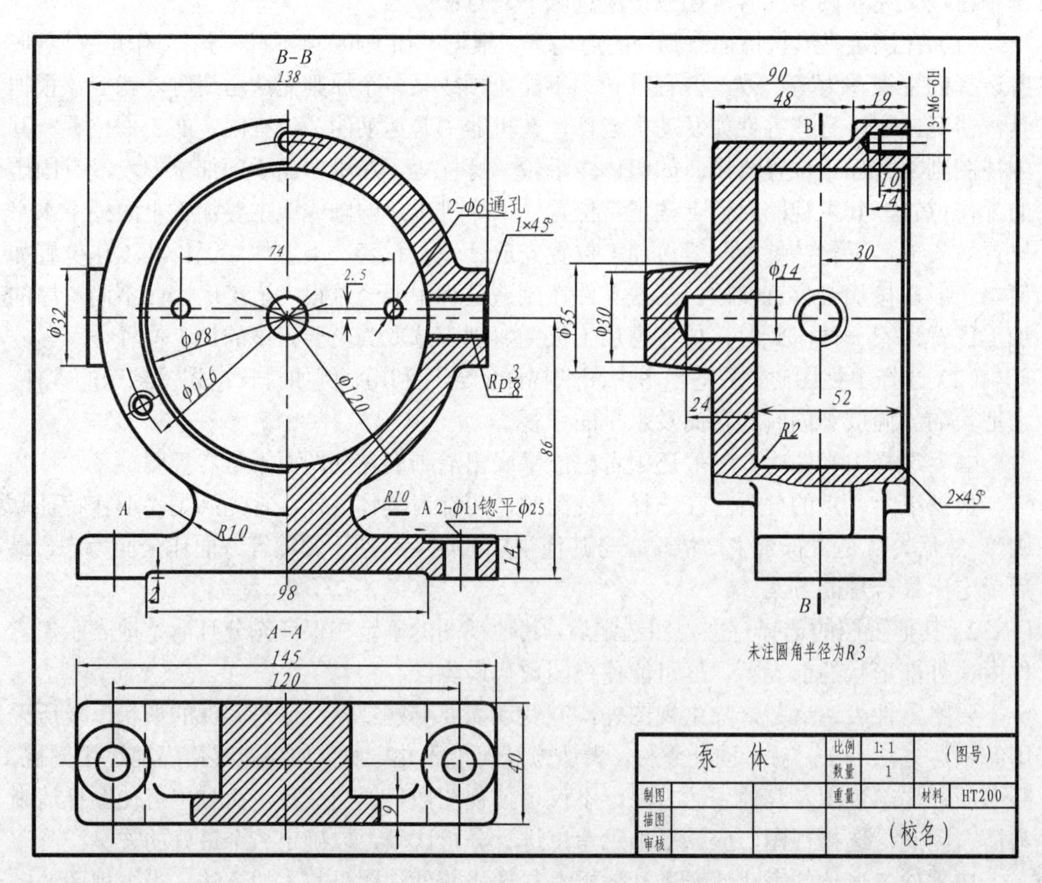

图 7-19　泵体的三视图

二、零件图上一些简化画法和规定画法

1. 断裂画法　对于长的零件，如果其断面形状不变或均匀变化时，为了图面紧凑，可假想把中间部分断去，而将两端移拢画出，但零件尺寸仍按实际长度标注，见图 7-20。

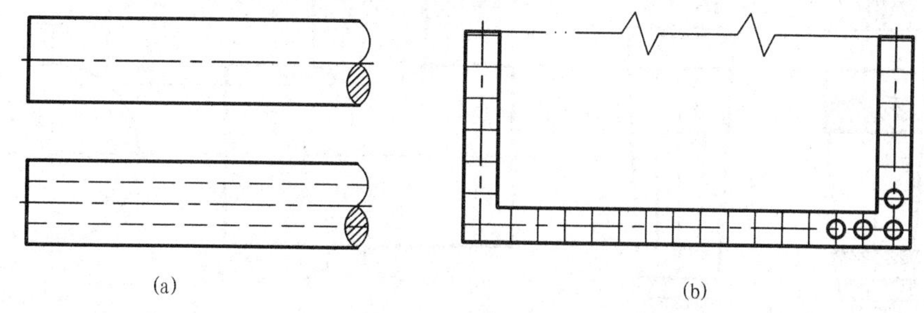

图 7-20　零件断裂画法

2. 辅助性投影　为了表示某个零件和别的零件的连接位置，可用双点划线将相连零件画出，或者，为了表示加工某一部分时的情况，如表示铣刀在轴上铣键槽的情况，亦可用双点划线表示出加工刀具的位置，见图 7-21。

3. 平面的表示法　有时，在零件上某些局部作成平面，当这些平面只用一个投影表示时，应在平面部分画成相交两条细实线表示，见图 7-22。

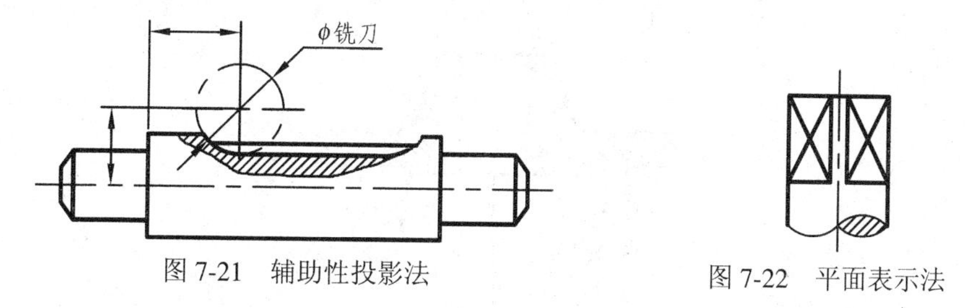

图 7-21　辅助性投影法

图 7-22　平面表示法

4. 局部放大　当零件局部形状较小，表达不清楚或不便标注尺寸时，可用局部放大图表示。画局部放大图时，应在原视图中需要放大的地方画一细实线圆圈，并注以大写罗写字母，而在局部放大图的上方用一分式标明，式中分子为局部放大图的编号，分母为放大图的比例。见图 7-23。

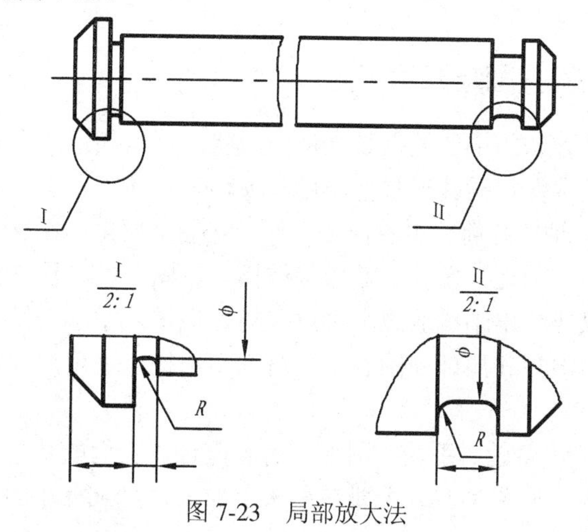

图 7-23　局部放大法

5. 视图和剖视图中的过渡线和相贯线　如果不影响图形的实感性，允许简化画出，如用直线或圆弧来代替非圆曲线。见图 7-24。

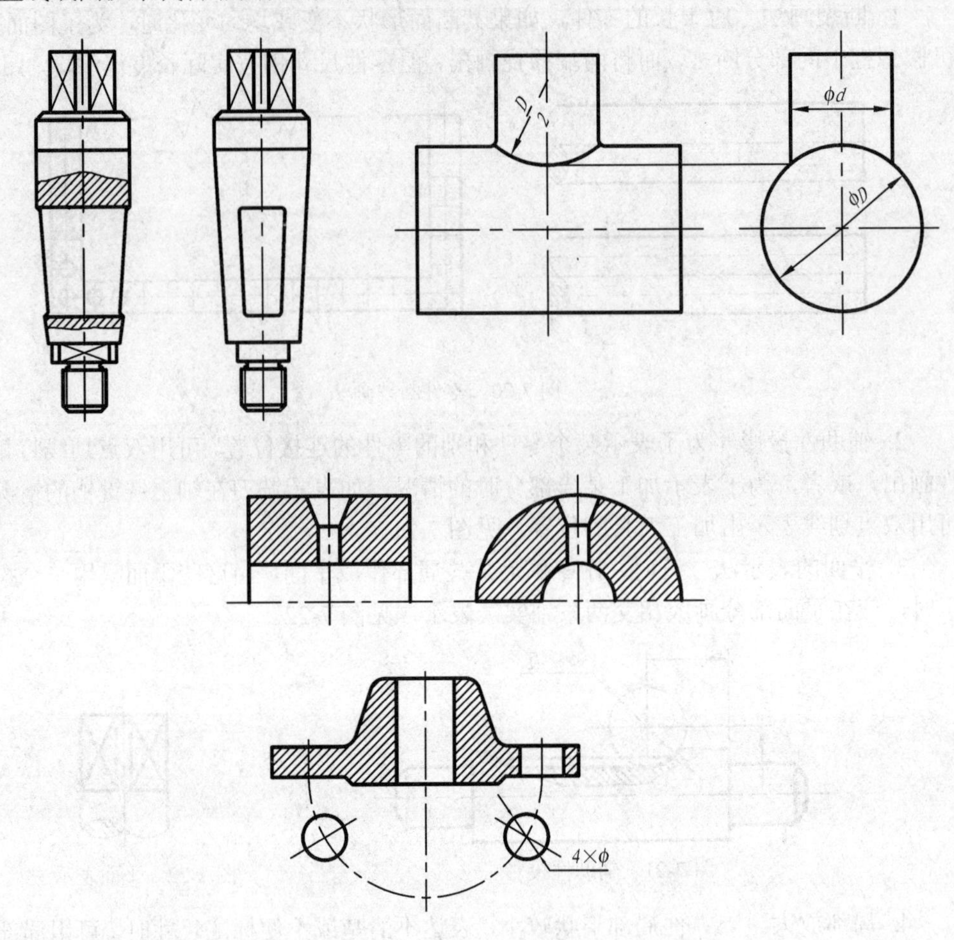

图 7-24　过渡线和相贯线画法

6. 圆柱形法兰或类似零件上的孔，若均匀分布时，可采用示意方法绘制，表示孔的圆要用标准实线画出。见图 7-24。

三、典型零件的视图与表达方法

确定视图与表达方法的主要依据是零件的形状，形状相近的在视图与表达方法上也有共同的特点。一般零件根据其形状不同可分为轴套、转盘、叉架和箱体等四种类型。

1. 轴套类零件　轴、套筒、实心杆等零件。它们主要是由回转体组成。多在车床上加工，这类零件上常有销孔、螺孔、键槽等结构。见图 7-25，图 7-26。

这类零件一般只要画出轴线放成水平位置的主视图。空心套筒不全剖，而其他结构可采用断面图、局部剖视和局部视图表示。对细小结构可采用局部放大图，长的部分可采用断裂画法。

2. 轮盘类零件　皮带轮、手轮、圆形端盖等零件。它们的基本部分是回转体。通常有孔、筋、槽等结构。见图 7-27。主要在车床上加工，盘上分布的孔在钻床上加工。

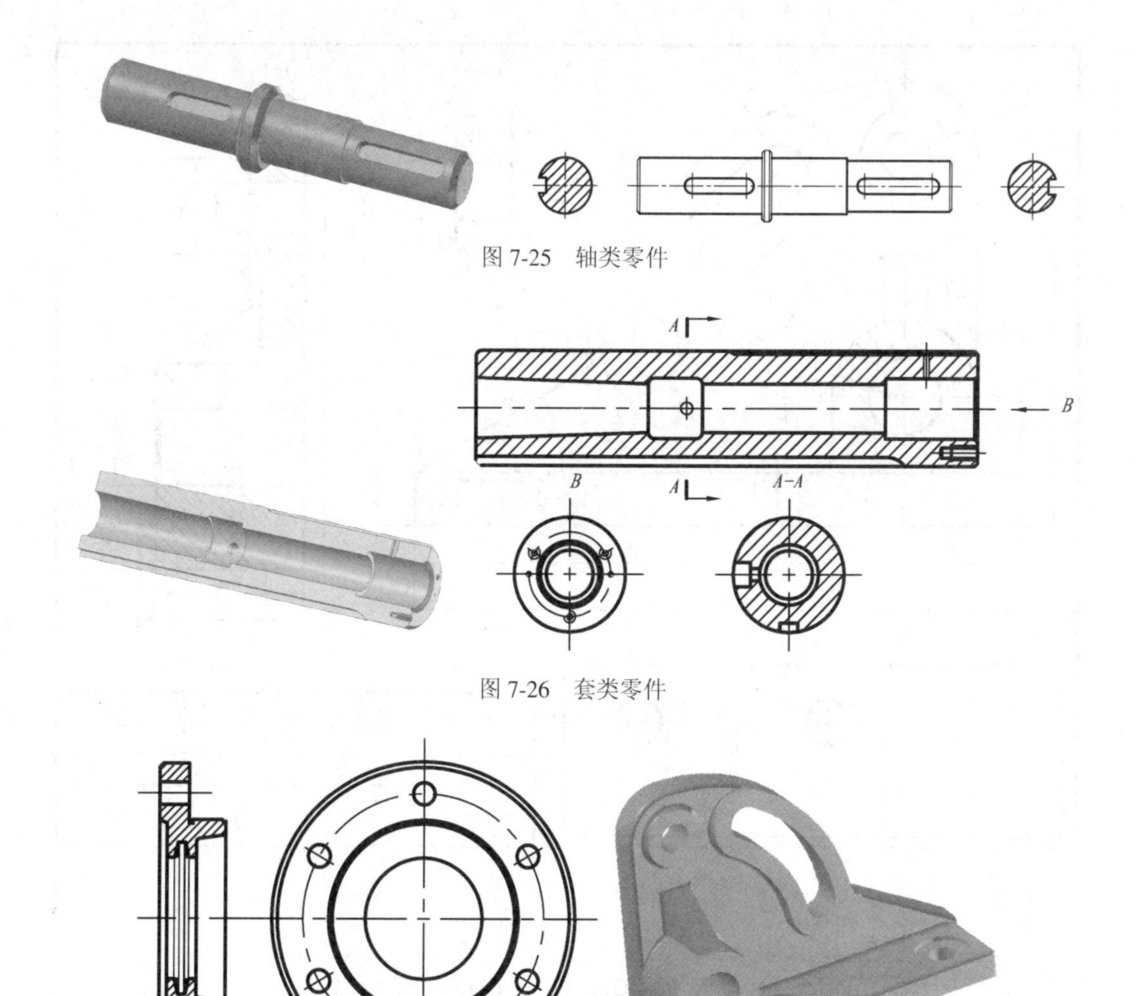

图 7-25　轴类零件

图 7-26　套类零件

图 7-27　轮盘类零件

轮盘类零件采用两个基本视图，主视图一般按主要加工位置将轴线放成水平，并画成全剖视图。对筋、孔不在对称平面上时，则采用习惯画法或旋转剖视，个别部分还可采用断面图、局部视图表达方法。

3. 叉架类零件　拨叉、连杆、支架、中心架等零件。

它们多有筋板或实心杆和几个主要部分连接而成，其主要部分常有圆形通孔，起支撑和连接作用的筋和杆，其断面形状有多种形式。需进行多道工序加工，所以选择主视图时，主要考虑“形状特征原则”和“工作位置原则”。多采用两个或三个基本视图。见图 7-28。

可采用局剖、斜剖、斜视图、旋转剖等表达方法。

4. 箱体类零件阀体、泵体、机座、减速箱体等零件，一般较为复杂。所以主视图的确定主要根据“形状特征原则”和“工作位置原则”。

基本视图一般都用三个或三个以上，表达方法有多种。

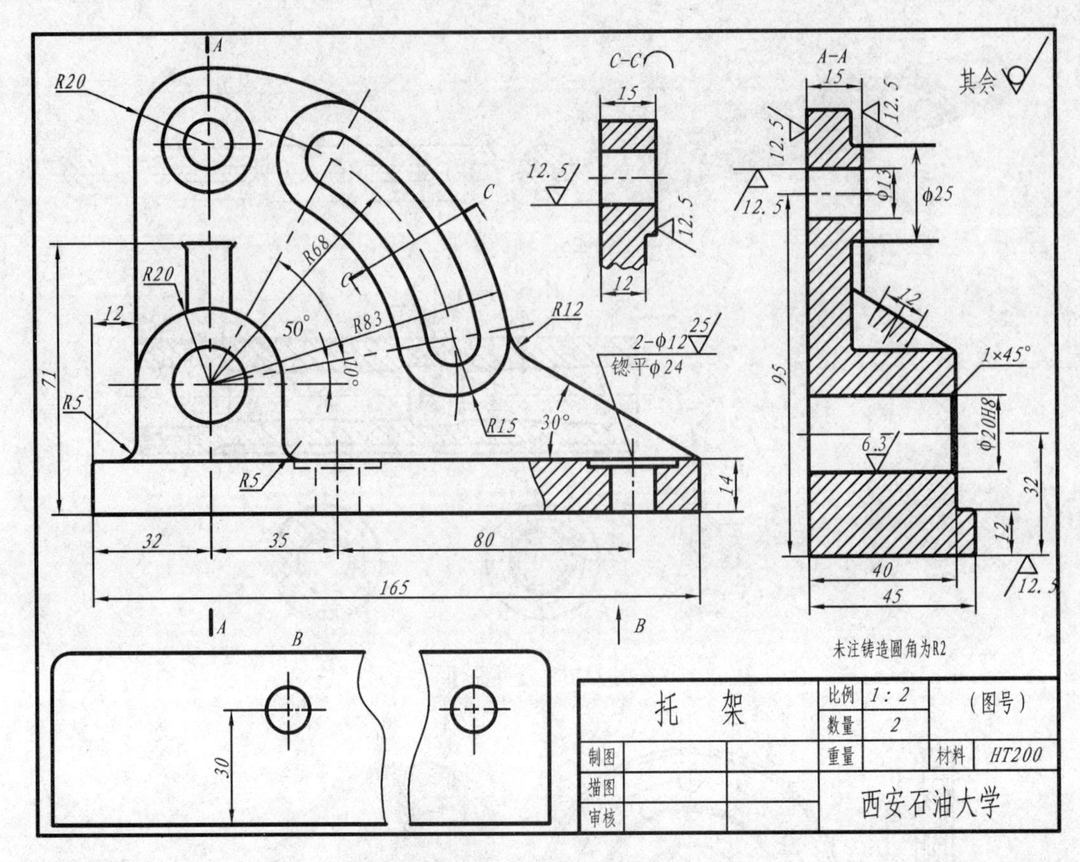

图 7-28　叉架类零件

7–4　零件图中尺寸的合理标注

一、尺寸标注的原则

标注尺寸时，除应遵照《机械制图国家标准》中有关尺寸标注法的规定外，还必须遵守下列几项原则：

1. 全——齐全　包括定形尺寸、定位尺寸、总体尺寸。

2. 清——清晰易找　符合《机械制图国家标准》有关规定：注在明显的图形上；小尺寸离图形近，大尺寸离图形远；尺寸线与轮廓线的最小距离不能小于 7mm，建议采用 10mm～15mm。

3. 合理——符合设计要求和工艺要求（加工工艺要求和测量工艺要求）。

二、尺寸基准

1. 基准的概念　标注尺寸的起点称为尺寸基准。在实际生产中，基准是设计、制造和检验时确定零件上某些面、线、点的位置的起点。见图 7-29。

2. 基准的种类

按作为基准的几何元素，可分为：

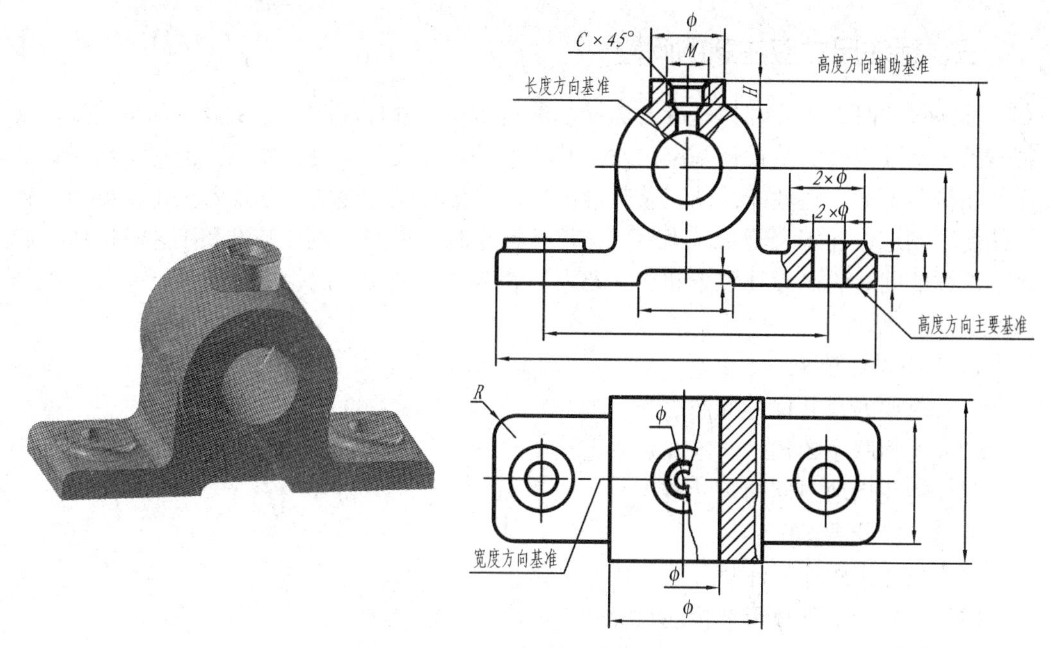

图 7-29　尺寸基准标注

（1）面基准　主要是零件上的加工面，尤其是与其他零件接触的重要加工面，如零件上的端面、底面等。对于对称零件，也常以其对称平面作为基准。

（2）线基准　回转体的轴线和零件上轴、孔的轴线作为基准。

（3）点基准　曲线形轮廓的板状零件（如凸轮及其他类似零件），在划线时作为平面图形考虑，确定曲线轮廓的极坐标原点即为点基准。

按在实际生产中的作用，可分为：

（1）设计基准　在设计时，以零件上的某些面、线或点作为起点来确定零件上其他面、线或点的位置时，则这些面、线或点便是零件的设计基准。

（2）工艺基准　在加工和测量时，以零件上的某些面、线或点作为起点来确定零件上其他面、线或点的位置时，则这些面、线或点便是零件的工艺基准。

图 7-30 是设计基准和工艺基准的具体例子。

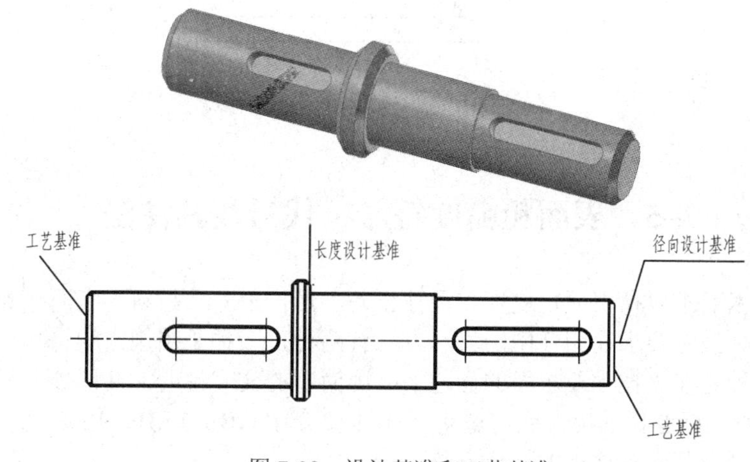

图 7-30　设计基准和工艺基准

三、标注尺寸应注意的问题

标注尺寸时首先要选择基准。选择基准是指在尺寸标注时，是从设计基准出发，还是从工艺基准出发。从设计基准出发，其优点是尺寸反映了设计要求，能保证所设计的零件在机器上的工作性能；从工艺基准出发，其优点是标注的尺寸反映了工艺要求，使零件便于制造、加工和测量。当然，在尺寸标注时，最好把设计基准和工艺基准统一起来，这样能同时满足设计要求和工艺要求。若两者不能统一时，应首选设计基准，以便保证设计要求。

1. 考虑设计要求

（1）重要的尺寸优先标注出来。

（2）互相联系的尺寸一定要联系起来。

（3）避免出现封闭的尺寸链。

2. 考虑工艺要求

（1）按加工顺序标注尺寸。

（2）铸件、锻件按形体标注尺寸。

（3）注意毛面与加工面的尺寸标注法。

（4）标注尺寸要考虑便于测量。

图 7-31 为减速器从动齿轮轴的尺寸注法。

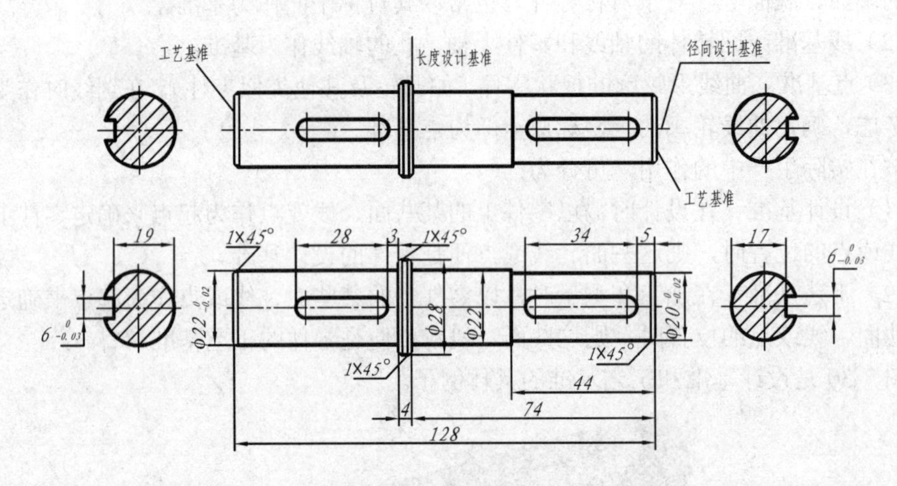

图 7-31　齿轮轴尺寸注法

7–5　表面粗糙度符号、代号及其注法

零件的技术要求包括表面粗糙度、尺寸公差、形位公差、材料、表面涂镀、热处理和表面处理等。技术要求在图样中的表示方法有两种，一种是用规定的符号、代号标注在视图中，一种是在“技术要求”的标题下，用简明的文字说明，并逐项书写在图样的适当位置（一般在标题栏的上方或左边）。本节主要介绍 GB / T131—1993 规定的表面粗糙度符号、代号及其在图样上的标注方法。

一、表面粗糙度的基本概念

零件表面上具有较小间距和峰谷所组成的微观几何形状特性，称为表面粗糙度。

表面粗糙度对零件的配合性质、耐磨性、强度、抗腐性、密封性、外观要求等影响很大，因此，零件表面的粗糙度的要求也有不同。一般说来，凡零件上有配合要求或有相对运动的表面，表面粗糙度参数值要小。评定表面粗糙度的高度参数有：轮廓算术平均偏差 R_a，微观不平度十点高度 R_z，轮廓最大高度 R_y。优先选用轮廓算术平均偏差 R_a。如何确定表面粗糙度的参数及取值，可参阅有关的书籍和手册。

二、表面粗糙度的代（符）号及其标注

在 GB/T131—93 中规定，表面粗糙度符号是由规定的符号和有关参数值组成的。

图 7-32 为表面粗糙度符号的画法，其中 $d'=0.1h$，$H_1=1.4h$，$H_2=2.1h$，h 为零件图中的字体高度。

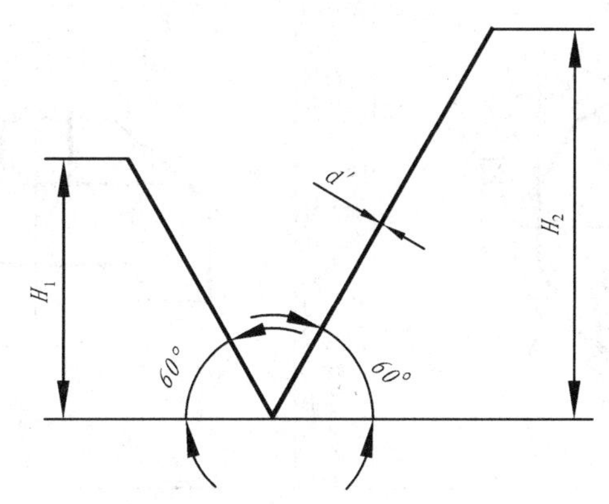

图 7-32　表面粗糙度符号的画法

三、表面粗糙度参数

表面粗糙度参数的单位是μm。注写 R_a 时，只写数值；注写 R_z、R_y 时，应同时注出 R_z、R_y 和数值。只注一个值时，表示为上限值；注两个值时，表示为上限值和下限值。

说明：

（1）标注轮廓算术平均偏差 R_a 时，可省略符号 R_a。

（2）当标注上限值或上限值与下限值时，允许实测值中有 16%的测值超差。

（3）当不允许任何实测值超差时，应在参数值的右侧加注 max 或同时标注 max 和 min。

四、表面粗糙度代号在图样上的标注

在同一图样上，每一个表面只注一次粗糙度代号，且应注在可见轮廓线、尺寸界线、引出线或它们的延长线上，并尽可能靠近有关尺寸线。符号的尖端必须从材料外指向表面。表面粗糙度在图样中的标注方法见表 7-2。

表 7-2　表面粗糙度在图样中的标注方法

图　例	说明	图　例	说　明
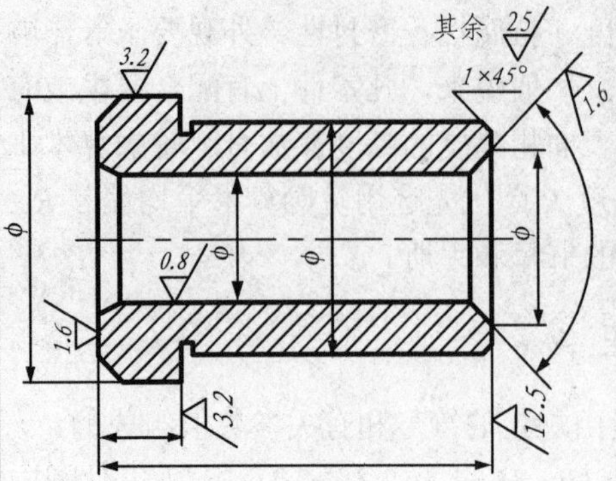 其余 25；3.2；1×45°；1.6；0.8；12.5；φ	零件的大部分表面具有相同表面粗糙度要求时，可统一注在图纸的右上角，加注其余两字	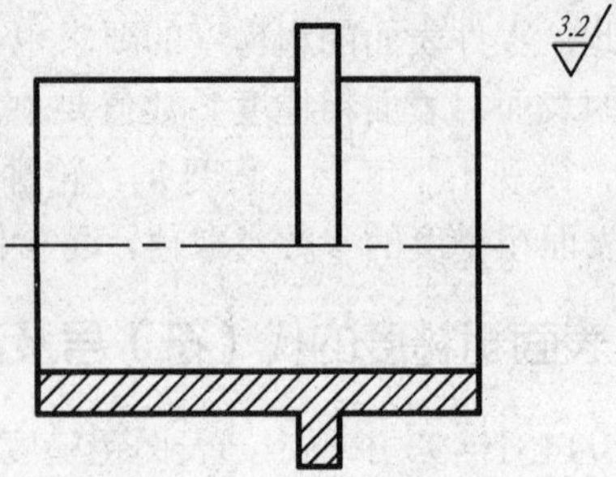 3.2	当零件的所有表面具有相同表面粗糙度要求时，可统一注在图纸的右上角
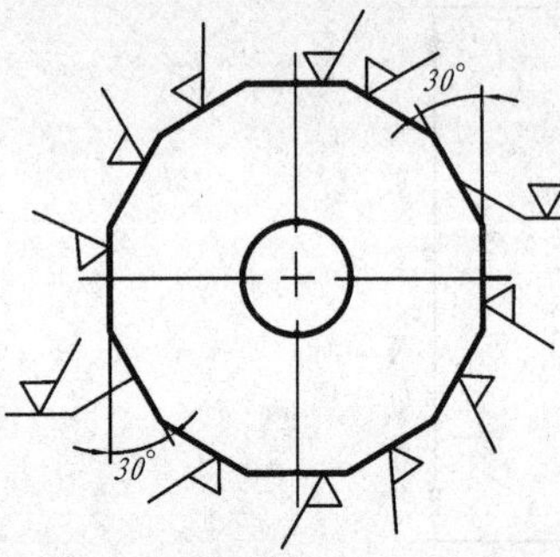 30°；30°	代号中的数字及符号的方向必须按图中的规定标注，代号中的数字方向与尺寸数字的方向一致	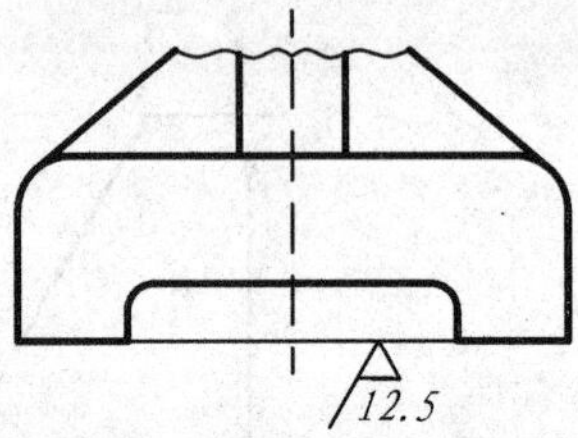 12.5	对不连续的同一表面，可用细实线连接，其表面粗糙度代号只标注一次
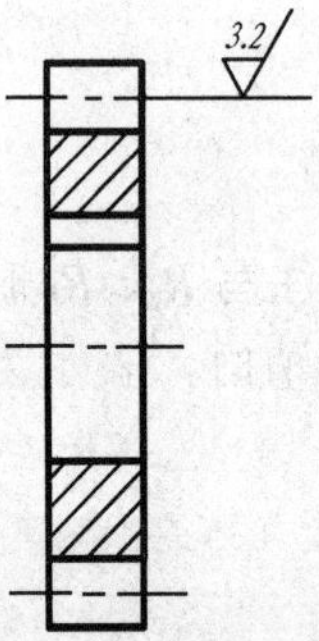 3.2	齿轮的工作表面，在图中没用表示出齿形时，其表面粗糙度可标注在分度线上	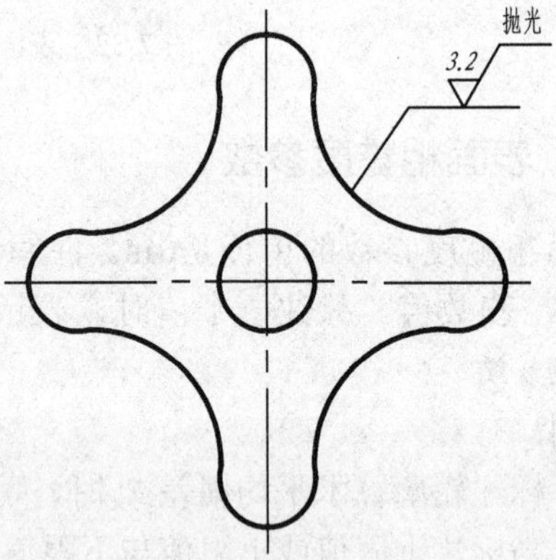 抛光；3.2	零件上具有连续要素及重复要素（孔、槽、齿）的表面，其表面粗糙度代号只注一次
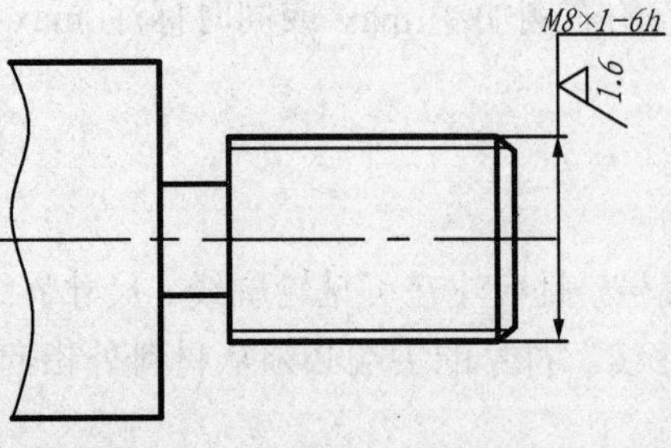 M8×1-6h；1.6	螺纹表面需要标注表面粗糙度时，可注在螺纹尺寸线上	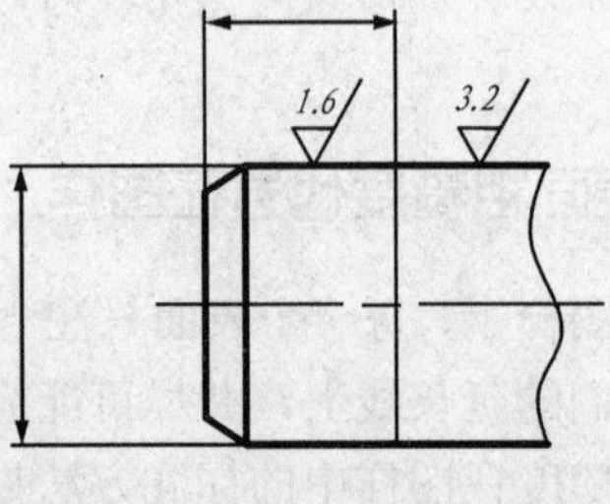 1.6；3.2	同一表面上有不同表面粗糙度要求时，应用细实线分开，并注出尺寸与表面粗糙度代号

7-6 极限与配合

按零件图要求加工出来的零件，装配时不需要经过选择或修配，就能达到规定的技术要求，这种性质称为互换性。零件具有互换性，便于装配和维修，有利于组织生产协作，提高经济效益。建立极限与配合制度是保证零件具有互换性的必要条件。下面简要介绍国家标准《极限与配合》（GB/T1800、GB/T 1801）的基本内容。

一、极限与配合的基本概念

1. 零件的互换性

同一批零件，不经挑选和辅助加工，任取一个就可顺利地装到机器上去，并满足机器的性能要求，零件的这种性能称为互换性。零件具有互换性，不仅能组织大批量生产，而且可提高产品的质量、降低成本和便于维修。

保证零件具有互换性的措施：由设计者确定合理的配合要求和尺寸公差大小。在满足设计要求的条件下，允许零件实际尺寸有一个变动量，这个允许尺寸的变动量称为公差。

2. 基本术语

基本尺寸：设计给定的尺寸；

极限尺寸：允许尺寸变化的两个极限值，它是以基本尺寸为基数来确定的。尺寸偏差（简称偏差）：某一尺寸减其基本尺寸所得的代数差，分别称为上偏差和下偏差，见图 7-33。即：

上偏差 = 最大极限尺寸 － 基本尺寸

下偏差 = 最小极限尺寸 － 基本尺寸

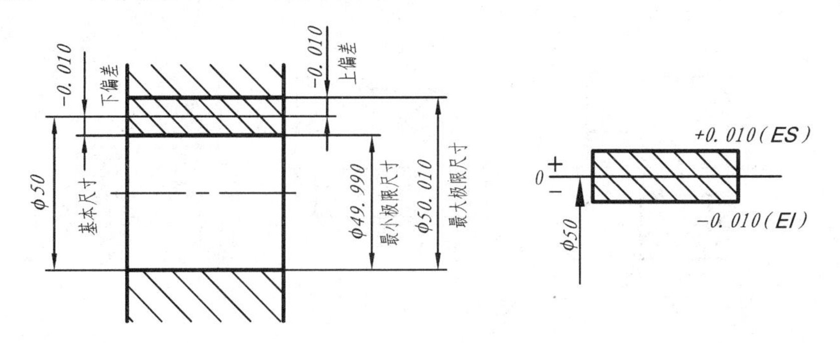

图 7-33　尺寸标注

国家标准规定：孔的上偏差代号为 ES，孔的下偏差代号为 EI，如图 7-33 所示。轴的上偏差代号为 es，下偏差代号为 ei。

尺寸公差（简称公差）：允许尺寸的变动量。

公差 = 最大极限尺寸 – 最小极限尺寸 = 上偏差 – 下偏差

例：一根轴的直径为 ϕ50±0.008。其基本尺寸为 ϕ50，最大极限尺寸为 ϕ50.008，最小极限尺寸为 ϕ49.992。

上偏差 = 50.008 − 50 = 0.008

下偏差 = 49.992 – 50 = −0.008

公差 = 50.008−49.992 = 0.016　或 = 0.008−（−0.008）=0.016

零线：在公差带图（公差与配合图解）中确定偏差的一条基准直线，即零偏差线。通常以零线表示基本尺寸。

尺寸公差带（简称公差带）：在公差带图中，由代表上、下偏差的两条直线所限定的区域。

3. 配合

基本尺寸相同的、相互结合的孔和轴公差带之间的关系称为配合。根据使用的要求不同，孔和轴之间的配合有松有紧，国家标准规定配合分三类：间隙配合、过盈配合和过渡配合。

1）间隙配合

孔与轴配合时，具有间隙（包括最小间隙等于零）的配合，此时孔的公差带在轴的公差带之上。见图 7-34。

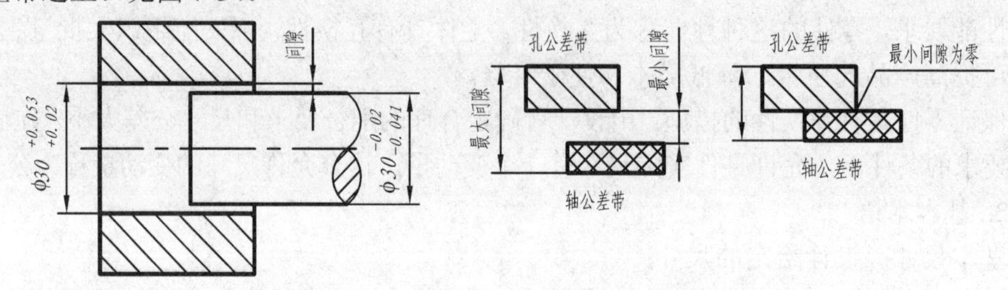

图 7-34　间隙配合

2）过盈配合

孔和轴配合时，孔的尺寸减去相配合轴的尺寸，其代数差为负值为过盈。具有过盈的配合称为过盈配合。此时孔的公差带在轴的公差带之下。见图 7-35。

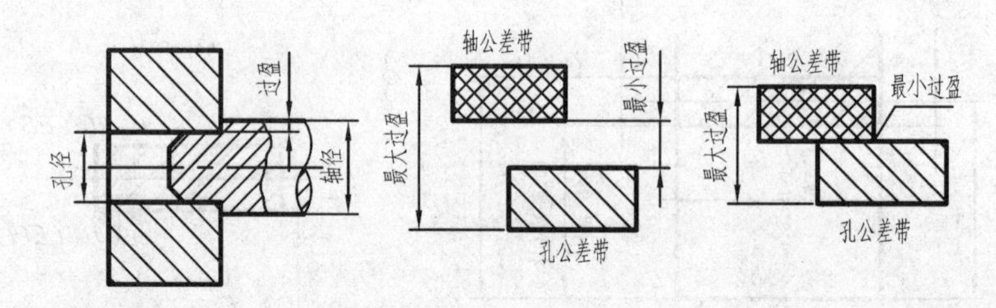

图 7-35　过盈配合

3）过渡配合

可能具有间隙或过盈的配合为过渡配合。此时孔的公差带与轴的公差带相互交叠。见图 7-36。

4. 标准公差与基本偏差

公差带由“公差带大小”和“公差带位置”这两个要素组成。标准公差确定公差带大小，基本偏差确定公差带位置。

1）标准公差

标准公差是标准所列的，用以确定公差带大小的任一公差。标准公差分为 20 个等级，即：IT01、IT0、IT1 至 IT18。IT 表示公差，数字表示公差等级，从 IT01 至 IT18 依次降低。

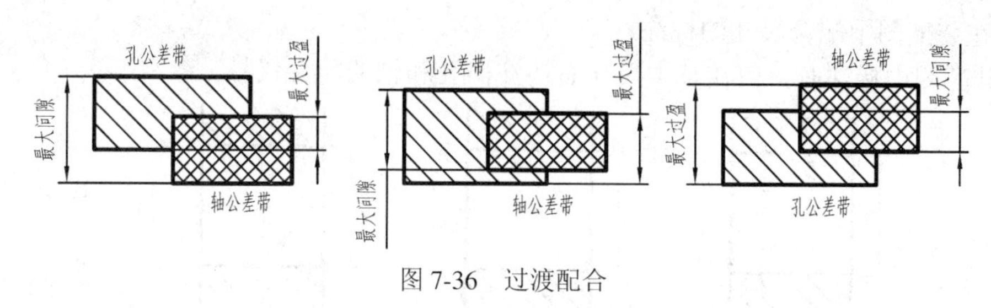

图 7-36　过渡配合

2）基本偏差

基本偏差是标准所列的，用以确定公差带相对零线位置的上偏差或下偏差，一般指靠近零线的那个偏差。当公差带在零线的上方时，基本偏差为下偏差；反之则为上偏差。轴与孔的基本偏差代号用拉丁字母表示，大写为孔，小写为轴，各有 28 个。其中 H（h）的基本偏差为零，常作为基准孔或基准轴的偏差代号。

5. 配合制度

当基本尺寸确定后，为了得到孔与轴之间各种不同性质的配合，又便于设计和制造，国家标准规定了两种不同的基准制，即基孔制和基轴制，在一般情况下优先选用基孔制。

1）基孔制

基本偏差为一定的孔的公差带，与不同基本偏差的轴的公差带形成各种配合的一种制度，如图 7-37（a）所示。

基孔制配合中的孔为基准孔，用基本偏差代号 H 表示，基准孔的下偏差为零。

2）基轴制

基本偏差为一定的轴的公差带，与不同基本偏差的孔的公差带形成各种配合的一种制度，如图 7-37（b）所示。

基轴制配合中的轴为基准轴，用基本偏差代号 h 表示，基准轴的上偏差为零。

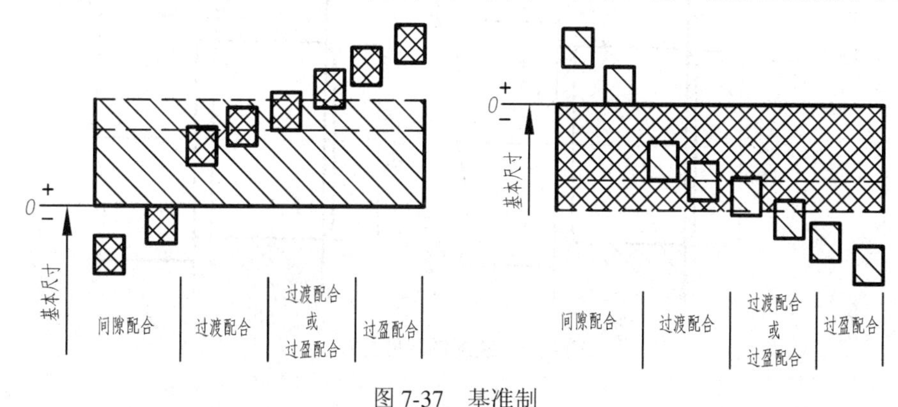

图 7-37　基准制
(a) 基孔制；(b) 基轴制。

二、公差与配合的标注

1. 零件图中的标注形式

在零件图中的标注形式有三种：标注基本尺寸及上、下偏差值（常用方法）或既注公差带代号又注上、下偏差或只注公差带代号，见图 7-38。

2. 在装配图中配合尺寸的标注

在装配图中标注时，应在基本尺寸右边注出孔和轴的配合代号。

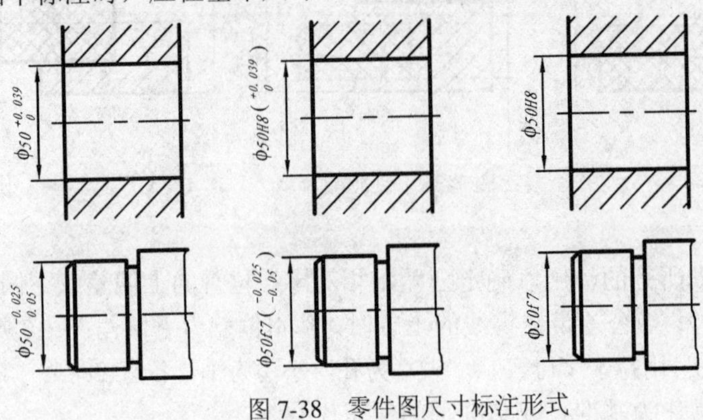

图 7-38　零件图尺寸标注形式

基孔制的标注形式

$$\text{基本尺寸}\frac{\text{基准孔的基本偏差代号（H）公差等级代号}}{\text{配合轴的基本偏差代号　公差等级代号}}$$

如图 7-39（a）所示，表示基本尺寸为 50，基孔制，8 级基准孔与公差等级为 7 级、基本偏差代号为 f 的轴的间隙配合。

基轴制的标注形式

$$\text{基本尺寸}\frac{\text{孔的基本偏差代号　公差等级代号}}{\text{基准轴的基本偏差代号（h）公差等级代号}}$$

如图 7-39（b）所示，表示基本尺寸为 50，基轴制，6 级基准轴与公差等级为 7 级，基本偏差代号为 P 的孔的过盈配合。

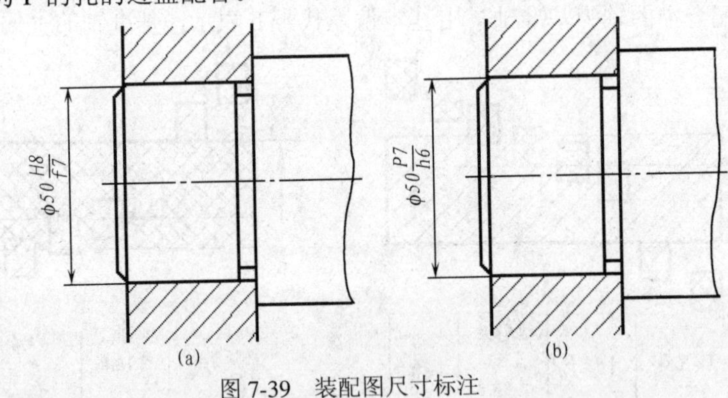

图 7-39　装配图尺寸标注

7–9　零件测绘方法及画草图步骤

一、零件的测绘方法和步骤

1. 分析零件

了解零件的用途、材料、制造方法以及与其他零件的相互关系；分析零件的形状和结构；选择主视图，确定表达方案。

2. 画零件草图

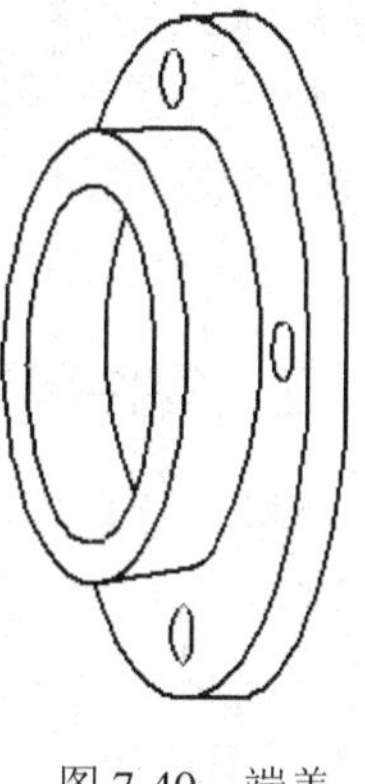

图 7-40　端盖

零件测绘工作一般多在现场完成，是经目测后徒手画出的，以图 7-40 端盖零件为例，绘制步骤为：

（1）定出各视图的位置，画出各视图的中心线、对称面迹线和作图基准线，如图 7-41（a）所示，注意各视图之间留出标注尺寸的位置。

（2）确定绘图比例，按所确定的表达方案画出零件的内、外结构形状。先画主要形体，后画次要形体；先定位置，后定形状；先画主要轮廓，后画细节如图 7-41（b）所示。

（3）选定尺寸基准，按照国家标准画出全部定形、定位尺寸界线、尺寸线。校核后加深图线，如图 7-41（c）所示。

（4）逐个测量并标注尺寸数值，画剖面符号，注写表面粗糙度代号，填写技术要求和标题栏。

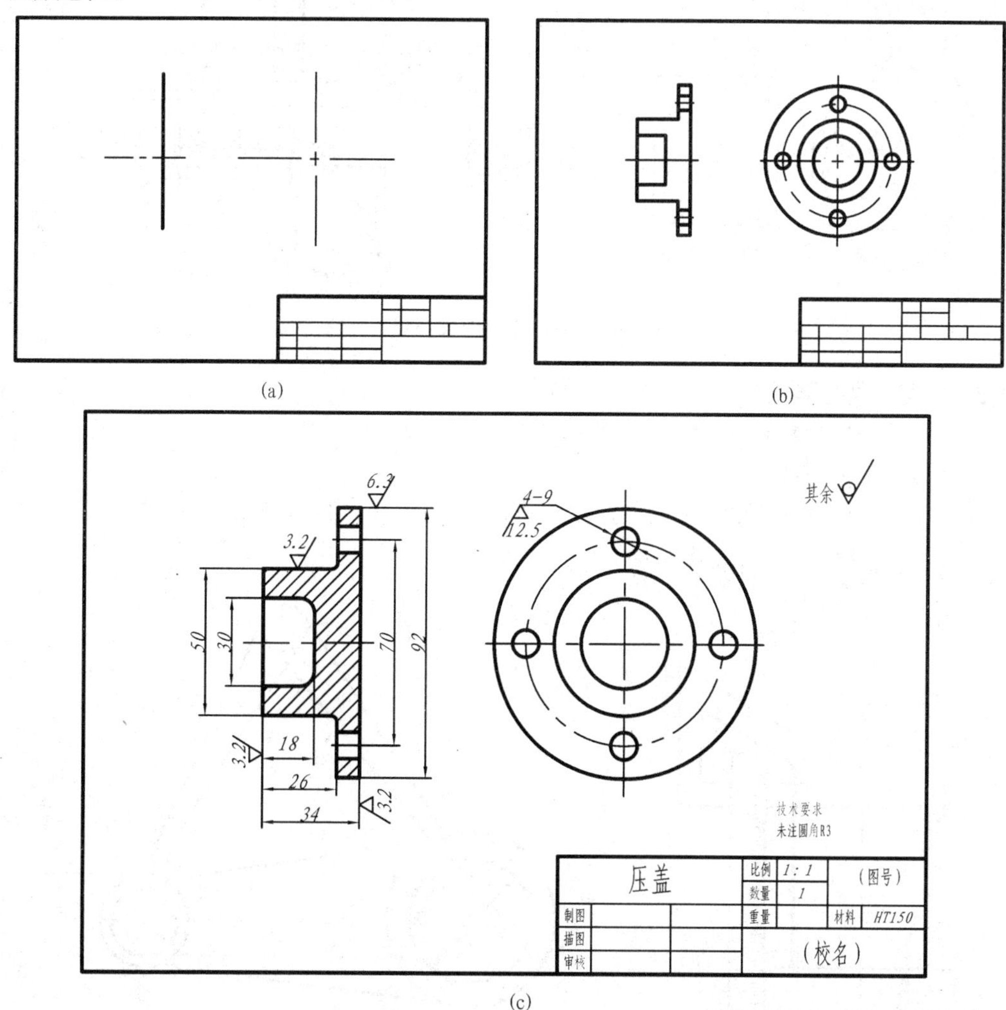

图 7-41　零件图绘制步骤

（a）画各视图基准线；（b）画各视图轮廓线；（c）画尺寸线，尺寸界线并描深。

3. 画零件图

画零件图的步骤与画草图类似，绘图过程中要注意：草图中的表达方案不够完善的地方，在画零件图时应加以改进。如果遗漏了重要的尺寸，必须到现场重新测量。尺寸公差、形位公差和表面粗糙度是否符合产品要求，应尽量标准化和规范化。

二、零件尺寸的测量方法

测量尺寸是零件测绘过程中的重要内容，零件上的全部尺寸数值的量取应集中进行，这样不但可以提高工作效率，还可避免错误和遗漏。测量的基本量具有：钢尺、内、外卡钳、游标卡尺和螺纹规等。常用的测量方法如下：

1. 回转体内外径的测量

回转体内、外径一般用内、外卡尺测量，然后再在钢尺上读数，也可用游标卡尺测量。见图 7-42。

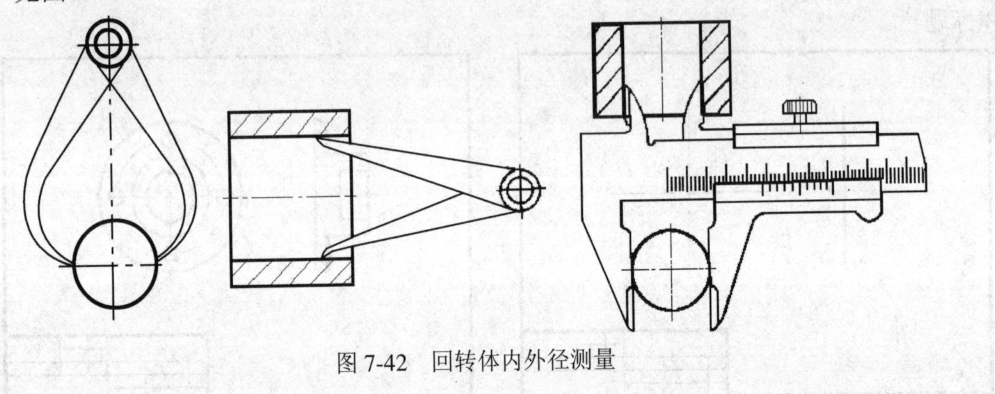

图 7-42　回转体内外径测量

2. 直线尺寸的测量

直线尺寸一般可用钢尺或三角板直接量出，见图 7-42。

3. 孔中心距的测量

两孔中心距的测量根据孔间距的情况不同，可用卡尺、直尺或游标卡尺测量。测量后用式 $A = A_0 + \frac{D_1}{2} + \frac{D_2}{2}$ 计算，见图 7-43。

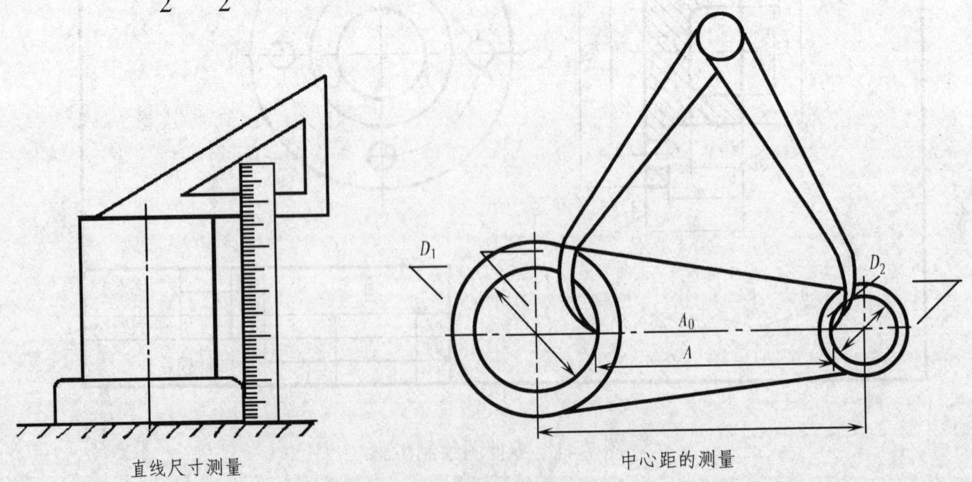

图 7-43　其他尺寸测量

使用卡钳时注意：用外卡钳量取外径时，卡钳所在平面必须垂直于圆柱体的轴线；用内卡钳量取内径时，卡钳所在平面必须包含圆孔的轴线。

三、测量注意事项

1. 不要忽略零件上的工艺结构，如铸造圆角、倒角、退刀槽、凸台等。

2. 有配合关系的尺寸，可测量出基本尺寸，其偏差应经分析选用合理的配合关系查表得出；对于非配合尺寸或不主要尺寸，应将测得尺寸圆整。

3. 对螺纹、键槽、沉头孔、螺孔深度、齿轮等已标准化的结构，在测得主要尺寸后，应查表采用标准结构尺寸。

7-10 读零件图

在生产实际中读零件图，就是要求在了解零件在机器中的作用和装配关系的基础上，弄清零件的材料、结构形状、尺寸和技术要求等，评论零件设计上的合理性，必要时提出改进意见，或者为零件拟订适当的加工制造工艺方案。

一、读零件图的方法和步骤

1. 读标题栏

了解零件的名称、材料、画图的比例、重量，从而大体了解零件的功用。对于较复杂的零件，还需要参考有关的技术资料。

2. 分析视图，想像结构形状

分析各视图之间的投影关系及所采用的表达方法。看视图时，先看主要部分，后看次要部分；先看整体，后看细节；先看容易看懂部分，后看难懂部分。按投影对应关系分析形体时，要兼顾零件的尺寸及其功用，以便帮助想像零件的形状。

3. 分析尺寸

了解零件各部分的定形尺寸、定位尺寸和零件的总体尺寸，以及注写尺寸所用的基准。

4. 看技术要求

零件图的技术要求是制造零件的质量指标。分析技术要求，结合零件表面粗糙度、公差与配合等内容，以便弄清加工表面的尺寸和精度要求。

5. 综合考虑

把读懂的结构形状、尺寸标注和技术要求等内容综合起来，就能比较全面地读懂零件图。

二、读图举例

见图 7-44。

1. 看标题栏　从标题栏中可知零件的名称是缸体，其材料为铸铁（HT200），属于箱体类零件。

2. 分析视图　图中采用三个基本视图。主视图为全剖视图，表达缸体内腔结构形状，内腔的右端是空刀部分，$\phi 8$ 的凸台起限定活塞工作位置的作用，上部左右两个螺孔是连接油管用的螺孔。俯视图表达了底板形状和四个沉头孔、两个圆锥销孔的分布情况，以及两个螺孔所在凸台的形状。左视图采用 A—A 半剖视图和局部视图，它们表达了圆柱形缸体与底板的连接情况；与缸盖连接的螺孔分布以及底板上的沉头孔。

3. 分析尺寸　缸体长度方向的尺寸基准是左端面，从基准出发标注定位尺寸 80、15，定形尺寸 95、30 等，并以辅助基准标注了缸体和底板上的定位尺寸 10、20、40，定形尺寸 60、*R*10。宽度方向尺寸基准是缸体前后对称面的中心线，并标注出底板上定位尺寸 72 和定形尺寸 92、50。高度方向的尺寸基准是缸体底面，并标注出定位尺寸 40，定形尺寸 5、12、75。

4. 看技术要求　缸体活塞孔*ϕ*35 是工作面并要求防止泄漏；圆锥孔是定位面，所以表面粗糙度 *R*a 的最大允许值为 0.8；其次是安装缸盖的左端面，为密封面，*R*a 的值为 1.6。*ϕ*35 的轴线与底板安装面 *B* 的平行度公差为 0.06；左端面与*ϕ*35 的轴线垂直度公差为 0.025。因为油缸的工作介质是压力油，所以缸体不应有缩孔，加工后还要进行打压试验。

5. 综合分析　总结上述内容并进行综合分析，对缸体的结构特点、尺寸标注和技术要求等，有比较全面的了解。

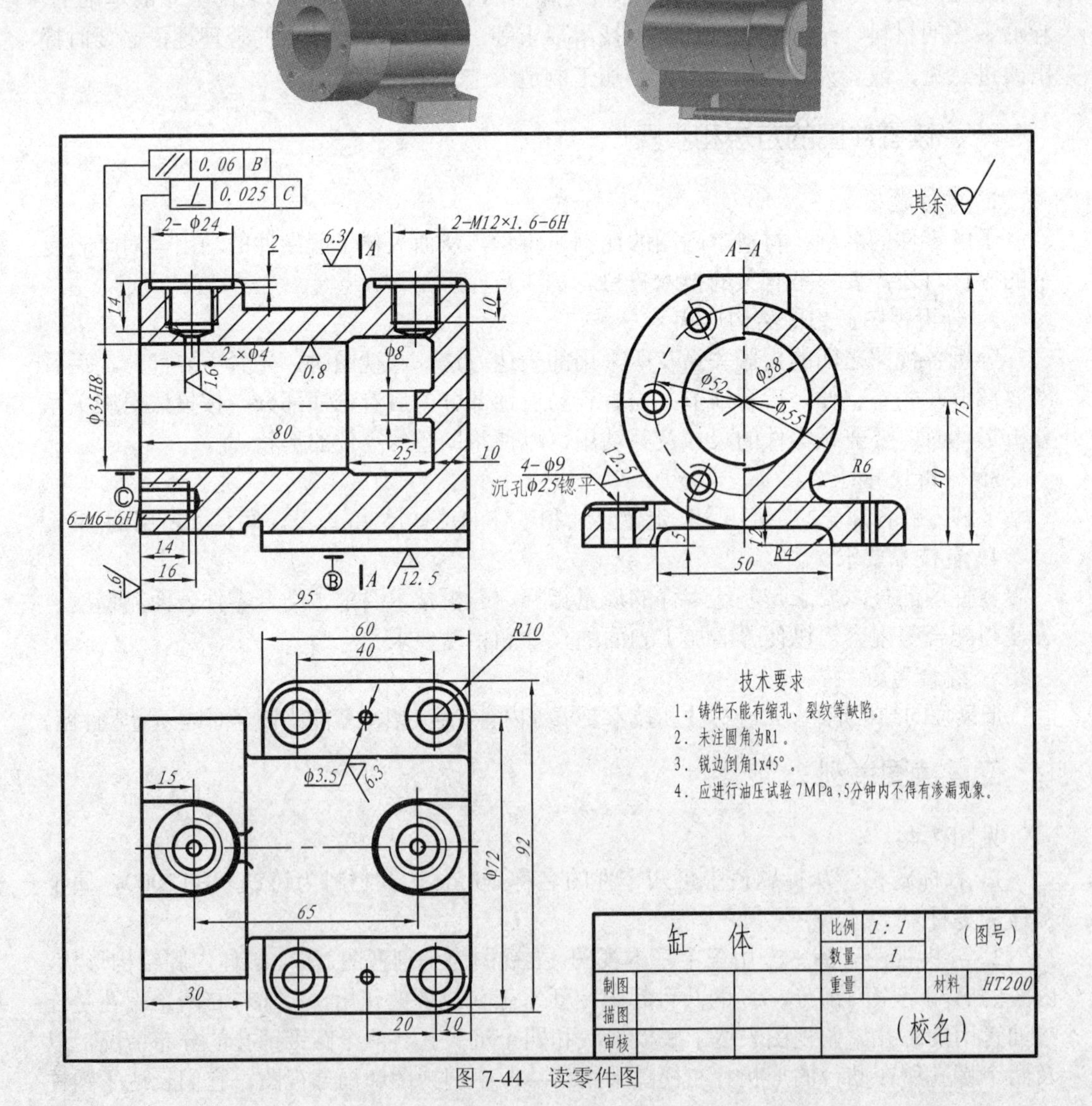

图 7-44　读零件图

第八章　紧固件和常用件

机器上的紧固件和常用件很多，有螺栓、双头螺柱、螺钉、螺母、垫圈、键、销、齿轮、弹簧、滚动轴承等。它们的种类很多，但结构形状和尺寸都已标准化，并由有关专业工厂大量生产。根据规定标记，就能在相应的标准中查出所需的结构、尺寸。本章将介绍一些常用连接件的规定画法、代号和标注方法。

8–1　螺纹紧固件

螺纹紧固件包括螺栓、双头螺柱、螺钉、螺母、垫圈等，如图 8-1 所示。表 8-1 是图 8-1 所示的一些常用螺纹紧固件以及它们的简图和标记。除垫圈外，简图中注写数字的尺寸是该螺纹紧固件的规格尺寸。

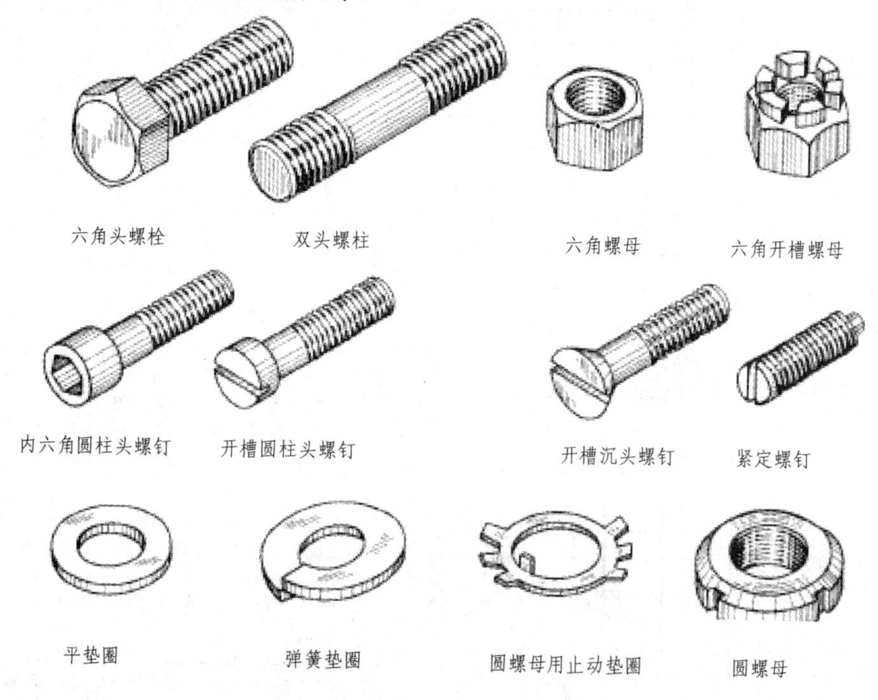

图 8-1　螺纹紧固件

国家标准 GB/T1237－2000 紧固件标记方法中规定有完整标记和简化标记两种。并规定了完整标记的内容和格式，以及标记的简化原则。螺纹紧固件都是标准件，由专门的工厂生产，一般不画出它们的零件图，只要按规定进行标记,根据标记就可从国家标准中查到它们的结构形式和尺寸数据。

螺纹紧固件的规定标记为：名称　标准代号　型号规格，后面还可带性能等级或材料及热处理、表面处理等技术参数。详细注解见表 8-1。

表 8-1　螺纹紧固件的图例及标记

名称及标准编号	图　例	标 记 示 例
六角头螺栓 GB/T 5782—2000	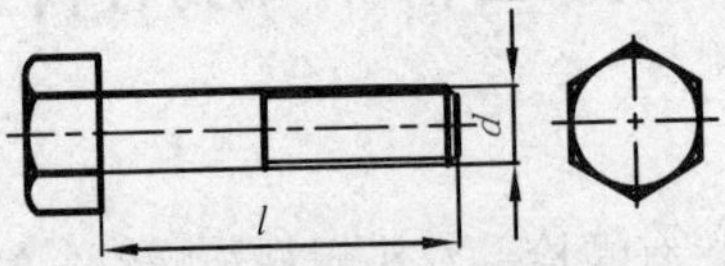	螺纹规格 d=M12，公称长度 l=80mm，性能等级为 8.8 级，表面氧化，产品等级为 A 级的六角头螺栓：标记：螺栓 GB/T 5782 M12×80
双头螺柱（b_m=1.25d） GB/T 898—1988	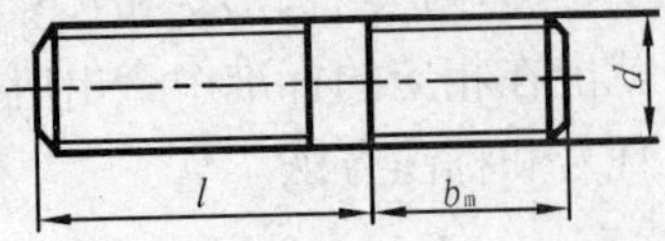	螺纹规格 d=M12，公称长度 l=60mm，性能等级为常用的 4.8 级，不经表面处理，b_m=1.25d，两端均为粗牙普通螺纹的 B 型双头螺柱： 标记：螺柱 GB/T 898 M12×60
开槽圆柱头螺钉 GB/T 65—2000	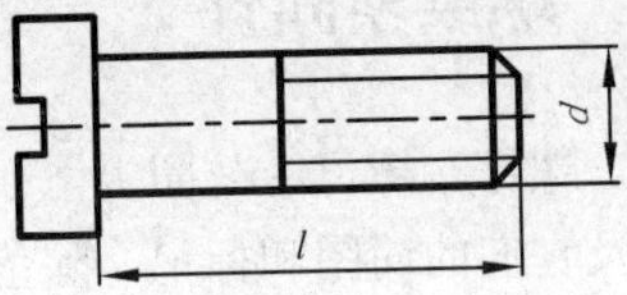	螺纹规格 d=M10，公称长度 l=60mm，性能等级为常用的 4.8 级，不经表面处理，产品等级为 A 级的开槽圆柱头螺钉： 标记：螺钉 GB/T 65 M10×60
开槽沉头螺钉 GB/T 68—2000	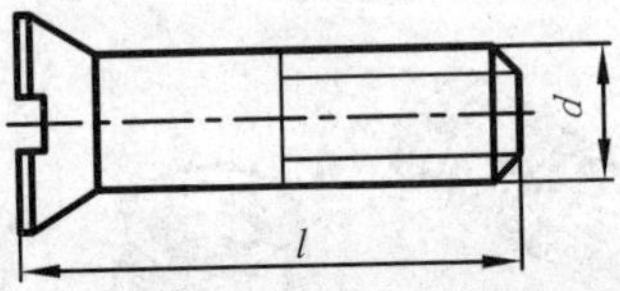	螺纹规格 d=M10，公称长度 l=60mm，性能等级为常用的 4.8 级，不经表面处理，产品等级为 A 级的开槽沉头螺钉： 标记：螺钉 GB/T 68 M10×60
开槽长圆柱端紧定螺钉 GB/T 75—1985	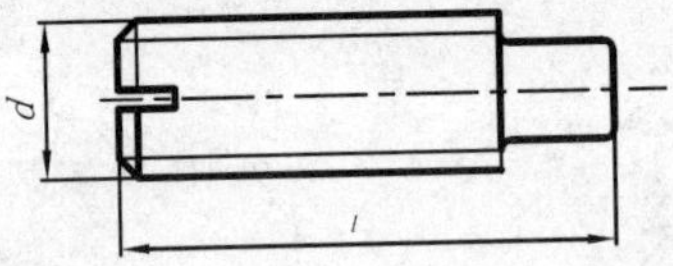	螺纹规格 d=M5，公称长度 l=12mm，性能等级为常用的 14H 级，表面氧化的开槽长圆柱端紧定螺钉： 标记：螺钉 GB/T 75 M5×12
内六角圆柱头螺钉 GB/T 70.1—2000	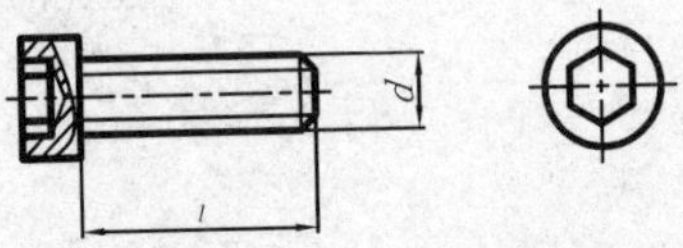	螺纹规格 d=M10，公称长度 l=60mm，性能等级为常用的 8.8 级，表面氧化，产品等级为 A 级的内六角圆柱头螺钉： 标记：螺钉 GB/T 70.1 M10×60
1 型六角螺母 GB/T 6170—2000	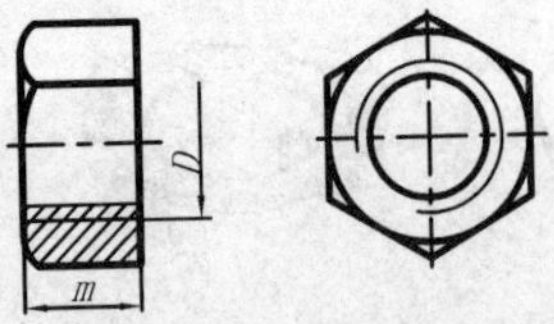	螺纹规格 D=M16，性能等级为常用的 8 级，不经表面处理，产品等级为 A 级的 1 型六角螺母： 标记：螺母 GB/T 6170 M16
平垫圈 A 级 GB/T 97.1—1985 平垫圈 倒角型 A 级 GB/T 97.2—1985	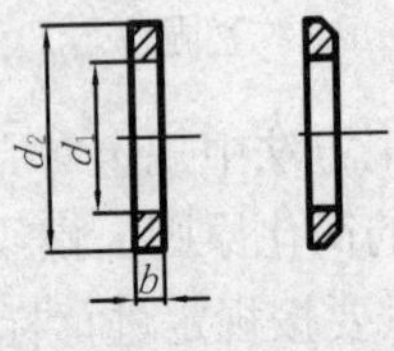	标准系列，规格为 10mm，性能等级为常用的 140HV 级，不经表面处理的 A 级平垫圈 标记：垫圈 GB/T 97.1 10 标准系列，规格为 10mm，性能等级为常用的 140HV 级，不经表面处理的倒角型 A 级平垫圈 标记：垫圈 GB/T 97.2 10

（续）

名称及标准编号	图 例	标 记 示 例
标准型弹簧垫圈 GB/T 93—1987	S D d H	规格为 16mm，材料为 65Mn，表面氧化的标准型弹簧垫圈： 标记：垫圈 GB/T 93 16
螺栓紧固轴端挡圈 GB/T 892—1986	D d l A型 B型	公称直径 D=45mm，材料为 Q235，不经表面处理的 A 型螺栓紧固轴端挡圈： 标记：垫圈 GB/T 892 45

螺纹紧固件的基本连接形式有螺栓连接、双头螺柱连接和螺钉连接三种，它们的连接装配图画法分别介绍如下：

一、螺栓连接

螺栓连接适用于连接两个或多个不太厚的零件，被连接零件都加工出无螺纹的通孔。如图 8-2 所示，螺栓穿过两被连接件上的通孔，加上垫圈，拧紧螺母，就将两个零件连接在一起了。平垫圈的作用是防止拧紧螺母时损伤被连接件表面，并使螺母的压力分布均匀。画螺栓连接图时，如图 8-3 所示，螺栓的公称长度 l 可按下式计算：

$$l \geqslant \delta_1+\delta_2+h+m+b_1$$

δ_1，δ_2——被连接件的厚度（已知条件）；

h——平垫圈厚度（根据标记查表）；

m——螺母高度（根据标记查表）；

b_1——螺栓末端超出螺母的高度。

根据上式计算出的螺栓公称长度，在螺栓标准的 l 公称系列中，选用标准长度 l。

为了画图方便，装配图中的螺纹紧固件可以不按标准中规定的尺寸画出，而采用按螺纹大径（d）的比例值画图，如图 8-3 所示，这种近似画法称为比例画法。图中右下角的图形是主视图中螺栓的六角头和六角螺母上的倒角及截交线画法的局部放大图。

采用简化画法画图时，六角头螺栓头部和六角螺母上的倒角及截交线可省略不画，如要详细表示，可按图 8-3 所示的方法画出，其中 $R=1.5d$，$R_1=d$，而 r 由作图决定。

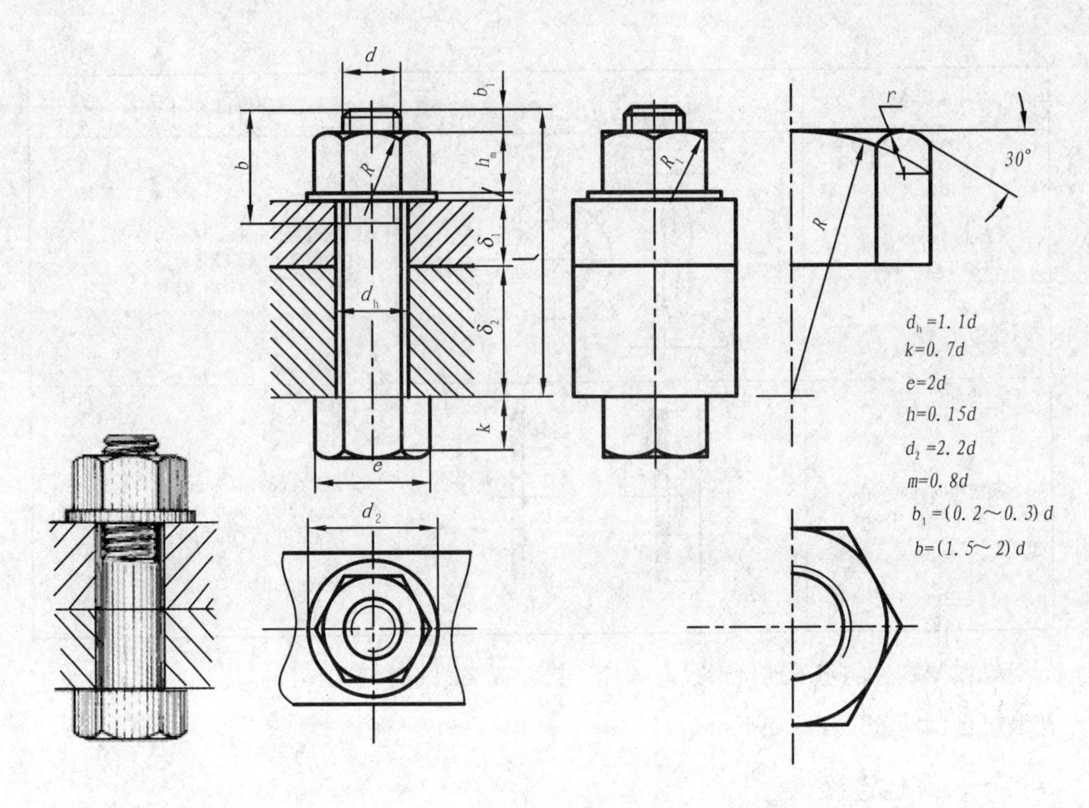

图 8-2　螺栓连接　　　　图 8-3　螺栓连接装配图

二、双头螺柱连接

双头螺柱连接是用双头螺柱、垫圈、螺母来紧固被连接零件的。双头螺柱连接常用于被连接件之一太厚而不能加工成通孔或由于零件结构限制不宜使用螺栓连接的情况。双头螺柱两端都有螺纹，其中一端全部旋入被连接件的螺孔内，称为旋入端。其长度用 b_m 表示；另一端称为紧固端，使用时紧固端穿过另一被连接件的通孔，再加上垫圈，旋紧螺母，如图 8-4 所示。此处采用的是弹簧垫圈，它依靠弹性增加摩擦力，防止螺母因受振动松开。

双头螺柱旋入端长度 b_m 与机体材料有关，国家标准规定的有下列四种：

钢或青铜等硬材料：取 $b_m=d$（GB/T897—1988）；

铸铁件　$b_m=1.25d$（GB/T898—1988）；

铸钢件　$b_m=1.5d$（GB/T898—1989）；

铝等轻金属取　$b_m=2d$（GB/T900—1988）。

双头螺柱旋入端长度 b_m 应全部旋入螺孔内，故螺孔的深度应大于旋入端长度，一般取 $b_m+0.5d$，如图 8-5 所示。

螺柱的公称长度 l 按下式计算后取标准长度：

$$l \geqslant \delta+h+m+b_1$$

其中：h——弹簧垫圈厚度；m 与 b_1 含义同前。

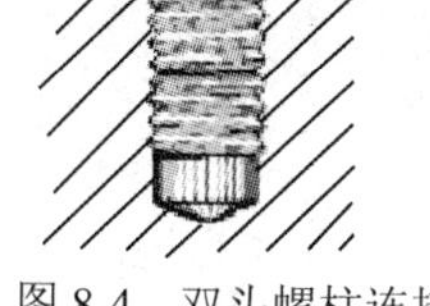

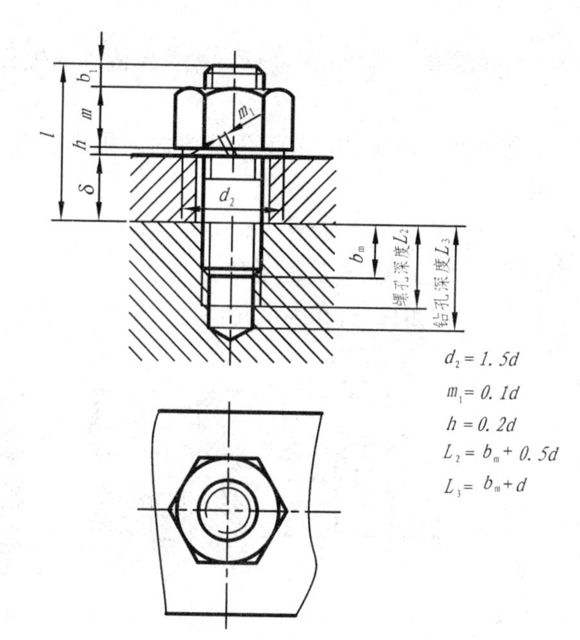

图 8-4　双头螺柱连接

图 8-5　双头螺柱连接装配图的比例画法

三、螺钉连接

螺钉连接一般用于受力不大而又不经常拆卸的地方，如图 8-6 所示。螺孔深度和旋入深度的确定与双头螺柱连接基本一致，螺钉头部的形式很多，应按规定画出，如图 8-7 所示。螺钉的公称长度计算如下：$l \geqslant \delta$（通孔零件厚）$+ b_m$（螺钉旋入螺孔的深度），计算后取标准值。要注意螺钉头部起子槽的画法，在投影为圆的视图上槽应按 45 度倾角画出，当槽宽小于 2mm 时，可以涂黑表示。

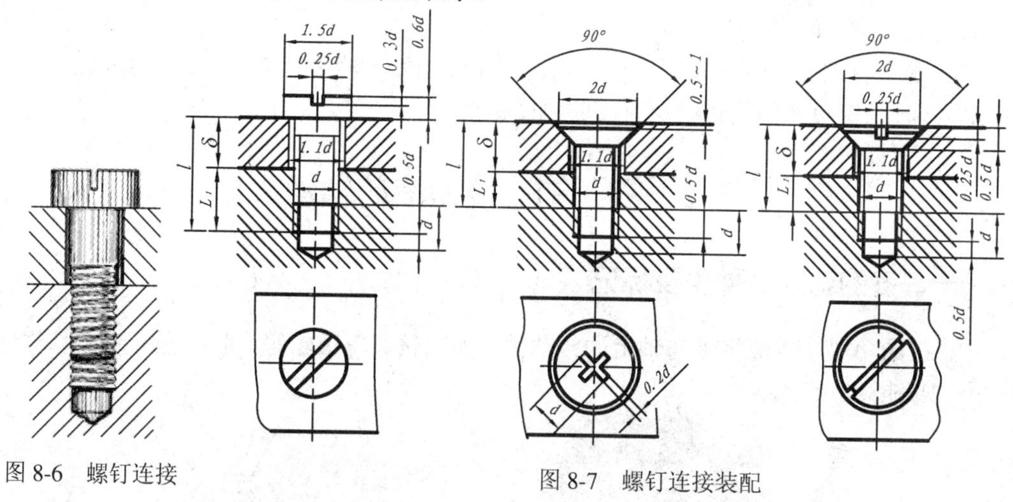

图 8-6　螺钉连接

图 8-7　螺钉连接装配

四、螺纹紧固件连接装配图的规定画法

1. 在画螺栓连接、双头螺柱连接和螺钉连接的连接装配图时，应注意以下几条：

（1）两零件的接触面只画一条线，不接触面应画两条线。

（2）在剖视图中，若剖切平面通过螺纹紧固件的轴线时，这些标准件均按不剖处理，仍画其外形。

（3）相邻的两金属零件，其剖面线方向应相反，同一零件的所有剖面线的方向和间隔都应一致。

（4）在剖视图中，当其边界不画波浪线时，应将剖面线绘制整齐。

2. 螺纹紧固件的连接装配图的简化画法：

（1）可将零件上的倒角和因倒角而产生的截交线省去不画，如图 8-8（a）所示。

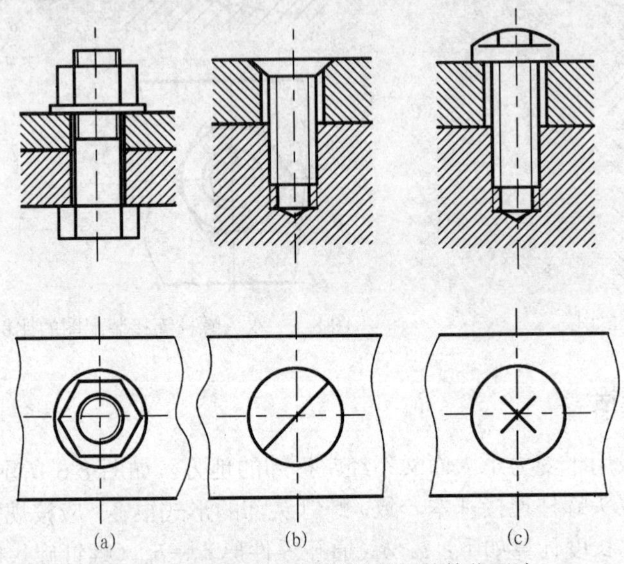

图 8-8　螺栓、螺钉连接装配图的简化画法

（2）对于不穿通的螺孔，可以不画出钻孔深度，仅按螺纹部分的深度（不包括螺尾）画出，如图 8-8（b）所示。

（3）螺钉头部的一字槽、十字槽可用比粗实线稍宽的线型来表示，如图 8-8（b）、（c）所示。各种螺钉头部的简化画法可查阅制图标准。

8–2　键、销连接和滚动轴承

一、键的功用、种类及标记

1. 键的功用　用键将轴与轴上的传动件（如齿轮、皮带轮等）联结在一起，以传递扭矩。如图 8-9 所示。

图 8-9　键联结

2. 键的种类　键是标准件，种类很多，常用的键有平键、半圆键、钩头楔键等。如图 8-10 所示。

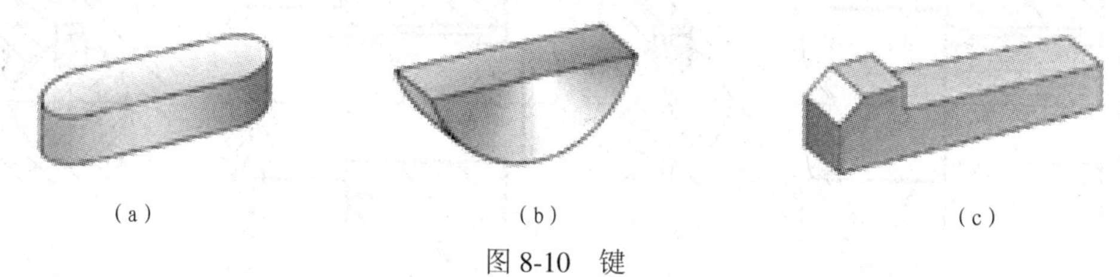

图 8-10　键

（a）平键；（b）半圆键；（c）钩头楔键。

3. 键的标记　键的简图和标记如表 8-2 所列。

表 8-2　常见键的简图和标记举例

名称及标准编号	简　图	标记及其说明
普通平键 GB/T 1096—1979	30 8	键 8×30 GB/T 1096—1979 [表示圆头普通平键（A 型），其宽度 b=8mm，长度 L=30mm]
半圆键 GB/T 1099—1979	Φ25 6	键 6×25 GB/T 1099—1979 [表示半圆键，其宽度 b=6mm，直径 d_1=25mm]
钩头楔键 GB/T 1565—1979	1:100 8 30	键 8×30 GB/T 1565—1979 [表示钩头楔键，其宽度 b=8mm，长度 L=30mm]

4. 键连接的装配图画法

用普通平键联结轴与轴上零件，其同轴度较好。其画法如图 8-11 所示。普通平键和半圆键的工作表面是两侧面，这两个侧面与键槽的两侧面相接触，键的底面与轴上键槽的底平面相接触，所以画一条粗实线，键的顶面与键槽顶面不接触，有一定的间隙量，故画两条线。按国标规定，键沿纵向剖切时，不画剖面线。

钩头楔键的顶面有 1∶100 的斜度，连接时，沿轴向把键打入键槽内。因此，楔键的顶面和底面是工作面，装配后，楔键与被连接零件的键槽顶面和底面相接触。而键的两侧为非工作面，与键槽的两侧面应留有间隙。

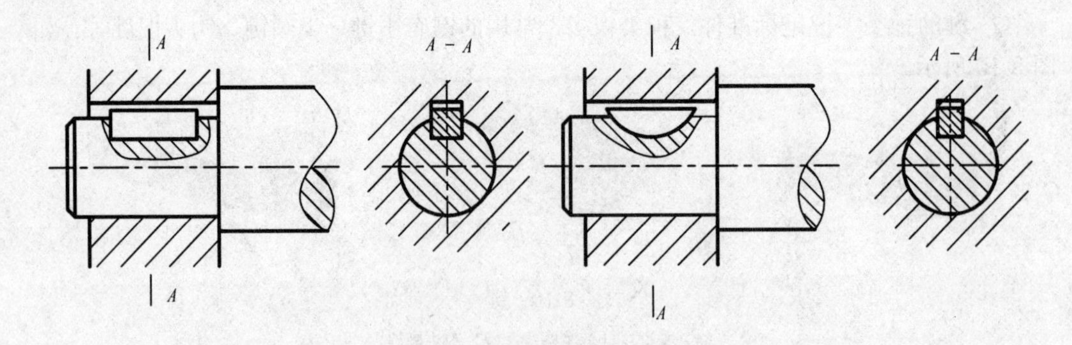

图 8-11　普通平键及半圆键联结

键联结时，要先在轴上和轮毂上加工出键槽，键和键槽尺寸根据轴的直径，可在附录中查出。轴上的键槽和轮毂上的键槽的画法和尺寸注法如图 8-12 所示，t 与 t_1 含义见附录。

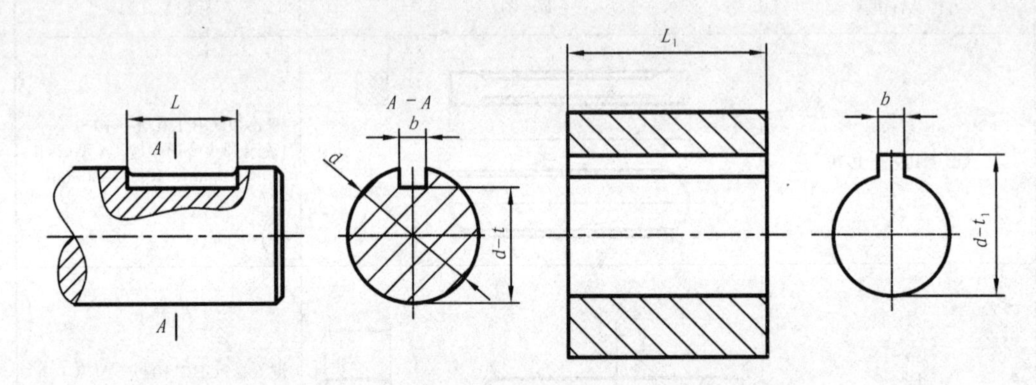

图 8-12　轴和轮毂上的键槽画法及尺寸标注

二、销的功用、种类及标记

1. 销的功用、类型

销主要用于零件之间的定位，也可用于零件之间的连接，但只能传递不大的扭矩。销是标准件，类型很多，常用的有普通圆柱销、圆锥销和开口销。如图 8-13 所示。

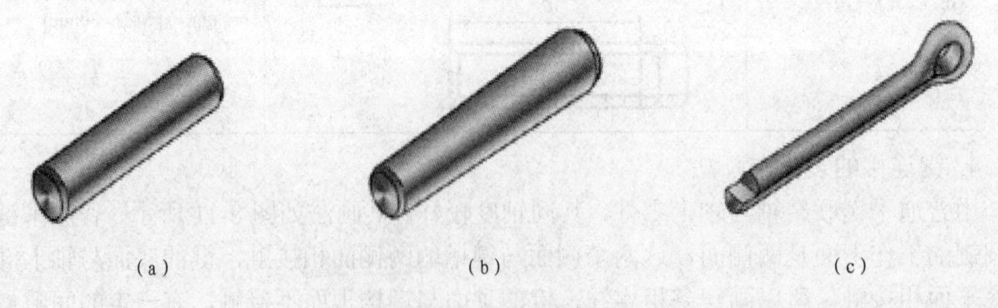

图 8-13　销的种类

（a）圆柱销；（b）圆锥销；（c）开口销。

2. 销的简图和标记

表 8-3 列出了三种销的简图和标记。

表 8-3　销的简图和简化标记举例

名称及标准编号	简　图	标记及其说明
圆柱销 GB/T 119.1—2000	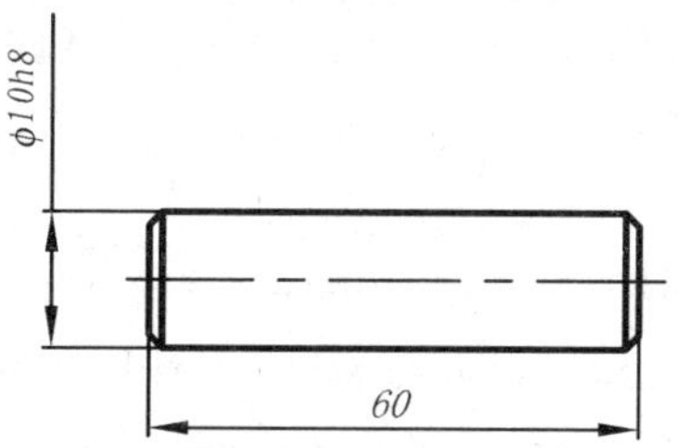	销 GB/T 119.1 10h8×60 [表示公称直径 d=10mm，公差为 h8，公称长度 l=60mm、材料为钢、不淬火、不经表面处理的圆柱销]
圆锥销 GB/T 117—2000	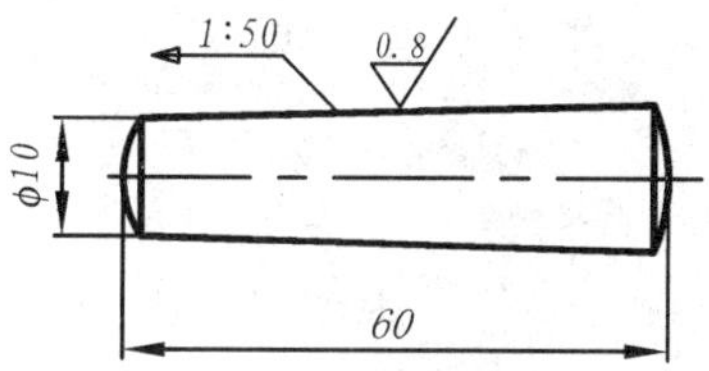	销 GB/T 117 10×60 [表示公称直径 d=10mm，公称长度 l=60mm、材料为 35 钢、热处理硬度 28～38HRC、表面氧化处理的 A 型圆锥销]
开口销 GB/T 91—2000	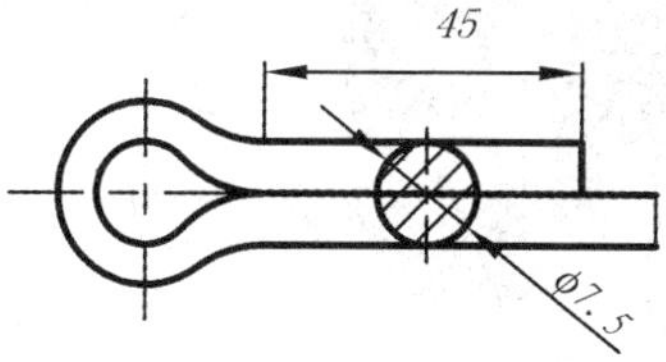	销 GB/T 91 8×45 [表示公称规格 d=8mm，公称长度 l=45mm、材料为 Q215、不经表面处理的开口销] 注：公称规格为开口销孔的公称直径。

3. 销连接的画法

圆柱销和圆锥销的画法如图 8-14、图 8-15 所示。销的装配要求较高，销孔一般要在被连接零件装配完时加工。这一要求需要在相应的零件图上注明。图 8-16 为开口销连接的画法。

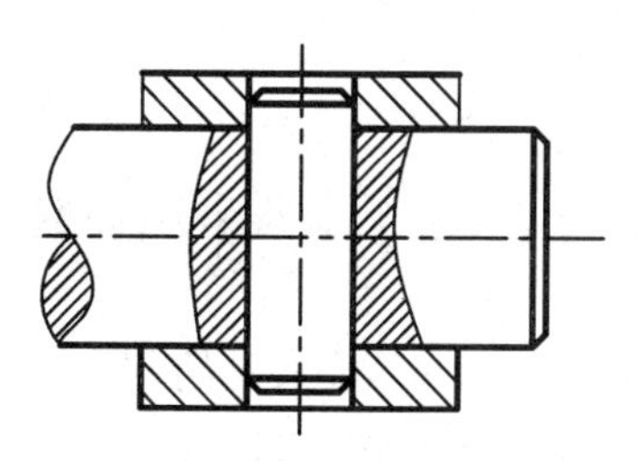

图 8-14　圆柱销连接的画法

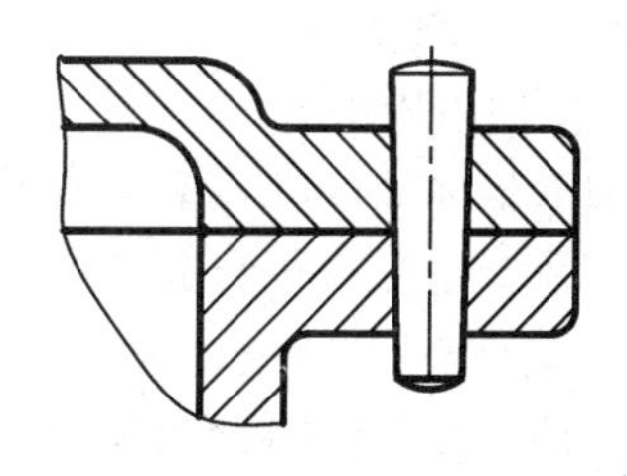

图 8-15　圆锥销连接的画法

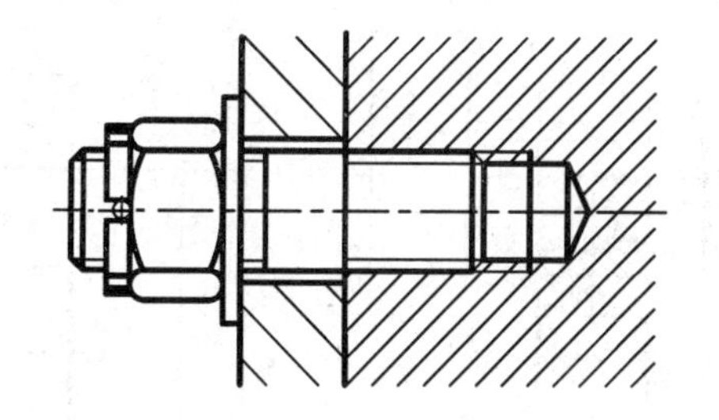

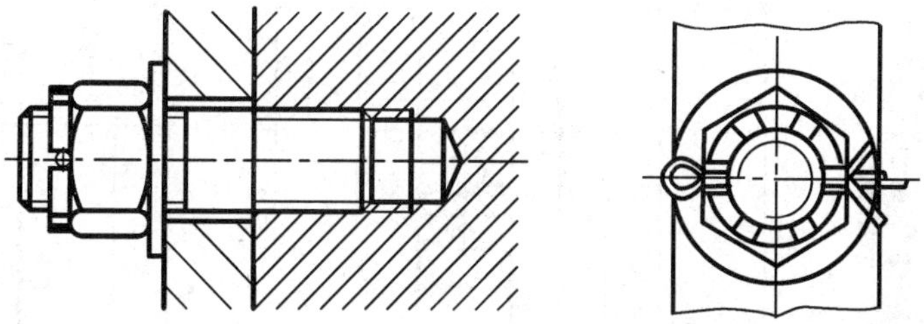

图 8-16　开口销连接装配图

三、滚动轴承的结构和种类

滚动轴承是一种支承转动轴的组件，它具有摩擦小、结构紧凑的优点，已被广泛使用在机器中，滚动轴承是标准件。

1. 滚动轴承的结构

滚动轴承的结构一般由外圈（与机座孔相配合）、内圈（与轴配合）、滚动体（装在内圈和外圈之间的滚道中）、保持架（用来把滚动体互相隔离开）组成。如图 8-17 所示。

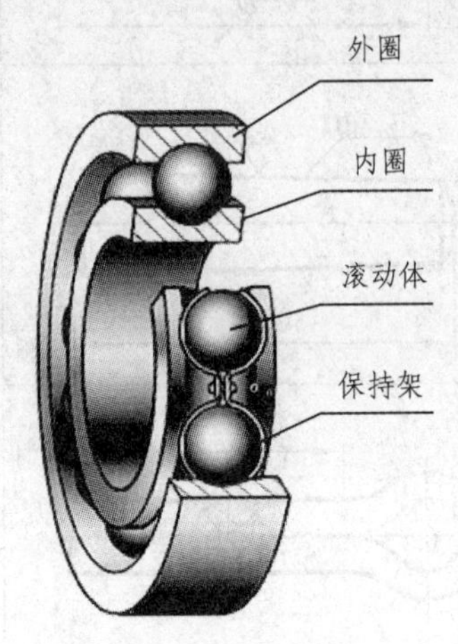

图 8-17　滚动轴承

2. 滚动轴承的类型

按可承受载荷的方向，滚动轴承分为三大类：

向心轴承——主要承受径向载荷；如深沟球轴承。

推力轴承——承受轴向载荷；如圆锥滚子轴承。

向心推力轴承——同时承受径向载荷和轴向载荷。

3. 滚动轴承的画法

滚动轴承是标准件，其结构型式、尺寸和标记都已标准化。装配图是根据滚动轴承的外径、内径、宽度等几个主要尺寸进行绘图。

当需要较详细地表达滚动轴承的主要结构时，可将轴承按规定画法绘制，如果只需要形象地表示滚动轴承的结构特征时，可采用特征画法。常用滚动轴承的画法，如表 8-4 所列。

表 8-4　常用滚动轴承的画法

名称	结构、代号及标准编号	规定画法	特征画法
深沟球轴承	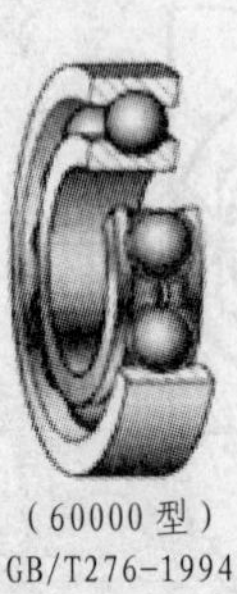 （60000 型）GB/T276-1994	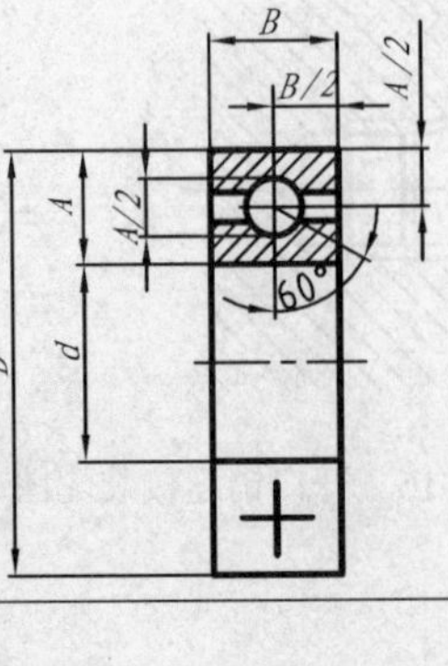	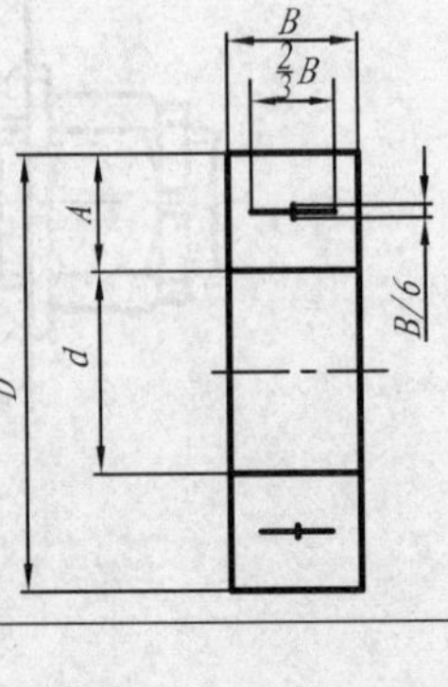

（续）

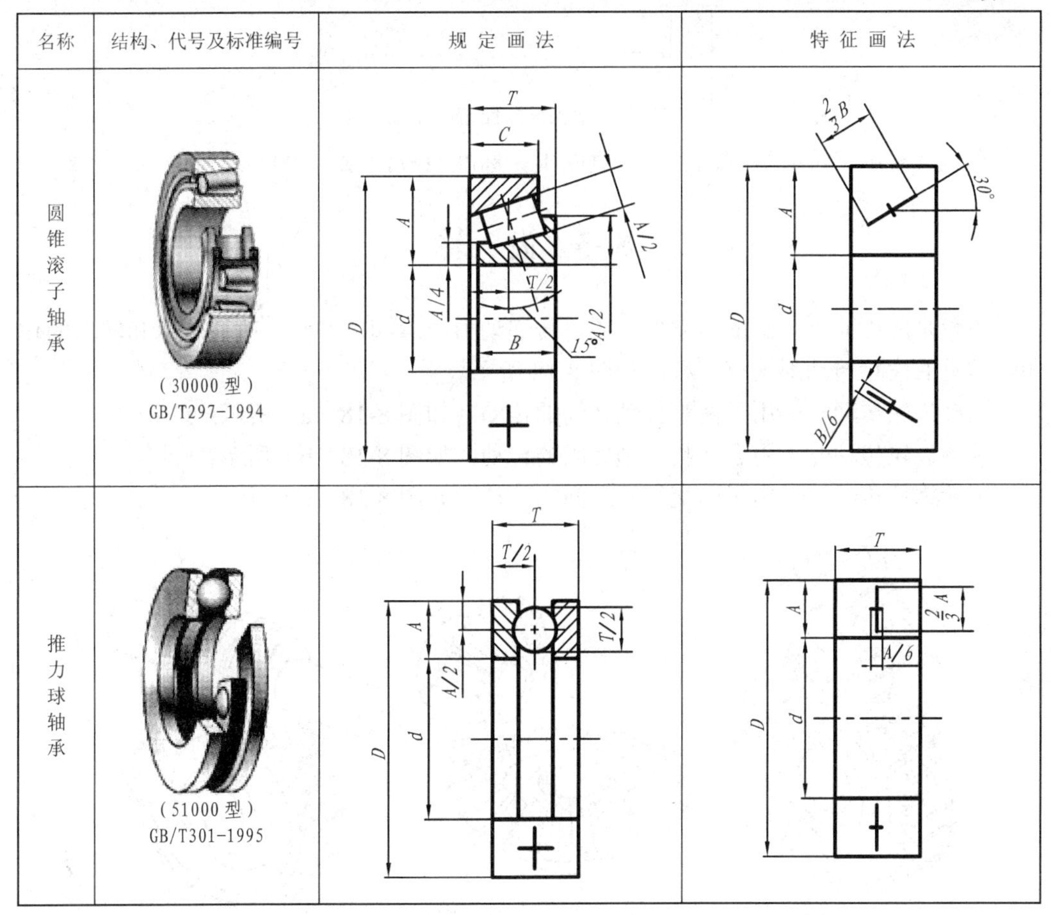

名称	结构、代号及标准编号	规定画法	特征画法
圆锥滚子轴承	（30000 型） GB/T297-1994		
推力球轴承	（51000 型） GB/T301-1995		

4. 滚动轴承代号和标记

滚动轴承的标记由名称、代号和标准编号组成。其格式如下：名称 代号 标准编号，代号由以下三部分组成：基本代号 前置代号 后置代号。

基本代号是滚动轴承代号的基础，用以表示滚动轴承的基本类型、结构和尺寸。前置、后置代号是轴承在结构形状、尺寸、公差、技术要求等有改变时，在其基本代号左右添加的补充代号。前置代号用字母表示。后置代号用字母（或加数字）表示。基本代号由轴承类型代号、尺寸系列代号和内径代号构成。尺寸系列代号、内径代号由数字表示。基本代号通常用 4 位数字表示，第一位数字是轴承类型代号，第二位数字是尺寸系列代号，右边的两位数字是内径代号。当内径尺寸在 20mm～480mm 范围内时，内径尺寸=内径代号×5。

例如：轴承代号

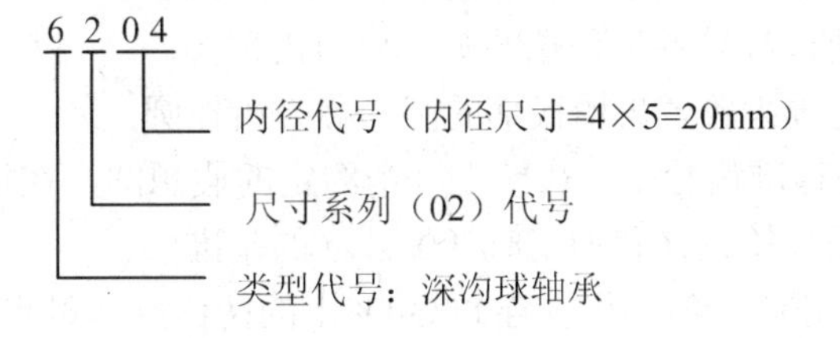

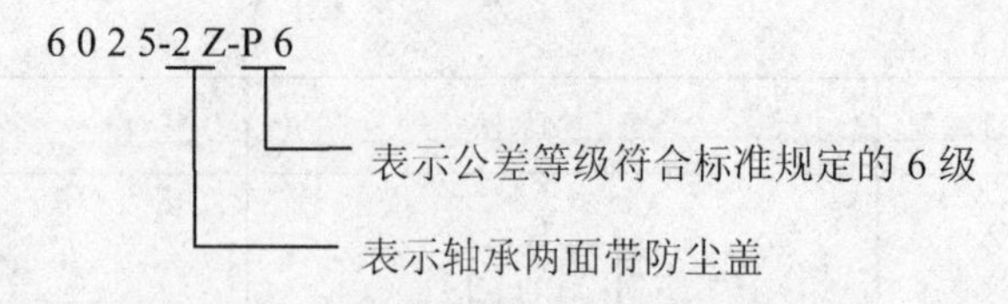

轴承代号中字母、数字的含义可查阅国家标准 GB/T272—1993。

8–3 齿 轮

齿轮是应用非常广泛的传动件，用以传递动力和运动，并具有改变转速和转向的作用。常见的齿轮传动形式有三种，如图 8-18 所示。

圆柱齿轮传动——用于两平行轴之间的传动。如图 8-18（a）所示；

圆锥齿轮传动——用于两相交轴之间的传动。如图 8-18（b）所示；

蜗轮蜗杆传动——用于两交叉轴之间的传动。如图 8-18（c）所示。

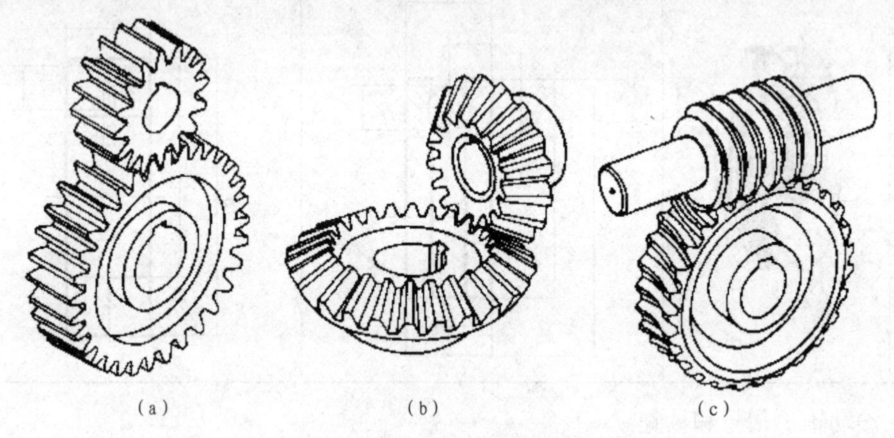

图 8-18 三种齿轮传动

（a）圆柱齿轮传动；（b）圆锥齿轮传动；（c）蜗轮蜗杆传动。

轮齿的方向有直齿、斜齿、人字齿或弧形齿。齿轮轮齿的齿廓曲线可以制成渐开线、摆线或圆弧，其中渐开线齿廓最为常见。

齿轮有标准齿轮和非标准齿轮之分。凡模数、压力角、齿顶高系数和径向间隙系数，均取标准值，且分度圆的齿厚和齿槽宽相等的齿轮，称为标准齿轮。本节主要介绍具有渐开线齿形的标准齿轮的有关知识与规定画法。

1. 直齿圆柱齿轮

1）直齿圆柱齿轮的基本参数和轮齿各部分名称（参见图 8-19）

（1）齿数 z　轮齿的个数，它是齿轮计算的主要参数之一。

（2）齿顶圆 d_a　通过齿轮各齿顶端的圆，称为齿顶圆。

（3）齿根圆 d_f　通过齿轮各齿槽根部的圆，称为齿根圆。

（4）分度圆 d　在标准齿轮中，齿轮上一个约定的假想圆，在该圆上齿槽宽 e 与齿厚 s 相等，即 $e = s$。是齿轮设计和加工时计算尺寸的基准圆。

（5）节圆 d'　两齿轮啮合时，位于连心 O_1O_2 上的两齿廓接触点 P，称为节点。分别

以 O_1、O_2 为圆心。O_1P、O_2P 为半径所作的两相切的圆称为节圆。正确安装的标准齿轮 $d'=d$。

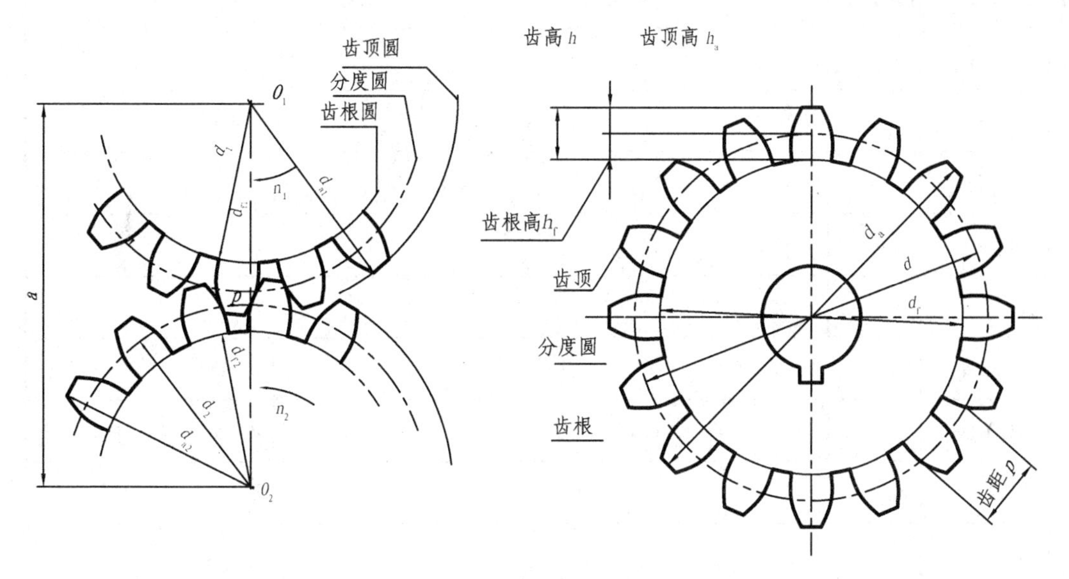

图 8-19 直齿圆柱齿轮轮齿各部分名称

（6）齿距 p、齿厚 s、齿槽 e 在分度圆上，相邻两齿廓对应点之间的弧长为齿距；在标准齿轮中，分度圆上 $e = s$，$p=s+e$。

（7）齿高 h、齿顶高 h_a、齿根高 h_f 轮齿在齿顶圆与齿根圆之间的径向距离为齿高；齿顶圆与分度圆的径向距离为齿顶高；分度圆与齿根圆的径向距离为齿根高。

（8）模数 m 由于齿轮的分度圆周长$=zp=\pi d$，则 $d=zp/\pi$，为计算方便，将 p/π 称为模数 m，则 $d=mz$。模数是设计、制造齿轮的重要参数。模数的数值已标准化，如表 8-5 所列。

表 8-5 齿轮模数系列（GB 1357—1987）

第一系列	1 1.25 1.5 2 2.5 3 4 5 6 8 10 12 16 20 25 32 40 50
第二系列	1.75 2.25 2.75 （3.25） 3.5 （3.75） 4.5 5.5 （6.5） 7 9 （11） 14 18 22 28 36 45
注：优先采用第一系列，括号内模数值尽可能不用	

（9）压力角（α）和啮合角（α'）

压力角 α 过齿廓与分度圆的交点的径向直线与在该点处的齿廓切线所夹的锐角。我国采用的压力角一般为 20°。

啮合角 α' 在节点 P 处，两啮合齿轮齿廓曲线的公法线与两节圆的公切线所夹的锐角，称为啮合角。啮合角就是在 P 点处两齿轮受力方向与运动方向的夹角。

在标准齿轮中，压力角 α=啮合角 α'。

（10）中心距 齿轮副的两轴线之间的最短距离，称为中心距。

直齿圆柱齿轮各部分尺寸计算公式及计算举例见表 8-6。

表 8-6　直齿圆柱齿轮的尺寸公式及计算举例

基本参数	模数 m	齿数 z	已知：m=3　z_1=22　z_2=42	
名称	代号	尺寸公式	计算举例	
分度圆	d	$d=mz$	$d_1=66$	$d_2=126$
齿顶高	h_a	$h_a=m$	$h_a=3$	
齿根高	h_f	$h_f=1.25m$	$h_f=3.75$	
齿高	h	$h=h_a+h_f=2.25m$	$h=6.75$	
齿顶圆直径	d_a	$d_a=d+2h_a=m(z+2)$	$d_a=72$	$d_a=132$
齿根圆直径	d_f	$d_f=d-2h_f=m(z-2.5)$	$d_f=58.5$	$d_f=118.5$
齿距	p	$p=\pi m$	$p=9.42$	
齿厚	s	$s=p/2$	$s=4.71$	
中心距	a	$a=(d_1+d_2)/2=m(z_1+z_2)/2$	$a=96$	

2）直齿圆柱齿轮的规定画法

（1）单个齿轮的画法

国家标准只对齿轮的轮齿部分作了规定画法，其余结构按齿轮轮廓的真实投影绘制。GB/T4459.2—84 规定齿轮画法为：齿顶圆和齿顶线用粗实线绘制；分度圆和分度线用点画线绘制；齿根圆和齿根线用细实线绘制，也可省略不画。在剖视图中，齿根线用粗实线绘制；当剖切平面通过齿轮轴线时，轮齿一律按不剖处理。如图 8-20 所示。

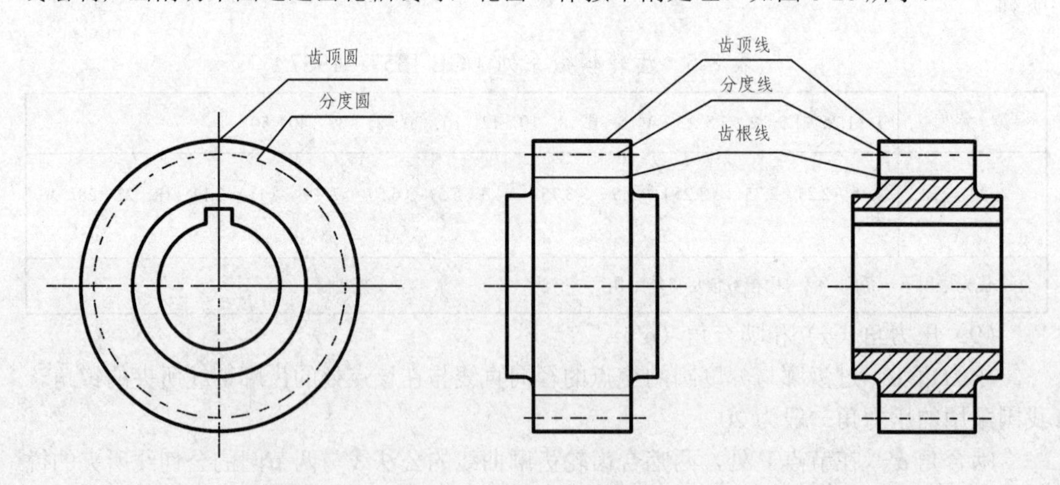

图 8-20　单个齿轮的画法

（2）两齿轮啮合的画法

在投影为圆的视图上，两分度圆画成相切。也可将齿根圆及啮合区内的齿顶圆省略不画。如图 8-21 所示。

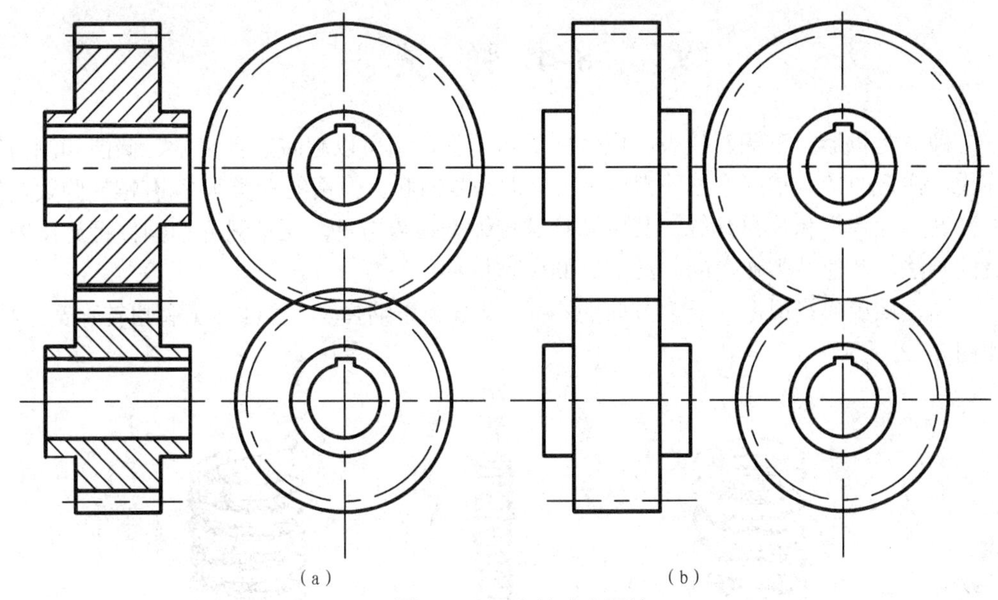

图 8-21　两齿轮啮合画法

（a）剖视的画法；（b）不剖的画法。

2. 圆锥齿轮

1）圆锥齿轮的特点

锥齿轮常用于垂直相交轴齿轮副传动。轮齿分布在圆锥面上，齿厚、模数和直径，由大端到小端是逐渐变小的。为了便于设计和制造，规定以大端模数为标准来计算各部分尺寸。

2）圆锥齿轮啮合的画法

锥齿轮的主视图常画成剖视图，啮合区的画法与圆柱齿轮的画法相似，左视图按两轮齿的外形轮廓画出。如图 8-22 所示。

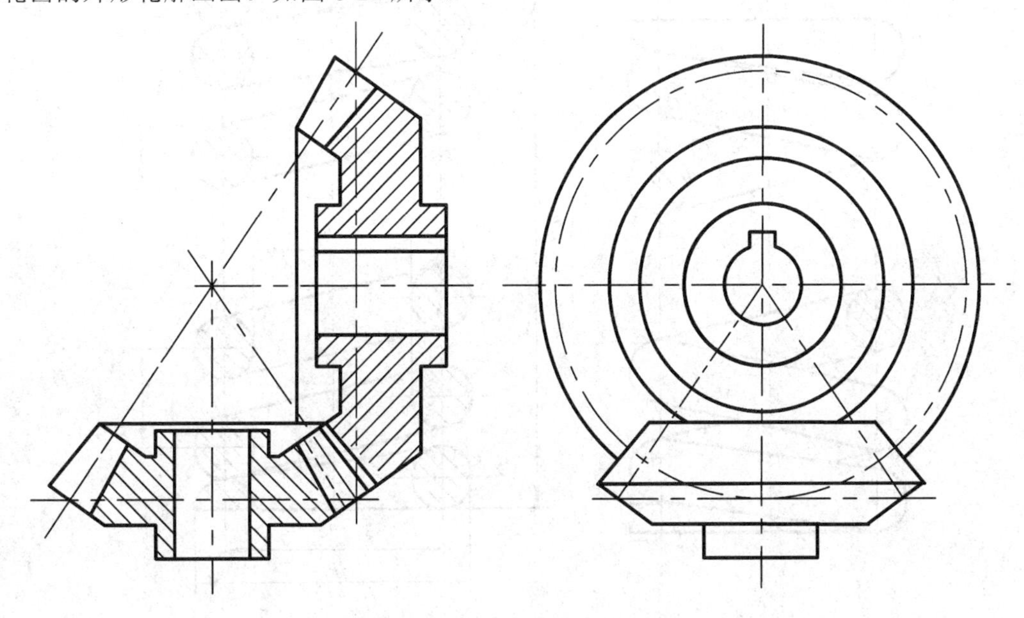

图 8-22　圆锥齿轮啮合的画法

8-4 弹 簧

弹簧是机器、车辆、仪表、电气中的常用件，它可以起减震、夹紧、储能和测力等作用。弹簧的特点是：除去外力后，可立即恢复原状。弹簧的种类很多,有螺旋弹簧、涡卷弹簧、板弹簧和片弹簧等，其中圆柱螺旋弹簧最为常见。这里只介绍圆柱螺旋压缩弹簧的画法，其他种类弹簧的画法请查阅国家标准。

圆柱螺旋弹簧根据其受力方向的不同，又分为压缩弹簧、拉伸弹簧和扭转弹簧三种，如图 8-23 所示。

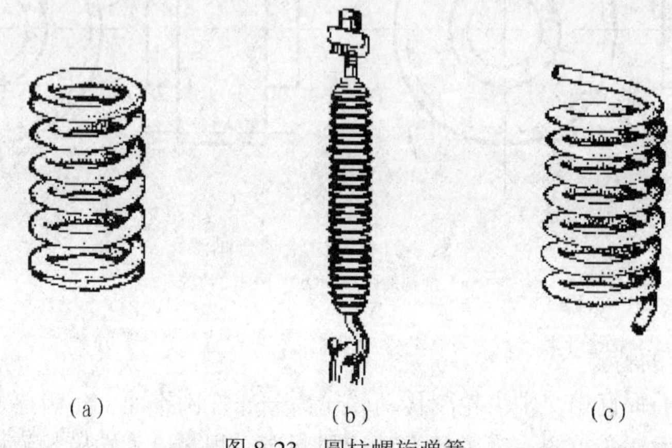

图 8-23 圆柱螺旋弹簧

(a) 压缩弹簧；(b) 拉伸弹簧；(c) 扭转弹簧。

1. 圆柱螺旋压缩弹簧各部分名称和尺寸关系

图 8-24 为圆柱螺旋压缩弹簧各部分尺寸及画法。

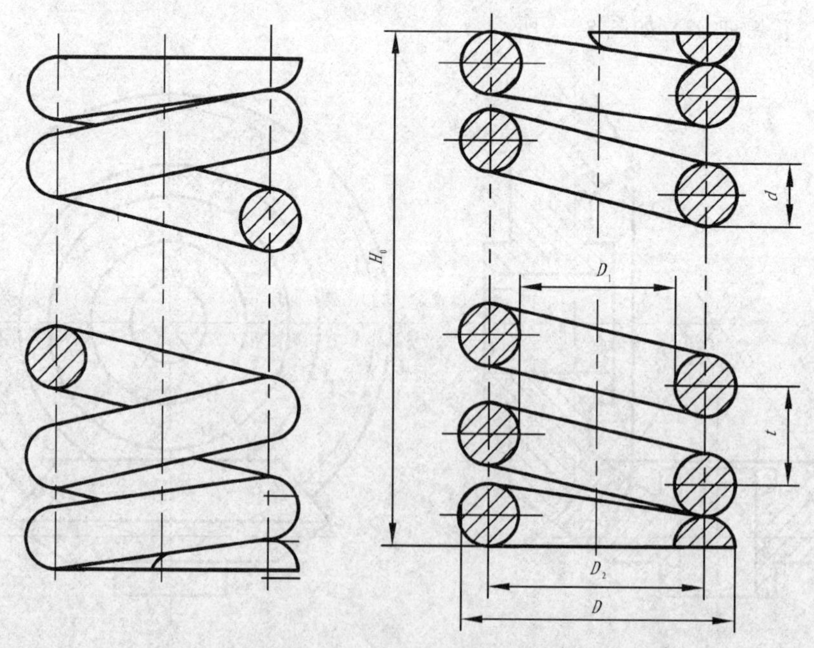

图 8-24 圆柱螺旋压缩弹簧的画法

d——簧丝直径；

D——弹簧外径，弹簧的最大直径；

D_1——弹簧内径，弹簧的最小直径，$D_1 = D - 2d$；

D_2——弹簧中径，弹簧的平均直径，$D_2 = (D + D_1)/2$；

t——节距，指除弹簧支承圈外，相邻两圈的轴向距离；

n_2——支承圈数，为使弹簧受力均匀，工作稳定可靠，它的两端往往并紧、磨平。这部分并紧、磨平而无弹性部分称为支承圈。两端支承圈总数一般为 1.5、2、2.5 圈三种，常用 2.5 圈。

n——有效圈数，除支承圈外，保持节距相等的圈数。

n_1——总圈数，支承圈与有效圈之和，即：$n_1 = n_2 + n$

H_0——自由高度，弹簧在没有负荷时的高度，即：$H_0 = nt + (n_2 - 0.5)d$

L——簧丝长度，弹簧钢丝展直后的长度。$L \approx n_1\sqrt{(\pi D_2)^2 + t^2}$

螺旋弹簧分为左旋和右旋两类。

2. 圆柱螺旋压缩弹簧的画法

1）几项基本规定

在平行于螺旋弹簧轴线的投影面的视图中，其各圈的轮廓线应画成直线。左旋弹簧允许画成右旋，但要加注“左”字。螺旋压缩弹簧如果两端并紧磨平时，不论支承圈多少和末端并紧情况如何，均按支承圈为 2.5 圈的形式画出。四圈以上的弹簧，中间各圈可省略不画，而用通过中径线的点画线连接起来。

2）单个弹簧的画法

弹簧的作图步骤如下：

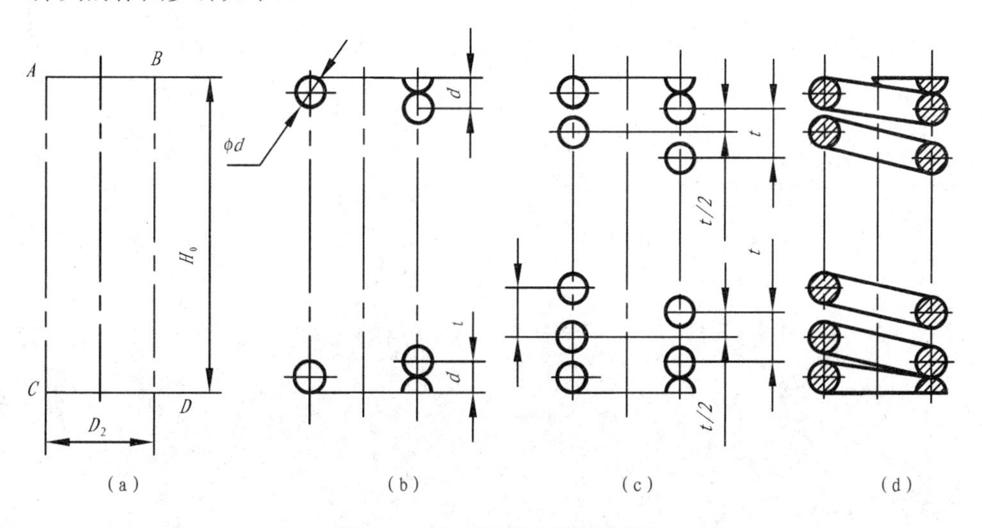

图 8-25　单个弹簧的画图步骤

（a）以自由高度 H_0 和中径 D_2 作矩形 ABCD；（b）画出支撑圈；
（c）根据节距 t 作簧丝剖面；（d）按右旋方向作簧丝剖面的切线、校对、加深、画剖面线。

3）在装配图中螺旋弹簧的画法

弹簧各圈取省略画法后，被弹簧挡住的结构按不可见处理。可见轮廓线只画到弹簧钢丝的断面轮廓或中心线上（图 8-26（a））。

在装配图中，簧丝直径≤2mm 的断面可用涂黑表示，且中间的轮廓线不画（图 8-26（b））。簧丝直径＜1mm 时，可采用示意画法（图 8-26（c））。

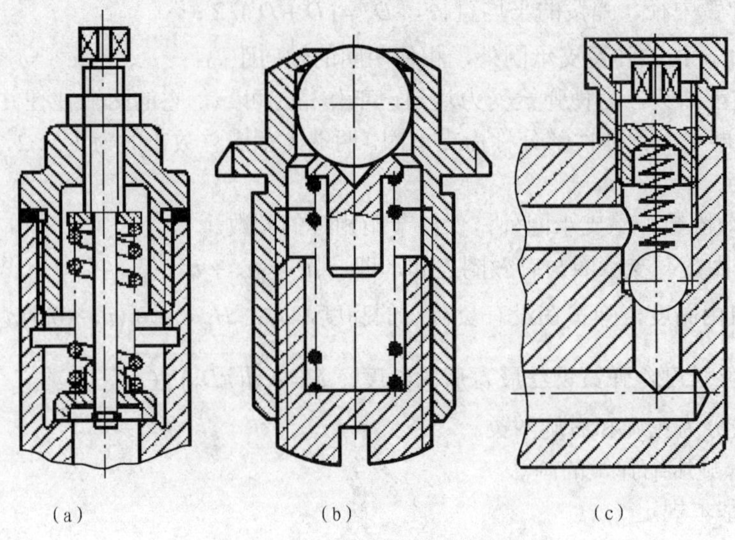

图 8-26　装配图中螺旋弹簧的画法

第九章　装 配 图

9–1　装配图的作用和内容

一、装配图的作用

1. 装配图的概念

表达机器或部件整体结构及其零部件之间装配连接关系的图样称为装配图。

表示整台机器的组成部分、各组成部分的相对位置及连接、装配关系的图样称为总装配图。

表示部件的组成零件及各零件的相对位置和连接、装配关系的图样称为部件装配图。

2. 装配图的作用

（1）装配图是用于表达机器或部件的工作原理，各部件之间的装配关系，连接方式及结构形状的图样，它反映出设计者的设计思想；

（2）在设计时，一般要先绘制装配图，然后从装配图中拆画出每个零件图；

（3）在组装机器时，要对照装配图进行装配并对装配好的产品根据装配图进行调试和试验其是否合格；

（4）机器出现故障时通常也需要通过装配图来了解机器的内部结构进行故障分析和诊断。所以装配图在设计、装配、检验、安装调度等各个环节中是不可缺少的技术文件。

二、装配图的内容

图 9-1 是球阀的轴测图，当扳手处于图示中的位置时，阀门完全打开，管道畅通。当扳手顺时针转动时，会带动阀杆、阀芯一起转动，使阀门逐渐关闭；当转动至 90° 时，阀门完全关闭，管道断流。

图 9-1　球阀

图 9-2 是一个球阀的装配图，根据此例，可把装配图内容概括如下：

1. 必要的视图：用于正确、完整、清晰地表达装配体的工作原理、零件的结构形状

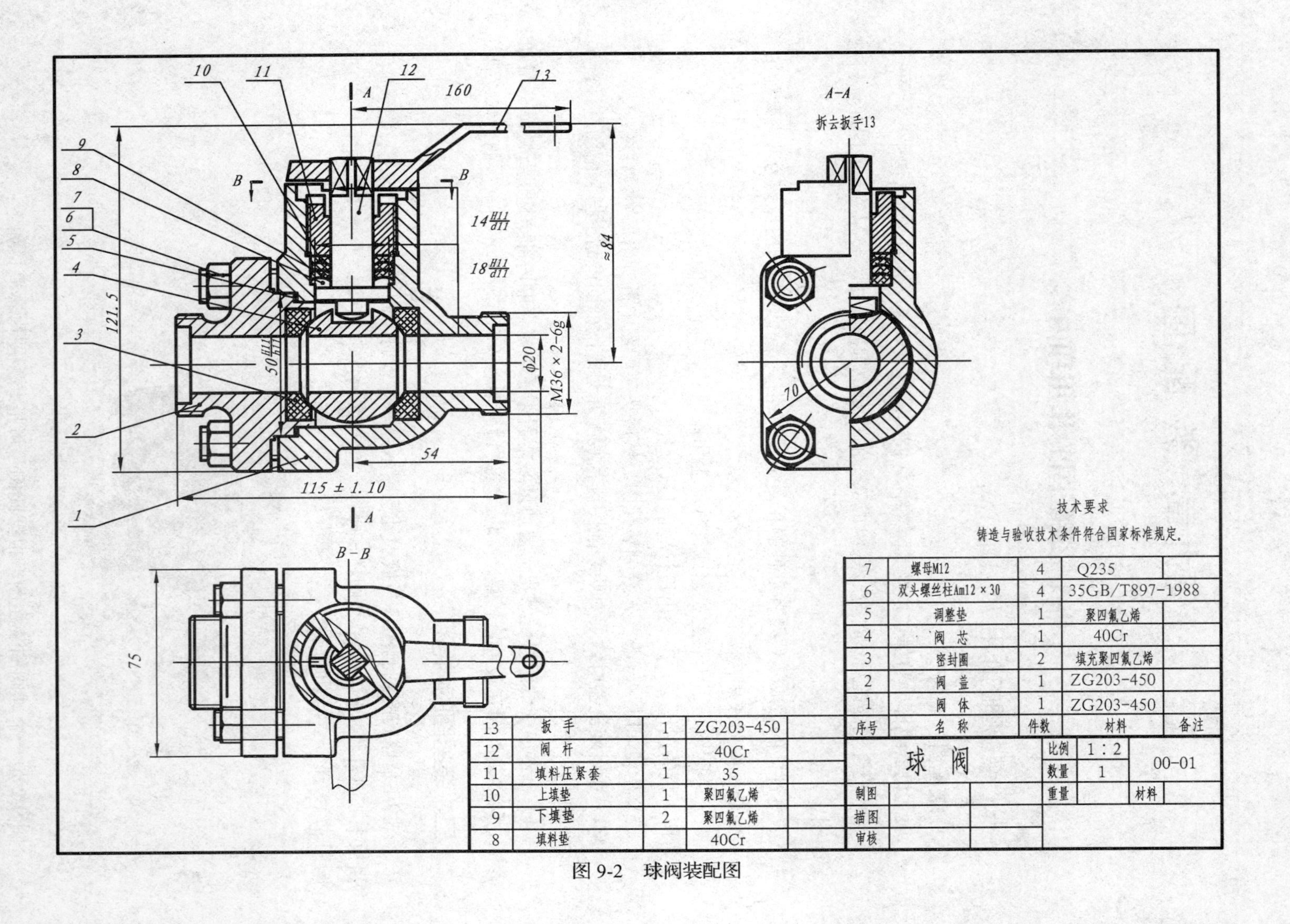

序号	名称	件数	材料	备注
13	扳手	1	ZG203-450	
12	阀杆	1	40Cr	
11	填料压紧套	1	35	
10	上填垫	1	聚四氟乙烯	
9	下填垫	2	聚四氟乙烯	
8	填料垫	1	40Cr	
7	螺母M12	4	Q235	
6	双头螺丝柱Am12 × 30	4	35GB/T897-1988	
5	调整垫	1	聚四氟乙烯	
4	阀芯	1	40Cr	
3	密封圈	2	填充聚四氟乙烯	
2	阀盖	1	ZG203-450	
1	阀体	1	ZG203-450	

球阀		比例	1:2	00-01
		数量	1	
制图		重量		材料
描图				
审核				

图 9-2　球阀装配图

及零件之间的装配关系。

2. 必要的尺寸：在装配图中，只需标注机器或部件的性能（规格）尺寸、装配尺寸、安装尺寸、整体外形尺寸等与机器装调、使用、检修，安装等相关的尺寸。

3. 技术要求：对难以用视图表达清楚的技术要求，通常采用文字和符号等补充说明。如对机器或部件的加工、装配方法、检验要点、安装调试手段、表面涂镀、包装运输等方面的要求。技术要求应该工整地注写在视图的右方或下方。

4. 零部件的编号（序号）明细表和标题栏：为便于查找零件，装配图中每一种零部件均应编一序号，并将其零件名称、图号、材料、数量等情况填写在明细表和标题栏的规定栏目中，同时要填写好标题栏，以便于生产图样的管理。

9–2 装配图的表达方法

前面章节介绍过的关于零件的各种表达方法、视图选择原则在画装配图时同样适用。并称这些方法为装配图的一般表达方法。但装配图表达的是多个零件之间的关系，因此它具有一些自己的特点。为此国家标准制定了装配图的规定画法和特殊表达方法。

一、规定画法

1. 零件间接触面和配合面的画法

装配图中，两相邻零件的接触面和配合面只画一条线，如图 9-3 中①处所示。相邻两零件不接触或不配合的表面，即使间隙很小，也必须画两条线，如图中③处所示。

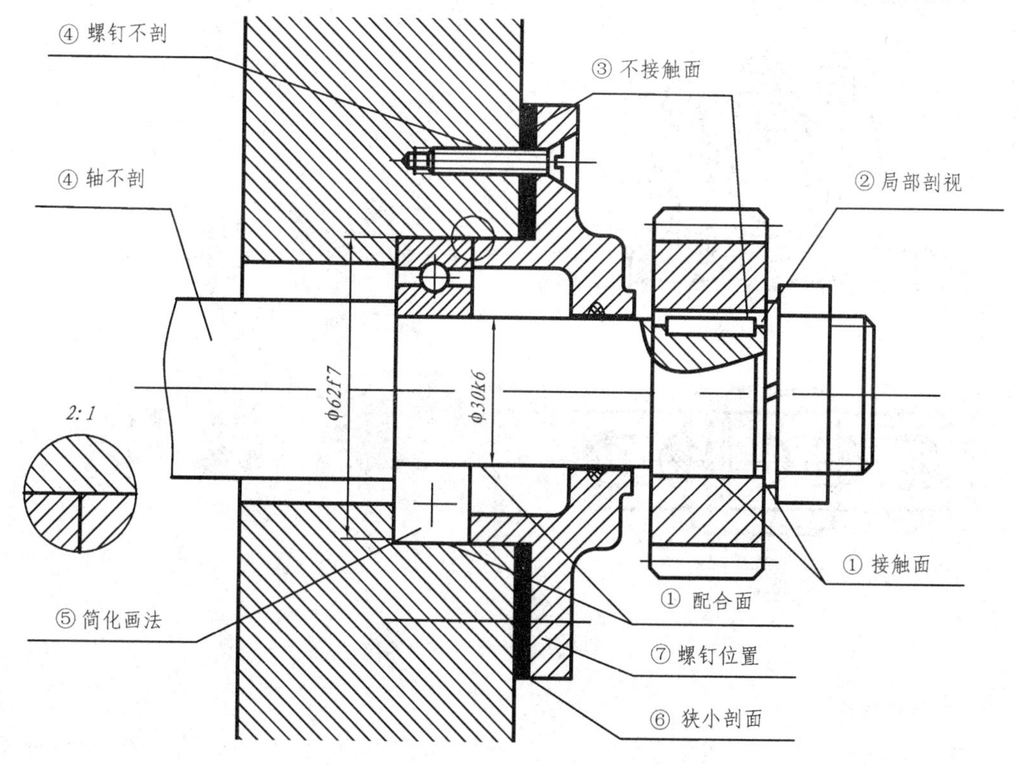

图 9-3 规定画法和简化画法

2. 剖面符号的画法

（1）为了区别不同零件，在装配图中，相邻两金属零件的剖面线倾斜方向应相反；当三个零件相邻时，其中有两个零件的剖面线倾斜方向一致，但间隔不应相等，或使剖面线相互错开，如图 9-3 中局部放大图所示。

（2）同一装配图中，同一零件的剖面线倾斜方向和间隔应一致。

（3）窄剖面区域可全部涂黑表示，如图 9-3 中垫片的画法。涂黑表示的相邻两个窄剖面区域之间，必须留有不小于 0.7mm 的间隙。

三、简化画法和特殊画法

1. 沿零件间的结合面剖切

为了清楚表达部件的内部结构，可假想在某些零件的结合处进行剖切，然后画出相应的剖视图，但零件的结合面不画剖面线，被剖断的零件应画出剖面线。如图 9-4 中，俯视图的右半部就是沿轴承盖与轴承座的分界面和上、下两片轴瓦的结合面剖切的，这些零件的结合面都不画剖面线，但被剖切的螺栓则按规定画出剖面线。

2. 拆卸画法

当某些零件遮住了所需表达的结构和装配关系时，可假想将这些零件拆卸后绘制其相应的视图，并标注“拆去 XX 零件”，如图 9-4 俯视图就是拆去上面部分以表示轴瓦和轴承座的装配情况。

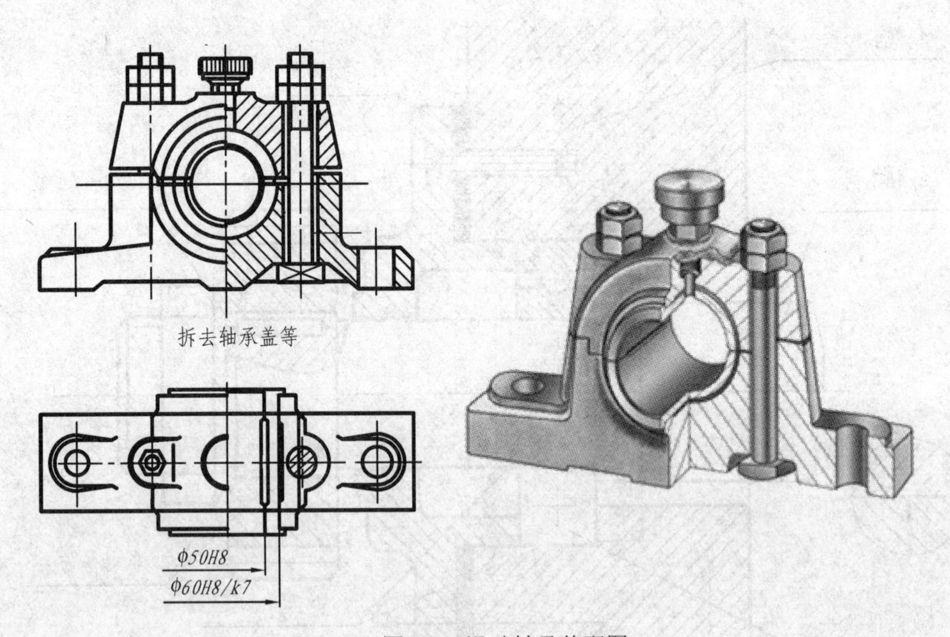

图 9-4　滑动轴承装配图

3. 假想画法

为了表示某个零件的运动极限位置，或部件与相邻部件的装配关系，可用双点画线画出其轮廓，如图 9-5 中用双点画线表示手柄的另一个极限位置。

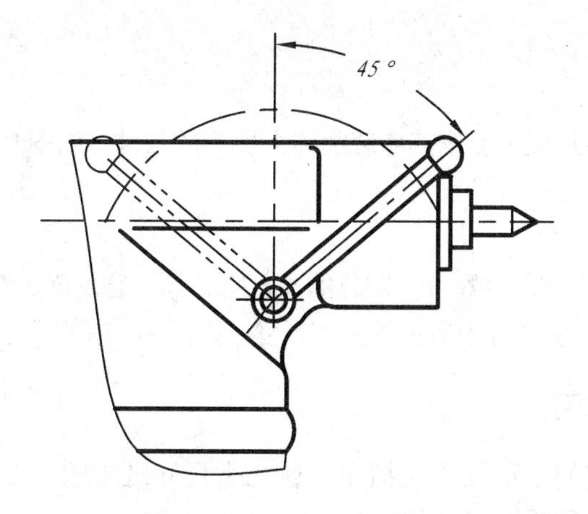

图 9-5　假想画法

4. 简化画法

在装配图中，零件的工艺结构，如圆角、倒角、退刀槽等细节可省略不画。装配图中的标准件可采用简化画法；若干相同的连接组件，如螺栓连接等，可只画一组，其余用点画线表示其位置即可。如图 9-3 中⑤、⑦所示；当剖切平面通过的某些部件为标准产品或该部件已由其他图样表示清楚时，可按不剖绘制。如图 9-4 主视图中的油杯。

5. 夸大画法

在装配图上，对薄垫片、小间隙、小锥度等，允许将其适当夸大画出，以便于画图和看图，如图 9-3 中②、⑥所示。

9–3　装配图中的尺寸

装配图的作用与零件图不同，因此，在图上标注尺寸的要求也不同。在装配图上应该按照对装配体的设计和生产的要求来标注某些必要的尺寸。一般常注的有下列几方面的尺寸。

一、性能（规格）尺寸

它是决定产品工作能力的尺寸，是设计时要确定的尺寸，也是选用产品的主要依据。如图 9-2 中，球阀的进、出口尺寸$\phi 20$决定了流体的流量，代表了球阀的工作能力。

二、装配尺寸

这是表示装配体中各零件之间相互配合关系和相对位置的尺寸。这种尺寸是保证装配体装配性能和质量的尺寸。

1. 配合尺寸　表示零件间配合性质的尺寸。如图 9-2 中的阀盖与阀体的配合尺寸$\text{Ø}50\dfrac{\text{H11}}{\text{h11}}$等。

2. 相对位置尺寸　表示装配时需要保证的零件间相互位置的尺寸。

三、安装尺寸

表示将装配体安装到机座上或其他装配体上所需的尺寸。如图 9-2 中 M36×2、84、54。

四、外形尺寸

这是表示装配体外形的总体尺寸，即总的长、宽、高。它反映了装配体的大小，提供了装配体在包装、运输和安装过程中所占的空间尺寸。如图 9-2 中的尺寸 115±1.10、75、121.5。

五、其他重要尺寸

它是在设计中确定的，而又未包括在上述几类尺寸之中的主要尺寸。如运动件的极限位置尺寸，主体零件的重要尺寸等。

上述几类尺寸之间并不是互相孤立无关的，实际上有的尺寸往往同时具有多种作用。此外，在一张装配图中，也并不一定需要全部注出上述尺寸，而是要根据具体情况和要求来确定。如果是设计装配图，所注的尺寸应全面些；如果是装配工作图，则只需把与装配有关的尺寸注出就行了。

9-4　装配图中的零、部件序号、明细栏和标题栏

为便于统计零件，部件的种类和数量，有利于看图和管理，对装配图上每一个不同零件或部件都必须编注一个序号或代号，并将序号代号零部件名称，材料数量等项目填写在明细表中。

一、编写零件序号的一些规定

装配图的图形一般较复杂，包含的零件种类和数目也较多，为了便于在设计和生产过程中查阅有关零件，在装配图中必须对每个零件进行编号。

1. 序号的一般规定

（1）装配图中每种零、部件都必须编写序号。同一装配图中相同的零、部件只编写一个序号，且一般只注一次。

（2）零、部件的序号应与明细栏中的序号一致。

（3）同一装配图中编写序号的形式应一致。

2. 编号方法

序号由点、指引线、横线（或圆圈）和序号数字组成。指引线、横线用细实线画出。指引线彼此不相交，当指引线通过剖面线区域时应与剖面线斜交，避免与剖面线平行。序号数字放在横线上或圆圈里时要比装配图的尺寸数字大一号或两号；序号数字放在指引线附近时，序号数字的字高比该装配图中所注尺寸数字高度大两号。如图 9-6（a）所示。应注意的是，同一装配图中编写序号的形式应一致。

3. 序号编写的顺序

零、部件序号应沿水平或垂直方向按顺时针（或逆时针）方向顺次排列整齐，并尽可能均匀分布，如图 9-2 所示。

4. 标准件、紧固件的编写

当标注螺纹紧固件或其他装配关系清楚的同一组紧固件可采用公共指引线，如图 9-6（b）所示；标准部件（如油杯、滚动轴承等）在图中被当成一个部件，只编写一个序号，如图 9-4 所示。

5. 很薄的零件或涂黑断面的标注

由于薄零件或涂黑的断面内不便画圆点，可在指引线的末端画出箭头，并指向该部分的轮廓，如图 9-6（c）所示。

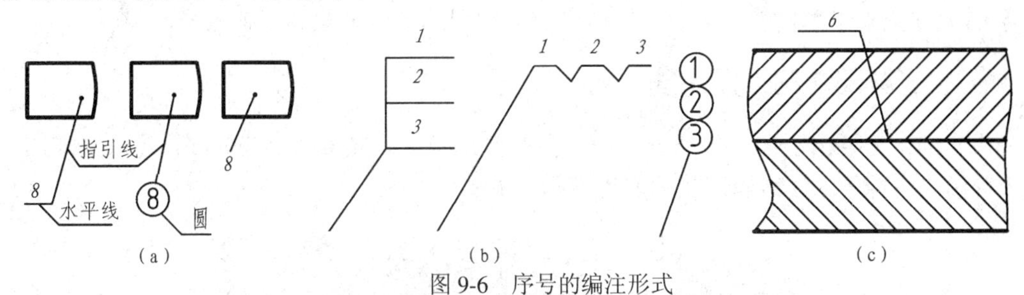

图 9-6 序号的编注形式

（a）一般标注方式；（b）公用指引线标注方式；（c）特殊标注方式。

二、明细栏

明细栏是机器或部件中全部零、部件的详细目录，它画在标题栏的上方，当标题栏上方位置不够时，也可续写在标题栏的左方，明细栏的边框竖线为粗实线，其余均为细实线。

明细栏的格式和尺寸在国家标准中都有规定，在制图作业中，建议采用图 9-7 所示明细栏格式。零件的序号自下而上填写，以便在增加零件时可继续向上画格。如位置不够可将明细栏分段画在标题栏的左方。明细栏中“名称”一栏除了填写零、部件名称外，

15	45	15	35	20	
7	螺母 M12	4	Q235		8
6	双头螺柱 AM12 × 30	4	35Cr	GB/T897-1988	8
5	调整垫	1	聚四氟乙烯		8
4	阀 芯	1	40Cr		8
3	密封圈	2	聚四氟乙烯		8
2	阀 盖	1	ZG203-450		8
1	阀 体	1	ZG203-450		8
序号	名 称	件数	材料	备注	8

40								
	（图 名）			比例		（图号）		8
				数量				8
8	制图			重量		材料		8
8	描图			（校名）				
8	审核							
	12	28	25	130				

图 9-7 标题栏和明细栏的格式

对于标准件还要填写其规格，标准件的国标号应填写在“备注”一栏中。

9–5　装配图的画法

本节以图 9-10 齿轮油泵为例说明画装配图的方法和步骤：

一、了解部件的装配关系

首先应先画出部件的装配示意图，了解零件间的相对位置和连接关系。

二、了解部件的工作原理

齿轮油泵主要由泵体、传动齿轮轴、齿轮轴、齿轮、端盖和一些标准件组成。如图 9-8 所示，在看懂零件结构形状的前提下画装配图。

图 9-8　齿轮油泵

工作原理：当主动齿轮旋转时，带动从动齿轮旋转，在两个齿轮的啮合处，由于轮齿瞬时脱离啮合，使泵室右腔压力下降产生局部真空，油池内的液压油便在大气压力作用下，从吸油口进入泵室右腔的低压区，随着齿轮的转动，由齿间将油带入泵室左腔，并使油产生压力经出油口排出。如图 9-9 所示。

图 9-9　齿轮油泵工作原理

三、视图选择

1. 装配图的主视图选择

（1）一般将机器或部件按工作位置或习惯位置放置。

（2）主视图选择应能尽量反映出部件的结构特征。即装配图应以工作位置和清楚反映主要装配关系、工作原理、主要零件的形状的那个方向作为主视图方向。

2. 其他视图的选择

其他视图主要是补充主视图的不足，进一步表达装配关系和主要零件的结构形状。其他视图的选择考虑以下几点：

（1）分析还有哪些装配关系、工作原理及零件的主要结构形状还没有表达清楚，从而选择适当的视图及相应的表达方法。

（2）尽量用基本视图和在基本视图上作剖视来表达有关内容。

（3）合理布置视图，使图形清晰，便于看图。

四、画装配图的步骤

1. 确定图幅

根据部件的大小，视图数量，选取适当的画图比例，确定图幅的大小。然后画出图框，留出标题栏、明细栏和填写技术要求的位置。

2. 布置视图

画各视图的主要轴线、中心线和定位基准线。并注意各视图之间留有适当间隔，以便标注尺寸和进行零件编号。如图 9-10（a）所示。

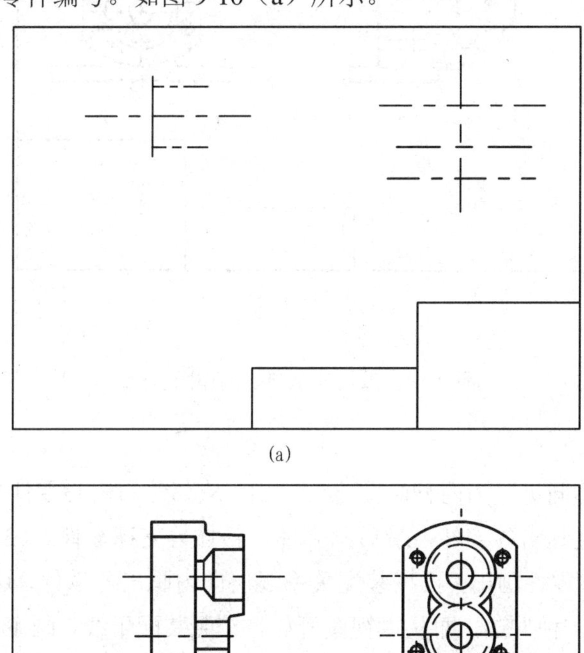

(a)

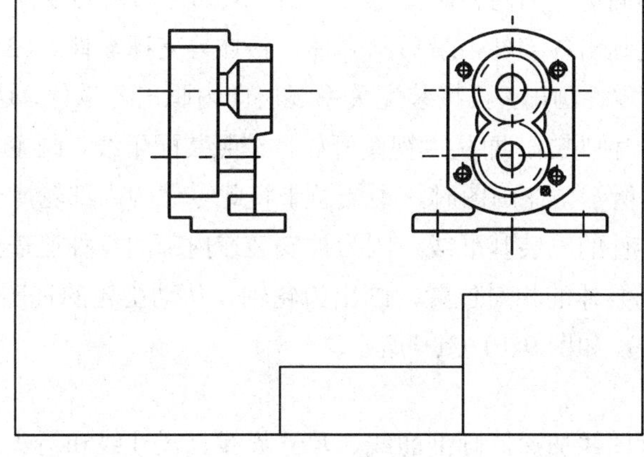

(b)

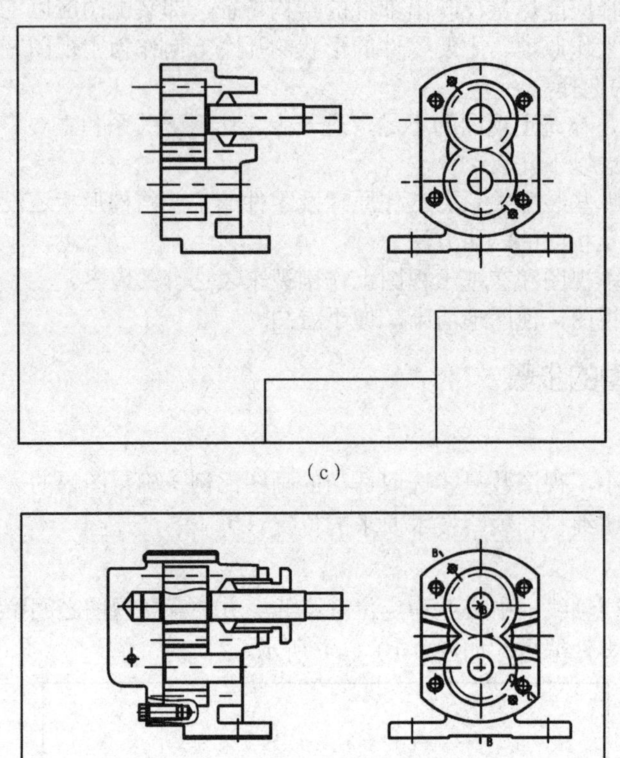

（c）

（d）

图 9-10　齿轮油泵装配图作图步骤

3. 主要装配线

按画图顺序的不同可分为两种画图方法：（1）从部件的核心零件画起，“由内向外”，按装配关系逐层扩展画出各零件，最后画壳体、箱体等支撑零件。（2）先将起支撑、包容作用的壳体、箱体零件画出，再按装配关系逐层向内画出各零件，这种方法称为“由外向内”。此例采用后一种方法，即从主视图开始，按照装配干线，画主要零件泵体的轮廓线，如图 9-10（b）所示。在画图时，不要急于将此零件的内部轮廓全部画出，而只需确定装入其内部的零件的安装基准线，因为被安装在内部的零件遮盖的那部分是不必画出的；根据齿轮轴和泵体的相对位置，画出齿轮轴、从动齿轮的视图，如图 9-10（c）所示；画出其他零件，如图 9-10（d）所示。

4. 完成装配图

校核底稿，进行图线加深，画剖面线、尺寸界线、尺寸线和箭头；编注零件序号，注写尺寸数字，填写标题栏和技术要求。如图 9-11 所示。

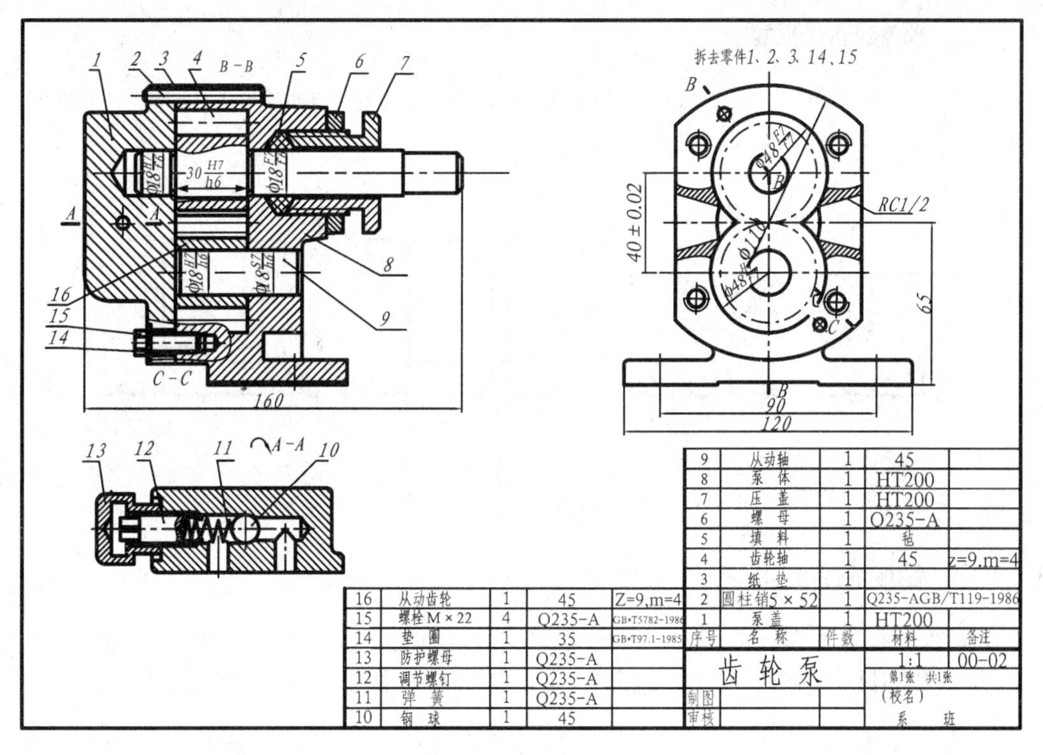

图 9-11 齿轮油泵装配图

9-6 装配图结构的合理性

在设计和绘制装配图的过程中，为了保证装配方面的质量要求，方便装配、拆卸，应仔细考虑机器或部件的加工和装配的合理性。我们概括为以下几点：

一、轴和孔配合结构

要保证轴肩与孔的端面接触良好，应在孔的接触面制成倒角或在轴肩根部切槽。如图 9-12 所示。

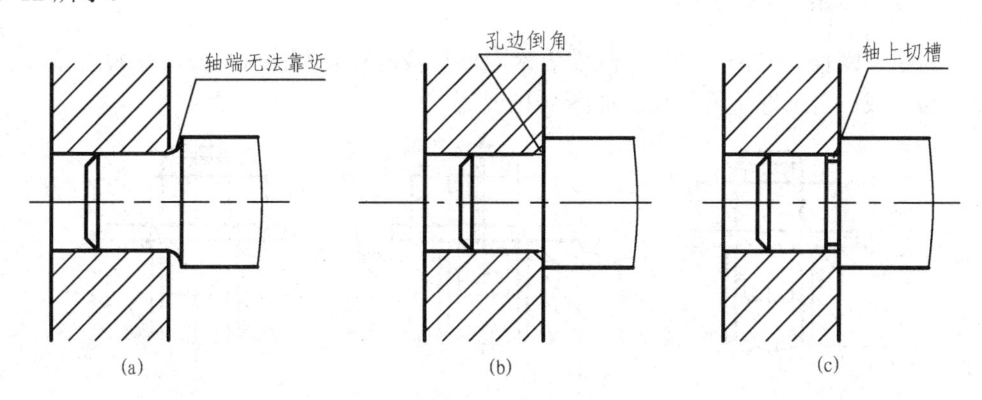

图 9-12 轴和孔配合结构

（a）不合理；（b）合理；（c）合理。

二、接触面的数量

当两个零件接触时，在同一方向的接触面上，应当只有一个接触面，如图 9-13 所示。这样即可满足装配要求，制造也较方便。

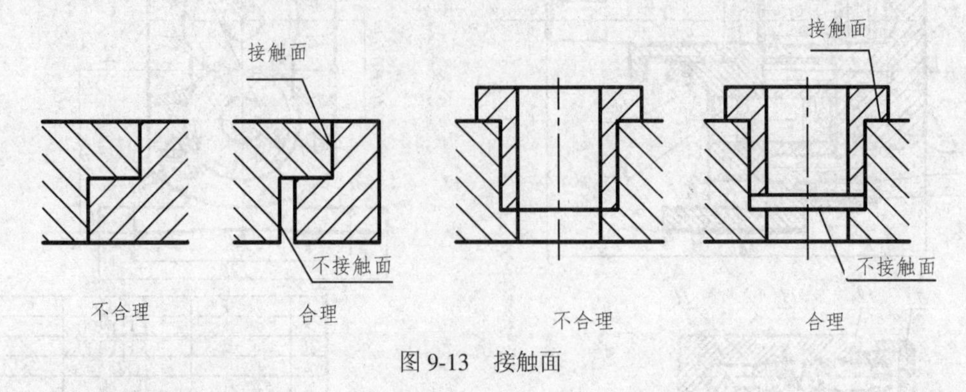

图 9-13 接触面

三、销配合处结构

为了保证两零件在装拆前后不致降低装配精度，通常用圆柱销或圆锥销将零件定位。为了加工和装拆的方便，在可能的条件下，最好将销孔做成通孔。如图 9-14 所示。

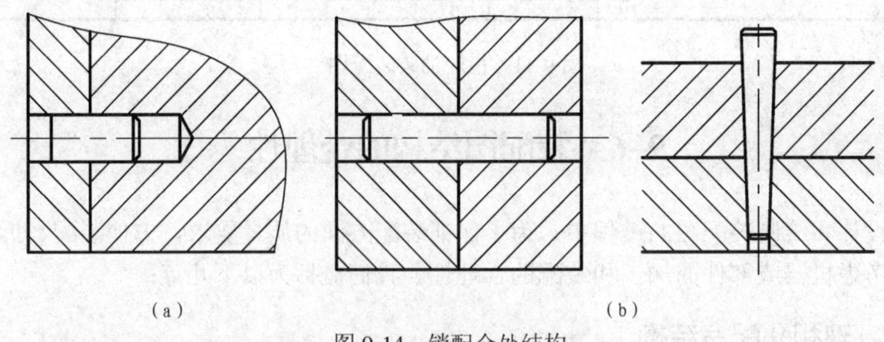

图 9-14 销配合处结构

(a) 销定位；(b) 可能条件下作成通孔。

四、紧固件装配结构

为了使螺栓、螺母、螺钉、垫圈等紧固件与被连接表面接触良好，在被连接件的表面应加工成凸台或凹坑等结构。如图 9-15 所示。

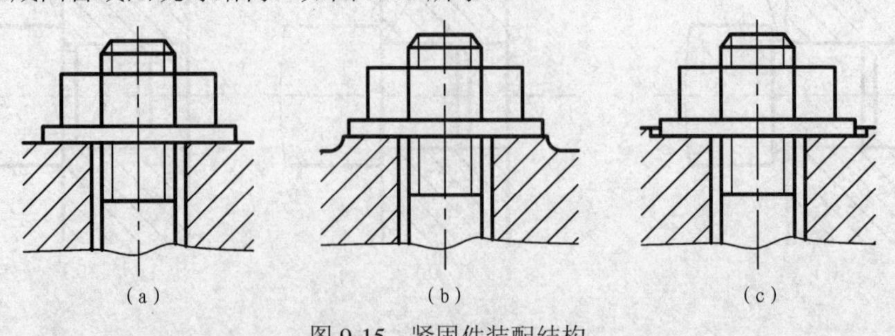

图 9-15 紧固件装配结构

(a) 不合理；(b) 加工成凸台；(c) 加工成凹坑。

9–7 读装配图及拆绘零件图的方法

装配、安装、使用和维修机器设备，学习先进技术以及讨论方案和从装配图拆画零件图，都要看装配图，读装配图的目的是：

1. 了解部件的工作原理、性能和功能。

2. 明确部件中各个零件的作用和它们之间的相对位置、装配关系及拆装顺序。

3. 读懂主要零件及其他有关零件的结构形状。

图 9-16 所示为一常用的截止阀轴测图，现以其为例介绍阅读装配图的方法和步骤。

图 9-16 截止阀

一、读装配图的步骤和方法

1. 概括了解

看标题栏了解部件的名称，对于复杂部件可通过说明书或参考资料了解部件的构造、工作原理和用途。看零件编号和明细栏，了解零件的名称、数量和它在图中的位置。由标题栏知，该部件是截止阀；由明细栏知它共有 15 种零件，是较为简单的部件。从图中所注性能规格、特性尺寸，结合生产实际知识和产品说明书等有关资料，可了解该部件的用途、适用条件和规格。它一般应用在气液管路中，其公称通径为 ϕ50mm。

2. 分析视图

分析各视图的名称及投影方向，弄清剖视图、断面图的剖切位置，从而了解各视图的表达意图和重点。如图 9-17 所示的截止阀，共采用了五个视图。主视图采用了全剖视，主要表达工作原理、装配关系等；左视图采用了半剖视图，主要表达阀的外形和两端面的安装孔的位置及尺寸；俯视图采用了拆卸画法，主要表达阀顶部的外形，以及阀盖端面的连接螺栓的数量及位置；另外，用一局部视图表达了手轮零件的结构形状，又用剖面图表达阀杆与阀盘的连接和装配情况等。

3. 分析工作原理和装配关系

截止阀的工作原理是：装配图中的截止阀现处于关闭状态；若逆时针转动手轮 12，便带动阀杆 5 转动并向上移动，从而带动阀盘 3 上移，截止阀便开启，使管路中的气液流通。阀杆上移的距离大小可控制流量。若手轮顺时针转动则阀门关闭。

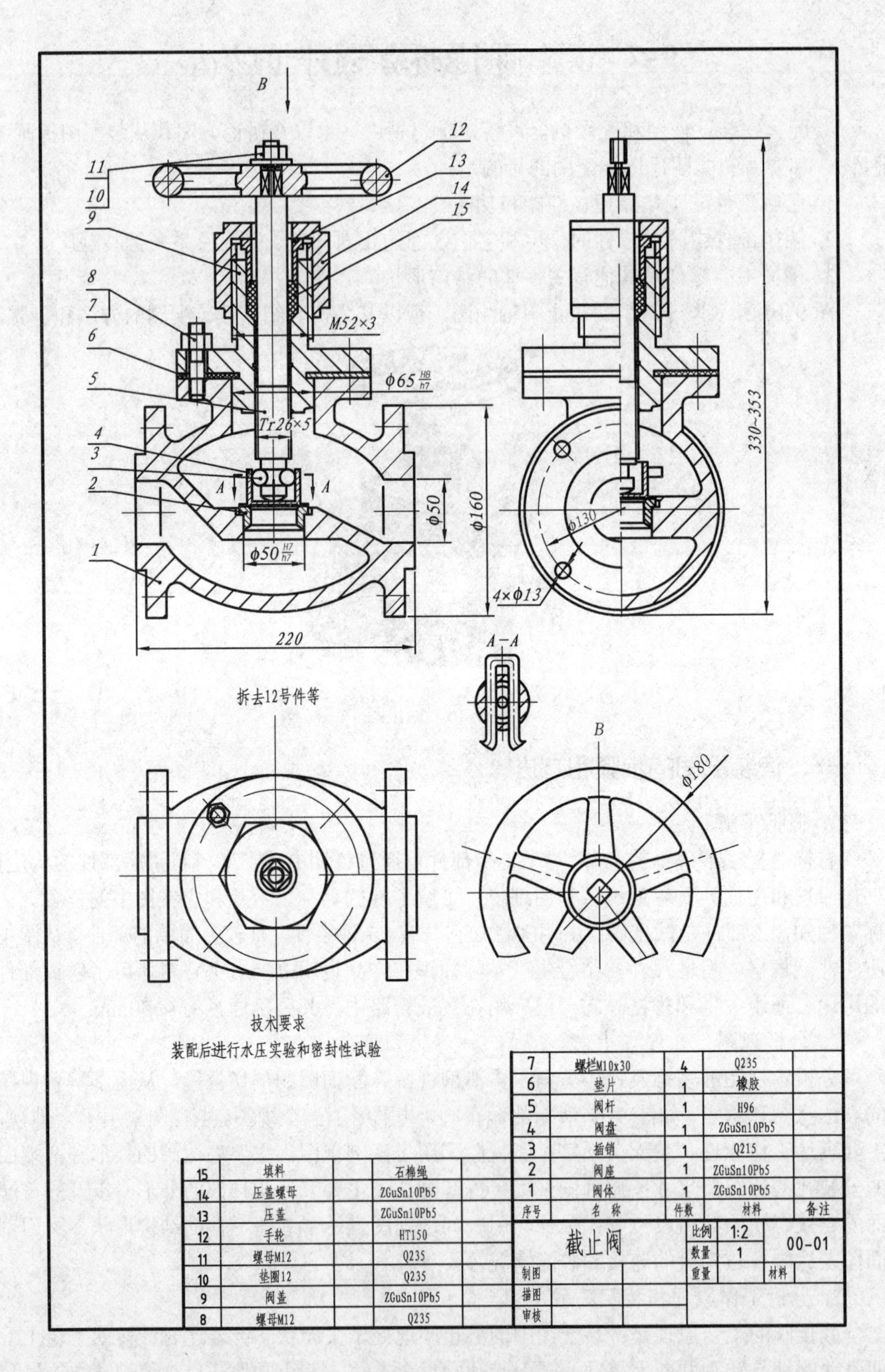

序号	名称	件数	材料	备注
15	填料		石棉绳	
14	压盖螺母		ZGuSn10Pb5	
13	压盖		ZGuSn10Pb5	
12	手轮		HT150	
11	螺母M12		Q235	
10	垫圈12		Q235	
9	阀盖		ZGuSn10Pb5	
8	螺母M12		Q235	
7	螺栏M10x30	4	Q235	
6	垫片	1	橡胶	
5	阀杆	1	H96	
4	阀盘	1	ZGuSn10Pb5	
3	插销	1	Q215	
2	阀座	1	ZGuSn10Pb5	
1	阀体	1	ZGuSn10Pb5	

截止阀		比例	1:2	00-01	
		数量	1		
制图		重量		材料	
描图					
审核					

图 9-17　截止阀装配图

截止阀的装配关系是：在反映装配关系比较明显的主视图中，阀体 1 与阀座 2 采用的是过盈配合，插销 3 将阀盘 4 与阀杆 5 联接在一起，阀盖 9 与阀体 1 采用间隙配合且用四个螺柱连接；阀杆 5 由梯形螺纹与阀盖 9 连接，手轮 12 与阀杆 5 之间的联结用螺母 11 和垫圈 10 固定；在阀杆 5 与阀盖 9 之间装有填料，并靠压盖螺母 14 及压盖 13 压紧，在阀盖与阀体的结合处加有防漏垫片 6 以防止流体渗漏。

4. 分析零件、读懂零件的结构形状

首先从主要零件开始，区分不同零件的投影范围。即根据各视图的对应关系，及同一零件在各个视图上的剖面线方向和间隔都相同的规则，区分出该零件在各个视图上的投影范围，按照相邻零件的作用和装配关系构思其结构，并依次进行分析确定。

对于部件装配图中的标准件，可由明细表中确定其规格、数量和标准代号。如螺柱、螺母、滚动轴承等的有关资料可从手册中查到。

5. 总结归纳

主要是在对机器或部件的工作原理、装配关系和各零件的结构形状进行分析之后。还应对所注尺寸和技术要求进行分析研究，从而了解机器或部件的设计意图和装配工艺性能等，并弄清各零件的拆装顺序。经归纳总结，加深对机器或部件的全面认识，完成看装配图，并为拆画零件图打下基础。

二、由装配图拆画零件图

由装配图拆画零件图，简称为拆图。拆图的过程也是继续设计零件的过程，应在看懂装配图的基础上进行。装配图中的零件类型可分为以下几种：

1. 标准件

标准件一般属于外购件，不画零件图。按明细栏中标准件的规定标记，列出标准件即可。

2. 借用零件

借用零件是借用定型产品上的零件，这类零件可用定型产品的已有图样，不拆画。

3. 重要设计零件

重要零件在设计说明书中给出这类零件的图样或重要数据，此类零件应按给出的图样或数据绘图。

4. 一般零件

这类零件是拆画的主要对象，现以图 9-17 中的阀盖 9 为例，说明由装配图拆画零件图的方法和步骤。

1）分离零件

在看装配图时，已将零件分离出来，且已基本了解零件的结构形状，现将其他零件从中卸掉，恢复阀盖被挡住的轮廓和结构，即可得到阀盖完整的视图轮廓。

2）确定零件的视图表达方案

装配图的表达是从整个部件的角度来考虑的，因此装配图的方案不一定适合每个零件的表达需要，这样在拆图时，不宜照搬装配图中的方案，而应根据零件的结构形状，进行全面的考虑。有的对原方案只需作适当调整或补充，有的则需重新确定。

图 9-18 为拆画的截止阀中阀盖 9 的零件图，就是按盘类零件的结构特点重新考虑的

表达方案。其主视图使轴线水平放置且采用全剖或半剖，并画出左视图表达阀盖轮廓形状和螺柱孔的位置与个数。而阀盖上的倒角、退刀槽等工艺结构采用了简化画法，在画零件图时应详细画出。

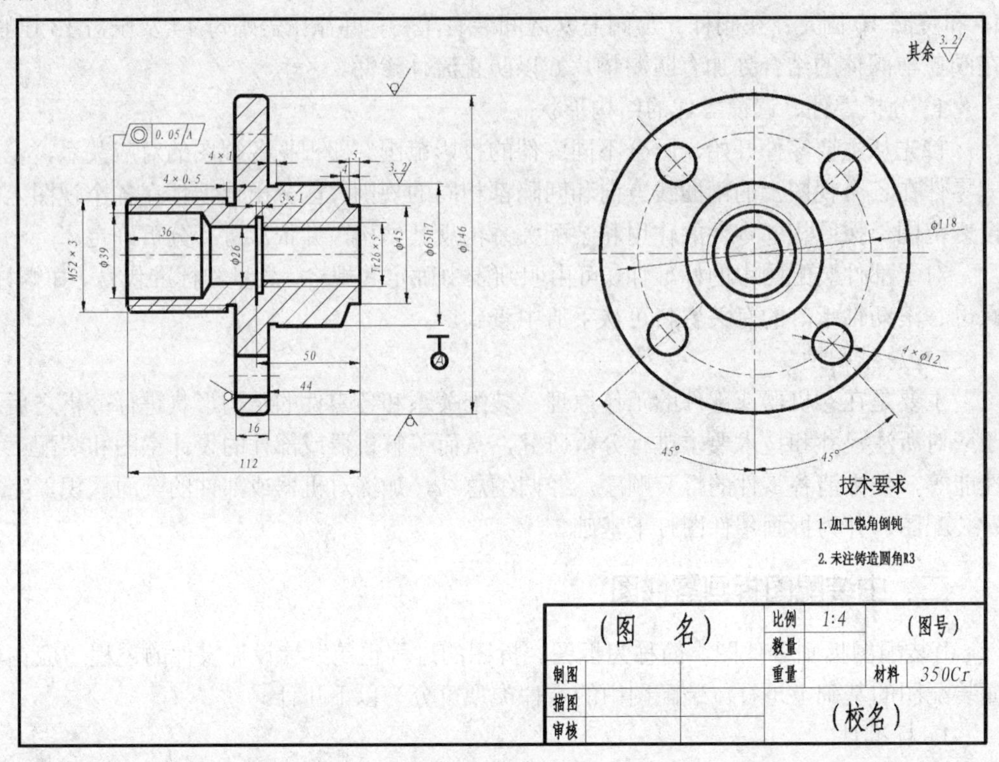

图 9-18　阀盖零件图

3）零件尺寸的确定

装配图中已标注的零件尺寸都应移置到零件图上，凡注有配合的尺寸，应根据公差代号在零件图上注出公差带代号或极限偏差数值。

4）拆画零件图应注意的问题

（1）在装配图中允许不画的零件的工艺结构如倒角、圆角、退刀槽等，在零件图中应全部画出。

（2）零件的视图表达方案应根据零件的结构形状确定，而不能盲目照抄装配图。要从零件的整体结构形状出发选择视图。箱体类零件主视图应与装配图一致；轴类零件应按加工位置选择主视图；叉架类零件应按工作位置或摆正后选择主视图。其他视图应根据零件的结构形状和复杂程度来选定。

（3）装配图中已标注的尺寸，是设计时确定的重要尺寸，不应随意改动，零件图的尺寸，除在装配图中注出外，其余尺寸都在图上按比例直接量取。对于标准结构或配合的尺寸，如螺纹、倒角、退刀槽等要查标准注出。

（4）标注表面粗糙度、公差配合、形位公差等技术要求时，要根据装配图所示该零件在机器中的功用、与其他零件的相互关系，并结合自己掌握的结构和制造工艺方面知识而定。

第十章　立体表面展开

10–1　表面展开图

在工业生产中，常会遇到管道、壳体和容器等薄壁板制件。如图 10-1 所示为饲料粉碎机上的集粉筒，它是用薄铁皮制成的。在加工制作这类机件时，通常要根据设计图样画出展开图（也称放样），再经下料、弯卷，焊接或铆接而成。把立体表面按实际形状和大小依次连续摊平画在一个平面上的图样称为立体的表面展开图，简称展开图。

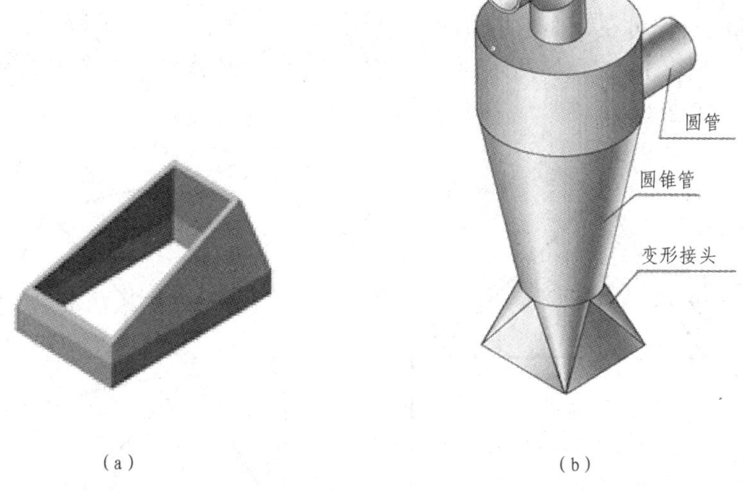

图 10-1　薄板制件实例

(a) 方形弯管；(b) 集粉筒。

画薄板制件的展开图时，必须明确立体表面是否可展。立体表面不外乎平面和曲面两种，当制件表面摊平在一个平面上时，没有褶皱和破裂，就称这种表面为可展表面，否则为不可展表面。平面立体的表面和以直线为母线且相邻两素线平行或相交的曲面，如圆柱面，圆锥面等均为可展表面，可展表面能够精确地画出其表面展开图。以曲线为母线的曲面（如环面和球面）以及虽然以直线为母线，但是相邻两素线交叉的直纹面（如螺旋面等），是不可展曲面。不可展曲面只能近似地画出其展开图。

绘制展开图有两种基本方法：图解法和计算法。计算法是用解析计算代替图解法中的展开作图过程，求出曲线的解析表达式及展开图中一系列点的坐标、线段长度，然后根据计算结果绘出图形，或由计算机绘出图形，再由数控切割机自动进行切割下料的方法。随着计算机技术的发展，这种方法更显示出准确、高效、便于修改、保存等优点。

图解法的实质是求作立体表面的实形，而作实形的关键是求线段的实长或曲线的展开长度。虽然图解法的精确度低于计算法，但是作图简捷、直观，而且大都能满足生产要求，因而得到广泛的应用。限于篇幅，本章仅就图解法进行介绍。

10–2　可展表面的展开

一、平面立体的展开

作平面立体的展开图，只要求出立体所有表面的实形，再顺次展平到图纸上即可。而求立体表面实形的关键是求立体各面棱线的实长。当线段处于特殊位置时，其投影可直接反映实长，当线段处于一般位置时，就要用到第二章中讲述的直角三角形法来求其实长。

1. 棱锥的表面展开

1）四棱锥的表面展开

图 10-2 是一个四棱锥，求其展开图，就要求得棱锥各面实形。棱锥底面是水平面，水平投影反映实形，其余各面都是投影面的垂直面，要求实形，必须先求棱线的实长。例如求 *SA* 的实长，可在正面构造直角三角形，利用水平投影长 *sa* 和点 *S*、*A* 的 *Z* 坐标差求得实长。如图 10-2（a）所示。各边实长求出后，依次画出五个面的实形，即得其展开图，见图 10-2（b）。

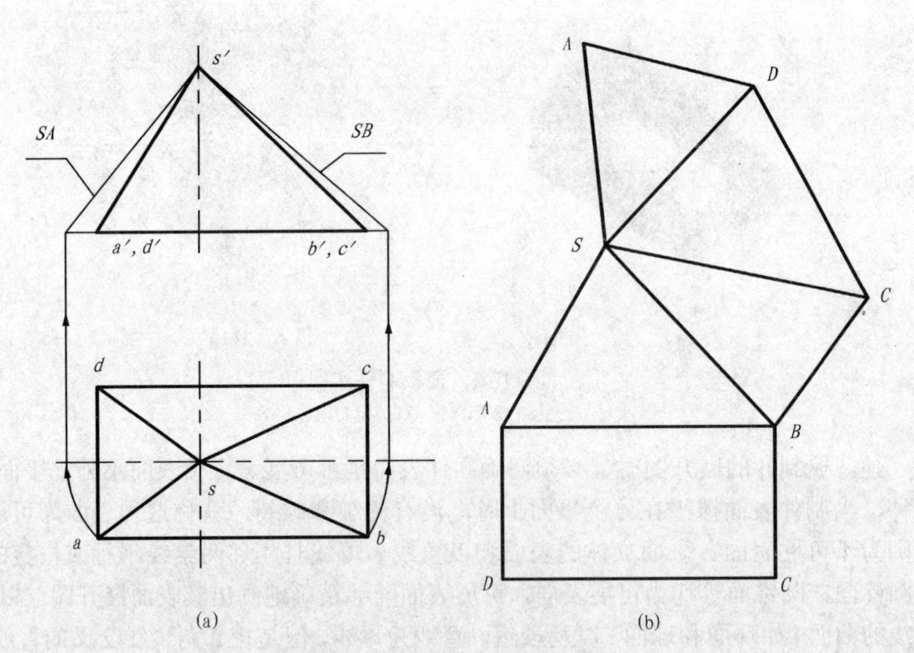

图 10-2　四棱锥的表面展开图画法

2）截头三棱锥的表面展开

图 10-3 是三棱锥被正垂面截切，求其展开图应首先画出完整的锥面展开图，然后在展开图上找到各棱线与截平面交点的位置，再连接起来即可。

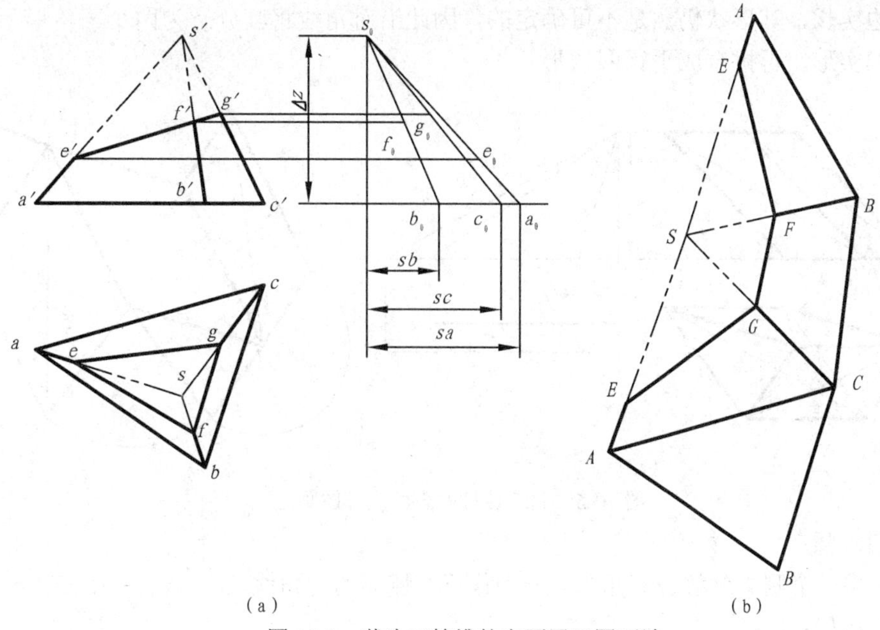

图 10-3　截头三棱锥的表面展开图画法

三棱锥的底面是水平面，实形由俯视图可直接得到。各侧面棱线均为一般位置直线，需要求实长。由于各棱线的 Z 坐标差均相等，为简化作图，可将三个求实长的直角三角形叠在一起画。正垂面与各棱线的交点 E、F、G 在求实长三角形中反映实长的边 S_0A_0、S_0B_0、S_0C_0 上的位置可以利用定比性求得，为 E_0 、F_0、G_0 点。

2. 棱柱的表面展开

1）截头四棱柱的展开

图 10-4 是四棱柱被正垂面截切，除去前后两个侧面外，各面均为矩形。它的底面是水平面，各侧面是投影面的平行面。因此棱柱各边的实长均为已知，可以直接画出它的展开图。画侧面展开图时，先将底面各边实长顺次展成一条直线，然后将各面实形画出即可。

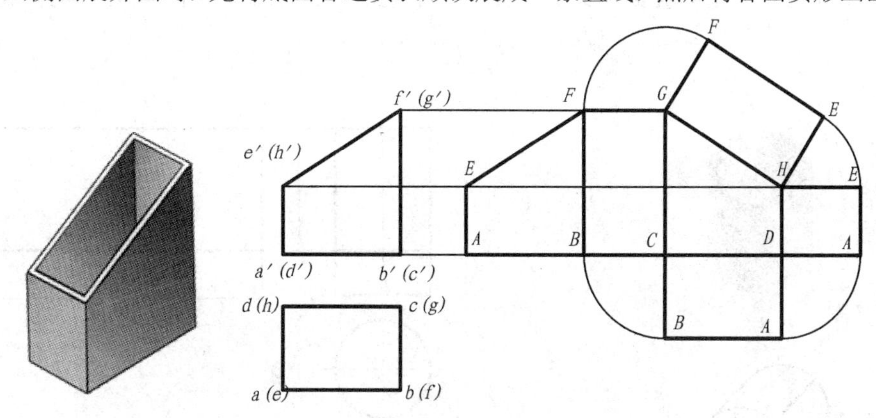

图 10-4　截头四棱柱的表面展开图画法

2）斜三棱柱的展开

斜三棱柱各上下底面为相同的水平面内的三角形，侧面是平行四边形，如图 10-5（a）所示。上下底面实形已知，各侧面棱线为正平线，正面投影反映实长。但是平行四边形仅知四边实长，其形状仍然是不可确定的，因此沿对角线将其分解为两个三角形，求出三角形的实形，再拼合成平行四边形。

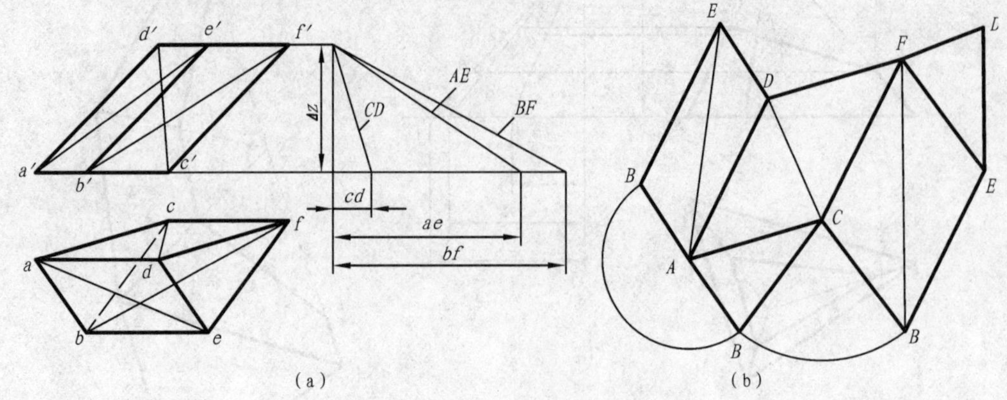

图 10-5　斜三棱柱的表面展开图画法

作图步骤：

（1）将三个侧面分解为三角形。分别作三个侧面的对角线 AE（ae,de'）、BF（bf,$b'f'$）、CD（cd , $c'd'$）；

（2）求出各对角线实长　利用水平投影长和 Z 坐标差构造直角三角形求解；

（3）依次画出各三角形实形　画时充分利用平行直线展开仍为平行这一性质，可以提高作图速度和准确性。

二、可展曲面的展开

曲面上连续两素线能构成一个平面时（两素线平行或相交），曲面才是可展的。因此可展曲面只能是直纹面。最常见的是圆柱面和圆锥面。

1. 圆柱面的展开

1）正圆柱面展开

图 10-6 是一个正圆柱面，其展开图是一个矩形，长为底圆周长 πD，高为圆柱高 H。

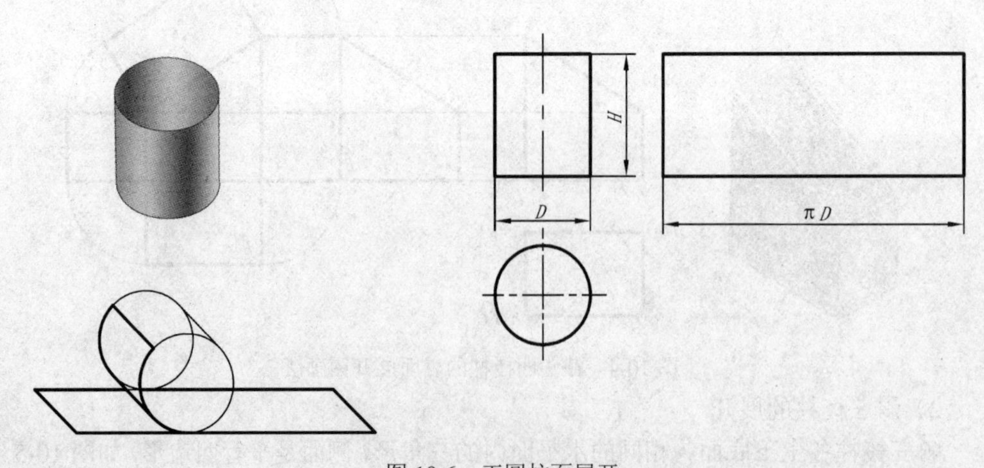

图 10-6　正圆柱面展开

2）截头圆柱面展开

在生产中，正圆柱面的展开图常用求正圆柱的内接多面棱柱的展开图来作近似。图 10-7 中求作截头圆柱面展开图就是用的这种方法（内接正多边形未画出）。

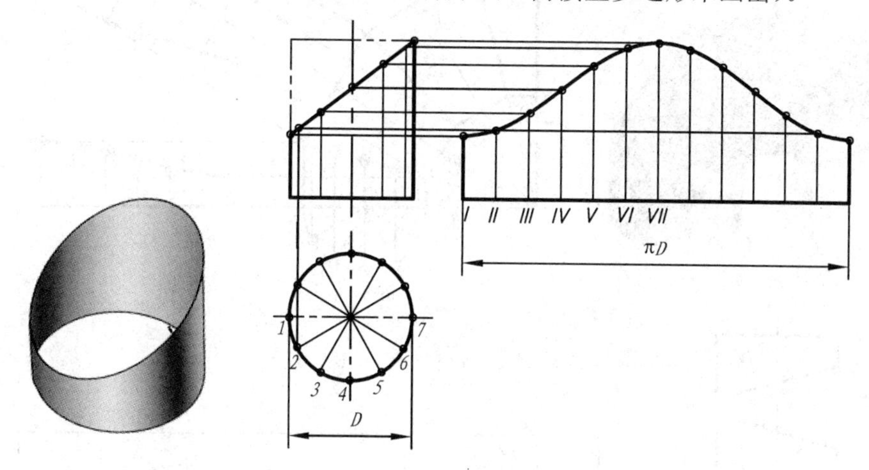

图 10-7　截头正圆柱面展开

作图步骤如下：

（1）将圆柱底圆 12 等分，得等分点 1，2，3，……。在主视图作出过各分点的素线；

（2）将底圆展开成一条直线，长度为 πD，找出直线上的 12 个等分点。为作图简便，可将该直线与圆柱主视图的底圆投影画成平齐。

（3）过直线上各等分点作垂线，长度为圆周上该分点处素线长，可直接从主视图中对；

（4）光滑连接各垂线端点，即得截头圆柱面展开图。

（5）由于截头圆柱面前后对称，实际作图时，作一半即可，另一半是它的对称图形。

3）直角弯头的展开

在通风管路连接中，如果要垂直的改变管路的方向，常用图 10-8 所示的直角弯管。一般将直角弯管分成若干节。图示为四段，三节。两端两个半节 *I*、*IV*，中间两个全节 *II*、*III*，如图 10-8（a）所示。其中每一节都是斜截正圆柱面，半节所对的角度为 15°，全节所对角度为 30°。因此直角弯头的展开就可以按画截头正圆柱面展开图的方法来进行。如图 10-8（b）所示，由于图形对称，图中仅作出 *I*、*II* 节展开图的一半。

实际生产中，当各节斜口角度相同时，为了下料方便，接口准确和节省材料，常采用图 10-8（d）、（e）的方法，先画出一个端部半节的展开图，再以此为样板，画出其余各段的展开图。为了合理利用材料，可以先假定将各段沿接缝切开，如图 10-8（c）所示，然后将双数节 *II*、*IV* 绕轴线旋转 180°，如图 10-8（d）所示，这样就能拼合成一张矩形，如图 10-8（e）所示。如果用现成的圆管切割然后焊接来制造的话，可以先将管子切割成图 10-8（d）那样的段，然后也是双数节转 180°，转成如图 10-8（c）所示位置，再焊接即可。

2. 圆锥面的展开

1）圆锥面的展开

如图 10-9（a）所示，正圆锥面的表面素线相等且相交于锥顶，其展开图是一个以

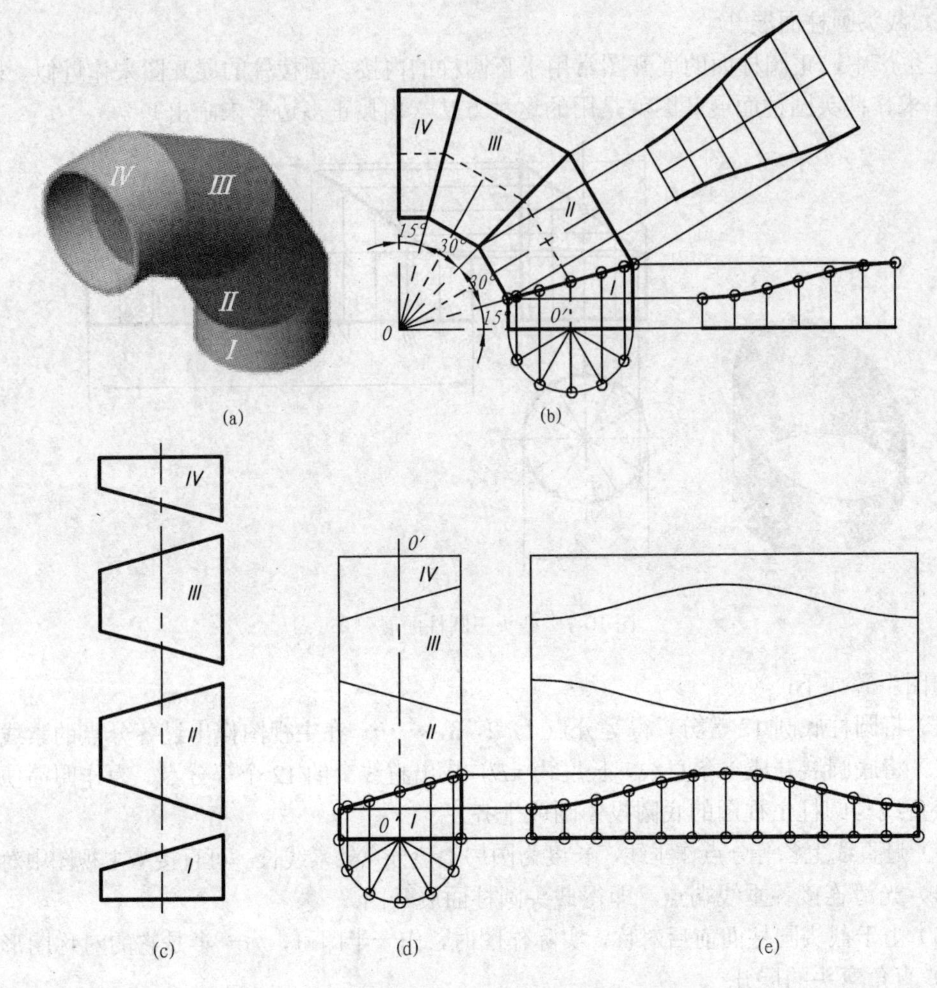

图 10-8　直角弯头的展开图

素线长度 R 为半径，底圆周长 πD 为弧长的扇形。扇形的包角 $\alpha=\pi D/R$。如图 10-9（b）、（c）所示。在生产中，画正圆锥面的展开图时，一般按正圆锥的内接多面正棱锥近似地展开，如图 10-9（d）、（e）所示。作图时，先将圆锥底圆 12 等分，然后以每一等分所对应的弦长为底边，依次连续地作出 12 个等腰三角形，腰长为圆锥素线长 R，即得正圆锥面的近似展开图。

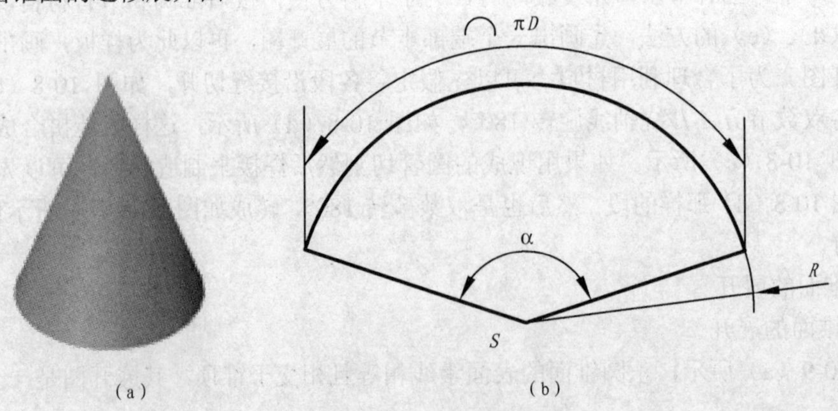

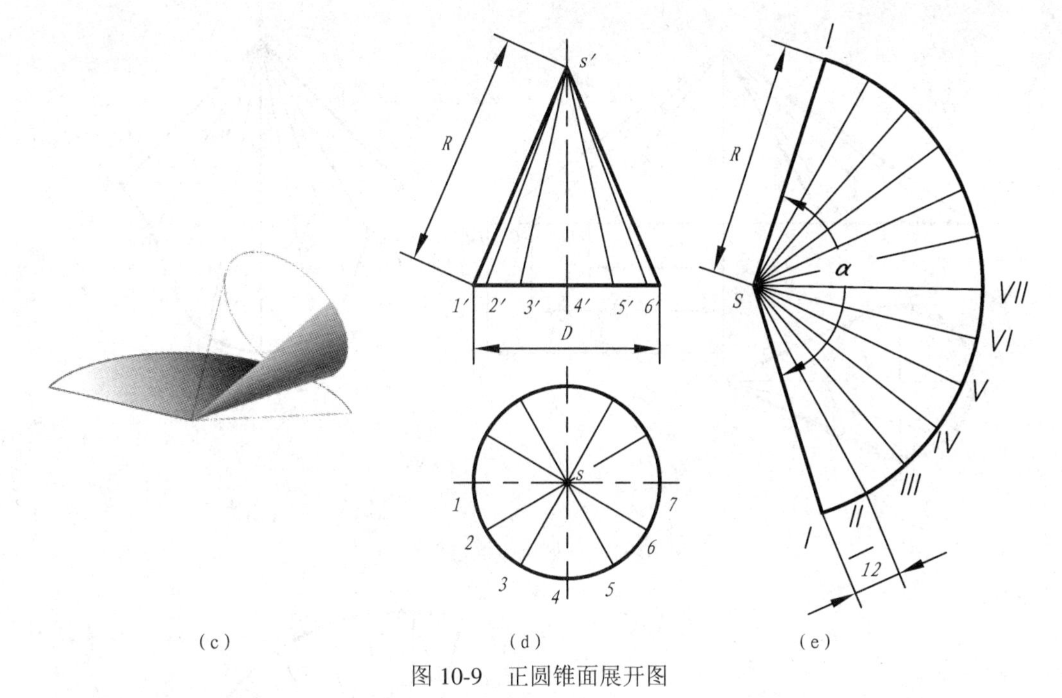

图 10-9　正圆锥面展开图

2）斜椭圆锥面的展开

斜椭圆锥是指轴线倾斜于底面，底面为圆的锥体。如图 10-10 所示。斜椭圆锥面的展开图画法与正圆锥面类似，也是用内接于锥面的多面斜棱锥的展开图来近似。但是斜椭圆锥面上的素线长度是不等的，除特殊位置素线外，其他大多数素线实长需要求取。图 10-11 所示的斜椭圆锥展开图是用斜八棱锥面来近似表示的，除素线 *S I*, *S V*（为正平线，正面投影反映实长）外，其余素线实长均用直角三角形法求得，如图 10-11（a）所示。图 10-11（b）为完成的斜椭圆锥面展开图。

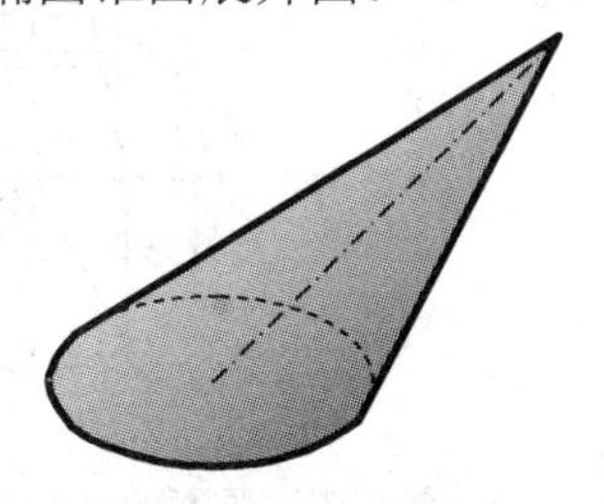
图 10-10　斜椭圆锥

3）截头正圆锥面的展开

如图 10-12 所示，截头圆锥面的展开关键要求出斜截面上各点到锥顶的素线的实长。由于 *SA* 和 *SG* 在正面轮廓素线上，是正平线，正面投影反映实长，可直接从正面投影上截取。而 *SB*，*SC*，……*SF* 为一般位置直线，正面投影不反映实长，必须另求。可以用旋转法来完成。例如可以将 *SB* 绕圆锥轴线旋转到 *SA* 或 *SG* 所在素线的位置，此位置时投影反映实长，在旋转过程中，点 *B* 的轨迹是圆锥表面过 *B* 点的纬圆，其正面投影是过 *B* 点的水平线，由此便可确定 *B* 点旋转到最左或最右素线的位置，也就得到了 *SB* 的实长。类似的，可以得到其他一般位置线的实长。

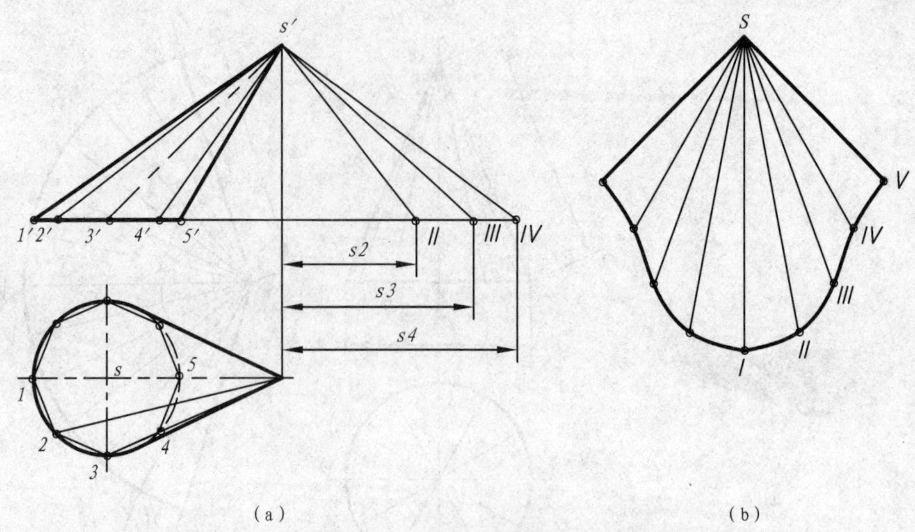

图 10-11　斜椭圆锥面展开图

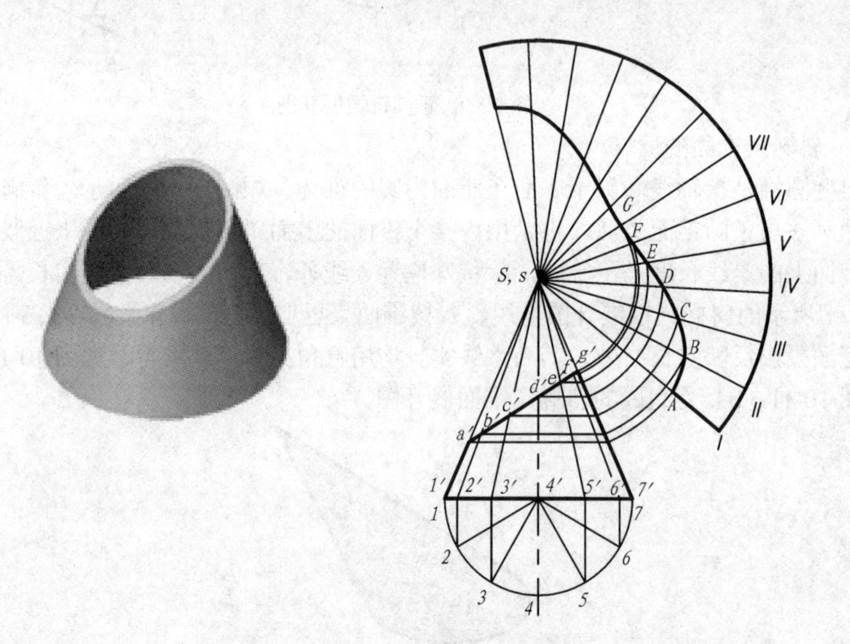

图 10-12　截头正圆锥面的展开图

作图过程如下：

（1）将圆锥底圆 12 等分，得到过等分点素线的正面投影 $s'1'$，$s'2'$……$s'7'$，它们分别与斜截面交于 a'，b'…… g'；

（2）将截切前的完整圆锥面展开成扇形，得到过各分点的放射状素线；方法同图 10-9 所示。

（3）求斜截面上点到锥顶的素线的实长，先过点 a',b'……g'作水平线与 $s'7'$相交，则锥顶 s'到各交点的距离就是所求实长。

（4）将求得的实长依次截取到展开图上相应的素线上，得交点 A，B……G；

（5）光滑连接展开图上各交点，得前半锥面展开图，然后对称得全图。

10–3　不可展表面的近似展开

作不可展表面的展开图只能采用近似的方法，将不可展表面分解为若干小块，使每一小块接近于可展表面（如平面、柱面或锥面），然后按照可展表面的方法进行展开。下面介绍球面和环面的近似展开。

一、圆球面的近似展开

圆球面的展开方法常用的有两种：近似柱面法和近似锥面法。

1. 近似柱面法

近似柱面法是用柱面代替局部球面，以直线段代替球表面的圆弧线段。首先将球面等分成若干瓣，如图 10-13（a），将其中的每一瓣都用一个和该瓣所在球面相外切的正圆柱面来近似，图 10-13（b）示出了与上半球面上某个瓣相外切的假想圆柱面，用这部分柱面的展开图来近似表示这一处球瓣的展开图。

作图步骤如下：

（1）将半球的水平投影若干等分（份数越多效果越好），图 10-13 中是 12 等分，只作出了其中一瓣 NEF（由于各瓣的展开图是一样的，求一份也就可以了）；

（2）将半球的正面投影的轮廓线若干等分，图中为 6 等分，得右边等分点 1′,2′,3′，并求得等分点的水平投影 1，2，3；

（3）以过 *N I III* 的球的外切柱面来近似表示该瓣，也即用过各分点的圆柱素线：切线 ab，cd，ef 来代替弧长，这些切线都是正垂线，因而水平投影反映实长。如图 10-13（c）所示；

（4）在图 10-13（d）中，展开瓣 *NEF*，过点 *N* 作垂线 *NS*，长度为半圆周长 π*R*（也可用六倍 *n*′1′弦长代替）。将 *NS* 六等分，上半部分的等分点为 *I, II, III*；过各等分点分别作垂线，使 *AB*＝*ab*，*CD*＝*cd*，*EF*＝*ef*，并对称得下半部分；

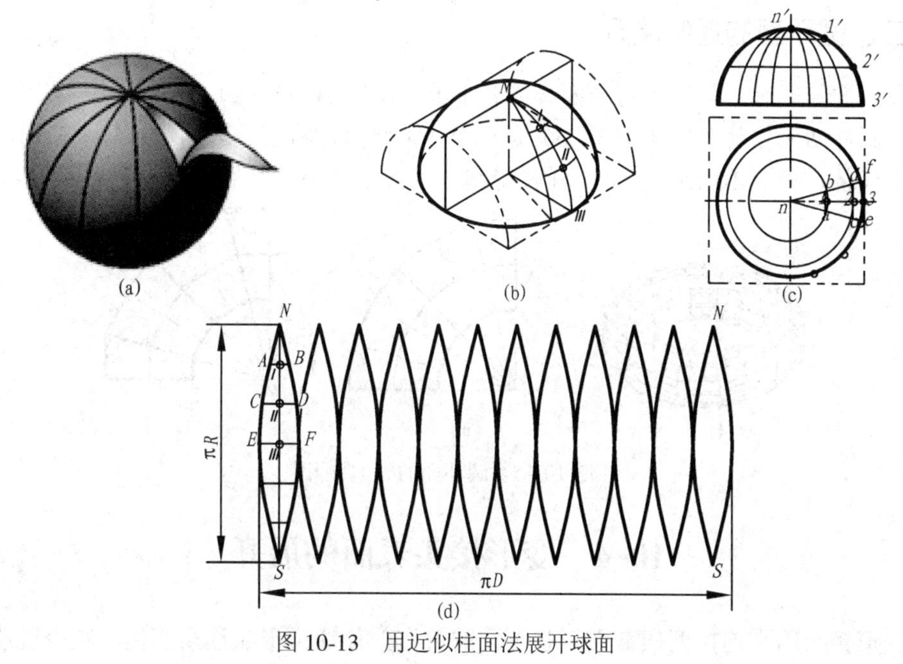

图 10-13　用近似柱面法展开球面

（5）光滑连接点 *NACE* 和 *NBDF*，此为半个球瓣的展开图，向下对称得整瓣展开图，也即 1/12 的球面展开。作整个球的展开，可用相同的方法作全 12 个瓣的展开即可。

2. 近似锥面法

用若干水平面将球面分为几个小块，图 10-14（a）为六个水平面分球面为七块，中间的标号 I 块用圆柱面近似展开，标号 *II*，*III*，*V*，*VI* 用圆锥台来近似展开，标号 *IV*，*VII* 则用圆锥面来近似展开，如图 10-14（b）所示，各锥面的锥顶点分别位于球轴上的 S_2，S_3，S_4 等点。将各部分分别展开后组合在一起，即得完整球面的近似展开图，如图 10-14（c）所示。

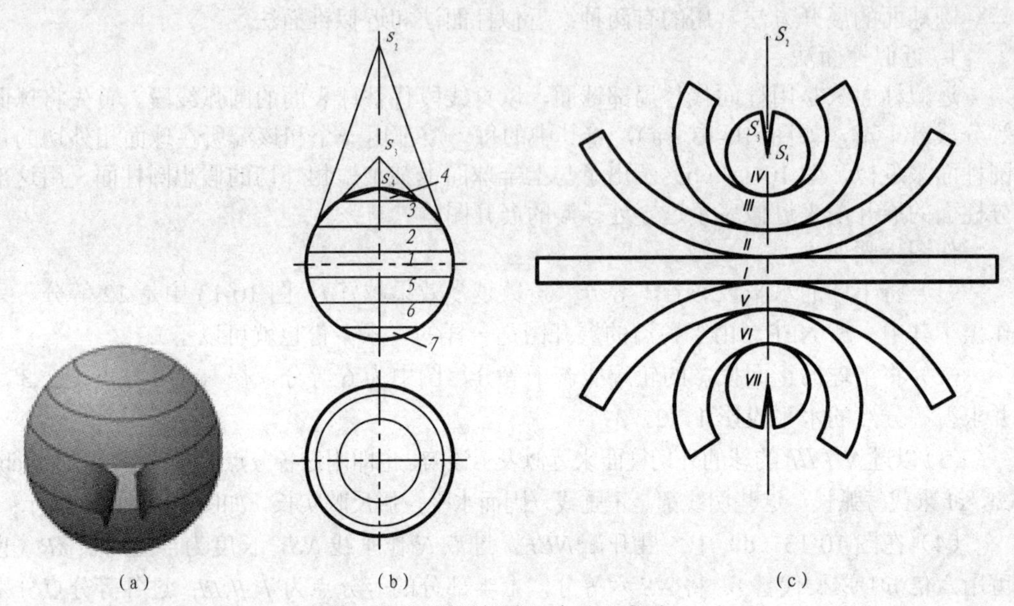

图 10-14　用近似锥面法展开球面

二、圆环面的近似展开

圆环面的展开，可以先将环面分成若干节，如图 10-15（a）所示，每一节用与它外切的正圆柱面来代替。图 10-15（b）是一个 1/4 环面，将它分为四节，每一节用斜截圆柱面来代替，见图 10-15（c），这样就得到一个直角弯头，其展开图作法见图 10-8。

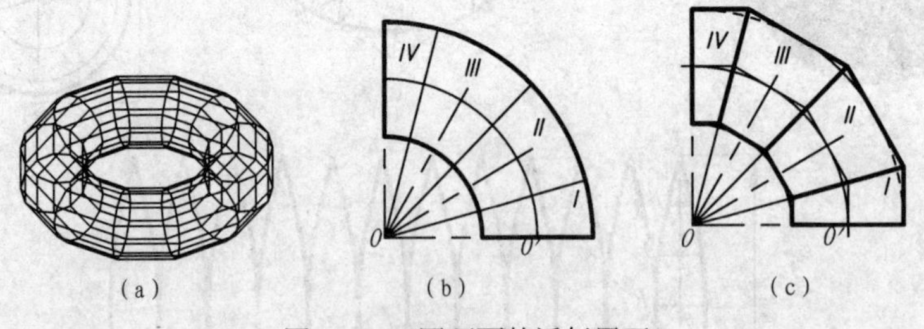

图 10-15　圆环面的近似展开

10–4　变形接头表面的展开

变形接头用来连接两段截面形状不同的管道，使通道形状逐渐变化，减少过渡处的阻力。变形接头的表面应设计成可展表面，以保证表面能准确展开。

【例 1】图 10-16（a）所示的斜口方管接头是用来连接正方形（底面）和矩形（顶面）的变形接头，求其展开图。

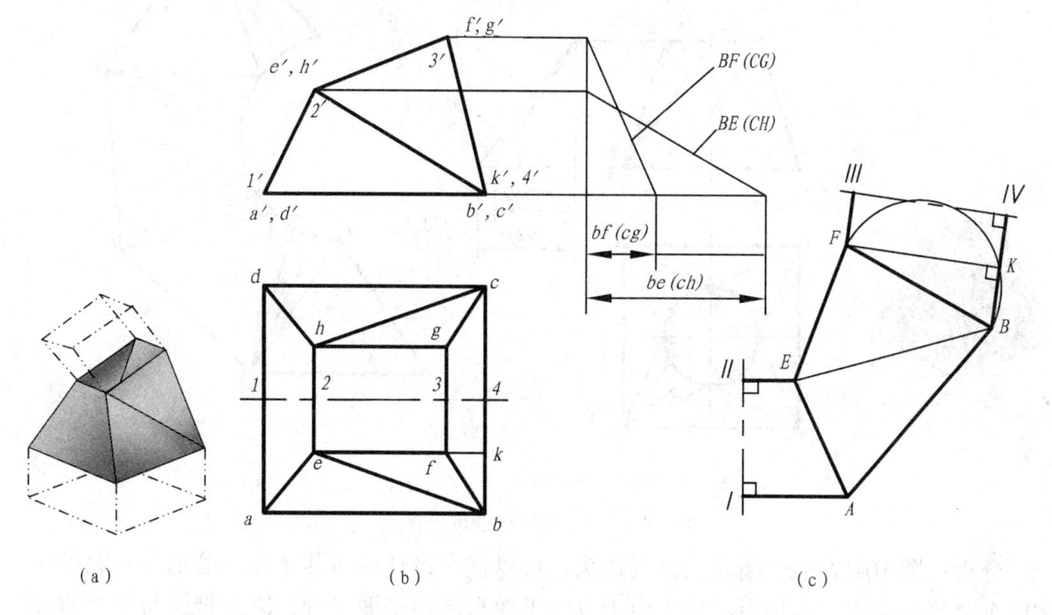

图 10-16　斜口方管接头展开图

分析：由图 10-16（b）可以看出，斜口方管接头是前后对称的，其左右两侧面为等腰梯形，都是正垂面。前后两个侧面不是平面，从投影图中可知 *EF* 与 *AB* 的正面投影相交，水平投影平行，故直线 *EF*（*GH*）与直线 *AB*（*CD*）交叉，不可能组成平面。为此连接 *BE*，把 *ABFE* 分成△*AEB* 和△*EBF* 两个平面，也可以连接 *AF*，分 *ABFE* 为△*AEF* 和△*ABF*。只要依次求出各平面形的实形，即可作出方管的展开图。

解：作图步骤如下

（1）求实长　用直角三角形法求直线 *BE*、*BF* 的实长，如图 10-16（b）所示；

（2）水平投影 $1a$，$2e$，$3f$，$4b$ 为正垂线，正面投影 $1'2'$，$3'4'$，$e'f'$为正平线，$a'b'=ab$ 为侧垂线，这些投影均反映相应边的实长；

（3）作展开图　由于图形前后对称，可先作出前半部分，如图 10-16（c）所示。作对称中心线，在其上取 Ⅰ Ⅱ＝1′2′。过 Ⅰ, Ⅱ两点分别作 Ⅰ Ⅱ的垂线，并取 Ⅱ*E*＝2*e*，Ⅰ*A*＝1*a*，连接 *AE*，即得四边形 Ⅰ Ⅱ*EA* 的实形；

（4）以 *AE* 为一边，*BE* 和 *AB* 为另两边（实长已有），作出△*AEB* 实形；

（5）以 *BE* 为一边，*EF* 和 *BF* 为另两边（实长已有），作出△*BEF* 实形；

（6）对于四边形 *BF*ⅢⅣ，可以把它分成直角三角形 *BKF* 和矩形 *KF*ⅢⅣ。*FK*⊥*KB*，故可以 *BF* 为直径作半圆，自 *B* 以 *BK*（＝*bk*）为半径作圆弧，交点为 *K*。连接 *BK*，并延长至Ⅳ，使Ⅳ*B*＝4*b*。作Ⅲ*F* 平行于Ⅳ*B* 且Ⅲ*F*＝3*f*，即得四边形ⅢⅣ*BF* 的实形。由此完成展开图的一半，另一半可对称相等求出。

【例 2】图 10-17（a）所示的方圆接头是用来连接圆管（顶面是圆）和方管（底面是正方形）的变形接头，求其展开图。

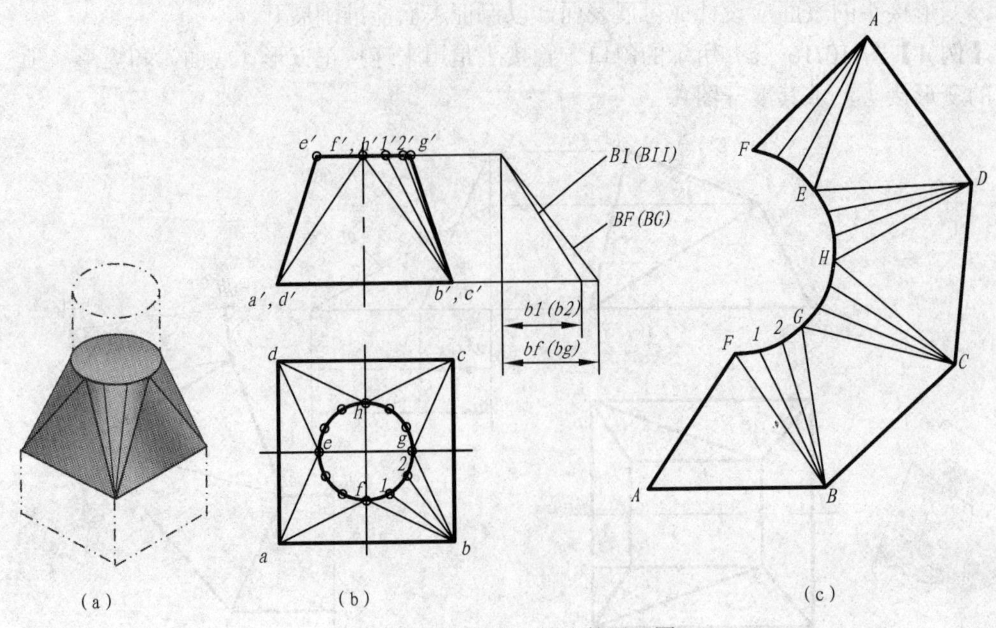

图 10-17　方圆接头的展开图

分析：图 10-17（a）所示的方圆接头，可以把它设计成由四个相同的部分椭圆锥面和四个全等的等腰三角形所组成。由于方口平面与圆口平面平行，因而锥面与平面的分界线是方口顶点与圆口的中心线与圆周的交点的连线。这样，求方圆接头的展开图就是求等腰三角形和部分椭圆锥面实形的问题了。

解：作图步骤：

（1）为求△*ABF* 的实形，首先求 *BF*（＝*AF*）的实长，如图 10-17（b）所示，*AB* 为侧垂线，实长可直接得到。作△*ABF*，如图 10-17（c）所示；

（2）将部分椭圆锥面 *BFG* 三等分，转化为求多棱锥，具体过程可参看图 10-11，期间需要用到 *B* Ⅰ（＝*B* Ⅱ）的实长。以 *BF* 为公共边作锥面 *BFG* 展开图；

（3）顺次再作其余等腰三角形和部分椭圆锥面……，即得方圆接头的展开图。

注：本章介绍的展开方法，都是按照几何表面展开的，没有考虑板厚和制作工艺等问题，实际应用时，必须参考有关钣金下料和展开的书籍和资料。

附　　录

说明：为了突出重点，减少篇幅，又便于查阅，附录中的图表均为从相应的标准中摘录下来。

一、零件上的常见结构要素

附表 1　零件倒圆与倒角（GB/T 6403.4—1986）摘编

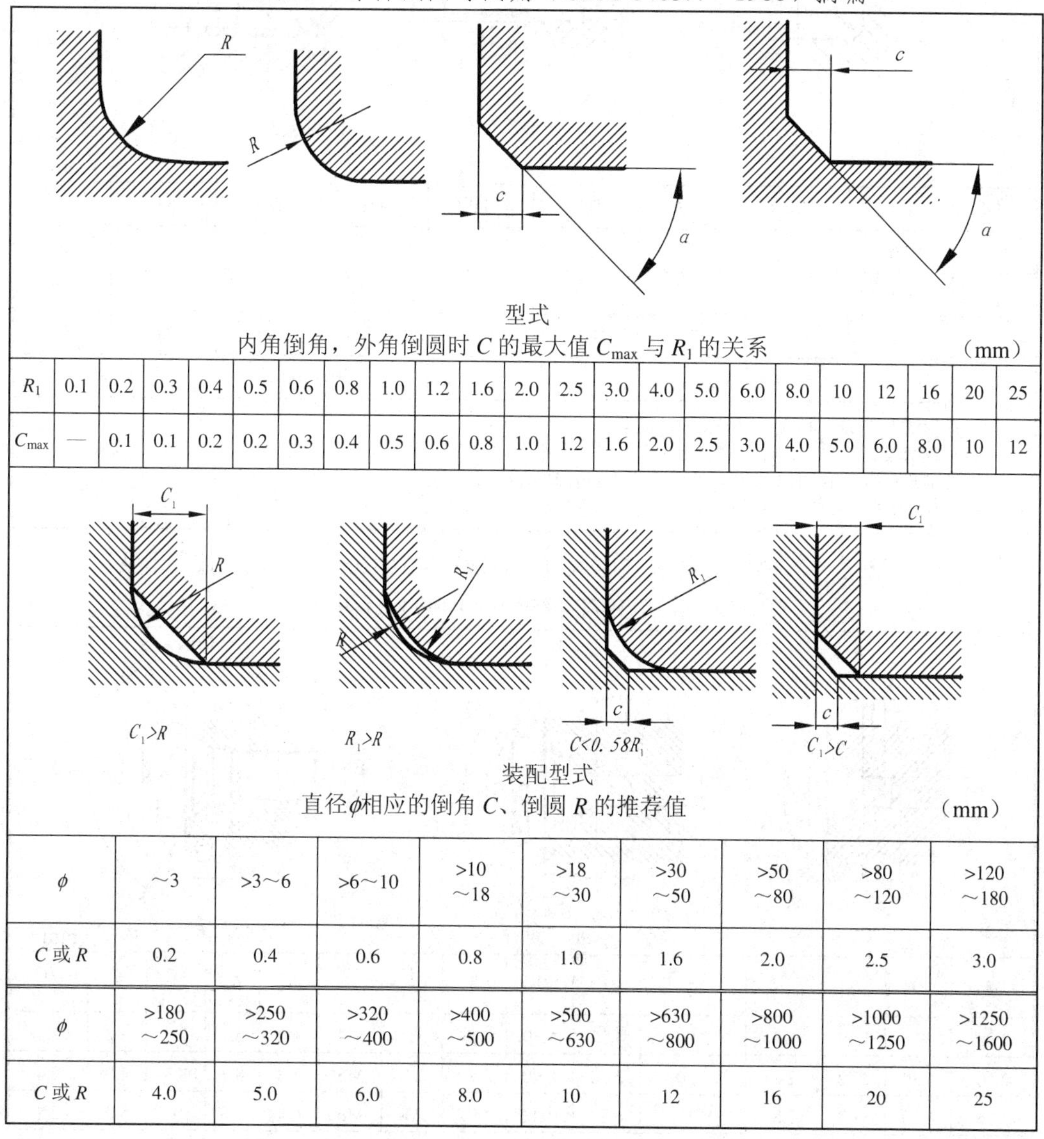

型式

内角倒角，外角倒圆时 C 的最大值 C_{max} 与 R_1 的关系　（mm）

R_1	0.1	0.2	0.3	0.4	0.5	0.6	0.8	1.0	1.2	1.6	2.0	2.5	3.0	4.0	5.0	6.0	8.0	10	12	16	20	25
C_{max}	—	0.1	0.1	0.2	0.2	0.3	0.4	0.5	0.6	0.8	1.0	1.2	1.6	2.0	2.5	3.0	4.0	5.0	6.0	8.0	10	12

装配型式

直径ϕ相应的倒角 C、倒圆 R 的推荐值　（mm）

ϕ	～3	>3～6	>6～10	>10～18	>18～30	>30～50	>50～80	>80～120	>120～180
C 或 R	0.2	0.4	0.6	0.8	1.0	1.6	2.0	2.5	3.0
ϕ	>180～250	>250～320	>320～400	>400～500	>500～630	>630～800	>800～1000	>1000～1250	>1250～1600
C 或 R	4.0	5.0	6.0	8.0	10	12	16	20	25

附表 2　砂轮越程槽（用于回转面及端面）（GB/T 6403.5—1986）摘编

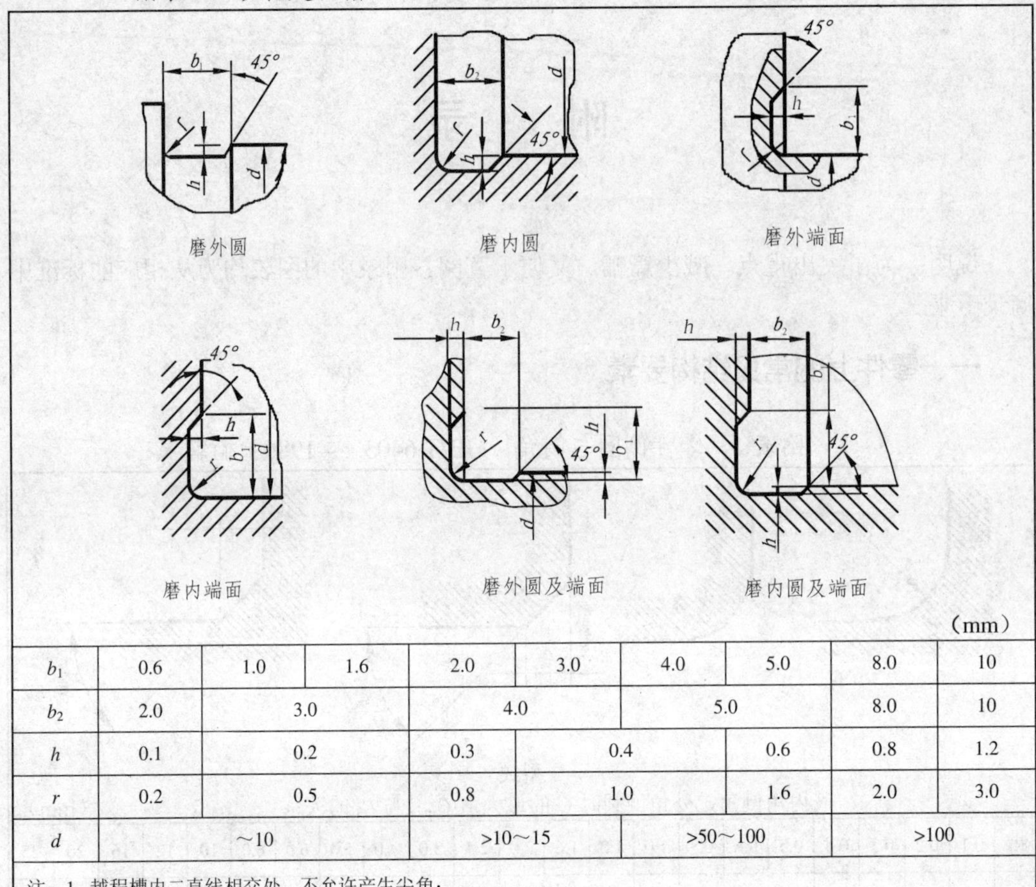

（mm）

b_1	0.6	1.0	1.6	2.0	3.0	4.0	5.0	8.0	10
b_2	2.0	3.0		4.0		5.0		8.0	10
h	0.1	0.2		0.3	0.4		0.6	0.8	1.2
r	0.2	0.5		0.8	1.0		1.6	2.0	3.0
d	～10			>10～15		>50～100		>100	

注：1. 越程槽内二直线相交处，不允许产生尖角；
2. 越程槽深度 h 与圆弧半径 r 要满足 $r \leqslant 3h$；
3. 磨削具有数个直径的工件时，可使用同一规格的越程槽；
4. 直径 d 值大的零件，允许选择小规格的砂轮越程槽

附表 3　中心孔的型式与尺寸（GB/T 145—2001）、中心孔表示法（GB/T 4459.5—1999）摘编

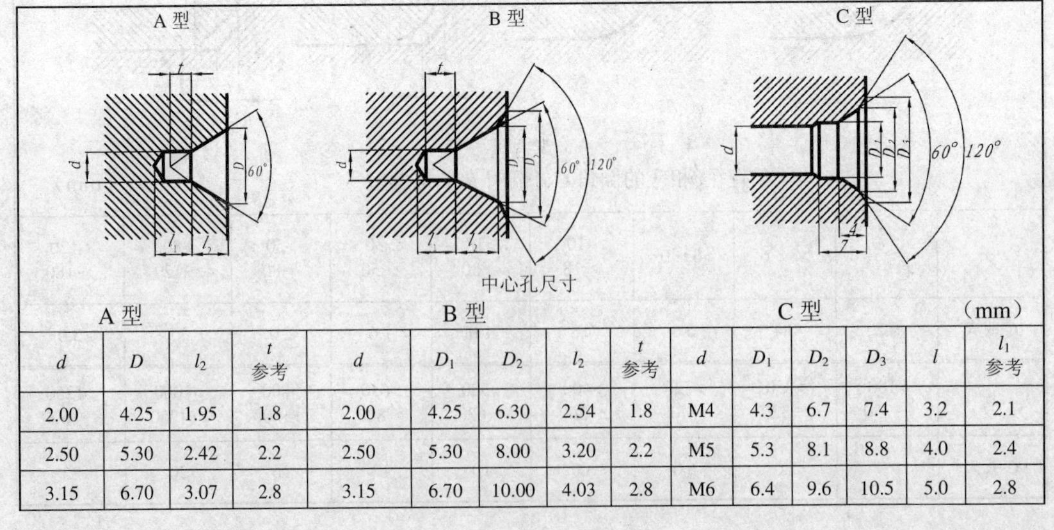

中心孔尺寸

（mm）

A 型				B 型					C 型					
d	D	l_2	t 参考	d	D_1	D_2	l_2	t 参考	d	D_1	D_2	D_3	l	l_1 参考
2.00	4.25	1.95	1.8	2.00	4.25	6.30	2.54	1.8	M4	4.3	6.7	7.4	3.2	2.1
2.50	5.30	2.42	2.2	2.50	5.30	8.00	3.20	2.2	M5	5.3	8.1	8.8	4.0	2.4
3.15	6.70	3.07	2.8	3.15	6.70	10.00	4.03	2.8	M6	6.4	9.6	10.5	5.0	2.8

（续）

d	D	l_2	t 参考	d	D_1	D_2	l_2	t 参考	d	D_1	D_2	D_3	l	l_1 参考
4.00	8.50	3.90	3.5	4.00	8.50	12.50	5.05	3.5	M8	8.4	12.2	13.2	6.0	3.3
（5.00）	10.60	4.85	4.4	（5.00）	10.60	16.00	6.41	4.4	M10	10.5	14.9	16.3	7.5	3.8
6.30	13.20	5.98	5.5	6.30	13.20	18.00	7.36	5.5	M12	13.0	18.1	19.8	9.5	4.4
（8.00）	17.00	7.79	7.0	（8.00）	17.00	22.40	9.36	7.0	M16	17.0	23.0	25.3	12.0	5.2
10.00	21.20	9.70	8.7	10.00	21.20	28.00	11.66	8.7	M20	21.0	28.4	31.3	15.0	6.4

注：1．尺寸 l_1 取决于中心钻的长度，此值不应小于 t 值（对 A 型、B 型）；
2．括号内的尺寸尽量不采用；
3．R 型中心孔未列入

中心孔表示法

要　求	符号	表示法示例	说　明
在完工的零件上要求保留中心孔	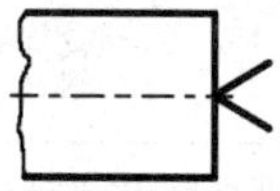	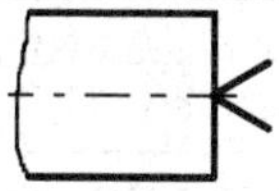 GB/T 4459.5-B2.5/8	采用 B 型中心孔 d=2.5mm　D_2=8mm 在完工的零件上要求保留
在完工的零件上可以保留中心孔	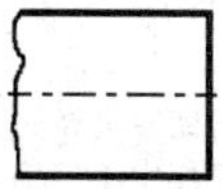	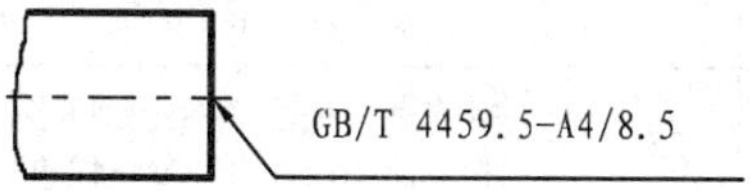 GB/T 4459.5-A4/8.5	采用 A 型中心孔 d=4mm　D=8.5mm 在完工的零件上是否保留都可以
在完工的零件上不允许保留中心孔	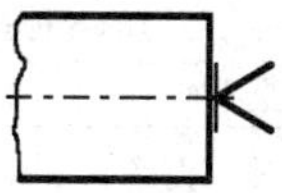	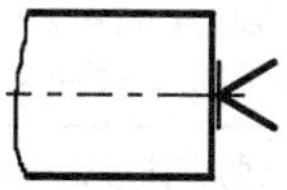 GB/T 4459.5-A1.6/3.35	采用 A 型中心孔 d=1.6mm　D=3.35mm 在完工的零件上不允许保留

注：在不致引起误解时，可省略标记中的标准编号

二、零件上的常用金属材料

附表 4　常用金属材料牌号及用途

名　称	牌号	应 用 举 例
碳素结构钢（GB/T700—1988）	Q215 Q235	塑性较高，强度较低，焊接性好。常用作各种板材及型钢，制作工程结构或机器中受力不大的零件，如螺钉、螺母、垫圈、吊钩、拉杆等；也可渗碳，制作不重要的渗碳零件
	Q275	强度较高，可制作承受中等应力的普通零件，如紧固件、吊钩、拉杆等；也可经热处理后制造不重要的轴
优质碳素结构钢（GB/T699—1999）	15 20	塑性、韧性、焊接性和冷冲性很好，但强度较低。用于制造受力不大、韧性要求较高的零件、紧固件、渗碳零件及不要求热处理的低负荷零件，如螺栓、螺钉、拉条、法兰盘等
	35	有较好的塑性和适当的强度，用于制造曲轴、转轴、轴销、杠杆、连杆、横梁、链轮、垫圈、螺钉、螺母等。这种钢多在正火和调质状态下使用，一般不作焊接作用
	40 45	用于要求强度较高、韧性要求中等的零件，通常进行调质或正火处理。用于制造齿轮、齿条、链轮、轴、曲轴等；经高频表面淬火后可替代渗碳钢制作齿轮、轴、活塞销等零件

（续）

名 称	牌号	应用举例
优质碳素结构钢（GB/T699—1999）	55	经热处理后有较高的表面硬度和强度，具有较好韧性，一般经正火或淬火、回火后使用。用于制造齿轮、连杆、轮圈及轧辊等。焊接性及冷变形性均低
	65	一般经淬火中温回火，具有较高弹性，适用于制作小尺寸弹簧
	15Mn	性能与 15 钢相似，但其淬透性、强度和塑性均稍高于 15 钢。用于制作中心部分的力学性能要求较高且需渗碳的零件。这种钢焊接性好
	65Mn	性能与 65 钢相似，适于制造弹簧、弹簧垫圈、弹簧环和片，以及冷拔钢丝（≤7mm）和发条
合金结构钢（GB/T3077—1999）	20Cr	用于渗碳零件，制作受力不太大、不需要强度很高的耐磨零件，如机床齿轮、齿轮轴、蜗杆、凸轮、活塞销等
	40Cr	调质后强度比碳钢高，常用作中等截面、要求力学性能比碳钢高的重要调质零件，如齿轮、轴、曲轴、连杆螺栓等
	20CrMnTi	强度、韧性均高，是铬镍钢的代用材料。经热处理后，用于承受高速、中等或重负荷以及冲击、磨损等的重要零件，如渗碳齿轮、凸轮等
	38CrMoA1	是渗氮专用钢种，经热处理后用于要求高耐磨性、高疲劳强度和相当高的强度且热处理变形小的零件，如镗杆、主轴、齿轮、蜗杆、套筒、套环等
	35SiMn	除了要求低温（—20℃以下）及冲击韧性很高的情况外，可全面替代 40Cr 作调质钢；亦可部分替代 40CrNi；制作中小型轴类、齿轮等零件
	50CrVA	用于（φ30~φ50）mm 重要的承受大应力的各种弹簧；也可用作大截面的温度低于 400℃的气阀弹簧、喷油嘴弹簧等
铸钢（GB/T11352—1989）	ZG200—400	用于各种形状的零件，如机座、变速箱壳等
	ZG230—450	用于铸造平坦的零件，如机座、机盖、箱体等
	ZG270—500	用于各种形状零件，如飞轮、机架、水压机工作缸、横梁等
灰铸铁（GB/T9439—1988）	HT100	低载荷和不重要零件，如盖、外罩、手轮、支架、重锤等
	HT150	承受中等应力的零件，如支柱、底座、齿轮箱、工作台、刀架、端盖、阀体、管路附件及一般无工作条件要求的零件
	HT200 HT250	承受较大应力和较重要零件，如汽缸体、齿轮、机座、飞轮、床身、缸套、活塞、刹车轮、联轴器、齿轮箱、轴承座、油缸等
	HT300 HT350 HT400	承受高变曲应力及抗拉应力的重要零件，如齿轮、凸轮、车床卡盘、剪床和压力机的机身、床身、高压油缸、滑阀壳体等
球墨铸铁（GB/T1348—1988）	QT400—15 QT450—10 QT500—7 QT600—3 QT700—2	球墨铸铁可替代部分碳钢、合金钢，用来制造一些受力复杂，强度、韧性和耐磨性要求高的零件。前两种牌号的球墨铸铁，具有较高的韧性与塑性，常用来制造受压阀门、机器底座、汽车后桥壳等；后两种牌号的球墨铸铁，具有较高的强度与耐磨性，常用来制造拖拉机或柴油机中的曲轴、连杆、凸轮轴，各种齿轮，机床的主轴、蜗杆、蜗轮，轧钢机的轧辊、大齿轮，大型水压机的工作缸、缸套、活塞等
加工黄铜（GB/T5232—1985） 普通黄铜	H62	销钉、铆钉、螺钉、螺母、垫圈、弹簧等
	H68	复杂的冷冲压件、散热器外壳、弹壳、导管、波纹管、轴套等
	H90	双金属片、供水和排水管、证章等

（续）

名 称			牌号	应 用 举 例
加工黄铜（GB/T5232—1985）	铍青铜		QBe2	用于重要的弹簧及弹性元件，耐磨零件以及在高速、高压和高温下工作的轴承等
	铅黄铜		HPb59—1	适用于仪器仪表等工业部门用的切削加工零件，如销、螺钉、螺母、轴套等
加工青铜（GB/T5232—1985）	锡青铜	加工锡青铜	QSn4—3	弹性元件、管配件、化工机械中耐磨零件及抗磁零件
			QSn6.5—0.1	弹簧、接触片、振动片、精密仪器中的耐磨零件
		铸造锡青铜	ZcuSn10P1	重要的减磨零件，如轴承、轴套、蜗轮、摩擦轮、机床丝杠螺母等
			ZcuSn5Pb5Zn5	中速、中载荷的轴承、轴套、蜗轮等耐磨零件
铸造铝合金（GB/T1173—1995）			ZAlSi7Mg（ZL101）	形状复杂的砂型、金属型和压力铸造零件，如飞机、仪器的零件，抽水机壳体，工作温度不超过185℃的汽化器等
			ZAlSi12（ZL102）	形状复杂的砂型，金属型和压力铸造零件，如仪表、抽水机壳体，工作温度在200℃以下要求气密性、承受低负荷的零件
			ZAlSi5CulMg（ZL105）	砂型、金属型和压力铸造的形状复杂、在225℃以下工作的零件，如风冷发动机的气缸头，机匣、油泵壳体等
			ZAlSi2Cu2Mg1（ZL108）	砂型、金属型铸造的、要求高温强度和低膨胀系数的高速内燃机活塞及其他耐热零件

三、螺纹

附表5 普通螺纹直径与螺距系列（GB/T 193—2003）、基本尺寸（GB/T 196—2003）摘编 （mm）

公称直径 D、d		螺 距 P		粗牙中径 D_2、d_2	粗牙小径 D_1、d_1
第一系列	第二系列	粗牙	细牙		
3		0.5	0.35	2.675	2.459
	3.5	（0.6）		3.110	2.850
4		0.7	0.5	3.545	3.242
	4.5	（0.75）		4.013	3.688
5		0.8		4.480	4.134
6		1	0.75，（0.5）	5.350	4.917
8		1.25	1, 0.75，（0.5）	7.188	6.647
10		1.5	1.25, 1, 0.75，（0.5）	9.026	8.376
12		1.75	1.5, 1.25, 1，（0.75），（0.5）	10.863	10.106
	14	2	1.5，（1.25）*, 1，（0.75），（0.5）	12.701	11.835
16		2	1.5, 1，（0.75），（0.5）	14.701	13.835
	18	2.5	2, 1.5, 1，（0.75），（0.5）	16.376	15.294
20		2.5		18.376	17.294
	22	2.5		20.376	19.294
24		3	2, 1.5, 1，（0.75）	22.051	20.752
	27	3		25.051	23.752

（续）

公称直径 D、d		螺　　距 P		粗牙中径 D_2、d_2	粗牙小径 D_1、d_1
第一系列	第二系列	粗牙	细牙		
30		3.5	（3），2, 1.5, 1, （0.75）	27.727	26.211
	33	3.5	（3），2, 1.5, （1），（0.75）	30.727	29.211
36		4	3, 2, 1.5, （1）	33.402	31.670
	39	4		36.402	34.670
42		4.5	（4），3, 2, 1.5, （1）	39.077	37.129
	45	4.5		42.077	40.129
48		5		44.752	42.587
	52	5		48.752	46.587
56		5.5	4, 3, 2, 1.5, （1）	52.428	50.046
	60	5.5		56.428	54.046
64		6		60.103	57.505
	68	6		64.103	61.505

注：1. 优先选用第一系列，括号内尺寸尽可能不用，第三系列未列入；
2. *M14×1.25 仅用于火花塞

附表 6　55°非密封管螺纹（GB/T 7307—2001）摘编

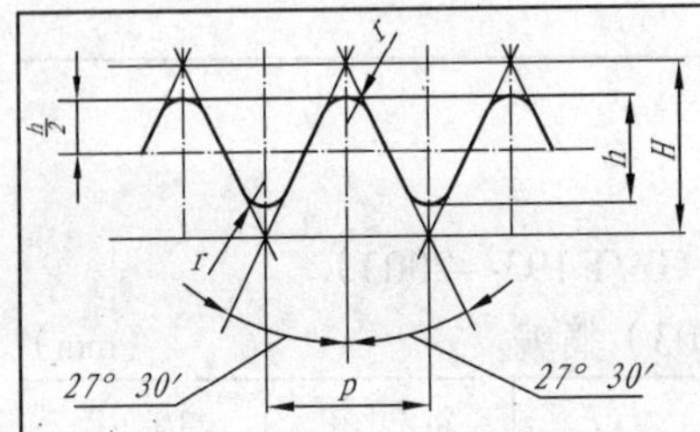

标记示例

尺寸代号 2，右旋，圆柱内螺纹：G2

尺寸代号 3，右旋，A 级圆柱外螺纹：G3A

尺寸代号 2，左旋，圆柱内螺纹：G2LH

尺寸代号 4，左旋，B 级圆柱外螺纹：G4BLH

螺纹设计牙型

尺寸代号	每 25.4mm 内所含的牙数 n	螺距 P/mm	牙高 h/mm	基本直径		
				大径 $d=D$/mm	中径 $d_2=D_2$/mm	小径 $d_1=D_1$/mm
1/16	28	0.907	0.581	7.723	7.142	6.561
1/8	28	0.907	0.581	9.728	9.147	8.566
1/4	19	1.337	0.856	13.157	12.301	11.445
3/8	19	1.337	0.856	16.662	15.806	14.950
1/2	14	1.814	1.162	20.955	19.793	18.631
3/4	14	1.814	1.162	26.441	25.279	24.117
1	11	2.309	1.479	33.249	31.770	30.291
1 1/4	11	2.309	1.479	41.910	40.431	38.952
1 1/2	11	2.309	1.479	47.803	46.324	44.845
2	11	2.309	1.479	59.614	58.135	56.656
2 1/2	11	2.309	1.479	75.184	73.705	72.226
3	11	2.309	1.479	87.884	86.405	84.926
4	11	2.309	1.479	113.030	111.551	110.072
5	11	2.309	1.479	138.430	136.951	135.472
6	11	2.309	1.479	163.830	162.351	160.872

附表 7 梯形螺纹基本尺寸（GB/T 5796.3—1986）摘编

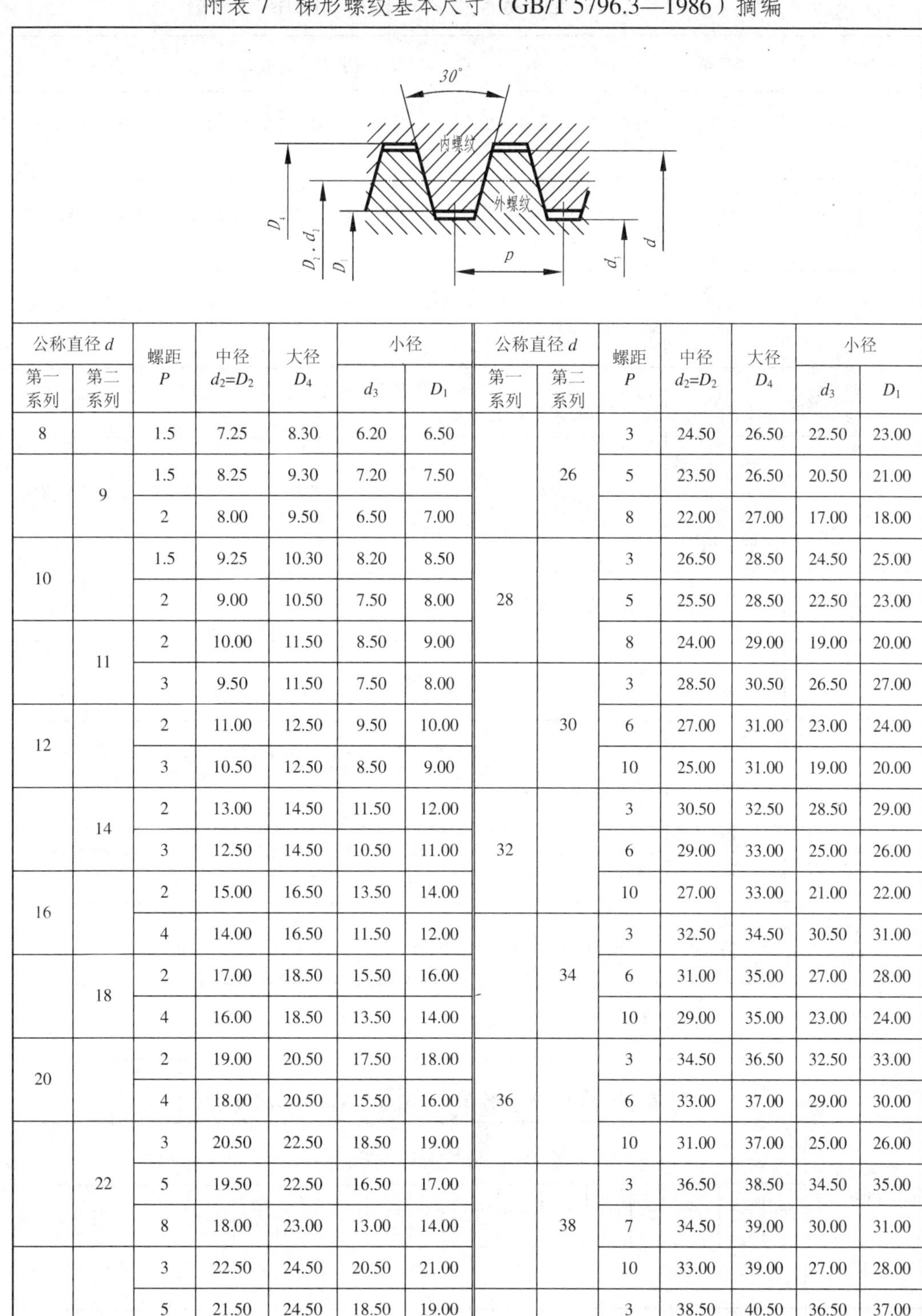

公称直径 d 第一系列	公称直径 d 第二系列	螺距 P	中径 $d_2=D_2$	大径 D_4	小径 d_3	小径 D_1
8		1.5	7.25	8.30	6.20	6.50
	9	1.5	8.25	9.30	7.20	7.50
		2	8.00	9.50	6.50	7.00
10		1.5	9.25	10.30	8.20	8.50
		2	9.00	10.50	7.50	8.00
	11	2	10.00	11.50	8.50	9.00
		3	9.50	11.50	7.50	8.00
12		2	11.00	12.50	9.50	10.00
		3	10.50	12.50	8.50	9.00
	14	2	13.00	14.50	11.50	12.00
		3	12.50	14.50	10.50	11.00
16		2	15.00	16.50	13.50	14.00
		4	14.00	16.50	11.50	12.00
	18	2	17.00	18.50	15.50	16.00
		4	16.00	18.50	13.50	14.00
20		2	19.00	20.50	17.50	18.00
		4	18.00	20.50	15.50	16.00
	22	3	20.50	22.50	18.50	19.00
		5	19.50	22.50	16.50	17.00
		8	18.00	23.00	13.00	14.00
24		3	22.50	24.50	20.50	21.00
		5	21.50	24.50	18.50	19.00
		8	20.00	25.00	15.00	16.00

公称直径 d 第一系列	公称直径 d 第二系列	螺距 P	中径 $d_2=D_2$	大径 D_4	小径 d_3	小径 D_1
	26	3	24.50	26.50	22.50	23.00
		5	23.50	26.50	20.50	21.00
		8	22.00	27.00	17.00	18.00
28		3	26.50	28.50	24.50	25.00
		5	25.50	28.50	22.50	23.00
		8	24.00	29.00	19.00	20.00
	30	3	28.50	30.50	26.50	27.00
		6	27.00	31.00	23.00	24.00
		10	25.00	31.00	19.00	20.00
32		3	30.50	32.50	28.50	29.00
		6	29.00	33.00	25.00	26.00
		10	27.00	33.00	21.00	22.00
	34	3	32.50	34.50	30.50	31.00
		6	31.00	35.00	27.00	28.00
		10	29.00	35.00	23.00	24.00
36		3	34.50	36.50	32.50	33.00
		6	33.00	37.00	29.00	30.00
		10	31.00	37.00	25.00	26.00
	38	3	36.50	38.50	34.50	35.00
		7	34.50	39.00	30.00	31.00
		10	33.00	39.00	27.00	28.00
40		3	38.50	40.50	36.50	37.00
		7	36.50	41.00	32.00	33.00
		10	35.00	41.00	29.00	30.00

附表 8　优先配合特性及应用（GB/T1801—1999）

基孔制	基轴制	优先配合特性及应用
$\frac{H11}{c11}$	$\frac{C11}{h11}$	间隙非常大，用于很松的、转动很慢的动配合，或要求大公差与大间隙的外露组件，或要求装配方便的很松的配合
$\frac{H9}{d9}$	$\frac{D9}{h9}$	间隙很大的自由转动配合，用于精度为非主要要求，或有大的温度变动、高转速或大的轴颈压力时
$\frac{H8}{f7}$	$\frac{F8}{h7}$	间隙不大的转动配合，用于中等转速与中等轴颈压力的精确转动，也用于装配较易的中等定位配合
$\frac{H7}{g6}$	$\frac{G7}{h6}$	间隙很小的滑动配合，用于不希望自由转动，但可自由移动和滑动并精密定位时，也可用于要求明确的定位配合
$\frac{H7}{h6}$ $\frac{H8}{h7}$ $\frac{H9}{h9}$ $\frac{H11}{h11}$	$\frac{H7}{h6}$ $\frac{H8}{h7}$ $\frac{H9}{h9}$ $\frac{H11}{h11}$	均为间隙定位配合，零件可自由装拆，而工作时一向相对静止不动。在最大实体条件下的间隙为零，在最小实体条件下的间隙由公差等级决定
$\frac{H7}{k6}$	$\frac{K7}{h6}$	过渡配合，用于精密定位
$\frac{H7}{n6}$	$\frac{N7}{h6}$	过渡配合，允许有较大过盈的更精密定位
$\frac{H7^*}{p6}$	$\frac{P7}{h6}$	过盈定位配合，即小过盈配合，用于定位精度特别重要时，能以最好的定位精度达到部件的刚性及对中性要求，而对内也承受压力无特殊要求，不依靠配合的紧固性传递摩擦负荷
$\frac{H7}{s6}$	$\frac{S7}{h6}$	中等压入配合，适用于一般钢件，或作于薄壁件的冷缩配合，用于铸铁件可得到最紧的配合
$\frac{H7}{u6}$	$\frac{U7}{h6}$	压入配合，适用于可以承受大压入力的零件或不宜承受大压入力的冷缩配合
注：“*”表示基本尺寸≤3mm 为过渡配合		

附表 9　标准公差数值（GB/T 1800.3—1998）

基本尺寸/mm		标准公差等级																	
		IT1	IT2	IT3	IT4	IT5	IT6	IT7	IT8	IT9	IT10	IT11	IT12	IT13	IT14	IT15	IT16	IT17	IT18
大于	至	μm											mm						
—	3	0.8	1.2	2	3	4	6	10	14	25	40	60	0.1	0.14	0.25	0.4	0.6	1	1.4
3	6	1	1.5	2.5	4	5	8	12	18	30	48	75	0.12	0.18	0.3	0.48	0.75	1.2	1.8

（续）

基本尺寸/mm		标准公差等级																	
		IT1	IT2	IT3	IT4	IT5	IT6	IT7	IT8	IT9	IT10	IT11	IT12	IT13	IT14	IT15	IT16	IT17	IT18
大于	至	μm											mm						
6	10	1	1.5	2.5	4	6	9	15	22	36	58	90	0.15	0.22	0.36	0.58	0.9	1.5	2.2
10	18	1.2	2	3	5	8	11	18	27	43	70	110	0.18	0.27	0.43	0.7	1.1	1.8	2.7
18	30	1.5	2.5	4	6	9	13	21	33	52	84	130	0.21	0.33	0.52	0.84	1.3	2.1	3.3
30	50	1.5	2.5	4	7	11	16	25	39	62	100	160	0.25	0.39	0.62	1	1.6	2.5	3.9
50	80	2	3	5	8	13	19	30	46	74	120	190	0.3	0.46	0.74	1.2	1.9	3	4.6
80	120	2.5	4	6	10	15	22	35	54	87	140	220	0.35	0.54	0.87	1.4	2.2	3.5	5.4
120	180	3.5	5	8	12	18	25	40	63	100	160	250	0.4	0.63	1	1.6	2.5	4	6.3
180	250	4.5	7	10	14	20	29	46	72	115	185	290	0.46	0.72	1.15	1.85	2.9	4.6	7.2
250	315	6	8	12	16	23	32	52	81	130	210	320	0.52	0.81	1.3	2.1	3.2	5.2	8.1
315	400	7	9	13	18	25	36	57	89	140	230	360	0.57	0.89	1.4	2.3	3.6	5.7	8.9
400	500	8	10	15	20	27	40	63	97	155	250	400	0.63	0.97	1.55	2.5	4	6.3	9.7
500	630	9	11	16	22	32	44	70	110	175	280	440	0.7	1.1	1.75	2.8	4.4	7	11
630	800	10	13	18	25	36	50	80	125	200	320	500	0.8	1.25	2	3.2	5	8	12.5
800	1000	11	15	21	28	40	56	90	140	230	360	560	0.9	1.4	2.3	3.6	5.6	9	14
1000	1250	13	18	24	33	47	66	105	165	260	420	660	1.06	1.65	2.6	4.2	6.6	10.5	16.5
1250	1600	15	21	29	39	55	78	125	195	310	500	780	1.25	1.95	3.1	5	7.8	12.5	19.5
1600	2000	18	25	35	46	65	92	150	230	370	600	920	1.5	2.3	3.7	6	9.2	15	23
2000	2500	22	30	41	55	78	110	175	280	440	700	1100	1.75	2.8	4.4	7	11	17.5	28
2500	3150	26	36	50	68	96	135	210	330	540	860	1350	2.1	3.3	5.4	8.6	13.5	21	33

注：1．基本尺寸大于 500mm 的 IT1 至 IT5 的标准公差数值为试行的。
2．基本尺寸小于或等于 1mm，无 IT14 至 IT18

附表 10　轴的极限偏差

代号 \ 等级 \ 基本尺寸/mm	a*	b*		c			d				e		
	11	11	12	9	10	11	8	9	10	11	7	8	9
≤3	-270 -330	-140 -200	-140 -240	-60 -85	-60 -100	-60 -120	-20 -34	-20 -45	-20 -60	-20 -80	-14 -24	-14 -28	-14 -39
>3~6	-270 -345	-140 -215	-140 -260	-70 -100	-70 -100	-70 -145	-30 -48	-30 -60	-30 -78	-30 -105	-20 -32	-20 -38	-20 50
>6~10	-280 -370	-150 -240	-150 -300	-80 -116	-80 -138	-80 -170	-40 -62	-40 -76	-40 -98	-40 -130	-25 -40	-25 -47	-25 -61
>10~14	-290	-150	-150	-95	-95	-95	-50	-50	-50	-50	-32	-32	-32
>14~18	-400	-260	-330	-138	-165	-205	-77	-93	-120	-160	-50	-59	-75
>18~24	-300	-160	-160	-110	-110	-110	-65	-65	-65	-65	-40	-40	-40
>24~30	-430	-290	-370	-162	-194	-240	-98	-117	-149	-195	-61	-73	-92
>30~40	-310 470	-170 -330	-170 -420	-120 -182	-120 -220	-120 -280	-80	-80	-80	-80	-50	-50	-50
>40~50	-320 -480	-180 -340	-180 -430	-130 -192	-130 -230	-130 -290	-119	-142	-180	-240	-75	-89	-112
>50~60	-340 -530	-190 -380	-190 -490	-140 -214	-140 -260	-140 -330	-100	-100	-100	-100	-60	-60	-60
>65~80	-360 -550	-200 -390	-200 -500	-150 -224	-150 -270	-150 -340	-146	-174	-220	-290	-90	-106	-134
>80~100	-380 -600	-220 -440	-220 -570	-170 -257	-170 -310	-170 -390	-120	-120	-120	-120	-72	-72	-72
>100~120	-410 -630	-240 -460	-240 -590	-180 -267	-180 -320	-180 -400	-174	-207	-260	-340	-107	-126	-159
>120~140	-460 -710	-260 -510	-260 -660	-200 -300	-200 -360	-200 -450	-145	-145	-145	-145	-85	-85	-85
>140~160	-520 -770	-280 -530	-280 -680	-210 -310	-210 -370	-210 -460							
>160~180	-580 -830	-310 -560	-310 710	-230 -330	-230 -390	-230 -480	-208	-245	-305	-395	-125	-148	-185
>180~200	-660 -950	-340 -630	-340 -800	-240 -355	-240 -425	-240 -530	-170	-170	-170	-170	-100	-100	-100
>200~225	-740 -103	-380 -670	-380 -840	-260 -375	-260 -445	-260 -550							
>225~250	-820 -111	-420 -710	-420 -880	-280 -395	-280 -465	-280 -570	-242	-285	-355	-460	-146	-172	-215
>250~280	-920 -124	-480 -800	-480 -100	-300 -430	-300 -510	-300 -620	-190	-190	-190	-190	-110	-110	-110
>280~315	-1050 1370	-540 -860	-540 -106	-330 -460	-330 -540	-330 -650	-271	-320	-400	-510	-162	-191	-240
>315~335	-1200 -1560	-600 -960	-600 -117	-360 -500	-360 -590	-360 -720	-210	-210	-210	-210	-125	-125	-125
>355~400	-1350 -1710	-680 -104	-680 -125	-400 -540	-400 -630	-400 -760	-299	-350	-440	-570	-182	-214	-265
>400~450	-1500 -1900	-760 -1160	-760 -139	-440 -595	-440 -690	-440 -840	-230	-230	-230	-230	-135	-135	-135
>450~500	-1650 -2050	-840 -124	-840 -147	-480 -635	-480 -730	-480 -880	-327	-385	-480	-630	-198	-232	-290

（GB/T 1800.4—1999）摘编 （μm）

f					g			h							
5	6	7	8	9	5	6	7	5	6	7	8	9	10	11	12
-6 -10	-6 -12	-6 -16	-6 -20	-6 -31	-2 -6	-2 -8	-2 -12	0 -4	0 -6	0 -10	0 -14	0 -25	0 -40	0 -60	0 -100
-10 -15	-10 -18	-10 -22	-10 -28	-10 -40	-4 -9	-4 -12	-4 -16	0 -5	0 -8	0 -12	0 -18	0 -30	0 -48	0 -75	0 -120
-13 -19	-13 -22	-13 -28	-13 -35	-13 -49	-5 -11	-5 -14	-5 -20	0 -6	0 -9	0 -15	0 -22	0 -36	0 -58	0 -90	0 -150
-16 -24	-16 -27	-16 -34	-16 -43	-16 -59	-6 -14	-6 -17	-6 -24	0 -8	0 -11	0 -18	0 -27	0 -43	0 -70	0 -110	0 -180
-20 -29	-20 -33	-20 -41	-20 -53	-20 -72	-7 -16	-7 -20	-7 -28	0 -9	0 -13	0 -21	0 -33	0 -52	0 -84	0 -130	0 -210
-25 -36	-25 -41	-25 -50	-25 -64	-25 -87	-9 -20	-9 -25	-9 -34	0 -11	0 -16	0 -25	0 -39	0 -62	0 -100	0 -160	0 -250
-30 -43	-30 -49	-30 -60	-30 -76	-30 -104	-10 -23	-10 -29	-10 -40	0 -13	0 -19	0 -30	0 -46	0 -74	0 -120	0 -190	0 -300
-36 -51	-36 -58	-36 -71	-36 -90	-36 -123	-12 -27	-12 -34	-12 -47	0 -15	0 -22	0 -35	0 -54	0 -87	0 -140	0 -220	0 -350
-43 -61	-43 -68	-43 -83	-43 -106	-43 -143	-14 -32	-14 -39	-14 -54	0 -18	0 -25	0 -40	0 -63	0 -100	0 -160	0 -250	0 -400
-50 -70	-50 -79	-50 -96	-50 -122	-50 -165	-15 -35	-15 -44	-15 -61	0 -20	0 -29	0 -46	0 -72	0 -115	0 -185	0 -290	0 -460
-56 -79	-56 -88	-56 -108	-56 137	-56 186	-17 -40	-17 -49	-17 -69	0 -23	0 -32	0 -52	0 -81	0 -130	0 -210	0 -320	0 -520
-62 -87	-62 -98	-62 -119	-62 -151	-62 -202	-18 -43	-18 -54	-13 -73	0 -25	0 -36	0 57	0 -89	0 -140	0 -230	0 -360	0 -570
-68 -95	-68 -108	-68 -131	-68 165	-68 -232	-20 -47	-20 -60	-20 -83	0 -27	0 -40	0 63	0 -97	0 -155	0 -250	0 -400	0 -630

代号 等级 基本尺寸/mm	js			k			m			n			p		
	5	6	7	5	6	7	5	6	7	5	6	7	5	6	7
≤3	±2	±3	±5	+4 0	+6 0	+10 0	+6 +2	+8 +4	+12 +2	+8 +4	+10 +4	+10 +4	+10 +6	+12 +6	+16 +6
>3~6	±2.5	±4	±6	+6 +1	+9 +1	+13 +1	+9 +4	+12 +4	+16 +4	+13 +8	+16 +8	+20 +8	+17 +12	+20 +12	+24 +12
6~10	±3	±4.5	±7	+7 +1	+10 +1	+16 +1	+12 +6	+15 +6	+21 +6	+16 +10	+19 +10	+25 +10	+21 +15	+24 +15	+30 +15
>10~14	±4	±5.5	±9	+9	+12	+19	+15	+18	+25	+20	+23	+30	+26	+29	+36
>14~18				+1	+1	+1	+7	+7	+7	+12	+12	+12	+18	+18	+18
>18~24	±4.5	±6.5	±10	+11	+15	+23	+17	+21	+29	+24	+28	+36	+31	+35	+43
>24~30				+2	+2	+2	+8	+8	+8	+15	+15	+15	+22	+22	+22
>30~40	±5.5	±8	±12	+13	+18	+27	+20	+25	+34	+28	+33	+42	+37	+42	+51
>40~50				+2	+2	+2	+9	+9	+9	+17	+17	+17	+26	+26	+26
>55~65	±6.5	±9.5	±15	+15	+21	+32	+24	+30	+41	+33	+39	+50	+45	+51	+62
>65~80				+2	+2	+2	+11	+11	+11	+20	+20	+20	+32	+32	+32
>80~100	±7.5	±11	±17	+18	+25	+38	+28	+35	+48	+38	+45	+58	+52	+59	+72
>100~120				+3	+3	+3	+13	+13	+13	+23	+23	+23	+37	+37	+37
>120~140	±9	±12.5	±20	+21	+28	+43	+33	+40	+55	+45	+52	+67	+61	+68	+83
>140~160															
>160~180				+3	+3	+3	+15	+15	+15	+27	+27	+43	+43	+43	+43
>180~200	±10	±14.5	±23	+24	+33	+50	+37	+46	+63	+51	+60	+77	+70	+79	+96
>200~225															
>225~250				+4	+4	+4	+17	+17	+17	+31	+31	+31	+50	+50	+50
>250~280	±11.5	±16	±26	+27	+36	+56	+43	+72	+57	+66	+86	+79	+79	+88	+108
>280~315				+4	+4	+4	+20	+20	+34	+34	+34	+56	+56	+56	+56
>215~355	±12.5	±18	±28	+29	+40	+61	+46	+57	+78	+62	+73	+94	+87	+98	+119
>355~400				+4	+4	+4	+21	+21	+21	+37	+37	+37	+62	+62	+62
>400~450	±13.5	±20	±31	+32	+45	+68	+50	+63	+86	+67	+80	+103	+95	+108	+131
>450~500				+5	+5	+5	+23	+23	+23	+40	+40	+40	+68	+68	+68

注：1．*基本尺寸小于 1mm 时，各级的 a 和 b 均不采用。2．黑体字为优先公差带

（续）

r			s			t			u		v	x	y	z
5	6	7	5	6	7	5	6	7	6	7	6	6	6	6
+14 +10	+16 +10	+20 +10	+18 +14	+20 +14	+24 +14	—	—	—	+24 +18	+28 +18	—	+26 +20	—	+32 +26
+20 +15	+23 +15	+27 +15	+24 +19	+27 +19	+31 +19	—	—	—	+31 +23	+35 +23	—	+36 +28	—	+43 +35
+25 +19	+28 +19	+34 +19	+29 +23	+32 +23	+38 +23	—	—	—	+37 +28	+43 +28	—	+43 +34	—	+51 +42
+31 +23	+34 +23	+41 +23	+36 +28	+39 +28	+46 +28	—	—	—	+44 +33	+51 +33	—	+51 +40	—	+61 +50
						—	—	—			+50 +39	+56 +45	—	+71 +60
+37 +28	+41 +28	+49 +28	+44 +35	+48 +35	+56 +35	—	—	—	+54 +41	+62 +41	+60 +47	+67 +54	+76 +63	+86 +73
						+50 +41	+54 +41	+62 +41	+61 +48	+69 +48	+68 +55	+77 +64	+88 +75	+101 +88
+45 +34	+50 +34	+59 +34	+54 +43	+59 +43	+68 +43	+59 +48	+64 +48	+73 +48	+76 +60	+85 +60	+84 +68	+96 +80	+110 +94	+128 +112
						+65 +54	+70 +54	+79 +54	+86 +70	+95 +70	+97 +81	+113 +97	+130 +114	+152 +136
+54 +41	+60 +41	+71 +41	+66 +53	+72 +53	+83 +53	+79 +66	+85 +66	+96 +66	+106 +87	+117 +87	+121 +102	+141 +122	+163 +144	+191 +172
+56 +43	+62 +43	+73 +43	+72 +59	+78 +59	+89 +59	+88 +75	+94 +75	+105 +75	+121 +102	+132 +102	+139 +120	+165 +146	+193 +174	+229 +220
+66 +51	+73 +51	+86 +51	+86 +71	+93 +71	+106 +71	+106 +91	+113 +91	+126 +91	+146 +124	+159 +124	+168 +146	+200 +178	+236 +214	+280 +258
+69 +54	+76 +54	+89 +54	+94 +54	+101 +79	+114 +79	+119 +104	+126 +104	+139 +104	+166 +144	+179 +144	+194 +172	+232 +210	+276 +254	+332 +310
+81 +63	+88 +63	+103 +63	+110 +92	+117 +92	+132 +92	+140 +122	+147 +122	+162 +122	+195 +170	+210 +170	+227 +202	+273 +248	+325 +300	+390 +365
+83 +65	+90 +65	+105 +65	+118 +100	+125 +100	+140 +100	+152 +134	+159 +134	+174 +134	+215 +190	+230 +190	+253 +228	+305 +280	+365 +340	+440 +415
+86 +68	+93 +68	+108 +68	+126 +108	+133 +108	+148 +108	+164 +146	+171 +146	+186 +146	+235 +210	+250 +210	+277 +252	+235 +310	+405 +380	+490 +465
+97 +77	+106 +77	+123 +77	+142 +122	+151 +122	+168 +122	+186 +166	+195 +166	+212 +166	+265 +236	+282 +236	+313 +284	+379 +350	+454 +425	+549 +520
+100 +80	+109 +80	+126 +80	+150 +130	+159 +130	+176 +130	+200 +180	+209 +180	+226 +180	+287 +258	+304 +258	+339 +310	+414 +385	+449 +470	+604 +575
+104 +84	+113 +84	+130 +84	+160 +140	+169 +140	+186 +140	+216 +196	+225 +196	+242 +196	+313 +284	+330 +284	+369 +340	+454 +425	+549 +520	+669 +640
+117 +94	+126 +91	+146 +94	+181 +158	+190 +158	+210 +158	+241 +218	+250 +218	+270 +218	+347 +315	+367 +315	+417 +385	+507 +475	+612 +580	+742 +710
+121 +98	+130 +98	+150 +98	+198 +170	+202 +170	+222 +170	+263 +240	+272 +240	+292 +240	+382 +350	+402 +350	+457 +425	+557 +525	+682 +650	+822 +790
+133 +108	+144 +108	+165 +108	+215 +190	+226 +190	+247 +190	+293 +268	+304 +268	+325 +268	+426 +390	+447 +390	+511 +475	+626 +590	+766 +730	+936 +900
+139 +114	+150 +114	+171 +114	+233 +208	+244 +208	+265 +208	+319 +294	+330 +294	+351 +294	+471 +435	+492 +435	+566 +530	+696 +660	+856 +820	+1036 +1000
+153 +126	+166 +126	+189 +126	+256 +232	+272 +232	+295 +232	+357 +330	+370 +330	+393 +330	+530 +490	+553 +490	+635 +595	+780 +740	+980 +920	+1140 +1100
+159 +132	+172 +132	+195 +132	+279 +252	+292 +252	+315 +252	+387 +360	+400 +360	+423 +360	+580 +540	+603 +540	+700 +660	+860 +820	+1040 +1000	+1290 +1250

附表 11　孔的极限偏差

代号 / 等级 / 基本尺寸/mm	A*	B*		C		D				E		F			
	11	11	12	11	12	8	9	10	11	8	9	6	7	8	9
≤3	+330 +270	+200 +140	+240 +140	+120 +60	+160 +60	+34 +20	+45 +20	+60 +20	+80 +20	+28 +14	+39 +14	+12 +6	+16 +6	+20 +6	+31 +6
>3~6	+345 +270	+215 +140	+260 +140	+145 +70	+190 +70	+48 +30	+60 +30	+78 +30	+105 +30	+38 +20	+50 +20	+18 +10	+22 +10	+28 +10	+40 +10
>6~10	+370 +280	+240 +150	+300 +150	+170 +80	+230 +80	+62 +40	+76 +40	+98 +40	+130 +40	+47 +25	+61 +25	+22 +13	+28 +13	+35 +13	+49 +13
>10~14	+400 +290	+260 +150	+330 +150	+205 +95	+275 +95	+77 +50	+93 +50	+120 +50	+160 +50	+59 +32	+75 +32	+27 +16	+34 +16	+43 +16	+59 +16
>14~18															
>18~24	+430 +300	+290 +160	+370 +160	+240 +110	+320 +110	+98 +65	+117 +65	+149 +65	+195 +65	+73 +40	+92 +40	+33 +20	+41 +20	+53 +20	+72 +20
>24~30															
>30~40	+470 +310	+330 +170	+420 +170	+280 +120	+370 +120	+119 +80	+142 +80	+180 +80	+240 +80	+89 +50	+112 +50	+41 +25	+50 +25	+64 +25	+87 +25
>40~50	+480 +320	+340 +180	+430 +180	+290 +130	+380 +130										
>50~65	+530 +340	+380 +190	+490 +190	+330 +140	+440 +140	+146 +100	+174 +100	+220 +100	+290 +100	+106 +60	+134 +60	+49 +30	+60 +30	+76 +30	+104 +30
>65~80	+550 +360	+390 +200	+500 +200	+340 +150	+450 +150										
>80~100	+600 +380	+440 +220	+570 +220	+390 +170	+520 +170	+174 +120	+207 +120	+260 +120	+340 +120	+126 +72	+159 +72	+58 +72	+71 +36	+90 +36	+123 +36
>100~120	+630 +410	+460 +240	+590 +240	+400 +180	+530 +180										
>120~140	+710 +460	+510 +260	+660 +260	+450 +200	+600 +200	+242 +170	+285 +170	+355 +170	+460 +170	+172 +100	+215 +100	+79 +50	+96 +50	+122 +50	+165 +50
>140~160	+770 +520	+530 +280	+680 +280	+460 +210	+610 +210										
>160~180	+830 +580	+560 +310	+710 +310	+480 +230	+630 +230										
>180~200	+950 +660	+630 +340	+800 +340	+530 +240	+700 +240	+242 +170	+285 +170	+355 +170	+460 +170	+172 +100	+215 +100	+79 +50	+96 +50	+122 +50	+165 +50
>200~225	+1030 +740	+670 +380	+840 +380	+550 +260	+720 +260										
>225~250	+1110 +820	+710 +420	+880 +420	+570 +280	+740 +280										
>250~280	+1240 +920	+800 +480	+1000 +480	+620 +300	+820 +300	+271 +190	+320 +190	+400 +190	+510 +190	+191 +110	+240 +110	+88 +56	+108 +56	+137 +56	+186 +56
>280~315	+1370 +1050	+860 +540	+1060 +540	+650 +330	+850 +330										
>315~355	+1560 +1200	+960 +600	+1170 +600	+720 +360	+930 +360	+290 +210	+350 +210	+440 +210	+570 +210	+214 +125	+265 +125	+98 +62	+119 +62	+151 +62	+202 +62
>355~400	+1710 +1350	+1040 +680	+1250 +680	+760 +400	+970 +400										
>400~450	+1900 +1500	+1160 +760	+1390 +760	+840 +440	+1070 +440	+327 +230	+385 +230	+480 +230	+630 +230	+232 +135	+290 +135	+108 +68	+131 +68	+65 +68	+223 +68
>450~500	+2050 +1650	+1240 +840	+1470 +840	+880 +480	+1110 +488										

（GB/T 1800.4—1900）摘编 （μm）

G		H							Js			K		
6	7	6	7	8	9	10	11	12	6	7	8	6	7	8
+8 +2	+12 +2	+6 0	+10 0	+14 0	+25 0	+40 0	+60 0	+100 0	±3	±5	±7	0 -6	0 -10	0 -14
+12 +4	+16 +4	+8 0	+12 0	+18 0	+30 0	+48 0	+75 0	+120 0	±4	±6	±9	+2 -6	+3 -9	+5 -13
+14 +5	+20 +5	+9 0	+15 0	+22 0	+36 0	+58 0	+90 0	+150 0	±4.5	±7	±11	+2 -7	+5 -10	+6 -16
+17 +6	+24 +6	+11 0	+18 0	+27 0	+43 0	+70 0	+110 0	+180 0	±5.5	±9	±13	+2 -9	+6 -12	+8 -19
+20 +7	+28 +7	+13 0	+21 0	+33 0	+52 0	+84 0	+130 0	+210 0	±6.5	±10	±16	+2 -11	+6 -15	+10 -23
+25 +9	+34 +9	+16 0	+25 0	+39 0	+62 0	+100 0	+160 0	+250 0	±8	±12	±19	+3 -13	+7 -18	+12 -27
+29 +10	+40 +10	+19 0	+30 0	+46 0	+74 0	+120 0	+190 0	+300 0	±9.5	±15	±23	+4 -15	+9 -21	+14 -32
+34 +12	+47 +12	+22 0	+35 0	+54 0	+87 0	+140 0	+220 0	+350 0	±11	±17	±27	+4 -18	+10 -25	+16 -38
+39 +14	+54 +14	+25 0	+40 0	+63 0	+100 0	+160 0	+250 0	+400 0	±12.5	±20	±31	+4 -21	+12 -28	+20 -43
+44 +15	+61 +15	+29 0	+46 0	+72 0	+115 0	+185 0	+290 0	+460 0	±14.5	±23	±36	+5 -24	+13 -33	+22 -50
+49 +17	+69 +17	+32 0	+52 0	+81 0	+130 0	+210 0	+320 0	+520 0	±16	±26	±40	+5 -27	+16 -36	+25 -56
+54 +18	+75 +18	+36 0	+57 0	+89 0	+140 0	+230 0	+360 0	+570 0	±18	±28	±44	+7 -29	+17 -40	+28 -61
+60 +20	+83 +20	+40 0	+63 0	+97 0	+155 0	+250 0	+400 0	+630 0	±20	±31	±48	+8 -32	+18 -45	+29 -68

（续）

基本尺寸/mm \ 代号/等级	M 6	M 7	M 8	N 6	N 7	N 8	P 6	P 7	R 6	R 7	S 6	S 7	T 6	T 7	U 7
≤3	-2 -8	-2 -12	-2 -16	-4 -10	-4 -14	-4 -18	-6 -12	-6 -16	-10 -16	-10 -20	-14 -20	-14 -24	—	—	-18 -28
>3~6	-1 -9	0 -12	+2 -16	-5 -13	-4 -16	-2 -20	-9 -17	-8 -20	-12 -20	-11 -23	-16 -24	-15 -27	—	—	-19 -31
>6~10	-3 -12	0 -15	+1 -21	-7 -16	-4 -19	-3 -25	-12 -21	-9 -24	-16 -25	-13 -28	-20 -29	-17 -32	—	—	-22 -37
>10~14	-4 -15	0 -18	+2 -25	-9 -20	-5 -23	-3 -30	-15 -26	-11 -29	-20 -31	-16 -34	-25 -36	-21 -39	—	—	-26 -44
>14~18															
>18~24	-4 -17	0 -21	+4 -29	-11 -24	-7 -28	-3 -36	-18 -31	-14 -35	-24 -37	-20 -41	-31 -44	-27 -48	—	—	-33 -54
>24~30													-37 -50	-33 -54	-40 -61
>30~40	-4 -20	0 -25	+5 -34	-12 -28	-8 -33	-3 -42	-21 -37	-17 -42	-29 -45	-25 -50	-38 -54	-34 -59	-43 -59	-39 -64	-51 -76
>40~50													-49 -65	-45 -70	-61 -86
>50~65	-5 -24	0 -30	+5 -41	-14 -33	-9 -39	-4 -50	-26 -45	-21 -51	-35 -54	-30 -60	-47 -66	-42 -72	-60 -79	-55 -85	-76 -106
>65~80									-37 -56	-32 -62	-53 -72	-48 -78	-69 -88	-64 -94	-91 -121
>80~100	-6 -28	0 -35	+6 -48	-16 -38	-10 -45	-4 -58	-30 -52	-24 -59	-44 -66	-38 -73	-64 -86	-58 -93	-84 -106	-78 -113	111 146
>100~120									-47 -69	-41 -76	-72 -94	-66 -101	-97 -119	-91 -126	-131 -166
>120~140	-8 -33	0 40	+8 -55	-20 -45	-12 -52	-4 -67	-36 -61	-28 -68	-56 -81	-48 -88	-85 -110	-77 -117	-115 -140	-107 -147	-155 -195
>140~160									-58 -83	-50 -90	-93 -118	-85 -125	-127 -152	-119 -159	-175 -215
>160~180									-61 -86	-53 -93	-101 -126	-93 -133	-139 -164	-131 -171	-195 -235
>180~200	-8 -37	0 -46	+9 -63	-22 -51	-14 -60	-5 -77	-41 -70	-33 -79	-68 -97	-60 -106	-113 -142	-105 -151	-157 -186	-149 -195	-219 -265
>200~225									-71 -100	-63 -109	-121 -150	-113 -159	-171 -200	-163 -209	-241 -287
>225~250									-75 -104	-67 -113	-131 -160	-123 -169	-187 -216	-179 -225	-267 -313
>250~280	-9 -40	0 -52	+9 -72	-25 -57	-14 -66	-5 -86	-47 -79	-36 -88	-85 -117	-74 -126	-149 -181	-138 -190	-209 -241	-198 -250	-295 -347
>280~315									-89 -121	-78 -130	-161 -193	-150 -202	-231 -263	-220 -272	-330 -382
>315~355	-10 -46	0 57	+11 -78	-26 -62	-16 -73	-5 -94	-51 -87	-41 98	-97 -133	-87 -144	-179 -215	-169 -226	-257 -293	-247 -304	-369 -426
>355~400									-103 -139	-93 -150	-197 -233	-187 -244	-283 -319	-273 -330	-414 -471
>400~450	-10 -50	0 63	+11 -86	-27 -67	-17 -80	-6 -103	-55 -95	-45 -108	-113 -153	-103 -166	-219 -259	-209 -272	-317 -357	-307 -370	-467 -530
>450~500									-119 -159	-109 -172	-239 -279	-229 -292	-347 -387	-337 -400	-517 -580

注：1. *基本尺寸小于 1mm 时，各级的 A 和 B 均不采用。
　　2. 黑体字为优先公差带

四、紧固件及常用件

附表 12　六角头螺栓（GB/T 5782—2000）摘编

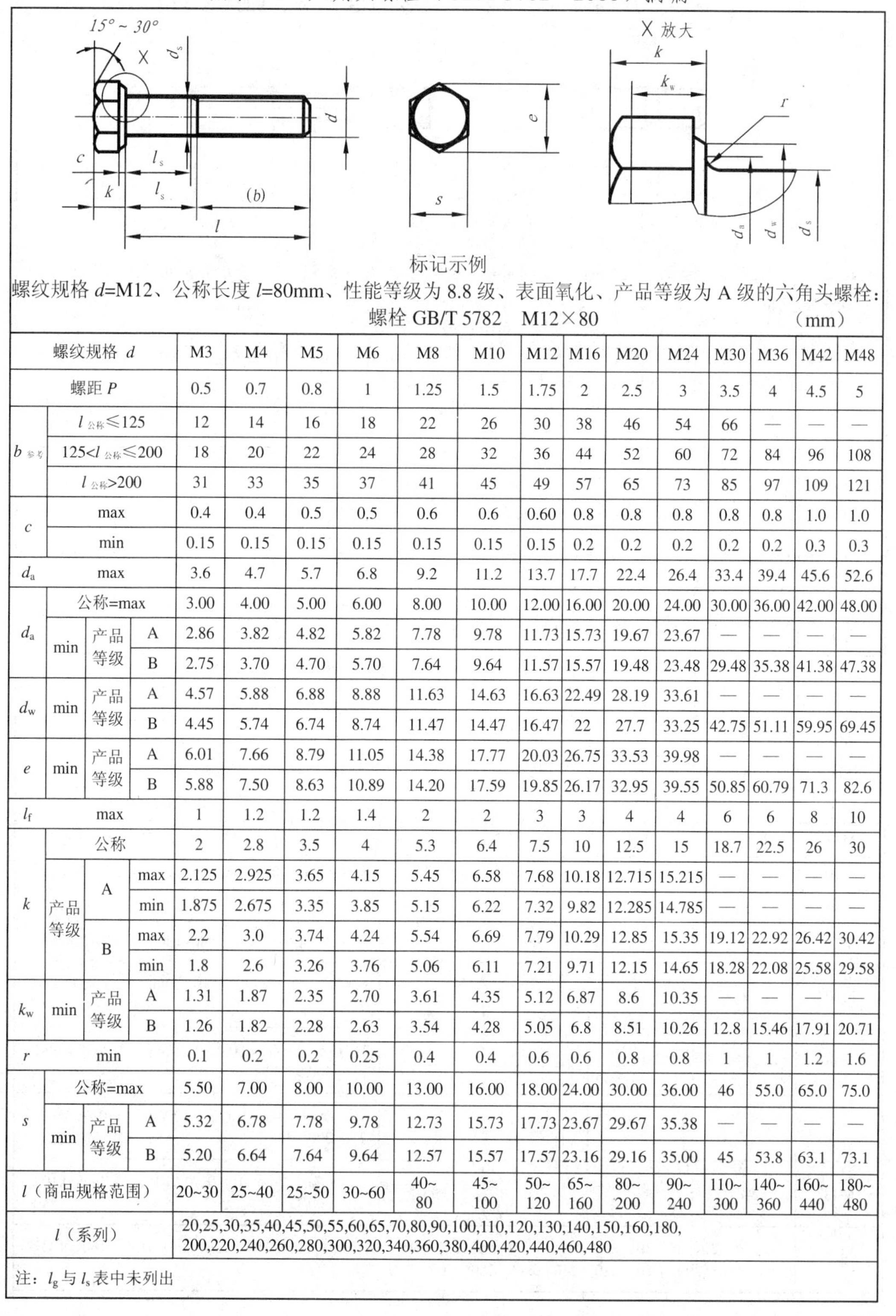

标记示例

螺纹规格 d=M12、公称长度 l=80mm、性能等级为 8.8 级、表面氧化、产品等级为 A 级的六角头螺栓：

螺栓 GB/T 5782　M12×80　　（mm）

螺纹规格 d			M3	M4	M5	M6	M8	M10	M12	M16	M20	M24	M30	M36	M42	M48
螺距 P			0.5	0.7	0.8	1	1.25	1.5	1.75	2	2.5	3	3.5	4	4.5	5
$b_{参考}$	$l_{公称} \leq 125$		12	14	16	18	22	26	30	38	46	54	66	—	—	—
	$125 < l_{公称} \leq 200$		18	20	22	24	28	32	36	44	52	60	72	84	96	108
	$l_{公称} > 200$		31	33	35	37	41	45	49	57	65	73	85	97	109	121
c	max		0.4	0.4	0.5	0.5	0.6	0.6	0.60	0.8	0.8	0.8	0.8	0.8	1.0	1.0
	min		0.15	0.15	0.15	0.15	0.15	0.15	0.15	0.2	0.2	0.2	0.2	0.2	0.3	0.3
d_a	max		3.6	4.7	5.7	6.8	9.2	11.2	13.7	17.7	22.4	26.4	33.4	39.4	45.6	52.6
d_a	公称=max		3.00	4.00	5.00	6.00	8.00	10.00	12.00	16.00	20.00	24.00	30.00	36.00	42.00	48.00
	min 产品等级	A	2.86	3.82	4.82	5.82	7.78	9.78	11.73	15.73	19.67	23.67	—	—	—	—
		B	2.75	3.70	4.70	5.70	7.64	9.64	11.57	15.57	19.48	23.48	29.48	35.38	41.38	47.38
d_w	min 产品等级	A	4.57	5.88	6.88	8.88	11.63	14.63	16.63	22.49	28.19	33.61	—	—	—	—
		B	4.45	5.74	6.74	8.74	11.47	14.47	16.47	22	27.7	33.25	42.75	51.11	59.95	69.45
e	min 产品等级	A	6.01	7.66	8.79	11.05	14.38	17.77	20.03	26.75	33.53	39.98	—	—	—	—
		B	5.88	7.50	8.63	10.89	14.20	17.59	19.85	26.17	32.95	39.55	50.85	60.79	71.3	82.6
l_f	max		1	1.2	1.2	1.4	2	2	3	3	4	4	6	6	8	10
k	公称		2	2.8	3.5	4	5.3	6.4	7.5	10	12.5	15	18.7	22.5	26	30
	产品等级 A	max	2.125	2.925	3.65	4.15	5.45	6.58	7.68	10.18	12.715	15.215	—	—	—	—
		min	1.875	2.675	3.35	3.85	5.15	6.22	7.32	9.82	12.285	14.785	—	—	—	—
	产品等级 B	max	2.2	3.0	3.74	4.24	5.54	6.69	7.79	10.29	12.85	15.35	19.12	22.92	26.42	30.42
		min	1.8	2.6	3.26	3.76	5.06	6.11	7.21	9.71	12.15	14.65	18.28	22.08	25.58	29.58
k_w	min 产品等级	A	1.31	1.87	2.35	2.70	3.61	4.35	5.12	6.87	8.6	10.35	—	—	—	—
		B	1.26	1.82	2.28	2.63	3.54	4.28	5.05	6.8	8.51	10.26	12.8	15.46	17.91	20.71
r	min		0.1	0.2	0.2	0.25	0.4	0.4	0.6	0.6	0.8	0.8	1	1	1.2	1.6
s	公称=max		5.50	7.00	8.00	10.00	13.00	16.00	18.00	24.00	30.00	36.00	46	55.0	65.0	75.0
	min 产品等级	A	5.32	6.78	7.78	9.78	12.73	15.73	17.73	23.67	29.67	35.38	—	—	—	—
		B	5.20	6.64	7.64	9.64	12.57	15.57	17.57	23.16	29.16	35.00	45	53.8	63.1	73.1
l（商品规格范围）			20~30	25~40	25~50	30~60	40~80	45~100	50~120	65~160	80~200	90~240	110~300	140~360	160~440	180~480
l（系列）			20,25,30,35,40,45,50,55,60,65,70,80,90,100,110,120,130,140,150,160,180,200,220,240,260,280,300,320,340,360,380,400,420,440,460,480													

注：l_g 与 l_s 表中未列出

附表 13　双头螺柱

$b_m=1d$（GB/T 897—1988）　$b_m=1.25d$（GB/T898—1988）
$b_m=1.5d$（GB/T 899—1988）　$b_m=2d$（GB/T 900—1988）　摘编

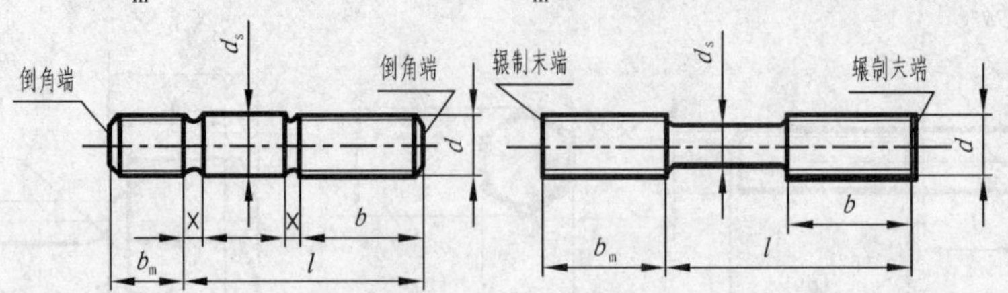

末端按 GB/T2—1985 的规定；d_s≈螺纹中径（仅适用于 B 型）

标记示例

两端均为粗牙普通螺纹，d=10mm、l=50mm、性能等级为 4.8 级、不经表面处理、B 型、b_m=1d 的双头螺柱：

螺柱　GB/T 897　M10×50

旋入机件一端为粗牙普通螺纹，旋螺母一端为螺距 P=1mm 的细牙普通螺纹，d=10mm、l=50mm，性能等级为 4.8 级、不经表面处理、A 型、b_m=1d 的双头螺柱：

螺柱 GB/T 897　AM10—M10×1×50

螺纹规格 d	b_m（公称）				l/b
	GB/T897—1988	GB/T898—1988	GB/T899—1988	GB/T900—1988	
M2			3	4	12~16/6、20~25/10
M2.5			3.5	5	16/8、20~30/11
M3			4.5	6	16~20/6、25~40/12
M4			6	8	16~20/8、25~40/14
M5	5	6	8	10	16~20/10、25~50/16
M6	6	8	10	12	20/10、25~30/14、35~70/18
M8	8	10	12	16	20/12、25~30/16、35~90/22
M10	10	12	15	20	25/14、30~35/16、40~120/26、130/32
M12	12	15	18	24	25~30/16、35~40/20、45~120/30、130~180/36
M16	16	20	24	32	30~35/20、40~50/30、60~120/38、130~200/44
M20	20	25	30	40	35~40/25、45~60/35、70~120/46、130~200/52
M24	24	30	36	48	45~50/30、60~70/45、80~120/54、130~200/60
M30	30	38	45	60	60/40、70~90/50、100~120/66、130~200/72、210~250/85
M36	36	45	54	72	70/45、80~110/60、120/78、130~200/84、210~300/97
M42	42	52	63	84	70~80/50、90~110/70、120/90、130~200/96、210~300/109
M48	48	60	72	96	80~90/60、100~110/80、120/102、130~200/108、210~300/121
l（系列）	12、16、20、25、30、35、40、45、50、60、70、80、90、100、110、120、130、140、150、160、170、180、190、200、210、220、230、240、250、260、280、300				

附表 14　I 型六角螺母（GB/T 6170—2000）摘编

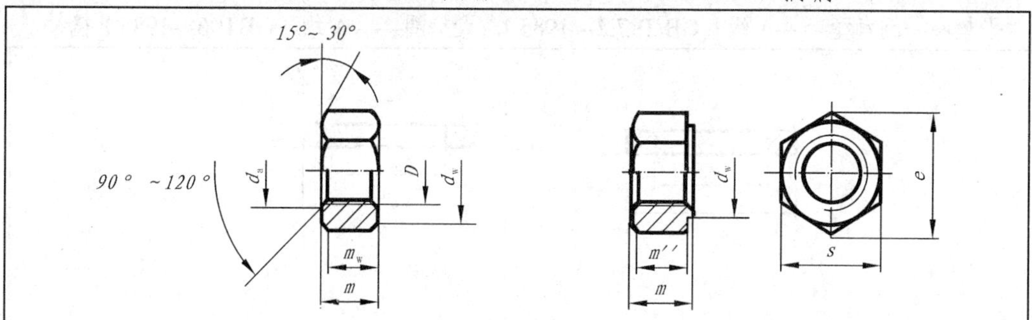

标 记 示 例

螺纹规格 D=M12、性能等级为 8 级、不经表面处理、产品等级为 A 级的 I 型六角螺母：

螺母　GB/T　6170　M12

（mm）

螺纹规格 *D*		M1.6	M2	M2.5	M3	M4	M5	M6	M8	M10	M12
螺距 *P*		0.35	0.4	0.45	0.5	0.7	0.8	1	1.25	1.5	1.75
c	max	0.2	0.2	0.3	0.4	0.4	0.5	0.5	0.6	0.6	0.6
d_a	max	1.84	2.3	2.9	3.45	4.6	5.75	6.75	8.75	10.8	13
	min	1.60	2.0	2.5	3.00	4.0	5.00	6.00	8.00	10.0	12
d_w	min	2.4	3.1	4.1	4.6	5.9	6.9	8.9	11.6	14.6	16.6
e	min	3.41	4.32	5.45	6.01	7.66	8.79	11.05	14.38	17.77	20.03
m	max	1.30	1.60	2.00	2.40	3.2	4.7	5.2	6.80	8.40	10.80
	min	1.05	1.35	1.75	2.15	2.9	4.4	4.9	6.44	8.04	10.37
m_w	min	0.8	1.1	1.4	1.7	2.3	3.5	3.9	5.2	6.4	8.3
s	公称=max	3.20	4.00	5.00	5.50	7.00	8.00	10.00	13.00	16.00	18.00
	min	3.02	3.82	4.82	5.32	6.78	7.78	9.78	12.73	15.73	17.73

螺纹规格 *D*		M16	M20	M24	M30	M36	M42	M48	M56	M64
螺距 *P*		2	2.5	3	3.5	4	4.5	5	5.5	6
c	max	0.8	0.8	0.8	0.8	0.8	1.0	1.0	1.0	1.0
d_a	max	17.3	21.6	25.9	32.4	38.9	45.4	51.8	60.5	69.1
	min	16.0	20.0	24.0	30.0	36.0	42.0	48.0	56.0	64.0
d_w	min	22.5	27.7	33.3	42.8	51.1	60	69.5	78.7	88.2
e	min	26.75	32.95	39.55	50.85	60.79	72.02	82.6	93.56	104.86
m	max	14.8	18.0	21.5	25.6	31.0	34.0	38.0	45.0	51.0
	min	14.1	16.9	20.2	24.3	29.4	32.4	36.4	43.4	49.1
m_w	min	11.3	13.5	16.2	19.4	23.5	25.9	29.1	34.7	39.3
s	公称=max	24.00	30.00	36	46	55.0	65.0	75.0	85.0	95.0
	min	23.67	29.16	35	45	53.8	63.1	73.1	82.8	92.8

注：1．A 级用于 $D \leqslant 16$ 的螺母；B 级用于 $D>16$ 的螺母。本表仅按优选的螺纹规格列出。
2．螺纹规格为 M8~M64、细牙、A 级和 B 级的 I 型六角螺母，请查阅 GB/T 6171—2000

附表 15　小垫圈——A 级（GB/T848—1985）、平垫圈——A 级（GB/T97.1—1985）平垫圈　倒角型——A 级（GB/T97.2—1985）、大垫圈——A 级（GBT96—1985）摘编

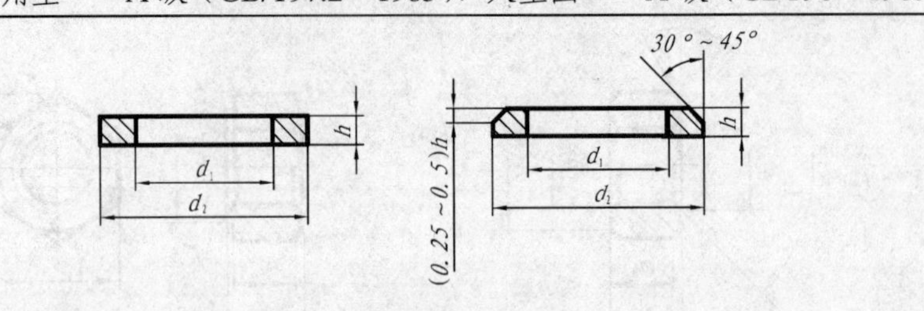

标准系列

规格 8mm、性能等级为 140HV 级、不经表面处理的平垫圈：

垫圈　GB/T 97.1　8

（mm）

规格（螺纹大径）			3	4	5	6	8	10	12	14	16	20	24	30	36
内径 d_1	公称（min）	GB/T848—1985	3.2	4.3	5.3	6.4	8.4	10.5	13	15	17	21	25	31	37
		GB/T97.1—1985													
		GB/T97.2—1982	—	—											
		GB/T96—1985	3.2	4.3								22	26	33	39
	max	GB/T848—1985	3.38	4.48	5.48	6.62	8.62	10.77	13.27	15.27	17.27	21.33	25.33	31.39	37.62
		GB/T97.1—1985													
		GB/T97.2—1985	—	—											
		GB/T96—1985	3.38	4.48								22.52	26.84	34	40
内径 d_2	公称（max）	GB/T848—1985	6	8	9	11	15	18	20	24	28	34	39	50	60
		GB/T97.1—1985	7	9	10	12	16	20	24	28	30	37	44	56	66
		GB/T97.2—1982	—	—											
		GB/T96—1985	9	12	15	18	24	30	37	44	50	60	72	92	110
	min	GB/T848—1985	5.7	7.64	8.64	10.57	14.57	17.57	19.48	23.48	27.48	33.38	38.38	49.38	58.8
		GB/T97.1—1985	6.64	8.64	9.64	11.57	15.57	19.48	23.48	27.48	29.48	36.38	43.38	55.26	64.8
		GB/T97.2—1985	—	—											
		GB/T96—1985	8.64	11.57	14.57	17.57	23.48	29.48	36.38	43.38	49.38	58.1	70.1	89.8	107.8
厚度 h	公称	GB/T848—1985	0.5	0.5	1	1.6	1.6	1.6	2	2.5	2.5	3	4	4	5
		GB/T97.1—1985		0.8				2	2.5		3				
		GB/T97.2—1985	—	—											
		GB/T96—1985	0.8	1	1.2	1.6	2	2.5	3	3	3	4	5	6	8
	max	GB/T848—1985	0.55	0.55	1.1	1.8	1.8	1.8	2.2	2.7	2.7	3.3	4.3	4.3	5.6
		GB/T97.1—1985		0.9				2.2	2.7		3.3				
		GB/T97.2—1985	—	—											

（续）

规格（螺纹大径）			3	4	5	6	8	10	12	14	16	20	24	30	36
厚度 *h*	max	GB/T96—1985	0.9	1.1	1.4	1.8	2.2	2.7	3.3	3.3	3.3	4.6	6	7	9.2
	min	GB/T848—1985	0.45	0.45	0.9	1.4	1.4	1.4	1.8	2.3	2.3	2.7	3.7	3.7	4.4
		GB/T97.1—1985		0.7				1.8	2.3		2.7				
		GB/T97.2—1985	—	—											
		GB/T96—1985	0.7	0.9	1	1.4	1.8	2.3	2.7	2.7	2.7	3.4	4	5	6.8

附表 16　标准型弹簧垫圈（GB/T93—1987）、轻型弹簧垫圈（GB/T859—1987）摘编

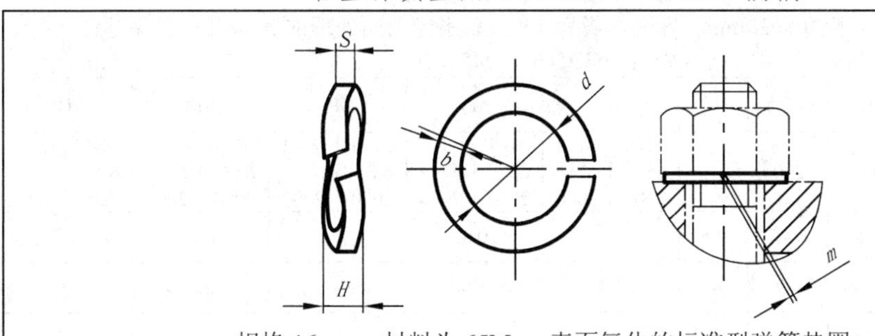

规格 16mm、材料为 65Mn、表面氧化的标准型弹簧垫圈：

垫圈　GB/T 93　16

规格 16mm、材料为 65Mn、表面氧化的轻型弹簧垫圈：

垫圈　GB/T 859　16

（mm）

规格（螺纹大径）			2	2.5	3	4	5	6	8	10	12	16	20	24	30	36	42	48
d	min		2.1	2.6	3.1	4.1	5.1	6.1	8.1	10.2	12.2	16.2	20.2	24.5	30.5	36.5	42.5	48.5
	max		2.35	2.85	3.4	4.4	5.4	6.68	8.68	10.9	12.9	16.9	21.04	25.5	31.5	37.7	43.7	49.7
s(*b*) 公称	GB/T93—1987		0.5	0.65	0.8	1.1	1.3	1.6	2.1	2.6	3.1	4.1	5	6	7.5	9	10.5	12
s 公称	GB/T859—1987		—	—	0.6	0.8	1.1	1.3	1.6	2	2.5	3.2	4	5	6	—	—	—
b 公称	GB/T859—1987		—	—	1	1.2	1.5	2	2.5	3	3.5	4.5	5.5	7	9	—	—	—
H	GB/T93—1987	min	1	1.3	1.6	2.2	2.6	3.2	4.2	5.2	6.2	8.2	10	12	15	18	21	24
		max	1.25	1.63	2	2.75	3.25	4	5.25	6.5	7.75	10.25	12.5	15	18.75	22.5	26.25	30
	GB/T859—1987	min	—	—	1.2	1.6	2.2	2.6	3.2	4	5	6.4	8	10	12	—	—	—
		max	—	—	1.5	2	2.75	3.25	4	5	6.25	8	10	12.5	15	—	—	—
m≤	GB/T93—1987		0.25	0.33	0.4	0.55	0.65	0.8	1.05	1.3	1.55	2.05	2.5	3	3.75	4.5	5.25	6
	GB/T859—1987		—	—	0.3	0.4	0.55	0.65	0.8	1	1.25	1.6	2	2.5	3	—	—	—

注：*m* 应大于零

附表 17　开槽圆柱头螺钉（GB/T65—2000）、开槽盘头螺钉（GB/T67—2000）摘编

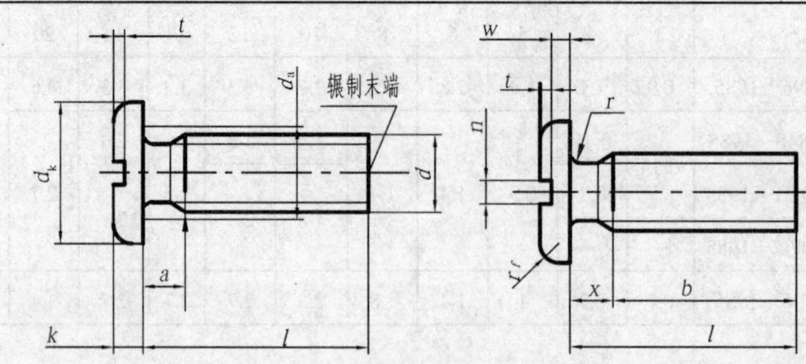

标记示例

规格 d=M5、公称长度 l=20mm、性能等级为 4.8 级、不经表面处理的 A 级开槽圆柱头螺钉：

螺钉　GB/T65　M5×20

螺纹规格 d=M5、公称长度 l=20mm、性能等级为 4.8 级、不经表面处理的 A 级开槽盘头螺钉：

螺钉　GB/T67　M5×20　　　　（mm）

螺纹规格 d		M1.6	M2	M2.5	M3	M4		M5		M6		M8		M10	
类别		GB/T67—2000				GB/T 65—2000	GB/T 67—2000	GB/T 65—2000	GB/T 67—2000	GB/T 65—2000	GB/T 67—2000	GB/T 65—2000	GB/T 67—2000	GB/T 65—2000	GB/T 67—2000
螺距 P		0.35	0.4	0.45	0.5	0.7		0.8		1		1.25		1.5	
a	max	0.7	0.8	0.9	1	1.4		1.6		2		2.5		3	
b	min	25	25	25	25	38		38		38		38		38	
d_k	max	3.2	4.0	5.0	5.6	7.00	8.00	8.50	9.50	10.00	12.00	13.00	16.00	16.00	20.00
	min	2.9	3.7	4.7	5.3	6.78	7.64	8.28	9.14	9.78	11.57	12.73	15.57	15.73	19.48
d_a	max	2	2.6	3.1	3.6	4.7		5.7		6.8		9.2		11.2	
k	max	1.00	1.30	1.50	1.80	2.60	2.40	3.30	3.00	3.9	3.6	5.0	4.8	6.0	
	min	0.86	1.16	1.36	1.66	2.46	2.26	3.12	2.86	3.6	3.3	4.7	4.5	5.7	
n	公称	0.4	0.5	0.6	0.8	1.2		1.2		1.6		2		2.5	
	min	0.46	0.56	0.66	0.86	1.26		1.26		1.66		2.06		2.56	
	max	0.60	0.70	0.80	1.00	1.51		1.51		1.91		2.31		2.81	
r	min	0.1	0.1	0.1	0.1	0.2		0.2		0.25		0.4		0.4	
r_f	参考	0.5	0.6	0.8	0.9		1.2		1.5		1.8		2.4		3
t	min	0.35	0.5	0.6	0.7	1.1	1	1.3	1.2	1.6	1.4	2	1.9	2.4	
w	min	0.3	0.4	0.5	0.7	1.1	1	1.3	1.2	1.6	1.4	2	1.9	2.4	
x	max	0.9	1	1.1	1.25	1.75		2		2.5		3.2		3.8	
l（商品规格范围公称长度）		2~16	2.5~20	3~25	4~30	5~40		6~50		8~60		10~80		12~80	
l（系列）		2,2.5,3,4,5,6,8,10,12,（14）,16,20,25,30,35,40,45,50,（55）,60,（65）,70,（75）,80													

注：1．螺纹规格 d=M1.6~M3、公称长度 l≤30mm 的螺钉，应制出全螺纹；螺纹规格 d=M4~M10、公称长度 l≤40mm 的螺钉，应制出全螺纹（b=l−a）。

2．尽可能不采用括号内的规格

附表 18　开槽沉头螺钉（GB/T68—2000）、开槽半沉头螺钉（GB/T69—2000）摘编

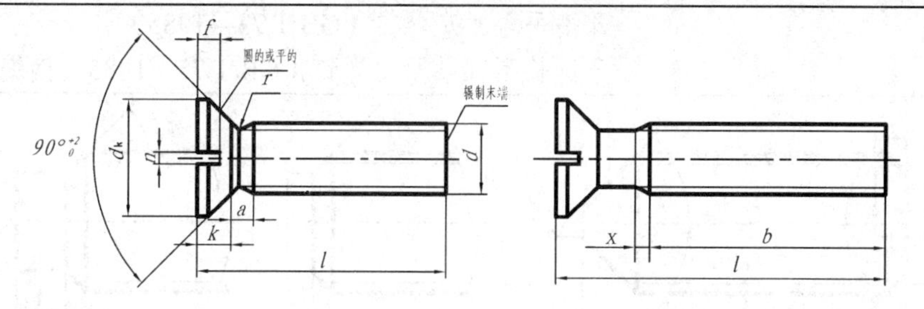

标记示例

螺纹规格 d=M5、公称长度 l=20mm、性能等级为 4.8 级、不经表面处理的 A 级开槽沉头螺钉：

螺钉　GB/T 68　M5×20　　　　（mm）

螺纹规格 d			M1.6	M2	M2.5	M3	M4	M5	M6	M8	M10
螺距 P			0.35	0.4	0.45	0.5	0.7	0.8	1	1.25	1.5
a		max	0.7	0.8	0.9	1	1.4	1.6	2	2.5	3
b		min	25				38				
d_k	理论值	max	3.6	4.4	5.5	6.3	9.4	10.4	12.6	17.3	20
	实际值	公称=max	3.0	3.8	4.7	5.5	8.40	9.30	11.30	15.80	18.30
		min	2.7	3.5	4.4	5.2	8.04	8.94	10.87	15.37	17.78
k		公称=max	1	1.2	1.5	1.65	2.7	2.7	3.3	4.65	5
n		公称	0.4	0.5	0.6	0.8	1.2	1.2	1.6	2	2.5
		min	0.46	0.56	0.66	0.86	1.26	1.26	1.66	2.06	2.56
		max	0.60	0.70	0.80	1.00	1.51	1.51	1.91	2.31	2.81
r		max	0.4	0.5	0.6	0.8	1	1.3	1.5	2	2.5
x		max	0.9	1	1.1	1.25	1.75	2	2.5	3.2	3.8
f		≈	0.4	0.5	0.6	0.7	1	1.2	1.4	2	2.3
r_f		≈	3	4	5	6	9.5	9.5	12	16.5	19.5
t	max	GB/T68—2000	0.50	0.6	0.75	0.85	1.3	1.4	1.6	2.3	2.6
		GB/T69—2000	0.80	1.0	1.2	1.45	1.9	2.4	2.8	3.7	4.4
	min	GB/T68—2000	0.32	0.4	0.50	0.60	1.0	1.1	1.2	1.8	2.0
		GB/T69—2000	0.64	0.8	1.0	1.20	1.6	2.0	2.4	3.2	3.8
l（商品规格范围公称长度）			2.5~16	3~20	4~25	5~30	6~40	8~50	8~60	10~80	12~80
l（系列）			2.5,3,4,5,6,8,10,12,（14）,16,20,25,30,35,40,45,50,（55）,60,（65）,70,（75）,80								

注：1. 公称长度 l≤30mm，而螺纹规格 d 在 M1.6~M3 的螺钉，应制出全螺纹；公称长度 l≤45mm，而螺纹规格在 M4~M10 的螺钉也应制出全螺纹[b=l-（k+a）]。

2. 尽可能不采用括号内的规格

附表 19　开槽锥端紧定螺钉（GB/T 71—1985
开槽平端紧定螺钉（GB/T 73—1985）
开槽长圆柱端紧定螺钉（GB/T 75—1985）摘编

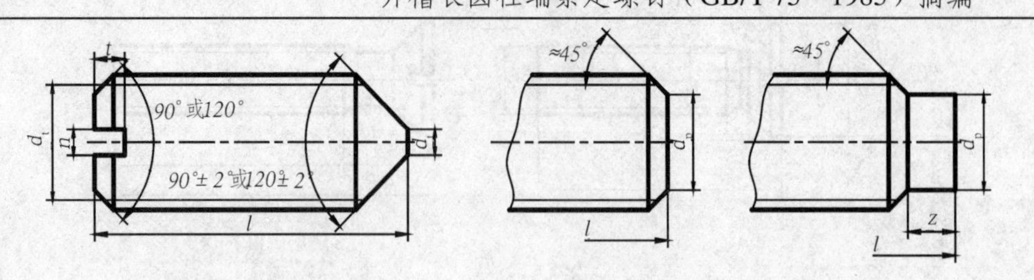

GB71—85　　　GB73—85　　　GB75—85

公称长度为短螺钉时，应制成 120°，*u* 为不完整螺纹的长度≤2*P*

标记示例

螺纹规格 *d*=M5、公称长度 *l*=12mm、性能等级为 14H 级、表面氧化的开槽平端紧定螺钉：

螺钉　GB/T 73 M5×12　　　（mm）

螺纹规格 *d*		M1.2	M1.6	M2	M2.5	M3	M4	M5	M6	M8	M10	M12
螺距 *P*		0.25	0.35	0.4	0.45	0.5	0.7	0.8	1	1.25	1.5	1.75
d_f	≈	螺纹小径										
d_t	min	—	—	—	—	—	—	—	—	—	—	—
	max	0.12	0.16	0.2	0.25	0.3	0.4	0.5	1.5	2	2.5	3
d_p	min	0.35	0.55	0.75	1.25	1.75	2.25	3.2	3.7	5.2	6.64	8.14
	max	0.6	0.8	1	1.5	2	2.5	3.5	4	5.5	7	8.5
N	公称	0.2	0.25	0.25	0.4	0.4	0.6	0.8	1	1.2	1.6	2
	min	0.26	0.31	0.31	0.46	0.46	0.66	0.86	1.06	1.26	1.66	2.06
	max	0.4	0.45	0.45	0.6	0.6	0.8	1	1.2	1.51	1.91	2.31
t	min	0.4	0.56	0.64	0.72	0.8	1.12	1.28	1.6	2	2.4	2.8
	max	0.52	0.74	0.84	0.95	1.05	1.42	1.63	2	2.5	3	3.6
z	min	—	0.8	1	1.25	1.5	2	2.5	3	4	5	6
	max	—	1.05	1.25	1.5	1.75	2.25	2.75	3.25	4.3	5.3	6.3
GB/T71—1985	*l*（公称长度）	2~6	2~8	3~10	3~12	4~16	6~20	8~25	8~30	10~40	12~50	14~60
	l（短螺钉）	2	2~2.5	2~2.5	2~3	2~3	2~4	2~5	2~6	2~8	2~10	2~12
GB/T73—1985	*l*（公称长度）	2~6	2~8	2~10	2.5~12	3~16	4~20	5~25	6~30	8~40	10~50	12~60
	l（短螺钉）	—	2	2~2.5	2~3	2~3	2~4	2~5	2~6	2~6	2~8	2~10
GB/T75—1985	*l*（公称长度）	—	2.5~8	3~10	4~12	5~16	6~20	8~25	8~30	10~40	12~50	14~60
	l（短螺钉）	—	2~2.5	2~3	2~4	2~5	2~6	2~8	2~10	2~14	2~16	2~20
l（系列）		2,2.5,3,4,5,6,8,10,12,（14）,16,20,25,30,35,40,45,50,（55）,60										

注：1．公称长度为商品规格尺寸；
　　2．尽可能不采用括号内的规格

附表 20　普通平键键槽的尺寸与公差（GB/T 1095—2003）摘编

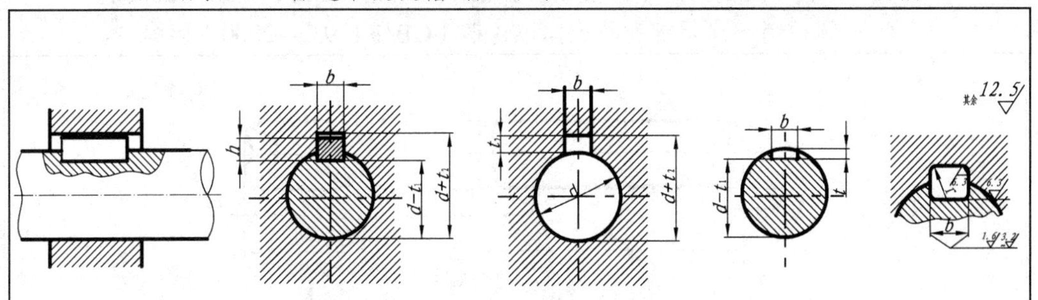

注：在工作图中，轴槽深用 t_1 或（$d-t_1$）标注，轮毂槽深用（$d+t_2$）标注。

轴的直径 d	键尺寸 $b\times h$	键槽											
		宽度 b						深度				半径 r	
		基本尺寸	极限偏差					轴 t_1		毂 t_2			
			正常连接		紧密连接	松连接		基本尺寸	极限偏差	基本尺寸	极限偏差		
			轴 N9	毂 JS9	轴和毂 P9	轴 H9	毂 D10					min	Max
自 6~8	2×2	2	−0.004 −0.029	±0.0125	−0.006 −0.031	+0.025 0	+0.060 +0.020	1.2	+0.1 0	1	+0.1 0	0.08	0.16
>8~10	3×3	3						1.8		1.4			
>10~12	4×4	4	0 −0.030	±0.015	−0.012 −0.042	+0.030 0	+0.078 +0.030	2.5		1.8			
>12~17	5×5	5						3.0		2.3		0.16	0.25
>17~22	6×6	6						3.5		2.8			
>22~30	8×7	8	0 −0.036	±0.018	−0.015 −0.051	+0.036 0	+0.098 +0.040	4.0	+0.2 0	3.3	+0.2 0		
>30~38	10×8	10						5.0		3.3		0.25	0.40
>38~44	12×8	12	0 −0.043	±0.026	+0.018 −0.061	+0.043 0	+0.120 +0.050	5.0		3.3			
>44~50	14×9	14						5.5		3.8			
>50~58	16×10	16						6.0		4.3			
>58~65	18×11	18						7.0		4.4			
>65~75	20×12	20	0 −0.052	±0.031	+0.022 −0.074	+0.052 0	+0.149 +0.065	7.5		4.9		0.40	0.60
>75~85	22×14	22						9.0		5.4			
>85~95	25×14	25						9.0		5.4			
>95~110	28×16	28						10.0		6.4			
>110~130	32×18	32	0 −0.062	±0.037	−0.026 −0.088	+0.062 0	+0.180 +0.080	11.0		7.4			
>130~150	36×20	36						12.0	+0.3 0	8.4	+0.3 0	0.70	1.0
>150~170	40×22	40						13.0		9.4			
>170~200	45×25	45						15.0		10.4			

注：1.（$d-t_1$）和（$d+t_2$）两组组合尺寸的极限偏差按相应的 t_1 和 t_2 的极限偏差选取，但（$d-t_1$）极限偏差应取负号（−）。
2. 轴的直径不在本标准所列，仅供参考

附表 21 圆柱销 不淬硬钢和奥氏体不锈钢（GB/T 119.1—2000）圆柱销 淬硬钢和马氏体不锈钢（GB/T 119.2—2000）摘编

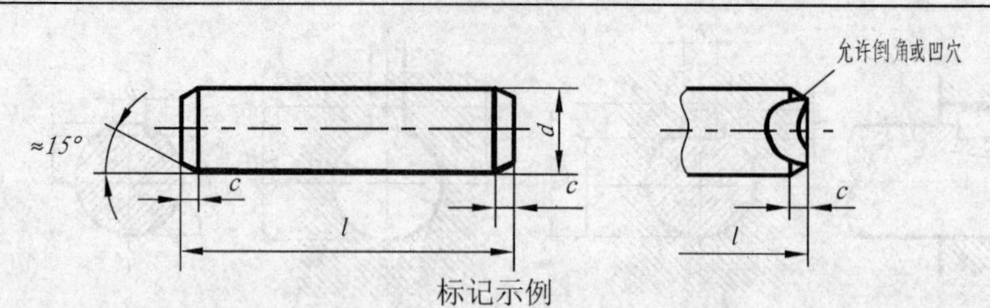

标记示例

公称直径 d=6mm、公差为 m6、公称长度 l=30mm、材料为钢、不经淬火、不经表面处理的圆柱销：

销 GB/T 119.1 6m6×30

公称直径 d=6mm、公差为 m6、公称长度 l=30mm、材料为钢、普通淬火（A 型）、表面氧化处理的圆柱销：

销 GB/T 119.2 6×30

（mm）

d（公称）		1.5	2	2.5	3	4	5	6	8
c≈		0.3	0.35	0.4	0.5	0.63	0.8	1.2	1.6
l（商品长度范围）	GB/T119.1	4~16	6~20	6~24	8~30	8~40	10~50	12~60	14~80
	GB/T119.2	4~16	5~20	6~24	8~30	10~40	12~50	14~60	18~80
d（公称）		10	12	16	20	25	30	40	50
c≈		2	2.5	3	3.5	4	5	6.3	8
l（商品长度范围）	GB/T119.1	18~95	22~140	26~180	35~200 以上	50~200 以上	60~200 以上	80~200 以上	95~200 以上
	GB/T119.2	22~100 以上	26~100 以上	40~100 以上	50~100 以上	—	—	—	—
l（系列）		3,4,5,6,8,10,12,14,16,18,20,22,24,26,28,30,32,35,40,45,50,55,60,65,70,75,80,85,90,95,100,120,140,160,180,200,……							

注：1. 公称直径 d 的公差：GB/T119.1—2000 规定为 m6 和 h8，GB/119.2—2000 仅有 m6，其他公差由供需双方协议；

2. GB/T119.2—2000 中淬硬钢按淬火方法不同，分为普通淬火（A 型）的表面淬火（B 型）；

3. 公称长度大于 200mm，按 20mm 递增

附表 22 圆锥销（GB/T 117—2000）摘编

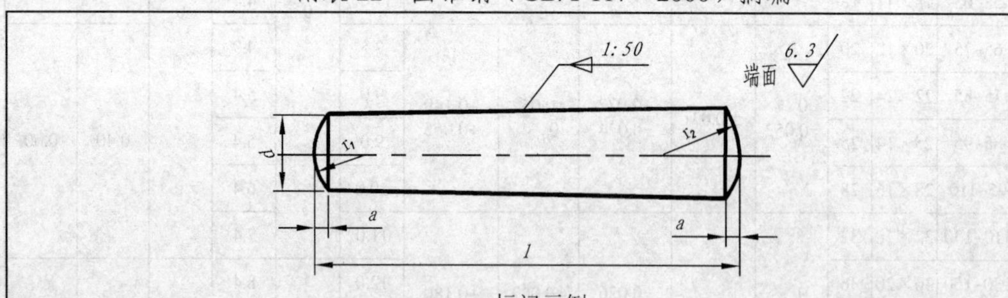

标记示例

公称直径 d=6mm、公称长度 l=30mm、材料为 35 钢、热处理硬度 28~38HRC、表面氧化处理的 A 型圆锥销：

销 GB/T117 6×30

（mm）

d（公称）	0.6	0.8	1	1.2	1.5	2	2.5	3	4	5

（续）

$a\approx$	0.08	0.1	0.12	0.16	0.2	0.25	0.3	0.4	0.5	0.63
l（商品长度范围）	4~8	5~12	6~16	6~20	8~24	10~35	10~35	12~45	14~55	18~60
d（公称）	6	8	10	12	16	20	25	30	40	50
$a\approx$	0.8	1	1.2	1.6	2	2.5	3	4	5	6.3
l（商品长度范围）	22~90	22~120	26~160	32~180	40~200以上	45~200以上	50~200以上	55~200以上	60~200以上	65~200以上
l 系列	2，3，4，5，6，8，10，12，14，16，18，20，22，24，26，28，30，32，35，40，45，50，55，60，65，70，75，80，85，90，95，100，120，140，160，180，200，……									

注：1. 公称直径 d 的公差规定为 h10，其他公差如 a11，c11 和 f8 由供需双方协议；

2. 圆锥销有 A 型和 B 型。A 型为磨削，锥面表面粗糙度 Ra=0.8μm；B 型为切削或冷镦，锥面表面粗糙度 Ra=3.2μm；

3. 公称长度大于 200mm，按 20mm 递增

附表 23　深沟球轴承（GB/T 276—1994）摘编

B D d

60000 型

轴承代号	尺寸/mm d	尺寸/mm D	尺寸/mm B	轴承代号	d	D	B
10 系列				03 系列			
				633	3	13	5
606	6	17	6	634	4	16	5
607	7	19	6	635	5	19	6
608	8	22	7	6300	10	35	11
609	9	24	7	6301	12	37	12
6000	10	26	8	6302	15	42	13
6001	12	28	8	6303	17	47	14
6002	15	32	9	6304	20	52	15
6003	17	35	10	63/22	22	56	16
6004	20	42	12	6305	25	62	17
60/22	22	44	12	63/28	28	68	18
6005	25	47	12	6306	30	72	19

（续）

60/28	28	52	12	63/32	32	75	20
6006	30	55	13	6307	35	80	21
60/32	32	58	13	6308	40	90	23
6007	35	62	14	6309	45	100	25
6008	40	68	15	6310	50	110	27
6009	45	75	16	6311	55	120	29
6010	50	80	16	6312	60	130	31
6011	55	90	18	6313	65	140	33
6012	60	95	18	6314	70	150	35
02 系列				6315	75	160	37
623	3	10	4	6316	80	170	39
624	4	13	5	6317	85	180	41
625	5	16	5	6318	90	190	43
626	6	19	6	04 系列			
627	7	22	7	6403	17	62	17
628	8	24	8	6404	20	72	19
629	9	26	8	6405	25	80	21
6200	10	30	9	6406	30	90	23
6201	12	32	10	6407	35	100	25
6202	15	35	11	6408	40	110	27
6203	17	40	12	6409	45	120	29
6204	20	47	14	6410	50	130	31
62/22	22	50	14	6411	55	140	33
6205	25	52	15	6412	60	150	35
62/28	28	58	16	6413	65	160	37
6206	30	62	16	6414	70	180	42
62/32	32	65	17	6415	75	190	45
6207	35	72	17	6416	80	200	48
6208	40	80	18	6417	85	210	52
6209	45	85	19	6418	90	225	54
6210	50	90	20	6419	95	240	55
6211	55	100	21	6420	100	250	58
6212	60	110	22	6422	110	280	65

附表 24　推力球轴承（GB/T301—1995）摘编

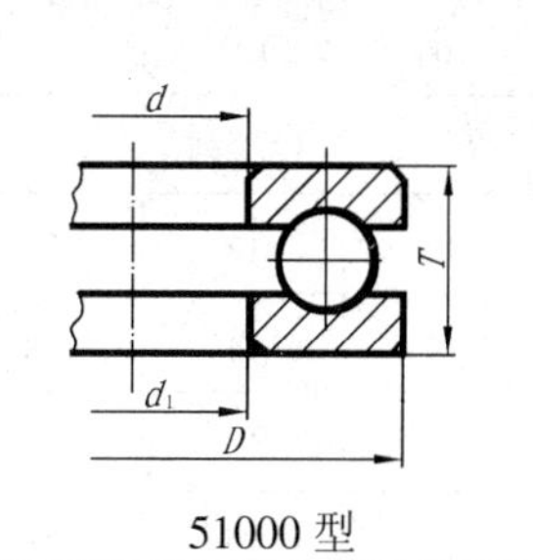

51000 型

轴承代号	尺寸/mm			
	d	$d_{1\min}$	D	T
11 系列				
51100	10	11	24	9
51101	12	13	26	9
51102	15	16	28	9
51103	17	18	30	9
51104	20	21	35	10
51105	25	26	42	11
51106	30	32	47	11
51107	35	37	52	12
51108	40	42	60	13
51109	45	47	65	14
51110	50	52	70	14
51111	55	57	78	16
51112	60	62	85	17
51113	65	67	90	18
51114	70	72	95	18
51115	75	77	100	19
51116	80	82	105	19
51117	85	87	110	19
51118	90	92	120	22
12 系列				
51214	70	72	105	27
51215	75	77	110	27
51216	80	82	115	28
51217	85	88	125	31
51218	90	93	135	35
51220	100	103	150	38
13 系列				
51304	20	22	47	18
51305	25	27	52	18
51306	30	32	60	21
51307	35	37	68	24
51308	40	42	78	26
51309	45	47	85	28
51310	50	52	95	31
51311	55	57	105	35
51312	60	62	110	35
51313	65	67	115	36
51314	70	72	125	40
51315	75	77	135	44
51316	80	82	140	44
51317	85	88	150	49
51318	90	93	155	50
51320	100	103	170	55

（续）

51120	100	102	135	25	14 系列				
12 系列					51405	25	27	60	24
51200	10	12	26	11	51406	30	32	70	28
51201	12	14	28	11	51407	35	37	80	32
51202	15	17	32	12	51408	40	42	90	36
51203	17	19	35	12	51409	45	47	100	39
51204	20	22	40	14	51410	50	52	110	43
51205	25	27	47	15	51411	55	57	120	48
51206	30	32	52	16	51412	60	62	130	51
51207	35	37	62	18	51413	65	67	140	56
51208	40	42	68	19	51414	70	72	150	60
51209	45	47	73	20	51415	75	77	160	65
51210	50	52	78	22	51416	80	82	170	68
51211	55	57	90	25	51417	85	88	180	72
51212	60	62	95	26	51418	90	93	190	77
51213	65	67	100	27	51420	100	103	210	85

附表 25 圆柱螺旋压缩弹簧（YA、YB 型）尺寸及参数

圆柱螺旋压缩弹簧
GB/T2089—1994

A 型（两端圈并紧磨平）
B 型（两端圈并紧锻平）

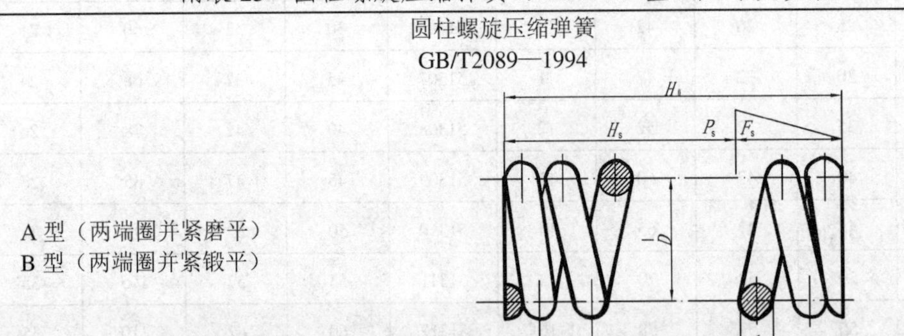

标记示例

A 型、线径 6mm、弹簧中径 38mm、自由高度 60mm、材料为 60Si2MnA、表面涂漆处理的右旋圆柱螺旋压缩弹簧，其标记为：

YA　6×38×60　GB/T 2089

线径 d/mm	弹簧中径 D/mm	节距≈ t/mm	自由高度 H_0/mm	有效圈数 n/圈	试验负荷 P_s/N	试验负荷变形量 F_s/mm	展开长度 L/mm
0.6	4	1.54	20	12.5	18.7	11.7	182
1	4.5	1.67	20	10.5	72.7	7.04	177
1.2	8	2.92	40	12.5	68.6	21.4	364

（续）

线径 d/mm	弹簧中径 D/mm	节距≈ t/mm	自由高度 H_0/mm	有效圈数 n/圈	试验负荷 P_s/N	试验负荷变形量 F_s/mm	展开长度 L/mm
1.6	12	41	60	12.5	105	35.1	547
2	16	5.74	42	6.5	144	24.3	427
	20	7.85	55	6.5	115	38	534
2.5	20	7.02	38	4.5	218	20.4	408
			80	10.5		47.5	785
	25	9.57	58	5.5	174	38.9	589
			70	6.5		45.9	668
4.5	32	10.5	65	5.5	740	32.9	754
			90	7.5		44.9	955
	50	19.1	80	3.5	474	51.2	864
			220	10.5		153	1964
6	38	11.9	60	4	368	23.5	714
			100	7.5		44.0	1134
	45	14.2	90	5.5	1155	45.2	1060
			120	7.5		61.7	1343
10	45	14.6	115	6.5	4919	29.5	1131
			130	7.5		34.1	1272
	50	15.6	80	4	4427	22.4	864
			150	8.5		47.6	1571
12	80	27.9	180	5.5	6274	87.4	1759
30	150	52.4	300	4.5	52281	101	2827

注：1. 线径系列：0.5~1（0.1 进位），1.2~2（0.2 进位），2.5~5（0.5 进位），6~20（2 进位），25~50（5 进位）mm。

2. 弹簧中径系列：3~4.5（0.5 进位），6~10（1 进位），12~22（2 进位），25,28,30,32,35,38,40~100（5 进位），110~200（10 进位），220~340（20 进位）mm

参 考 文 献

1 刘力等. 机械制图. 第 2 版. 北京：高等教育出版社, 2004

2 西安交通大学工程画教研室编. 画法几何及工程制图. 第 3 版. 北京：高等教育出版社, 2002

3 大连理工大学工程画教研室编. 机械制图. 第 5 版. 北京：高等教育出版社, 2003

4 同济大学工程画教研室编. 机械制图. 第 3 版. 北京：高等教育出版社, 2002

5 孙培先等. 工程制图. 北京：机械工业出版社

6 国家质量技术监督局. 中华人民共和国国家标准技术制图与机械制图等. 北京：中国标准出版社, 1996-1999